# CorelDRAW 2018 图形设计与制作案例教程

闫凤英　编著

清华大学出版社
北　京

## 内 容 简 介

本书以学以致用为写作出发点，系统并详细地讲解了CorelDRAW 2018绘图软件的使用方法和操作技巧。

本书共分7章，内容包括手绘技法——CorelDRAW 2018的基本操作、插画设计——图形的绘制、卡片设计——曲线的绘制与编辑、海报设计——颜色应用与填充、广告设计——文本的编辑与处理、宣传单设计——图形的高级编辑与处理、画册设计——图层、位图与特殊效果。

本书由浅入深、循序渐进地介绍了CorelDRAW 2018的使用方法和操作技巧。书中每一章都围绕综合实例来介绍，便于提高和拓宽读者对CorelDRAW 2018基本功能的掌握与应用。

本书内容翔实，结构清晰，语言流畅，实例分析透彻，操作步骤简洁实用，适合广大初学CorelDRAW的用户使用，也可作为各类高等院校相关专业的教材。



**图书在版编目（CIP）数据**

CorelDRAW 2018图形设计与制作案例教程/闫凤英编著. —北京：清华大学出版社，2020.6（2021.7重印）

ISBN 978-7-302-55446-2

Ⅰ. ①C…　Ⅱ. ①闫…　Ⅲ. ①图形软件－教材　Ⅳ. ①TP391.41

中国版本图书馆CIP数据核字(2020)第084746号

**责任编辑：**韩宜波
**装帧设计：**杨玉兰
**责任校对：**李玉茹
**责任印制：**丛怀宇
**出版发行：**清华大学出版社

**网　　址：**http://www.tup.com.cn, http://www.wqbook.com
**地　　址：**北京清华大学学研大厦A座　　**邮　　编：**100084
**社 总 机：**010-62770175　　**邮　　购：**010-62786544
**投稿与读者服务：**010-62776969, c-service@tup.tsinghua.edu.cn
**质量反馈：**010-62772015, zhiliang@tup.tsinghua.edu.cn

**印 装 者：**涿州汇美亿浓印刷有限公司
**经　　销：**全国新华书店
**开　　本：**185mm×260mm　　**印　张：**16.5　　**字　数：**440千字
**版　　次：**2020年7月第1版　　**印　次：**2021年7月第2次印刷
**定　　价：**69.80元

---

产品编号：084422-01

# 前 言 PREFACE

CorelDRAW 是一款由世界顶尖软件公司之一的加拿大 Corel 公司开发的图形图像软件，其非凡的设计能力被广泛地应用于商标设计、标志制作、模型绘制、插图描画、排版及分色输出等诸多领域。该软件界面设计友好，操作精微细致，为设计者提供了一整套的绘图工具。为满足设计需要，软件中提供了一整套图形精确定位和变形控制方案。这给商标、标志等需要准确尺寸的设计带来了极大的便利。该软件可以让使用者轻松应对创意图形设计项目，其领先的文件兼容性以及高质量的内容可帮助使用者将创意变为专业作品。

## 1. 本书内容

全书共分 7 章，按照平面设计工作的实际需求组织内容，基础知识以实用、够用为原则。其中内容包括手绘技法——CorelDRAW 2018 的基本操作、插画设计——图形的绘制、卡片设计——曲线的绘制与编辑、海报设计——颜色应用与填充、广告设计——文本的编辑与处理、宣传单设计——图形的高级编辑与处理、画册设计——图层、位图与特殊效果。

## 2. 本书特色

本书面向 CorelDRAW 的初、中级用户，采用由浅入深、循序渐进的讲述方法，内容丰富。

◎ 本书案例丰富，每章都有不同类型的案例，适合上机操作教学。

◎ 每个案例都经过编写者精心挑选，可以引导读者发挥想象力，调动读者学习的积极性。

◎ 案例实用，技术含量高，与实践紧密结合。

◎ 配套资源丰富，方便教学。

## 3. 海量的电子学习资源和素材

本书附带大量的学习资料和视频教程，下面截图给出部分概览。

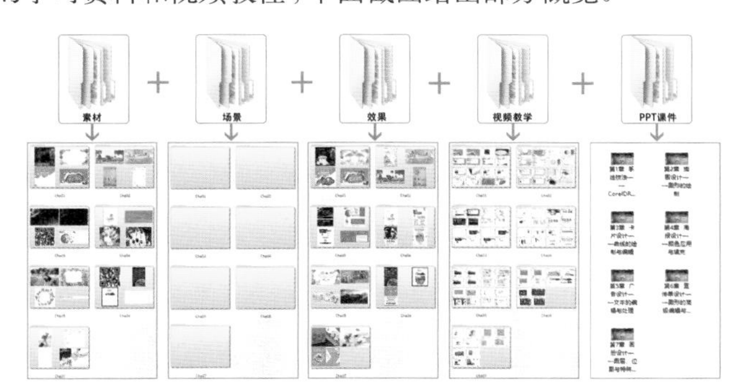


本书附带所有的素材文件、场景文件、效果文件、多媒体有声视频教学录像，读者在读完本书内容以后，可以调用这些资源进行深入学习。

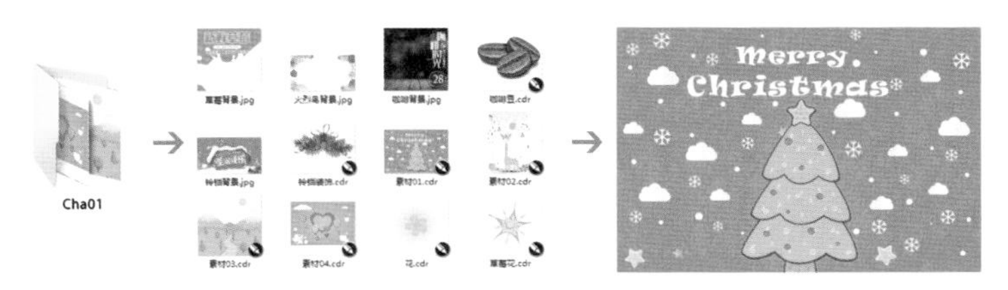

本书视频教学贴近实际，几乎手把手教学。

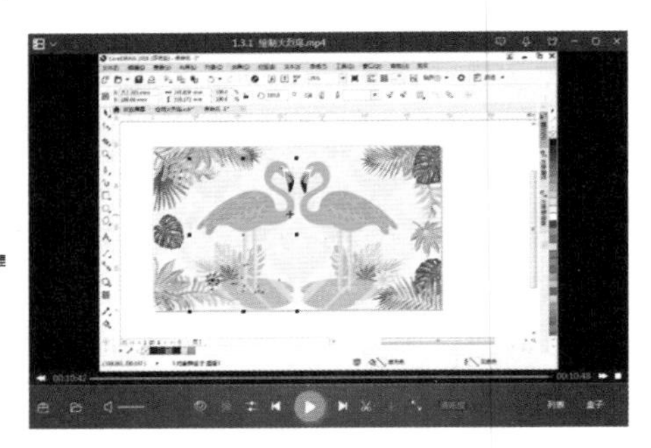

## 4. 本书约定

为便于阅读理解，本书的写作风格遵从如下约定。

- 本书中出现的中文菜单和命令将用鱼尾号（【】）括起来，以示区分。此外，为了使语句更简洁易懂，本书中所有的菜单和命令之间以竖线（|）分隔，例如，单击【编辑】菜单，再选择【移动】命令，就用【编辑】|【移动】来表示。
- 用加号（+）连接的两个或3个键表示快捷键，在操作时表示同时按下这两个或3个键。例如，Ctrl+V是指在按下Ctrl键的同时，按下V字母键；Ctrl+Alt+F10是指在按下Ctrl和Alt键的同时，按下功能键F10。
- 在没有特殊指定时，单击、双击和拖动是指用鼠标左键单击、双击和拖动，右击是指用鼠标右键单击。

## 5. 读者对象

（1）CorelDRAW初学者。

（2）大中专院校和社会培训班平面设计及其相关专业的教材。

（3）平面设计从业人员。

## 6. 致谢

本书的出版可以说凝结了许多优秀教师的心血，在这里衷心感谢在本书出版过程中给予帮助的编辑老师、视频测试老师，感谢你们！

本书由潍坊工商职业学院的闫凤英老师编写，其他参与编写的人员还有刘蒙蒙、朱晓文、李少勇、陈月霞、刘希林，以及德州学院的徐玉洁。

本书提供了案例的素材、场景、效果、PPT课件以及视频教学，扫一扫下面的二维码，推送到自己的邮箱后下载获取。

素材、视频教学

场景、效果及PPT课件

由于作者水平有限，疏漏在所难免，希望广大读者批评指正。

编　者

# 目录 CONTENTS

视频讲解：4 个



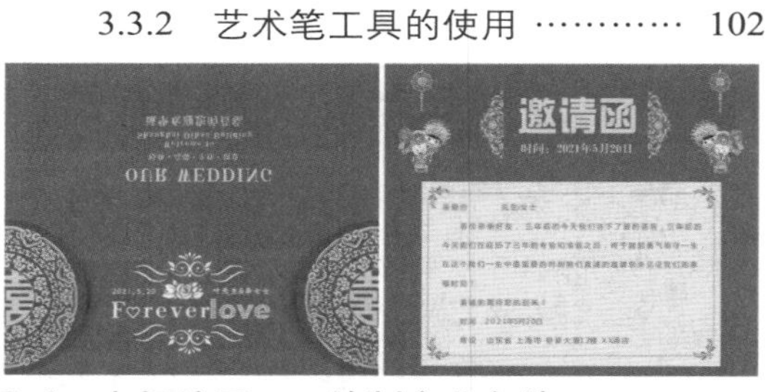

视频讲解：4 个

视频讲解：4个

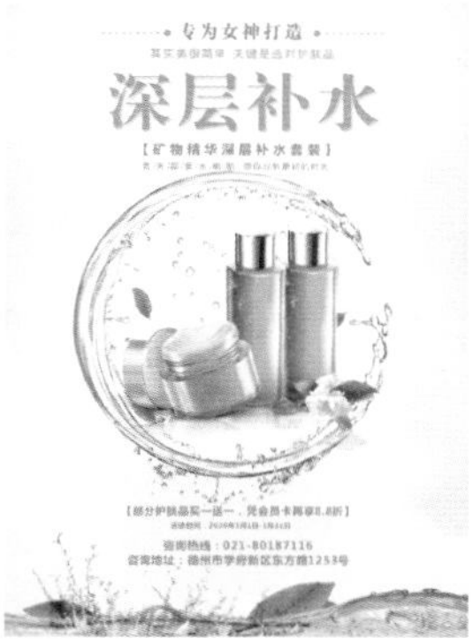

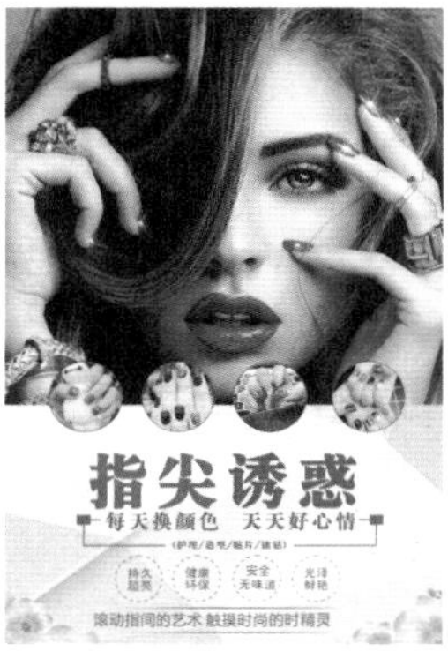

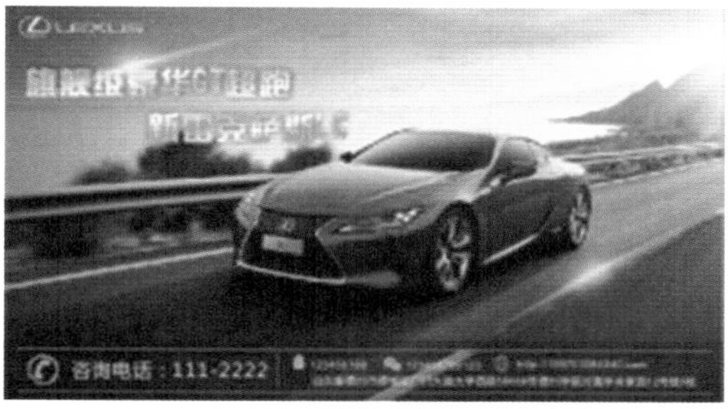

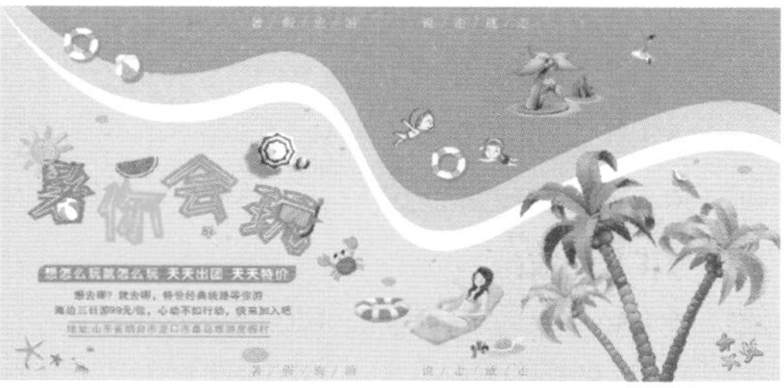

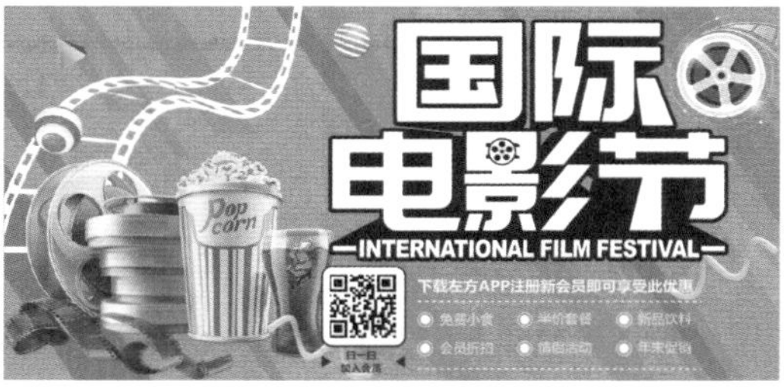

新品上市
美味
刀削面
香辣

TASTY CUPCAKE
美味蛋糕烘焙目录
烘焙目录
DESIGN ENTERPRISE

01
团队介绍
MARRY ME!
我们带给您的不仅仅是一场婚礼
NOT ONLY IS A WEDDING

裕康商务酒店
Yukang Business Hotel

# 第1章 手绘技法——CorelDRAW 2018的基本操作

手绘是建筑、服饰陈列设计、橱窗设计、家居软装设计、空间花艺设计、美术、园林、环艺、摄影、工业设计、视觉传达等专业学生学习的一门重要的专业必修课程。

**基础知识**

- 选择单个对象
- 对象的基本复制

**重点知识**

- 移动对象
- 群组与取消群组

**提高知识**

- 缩放对象
- 合并与拆分对象

手绘与我们的现代生活密不可分，建筑、服装、插画、动漫……手绘的形式分门别类，各具专业性，对建筑师、研究学者、设计人员等从事设计绘图相关职业的人来说，手绘设计的学习是一个贯穿职业生涯的过程。手绘培训是一种以手绘技能为培训对象的教育训练，对现代社会设计美学的传承有着不可替代的现实意义。

## 1.1 绘制铃铛——对象的选择与复制

铃铛，是指一种因摇摆而发声的铃，多数为球形、扁圆形或钟形，铃铛里面通常会放金属丸或小石子，摇摆时撞击发出声音，铃铛的式样大小不一，各式各样。本节将介绍如何制作铃铛，效果如图 1-1 所示。

图 1-1 绘制铃铛

| 素材 | 素材 \Cha01\ 铃铛背景 .jpg、铃铛装饰 .cdr |
|---|---|
| 场景 | 场景 \Cha01\ 绘制铃铛——对象的选择与复制 .cdr |
| 视频 | 视频教学 \Cha01\1.1 绘制铃铛——对象的选择与复制 .mp4 |

01 启动软件，按 Ctrl+N 组合键，在弹出的对话框中将【宽度】、【高度】分别设置为 301mm、189mm，将【渲染分辨率】设置为 300dpi，如图 1-2 所示。

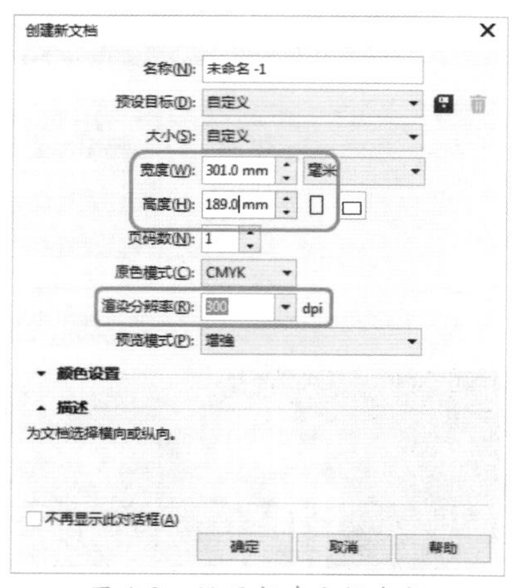


图 1-2 设置新建文档参数

02 设置完成后，单击【确定】按钮，按 Ctrl+I 组合键，在弹出的对话框中选择“素材 \Cha01\ 铃铛背景 .jpg”素材文件，如图 1-3 所示。

图 1-3 选择素材文件

**提 示**

按 Ctrl+I 组合键可以打开【导入】对话框，除此之外，用户还可以通过在菜单栏中选择【文件】|【导入】命令打开【导入】对话框。

### 知识链接：矢量图与位图

矢量图由经过精确定义的直线和曲线组成，这些直线和曲线称为向量。矢量图与分辨率无关，也就是说，可以将它们缩放到任意尺寸，可以按任意分辨率打印，而不会丢失细节或降低清晰度，如图 1-4 所示。

图 1-4 矢量图

矢量图的文件所占据的空间很小，但是该图形的缺点是不易制作色调丰富的图片，绘制出来的图形无法像位图那样精确。

位图图像在技术上称为栅格图像，它由网格上的点组成，这些点称为像素。在处理位图图像时，编辑的是像素，而不是对象或形状。位图图像是连续色调图像（如照片或数字绘画）最常用的电子媒介，因为它可以表现出阴影和颜色的细微层次。

在屏幕上缩放位图图像时，可能会丢失细节，因为位图图像与分辨率有关，包含固定数量的像素，并且为每个像素分配了特定的位置和颜色值。如果在打印位图图像时采用的分辨率过低，位图图像可能会呈锯齿状，因为放大了每个像素，如图 1-5 所示。

图 1-5 位图

03 单击【导入】按钮，在工作区中单击鼠标，将选中的素材文件导入文档中。选中该素材文件，在工具属性栏中将【宽度】、【高度】分别设置为 301mm、188mm，并在工作区中调整其位置，效果如图 1-6 所示。

图 1-6 设置素材文件

04 在工具箱中单击【贝塞尔工具】，在工作区中绘制如图 1-7 所示的图形。

图 1-7 绘制图形

05 在工具箱中单击【选择工具】，在工作区中选中绘制的图形，按 F11 键弹出【编辑填充】对话框，单击【线性渐变填充】按钮，将左侧节点的 CMYK 值设置为 36、95、100、4，在 32% 位置处添加一个节点，将其 CMYK 值设置为 23、56、100、0，在 56% 位置处添加一个节点，将其 CMYK 值设置为 0、5、41、0，然后将右侧节点的 CMYK 值设置为 44、93、100、15，在【变换】选项组中将【旋转】设置为 -27°，如图 1-8 所示。

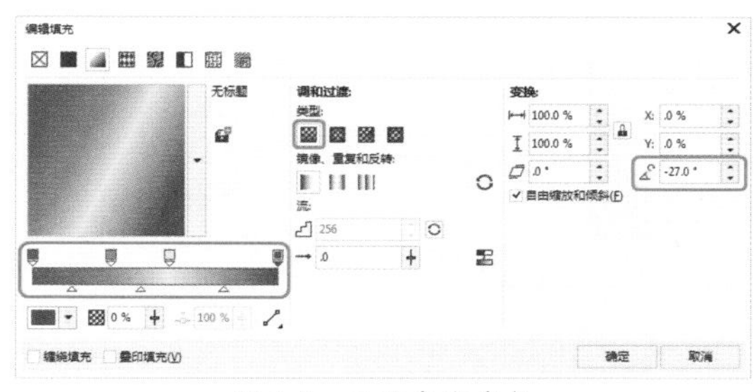

图 1-8 设置渐变参数

06 单击【确定】按钮，即可为绘制的图形填充该颜色。在默认调色板上右键单击☒色块，取消轮廓线的填充，然后在工具箱中选择【贝塞尔工具】，在工作区中绘制图形，如图 1-9 所示。

图 1-9 绘制图形

07 选中绘制的图形，按 F11 键弹出【编辑填充】对话框，将左侧节点的 CMYK 值设置为 36、95、100、4，在 34% 位置处添加一个节点，将其 CMYK 值设置为 23、56、100、0，在 47% 位置处添加一个节点，将其 CMYK 值设置为 0、5、32、0，在 56% 位置处添加一个节点，将其 CMYK 值设置为 0、5、41、0，在 78% 位置处添加一个节点，将其 CMYK 值设置为 44、93、100、15，然后将右侧节点的 CMYK 值设置为 44、93、100、15，在【变换】选项组中将【旋转】设置为 -27°，取消勾选【自由缩放和倾斜】复选框，并勾选【缠绕填充】复选框，如图 1-10 所示。

08 单击【确定】按钮，即可为绘制的图形填充该颜色。在默认调色板上右键单击☒色块，取消轮廓线的填充，然后按小键盘上的 +

键复制图形，并使用【形状工具】调整复制后的图形，效果如图 1-11 所示。

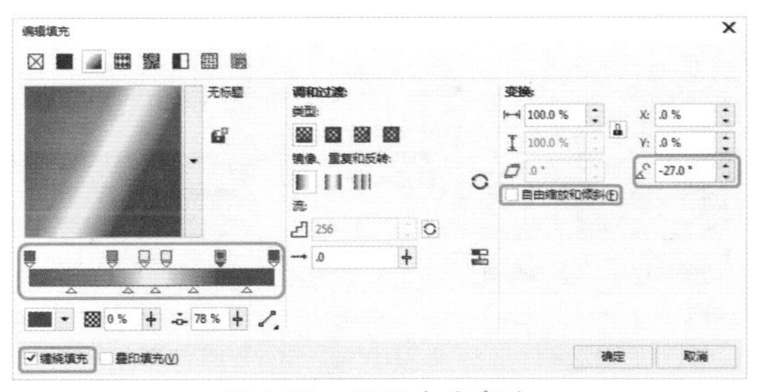

图 1-10　设置渐变颜色

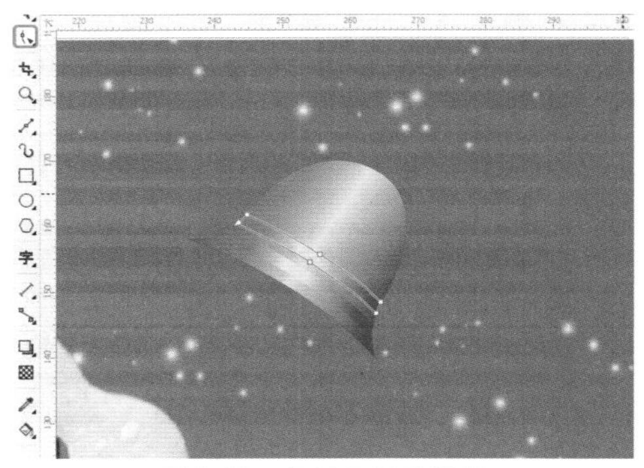

图 1-11　复制图形并调整

09 在工具箱中单击【贝塞尔工具】，在工作区中绘制图形，如图 1-12 所示。

图 1-12　绘制图形

10 选择绘制的图形，按 Shift+F11 组合键弹出【编辑填充】对话框，将 CMYK 值设置为 11、25、53、0，如图 1-13 所示。

11 单击【确定】按钮，在默认调色板上右键单击☒色块，然后在工具箱中选择【透明度工具】，在工具属性栏中单击【均匀透明度】按钮，将【透明度】设置为 50，添加透明度后的效果如图 1-14 所示。

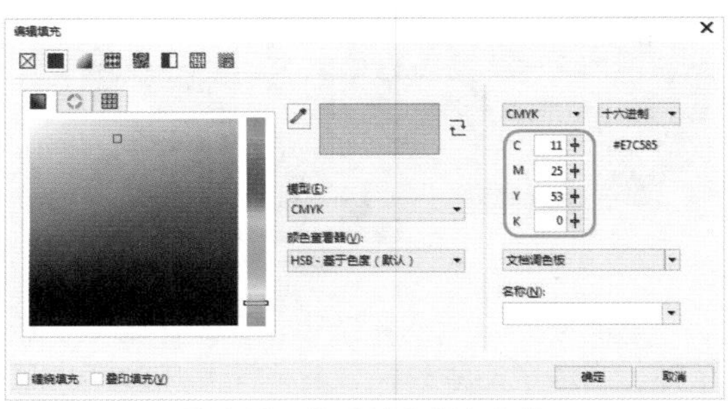

图 1-13　设置填充颜色参数

图 1-14　设置透明度参数

12 在工具箱中选择【贝塞尔工具】，在工作区中绘制如图 1-15 所示的图形。

图 1-15　绘制图形

13 选择绘制的图形，按 F11 键弹出【编辑填充】对话框，将左侧节点的 CMYK 值设置为 15、46、100、0，在 41% 位置处添加一个节点，将其 CMYK 值设置为 0、5、36、0，在 53% 位置处添加一个节点，将其 CMYK 值设置为 9、0、16、0，在 66% 位置处添加一个节点，将其 CMYK 值设置为 0、5、41、0，然后将右侧节点的 CMYK 值设置为 31、64、100、0，在【变换】选项组中将【旋转】设置为 −27°，取消勾选【自由缩放和倾斜】复选框，并勾选【缠绕填充】复选框，如图1-16所示。

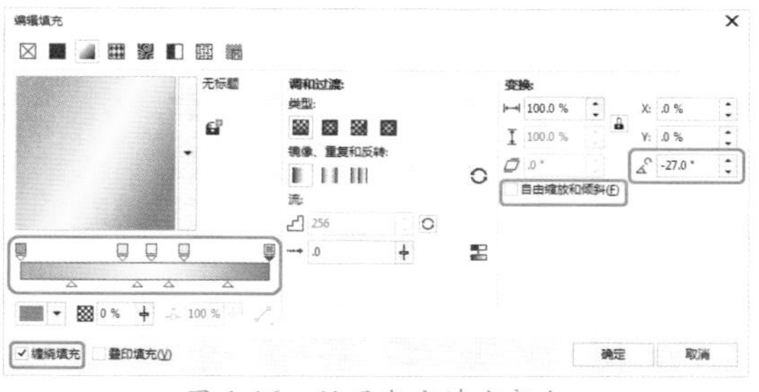

图1-16 设置渐变填充颜色

14 单击【确定】按钮，即可为绘制的图形填充该颜色，并取消轮廓线的填充。然后在工具箱中选择【贝塞尔工具】，在工作区中绘制图形，如图1-17所示。

图1-17 取消轮廓并绘制图形

15 选择绘制的图形，按F11键弹出【编辑填充】对话框，将左侧节点的CMYK值设置为23、56、100、0，在32%位置处添加一个节点，将其CMYK值设置为23、56、100、0，在56%位置处添加一个节点，将其CMYK值设置为0、5、41、0，然后将右侧节点的CMYK值设置为44、93、100、15，在【变换】选项组中将【旋转】设置为-27°，取消勾选【自由缩放和倾斜】复选框，并勾选【缠绕填充】复选框，如图1-18所示。

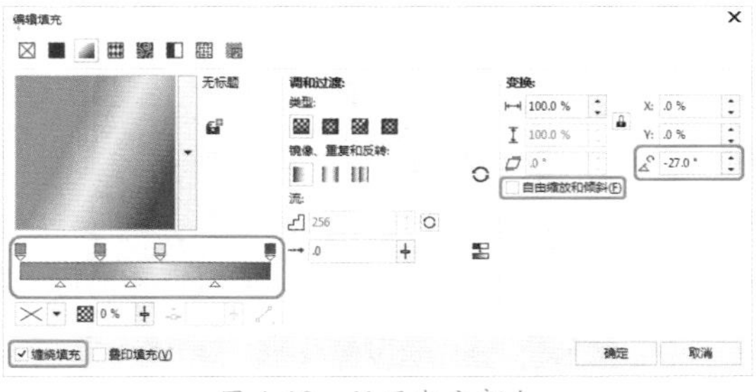

图1-18 设置渐变颜色

16 设置完成后，单击【确定】按钮，在默认调色板上右键单击☒色块，使用【贝塞尔工具】在工作区中绘制如图1-19所示的图形。

图1-19 绘制图形

17 选择绘制的图形，按F11键弹出【编辑填充】对话框，将左侧节点的CMYK值设置为36、95、100、4，在17%位置处添加一个节点，将其CMYK值设置为29、76、100、0，在34%位置处添加一个节点，将其CMYK值设置为23、56、100、0，然后将右侧节点的CMYK值设置为44、93、100、15，在【变换】选项组中将【旋转】设置为-27°，取消勾选【自由缩放和倾斜】复选框，并勾选【缠绕填充】复选框，如图1-20所示。

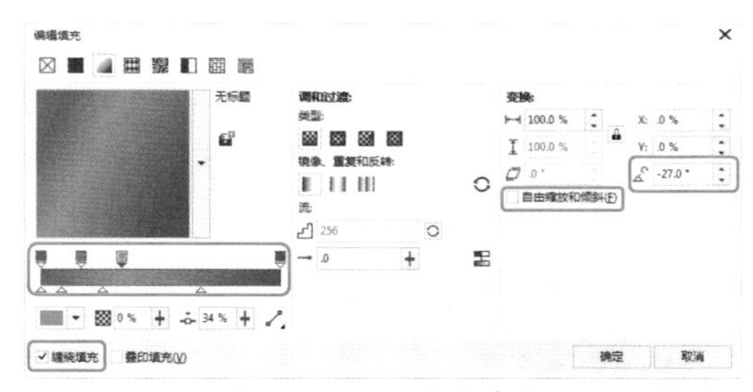

图1-20 设置渐变参数

18 单击【确定】按钮，在默认调色板上右键单击☒色块，使用【贝塞尔工具】，在工作区中绘制如图1-21所示的图形。

19 选择绘制的图形，按F11键弹出【编辑填充】对话框，在【调和过渡】选项组中单击【椭圆形渐变填充】按钮，然后将左侧节点的CMYK值设置为31、64、100、0，在32%位置处添加一个节点，将其CMYK值设置为31、64、100、0，在89%位置处添加一个节点，将其CMYK值设置为0、5、36、0，将右侧节点的CMYK值设置为0、5、36、0，在【变换】选项组中，将【填充宽度】设置为181%，将【填充高度】设置为163%，将【水平偏移】设置为-1%，将【垂直偏移】设置为-25%，将【旋转】设置为153°，并勾选【自由缩放和倾斜】、【缠绕填充】复选框，如图1-22所示。

图1-21　绘制图形

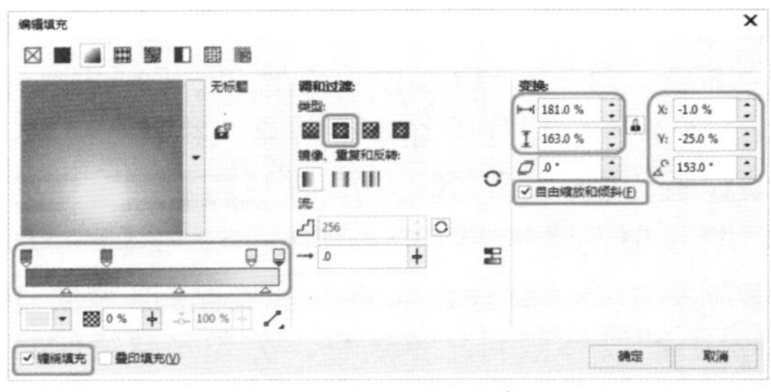

图1-22　设置渐变填充

20 单击【确定】按钮，在【对象管理器】泊坞窗中选择除“铃铛背景.jpg”以外的其他对象，在工作区中右击鼠标，在弹出的快捷菜单中选择【组合对象】命令，如图1-23所示。

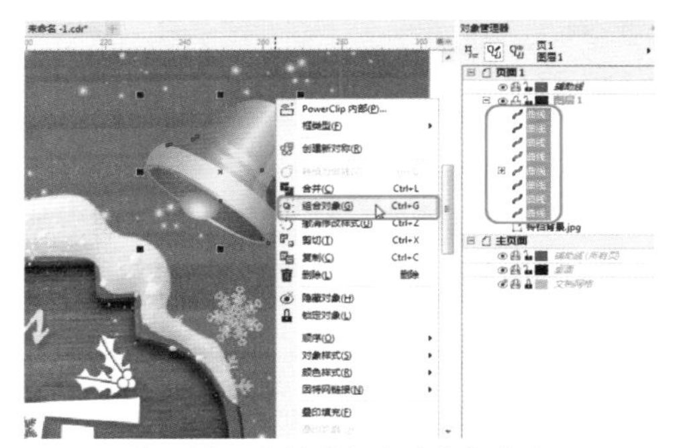

图1-23　选择【组合对象】命令

21 在工作区中选择成组的对象并调整其位置，在选择的对象上右击鼠标，在弹出的快捷菜单中选择【复制】命令，如图1-24所示。

22 在标准属性栏中单击【粘贴】按钮，将复制的对象进行粘贴，如图1-25所示。

图1-24　选择【复制】命令

图1-25　粘贴对象

**疑难解答**　有什么快捷方式可以复制对象?

在选择要复制的对象后，按小键盘上的+键也可以对选中的对象进行复制，这样既简单又快捷。

**提　示**

在对对象进行复制粘贴时，会将对象在原位进行粘贴，用户可以在【对象管理器】泊坞窗中查看复制效果。

23 选中粘贴的对象，在工具属性栏中单击【水平镜像】按钮，将【旋转角度】设置为167.5°，并在工作区中调整其位置，效果如图1-26所示。

图1-26　镜像对象并设置旋转角度

24 根据前面介绍的方法将“铃铛装饰.cdr”素材文件导入该文档中，并调整其位置，效果如图1-27所示。

图1-27 导入素材文件后的效果

## 1.1.1 选择对象

在编辑对象的过程中，必须先选定对象。通过选择对象，再利用相应的工具对其进行编辑，可以得到想要的效果。

### 1. 选择单个对象

【选择工具】既可用于选择对象和取消对象的选择，还可用于交互式移动、延展、缩放、旋转和倾斜对象等。

在工具箱中单击【选择工具】，如果在场景中没有选择任何对象，其属性栏如图1-28所示。如果选择了对象，则会显示与所选对象相关的选项。

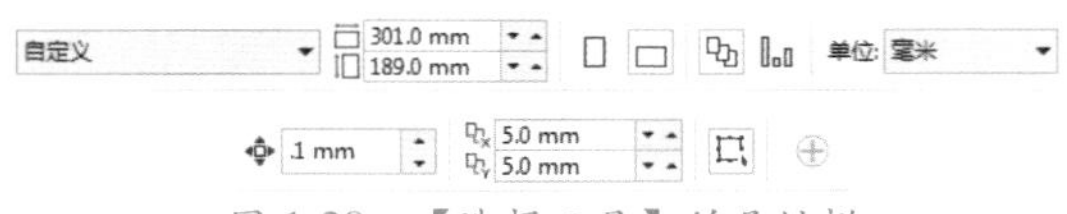


图1-28 【选择工具】的属性栏

【选择工具】主要用来选取图形和图像。当选中一个图形或图像时，在选中的对象四周会出现多个控制点，如图1-29所示。拖动控制点可以调整对象的大小，若鼠标指针变为✥形状时，按住鼠标进行拖动，可以移动选中的对象。如果在选中的对象上双击鼠标，则可以旋转选中的对象，效果如图1-30所示。

图1-29 选择对象时的效果

图1-30 双击对象后的效果

**提 示**

利用【选择工具】的属性栏可以调整对象的位置、大小、缩放比例、调和步数、旋转角度、水平与垂直角度、轮廓宽度和轮廓样式等。

### 2. 选择多个对象

在实际的操作中，往往需要选中多个对象同时进行编辑。选择多个对象的方法有以下几种。

- 在工具箱中单击【选择工具】，然后按住鼠标左键在场景中拖曳虚线矩形，松开鼠标后，凡是在选框内的对象都将被选中。
- 在工具箱中单击【手绘选择工具】，按住鼠标在场景中绘制一个不规则的形状，形状范围内的对象将被全部选中。
- 在工具箱中单击【选择工具】，按住Shift键在场景中逐一选择对象即可。

下面将简单讲解如何选择多个对象，具体操作如下。

01 按Ctrl+O组合键，在弹出的对话框中选择“素材\Cha01\素材01.cdr”素材文件，单击【打开】按钮，单击工具箱中的【选择工具】，移动鼠标指针到适当的位置按下鼠标左键拖出一个虚线框，如图1-31所示。

图1-31 框选对象

02 框选需要选择的对象后，松开鼠标即可选中完全处于选框内的对象，效果如图1-32所示。

图 1-32　选择多个对象后的效果

### 3. 按顺序选择对象

在工具箱中单击【选择工具】，然后选中最上面的对象，再按键盘上面的 Tab 键，将自动按照从前到后的顺序依次选择将要编辑的对象。

### 4. 全选对象

当用户想要选择文件中的所有对象时，可以使用全选的方法进行选择，具体方法有如下几种。

- 在工具箱中单击【选择工具】，使用鼠标在所有对象的外围拖曳虚线矩形，松开鼠标即可选中所有的对象。
- 在工具箱中双击【选择工具】或【手绘选择工具】，可以快速地全选所有对象。
- 在菜单栏中选择【编辑】|【全选】|【对象】命令，即可全选对象。
- 按 Ctrl+A 组合键，即可选择场景中的所有对象。

下面将简单讲解如何选择所有对象，具体操作步骤如下。

01 继续上面的素材进行操作，在菜单栏中选择【编辑】|【全选】|【对象】命令，如图 1-33 所示。

图 1-33　选择【对象】命令

02 执行该操作后，即可将场景中的所有对象全部选中，效果如图 1-34 所示。

图 1-34　选择全部对象后的效果

### 5. 取消对象的选择

如果要取消对全部对象的选择，在场景中的空白处单击即可；如果要取消场景中对某个对象或某几个对象的选择，可以在按住 Shift 键的同时单击要取消选择的对象。

01 继续上面的操作，将场景中的所有对象选中后，在工具箱中单击【选择工具】，按住 Shift 键，在工作区中依次单击背景对象、星星对象、圣诞树对象，即可取消对所单击对象的选择，如图 1-35 所示。

图 1-35　取消对象的选择

02 继续按住 Shift 键，框选文档中的文字对象，即可取消对文字对象的选择，效果如图 1-36 所示。

图 1-36　取消对文字的选择

## 1.1.2　复制对象

在 CorelDRAW 2018 中提供了两种复制类型，一种是对象的复制，就是将对象复制或剪切到剪贴板上，然后粘贴到工作区中（包括基本复制和再制复制）；另一种是对对象属性的复制。将对象剪切到剪贴板时，对象将从工作区中移除；将对象复制到剪贴板时，原对象保留在工作区中；再制对象时，对象副本会直接放到绘图窗口中而非剪贴板上，并且再制的速度比复制和粘贴快。使用复制功能可以提高工作效率。

### 1. 对象的基本复制

在 CorelDRAW 2018 中，对象的基本复制共有 6 种方式。

- 选中要复制的对象，在菜单栏中选择【编辑】|【复制】命令，然后在菜单栏中选择【编辑】|【粘贴】命令，在原始对象上进行覆盖复制。
- 选中要复制的对象，单击鼠标右键，在弹出的快捷菜单中执行【复制】命令；然后将光标移动到空白位置处，再单击鼠标右键，在弹出的快捷菜单中选择【粘贴】命令，如图 1-37 所示。

图 1-37 选择【粘贴】命令

- 选择对象，按 Ctrl+C 组合键，将原对象复制到剪贴板上；再按 Ctrl+V 组合键进行原位置粘贴。
- 选择对象，在小键盘上按 + 键，即可在原位置上进行复制。
- 选择对象，在标准工具栏中单击【复制】按钮，然后再单击【粘贴】按钮，即可将对象进行原位置复制。
- 选择对象，用鼠标将其拖曳至空白位置处，出现蓝色线框进行预览，如图 1-38 所示。然后在释放鼠标时，单击鼠标右键，完成复制。

图 1-38 蓝色预览线框

下面将介绍如何复制对象，具体操作步骤如下。

01 打开“素材\Cha01\素材 01.cdr”素材文件，如图 1-39 所示。

图 1-39 打开的素材文件

02 在工具箱中单击【选择工具】，选择 merry 文字对象，如图 1-40 所示。

图 1-40 选择文字对象

03 按小键盘中的 + 键对选中的对象进行复制，如图 1-41 所示。

图 1-41 对选中对象进行复制

04 在【对象管理器】泊坞窗中选择最下方的 merry 文字对象，按 Shift+F11 组合键，在弹出的对话框中将 CMYK 值设置为 24、100、100、0，单击【确定】按钮，在工作区中调整选中对象的位置，效果如图 1-42 所示。

图 1-42 复制并调整后的效果

### 2. 再制对象

对象再制是指将对象按照一定的规律复制出多个，方法有以下两种。

- 首先选中要再制的对象，然后按住鼠标左键将选择的对象拖曳至一定的距离，按鼠标右键确定复制，然后在菜单栏中选择【编辑】|【重复再制】命令，即可将对象按照前面移动的规律进行再制。
- 在默认页面属性栏中，调整位移的【单位】类型（默认为毫米），在工具属性栏中调整【微调距离】的偏离数值，然后在【再制距离】文本框中输入准确的数值，如图 1-43 所示。最后选中再制对象，按 Ctrl+D 组合键进行再制即可。

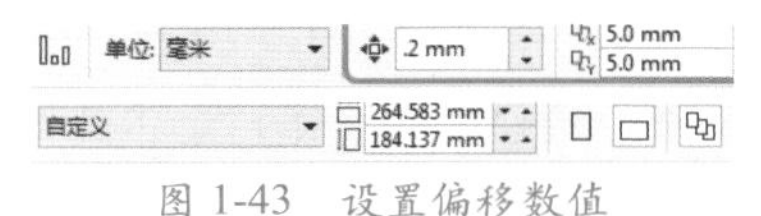

图 1-43 设置偏移数值

下面将简单介绍如何再制对象，具体操作步骤如下。

01 打开“素材 \Cha01\ 素材 01.cdr”素材文件，在工具箱中单击【选择工具】，在工作区中选择要再制的对象，按住鼠标对其进行拖动，如图 1-44 所示。

02 在合适的位置右击鼠标，完成对选中对象的复制，多次按 Ctrl+D 组合键对其进行再制复制，效果如图 1-45 所示。

图 1-44 拖动要复制的对象

图 1-45 多次再制后的效果

### 3. 复制对象属性

在工具箱中单击【选择工具】，然后选择对象，在菜单栏中选择【编辑】|【复制属性自】命令，弹出【复制属性】对话框。在该对话框中选中【轮廓笔】、【轮廓色】、【填充】复选框，如图 1-46 所示。设置完成后单击【确定】按钮，当鼠标指针变为➧形状时，将鼠标移动至要复制属性的对象上，单击鼠标，即可完成属性的复制，复制属性前后的效果如图 1-47 所示。

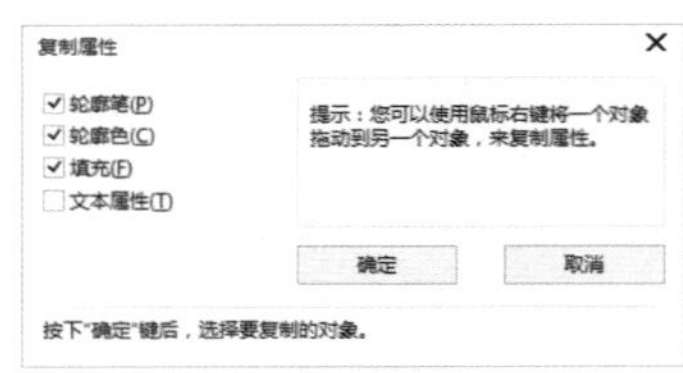

图 1-46 【复制属性】对话框

图 1-47 复制属性前后的效果

【复制属性】对话框中各个选项的功能如下。

- 【轮廓笔】：选中该复选框，将复制轮廓线的宽度和样式。
- 【轮廓色】：选中该复选框，将复制轮

廓线使用的颜色属性。

- 【填充】：选中该复选框，将复制对象的填充颜色和样式。
- 【文本属性】：选中该复选框，将复制文本对象的字符属性。

## 1.2 绘制咖啡杯——对象的基本操作

喝咖啡是人生的一种享受，一杯好咖啡，除了精心的烘焙和精巧的操作技巧外，咖啡杯也充当着极其重要的角色，专业的咖啡杯可以很好地保留咖啡原味。市面上常见的咖啡杯材质有很多种，其中有陶杯、瓷杯、不锈钢杯、骨瓷杯、玻璃杯等。本节将介绍如何绘制咖啡杯，效果如图 1-48 所示。

图 1-48　绘制咖啡杯的效果

| 素材 | 素材 \Cha01\ 咖啡背景 .jpg、咖啡豆 .cdr |
| --- | --- |
| 场景 | 场景 \Cha01\ 绘制咖啡杯——对象的基本操作 .cdr |
| 视频 | 视频教学 \Cha01\1.2　绘制咖啡杯——对象的基本操作 .mp4 |

01 启动软件，按 Ctrl+N 组合键，在弹出的对话框中将【宽度】、【高度】都设置为 381mm，将【渲染分辨率】设置为 300dpi，如图 1-49 所示。

图 1-49　设置新建文档参数

02 设置完成后，单击【确定】按钮，按 Ctrl+I 组合键，在弹出的对话框中选择“素材 \Cha01\ 咖啡背景 .jpg”素材文件，如图 1-50 所示。

图 1-50　选择素材文件

03 单击【导入】按钮，在工作区中单击鼠标，将选中的素材文件导入文档中，在工具属性栏中将【宽度】、【高度】都设置为 381mm，并在工作区中调整其位置，如图 1-51 所示。

图 1-51　导入素材文件并调整其大小与位置

04 在工具箱中单击【椭圆形工具】，在工作区中绘制一个椭圆形，在工具属性栏中将【宽度】、【高度】分别设置为 151.4mm、56.7mm，并调整其位置，效果如图 1-52 所示。

**提　示**

为了使读者能更好地观察绘制的效果，我们在绘制椭圆时使用了颜色鲜艳的轮廓色，这并不影响后面的效果。

图 1-52　绘制椭圆并进行设置

05 按 F11 键，在弹出的对话框中将左侧节点的 CMYK 值设置为 7、15、24、0，在位置 79% 处添加一个节点，并将其 CMYK 值设置为 25、35、48、0，将右侧节点的 CMYK 值设置为 9、17、27、0，勾选【自由缩放和倾斜】、【缠绕填充】复选框，如图 1-53 所示。

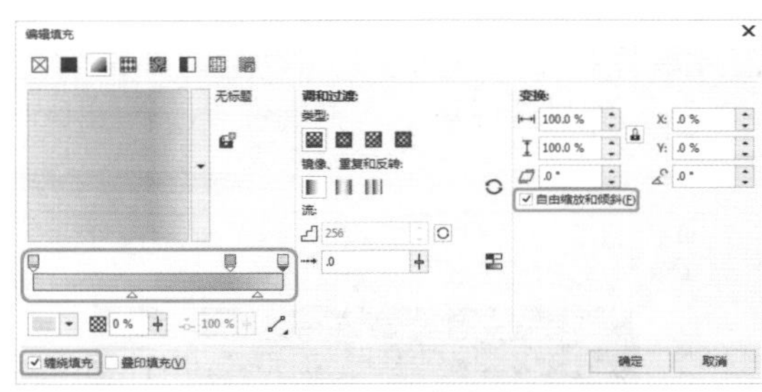
图 1-53　设置渐变参数

06 设置完成后，单击【确定】按钮，在默认调色板上右键单击☒色块，取消轮廓线的填充。在工具箱中单击【椭圆形工具】◯，在工作区中绘制一个椭圆形，在工具属性栏中将【宽度】、【高度】分别设置为 221.5mm、100.75mm，并调整其位置，效果如图 1-54 所示。

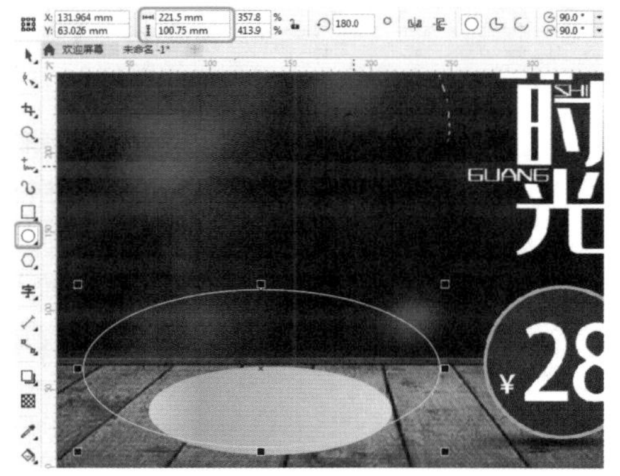

图 1-54　绘制椭圆并进行调整

## 知识链接：渐变填充

渐变填充是给对象添加两种或多种颜色的平滑过渡。渐变填充有 4 种类型：线性渐变填充、椭圆形渐变填充、圆锥形渐变填充和矩形渐变填充。线性渐变填充是沿对象作直线方向的过渡填充，椭圆形渐变填充从对象中心向外辐射，圆锥形渐变填充产生光线落在圆锥上的效果，而矩形渐变填充则以同心方形的形式从对象中心向外扩散。

在文档中可以为对象应用预设渐变填充、双色渐变填充和自定义渐变填充。自定义渐变填充可以包含两种或两种以上颜色，用户可以在对象的任何位置填充渐变颜色。创建自定义渐变填充之后，可以将其保存为预设。

应用渐变填充时，可以指定所选填充类型的属性，如填充的颜色调和方向，以及填充的角度、边界和中点。还可以通过指定渐变步长来调整渐变填充时的打印质量和显示质量。默认情况下，渐变步长设置处于锁定状态，因此渐变填充的打印质量由打印设置中的指定值决定，而显示质量由设定的默认值决定。但是，在应用渐变填充时，可以解除锁定渐变步长值设置，并指定一个适用于打印与显示质量的填充值。

07 选中绘制的图形，按 F11 键，在弹出的对话框中将左侧节点的 CMYK 值设置为 5、10、13、0，在位置 67% 处添加一个节点，并将其 CMYK 值设置为 8、15、22、0，在位置 85% 处添加一个节点，并将其 CMYK 值设置为 4、7、10、0，将右侧节点的 CMYK 值设置为 9、17、27、0，勾选【自由缩放和倾斜】、【缠绕填充】复选框，如图 1-55 所示。

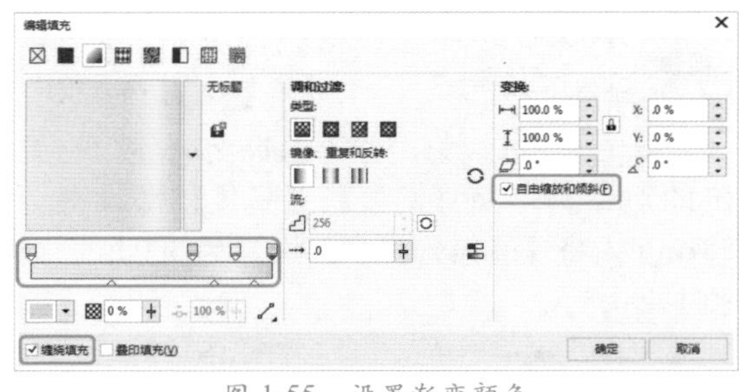
图 1-55　设置渐变颜色

08 设置完成后，单击【确定】按钮，在默认调色板上右键单击☒色块，取消轮廓线的填充。在工具箱中单击【椭圆形工具】◯，在工作区中绘制一个椭圆形，在工具属性栏中将【宽度】、【高度】分别设置为 217.3mm、97.8mm，并调整其位置，效果如图 1-56 所示。

09 继续选中该椭圆形，按 F11 键，在弹出的对话框中将左侧节点的CMYK值设置为16、27、36、0，将右侧节点的CMYK值设置为9、17、27、0，勾选【自由缩放和倾斜】、【缠绕填充】复选框，如图1-57所示。

图1-56 绘制椭圆形

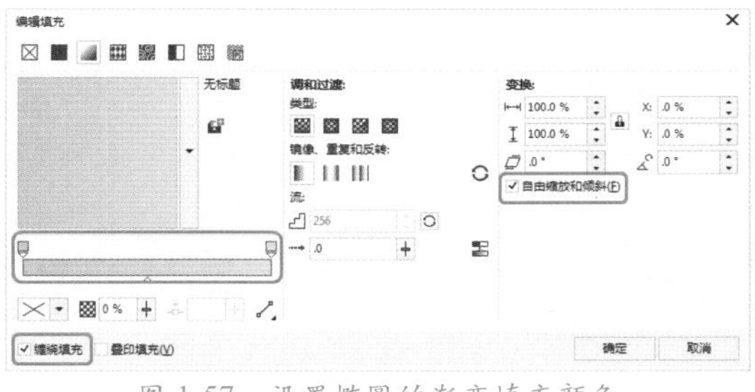

图1-57 设置椭圆的渐变填充颜色

10 设置完成后，单击【确定】按钮，在默认调色板上右键单击☒色块，取消轮廓线的填充。在工具箱中单击【钢笔工具】，在工作区中绘制一个如图1-58所示的图形。

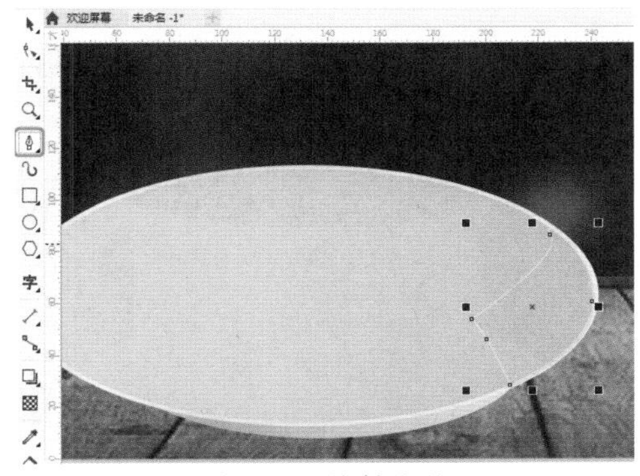

图1-58 绘制图形

11 选中绘制的图形，按F11键，在弹出的对话框中将左侧节点的CMYK值设置为7、15、24、0，在位置19%处添加一个节点，并将其CMYK值设置为11、19、28、0，将右侧节点的CMYK值设置为14、24、33、0，勾选【缠绕填充】复选框，取消勾选【自由缩放和倾斜】复选框，将【填充宽度】设置为91.6%，将【旋转】设置为91°，如图1-59所示。

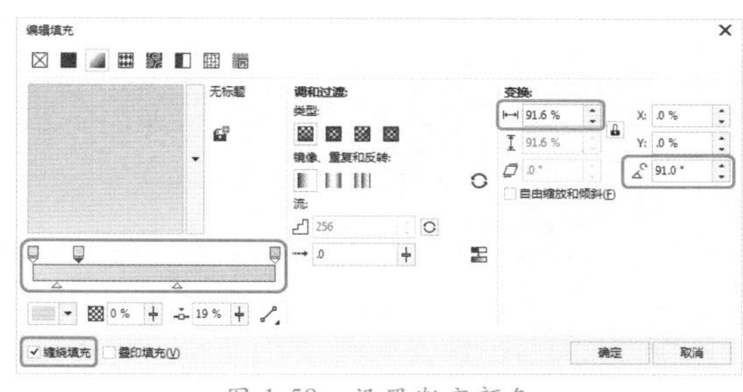

图1-59 设置渐变颜色

12 设置完成后，单击【确定】按钮，在默认调色板上右键单击☒色块，取消轮廓线的填充。在工具箱中单击【钢笔工具】，在工作区中绘制一个如图1-60所示的图形。

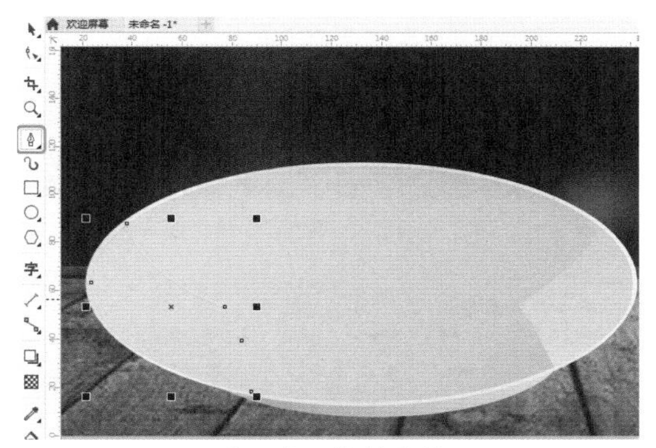

图1-60 绘制图形

13 选中绘制的图形，按F11键，在弹出的对话框中将左侧节点的CMYK值设置为5、10、13、0，将右侧节点的CMYK值设置为9、17、27、0，勾选【缠绕填充】复选框，取消勾选【自由缩放和倾斜】复选框，将【填充宽度】设置为91.6%，将【旋转】设置为91°，如图1-61所示。

14 设置完成后，单击【确定】按钮，在默认调色板上右键单击☒色块，取消轮廓线的填充。在工具箱中单击【钢笔工具】，在工作区中绘制一个如图1-62所示的图形。

15 选中绘制的图形，按F11键，在弹出的对话框中将左侧节点的CMYK值设置为19、29、40、0，在位置69%处添加一个节点，并将其CMYK值设置为15、23、33、0，将右侧节点的CMYK值设置为9、17、27、0，勾选【缠绕填充】复选框，取消勾选【自由缩放和倾斜】复选框，将【填充宽度】设置为94%，将【旋转】设置为-92.5°，如图1-63所示。

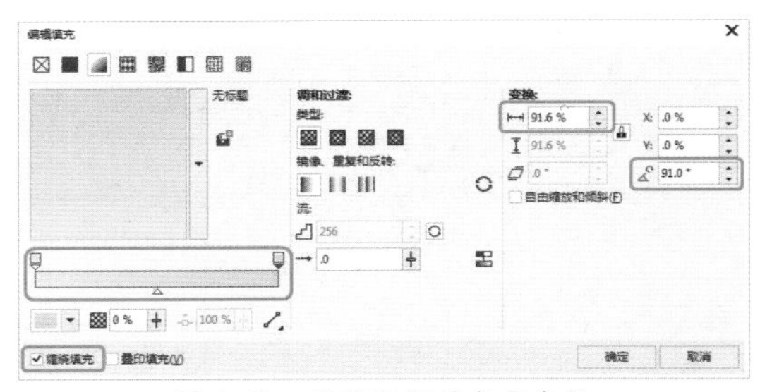

图 1-61 设置图形的渐变参数

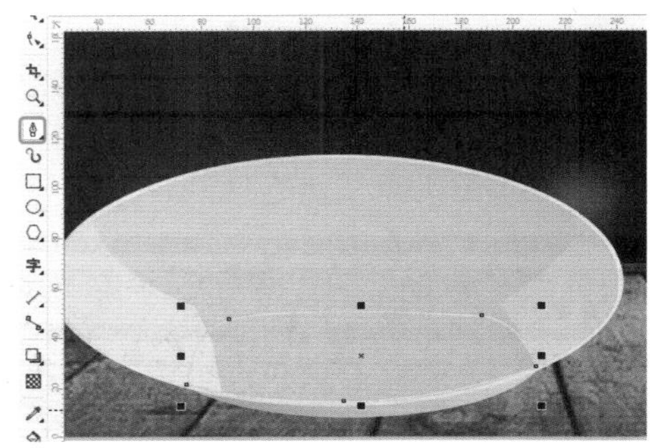

图 1-62 绘制图形

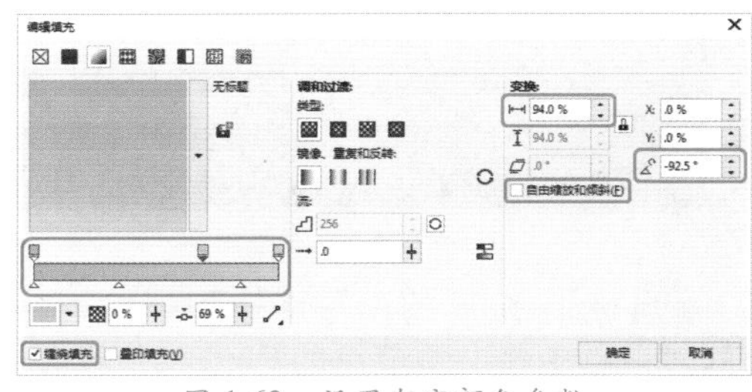

图 1-63 设置渐变颜色参数

16 设置完成后，单击【确定】按钮，在默认调色板上右键单击☒色块，取消轮廓线的填充。在工具箱中单击【钢笔工具】，在工作区中绘制一个如图1-64所示的图形。

17 选中绘制的图形，按F11键，在弹出的对话框中将左侧节点的CMYK值设置为7、15、24、0，在16%位置处添加一个节点，并将其CMYK值设置为25、35、48、0，在38%位置处添加一个节点，并将其CMYK值设置为17、25、37、0，将右侧节点的CMYK值设置为9、17、27、0，勾选【缠绕填充】、【自由缩放和倾斜】复选框，将【填充宽度】设置为100%，将【旋转】设置为0°，如图1-65所示。

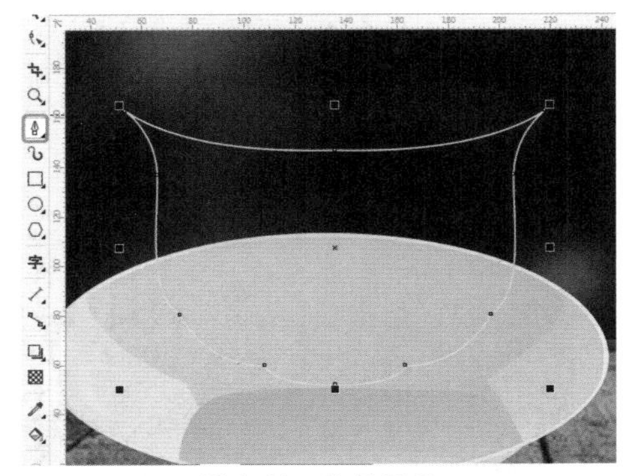

图 1-64 绘制图形

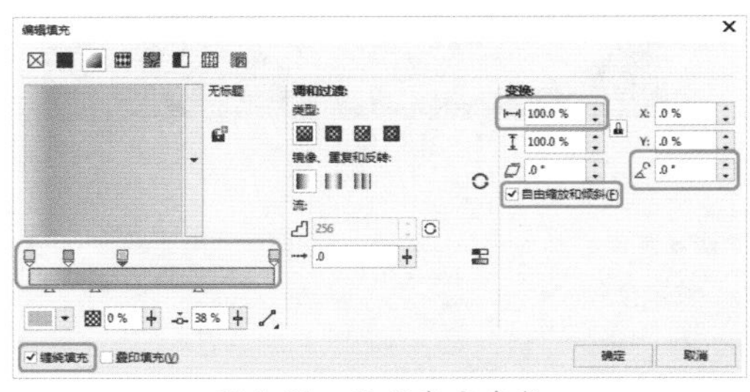

图 1-65 设置渐变参数

18 设置完成后，单击【确定】按钮，在默认调色板上右键单击☒色块，取消轮廓线的填充。在工具箱中单击【椭圆形工具】，在工作区中绘制一个椭圆形，在工具属性栏中将【宽度】、【高度】分别设置为176.5mm、67.5mm，并在工作区中调整其位置，效果如图1-66所示。

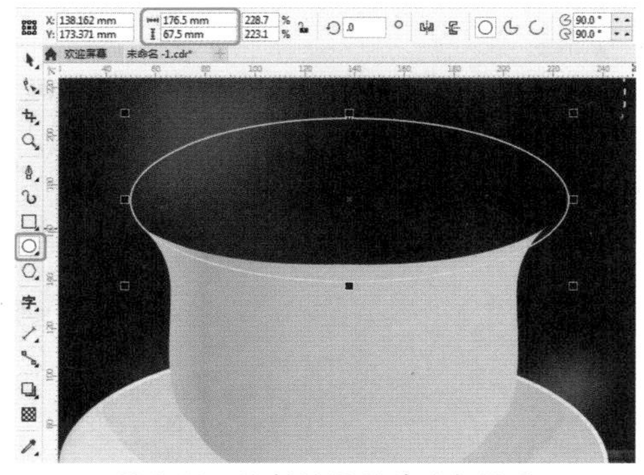

图 1-66 绘制椭圆形并进行设置

19 选中绘制的图形，按F11键，在弹出的对话框中将左侧节点的CMYK值设置为7、15、24、0，在16%位置处添加一个节点，并将其CMYK值设置为25、35、48、0，在38%位置处添加一个节点，并将其CMYK值设置为

17、25、37、0，将右侧节点的 CMYK 值设置为 9、17、27、0，取消勾选【缠绕填充】，勾选【自由缩放和倾斜】复选框，将【填充宽度】设置为 100%，将【旋转】设置为 180°，如图 1-67 所示。

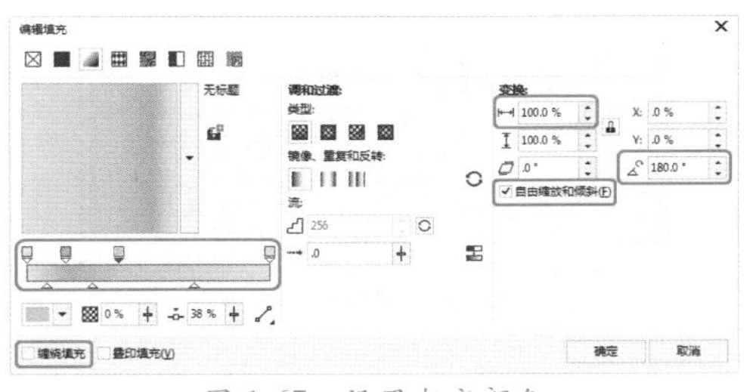

图 1-67 设置渐变颜色

20 设置完成后，单击【确定】按钮，在默认调色板上右键单击☒色块，取消轮廓线的填充。使用同样的方法在工作区中绘制其他图形，并对其进行相应的调整，效果如图 1-68 所示。

图 1-68 绘制其他图形并调整后的效果

21 在工具箱中单击【椭圆形工具】◯，在工作区中绘制一个椭圆形，在工具属性栏中将【宽度】、【高度】分别设置为 245.9mm、64.8mm，如图 1-69 所示。

图 1-69 绘制椭圆并进行设置

22 选中该图形，按 Shift+F11 组合键，在弹出的对话框中将 CMYK 值设置为 0、0、0、100，如图 1-70 所示。

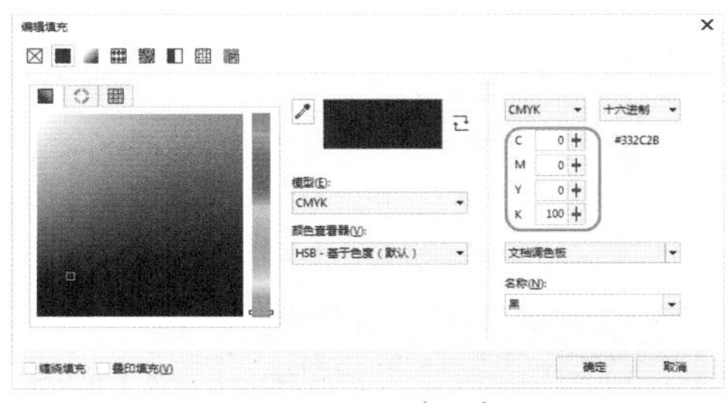

图 1-70 设置填充颜色

23 单击【确定】按钮，在默认调色板上右键单击☒色块，取消轮廓线的填充。继续选中该图形，在工具箱中单击【透明度工具】▩，在工具属性栏中单击【渐变透明度】按钮▩，然后单击【椭圆形渐变透明度】按钮▩，并在工作区中调整不透明度效果，如图 1-71 所示。

图 1-71 调整透明度效果

24 在工具箱中单击【选择工具】，选中添加透明度的椭圆形，右击鼠标，在弹出的快捷菜单中选择【顺序】|【置于此对象前】命令，如图 1-72 所示。

图 1-72 选择【置于此对象前】命令

**疑难解答** 除了可以通过快捷菜单中的命令调整顺序外，还有什么方法可以用于调整?

除了可以通过在快捷菜单中选择【顺序】命令调整顺序外，还可以在【对象管理器】泊坞窗中选择要调整顺序的对象，按住鼠标左键对其进行拖动，在合适的位置释放鼠标，即可完成顺序的调整。

25 当鼠标指针变为➧形状时，在背景图片上单击鼠标，将选中的椭圆形置于该对象的前面，调整后的效果如图 1-73 所示。

图 1-73　调整对象排放顺序后的效果

26 在工具箱中单击【文本工具】字，在工作区中单击鼠标，输入文字。选中输入的文字，在工具属性栏中将【字体】设置为 Kristen ITC，将【字体大小】设置为 100pt，并将其填充为白色，效果如图 1-74 所示。

图 1-74　输入文字并进行设置

27 在工具箱中单击【选择工具】，在工作区中选择除背景图片与文字之外的其他对象，右击鼠标，在弹出的快捷菜单中选择【组合对象】命令，如图 1-75 所示。

28 根据前面所介绍的方法将“咖啡豆 .cdr”素材文件导入文档中，并对其进行调整，效果如图 1-76 所示。

图 1-75　选择【组合对象】命令

图 1-76　导入素材文件

## 1.2.1　变换对象

在编辑对象时，可以对选中的对象进行简单快捷的变换或辅助操作，使对象效果更丰富。下面将进行详细讲解。

### 1. 移动对象

在 CorelDRAW 2018 中移动对象的方法有以下 3 种。

- 选择对象，当鼠标指针变为✥形状时，按住鼠标左键进行拖动。
- 选择对象，然后利用键盘上的方向键进行移动。
- 选择对象，在菜单栏中选择【对象】|【变换】|【位置】命令，如图 1-77 所示，开启【变换】泊坞窗，在该泊坞窗中设置 X 轴和 Y 轴的参数值，然后选择移动的相对位置，设置完成后单击【应用】按钮即可，如图 1-78 所示。

图 1-77 选择【位置】命令

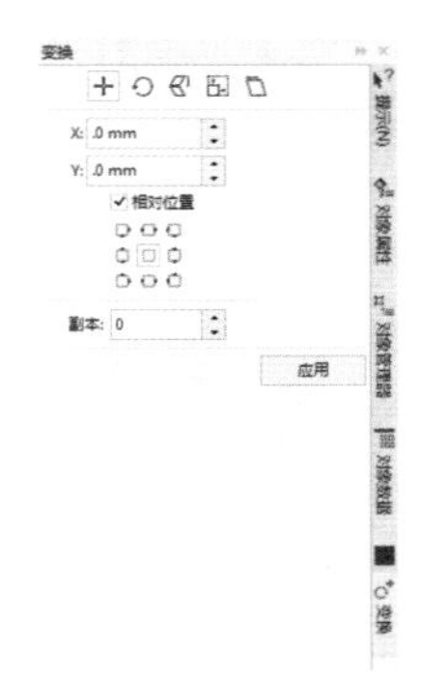
图 1-78 【变换】泊坞窗

**提 示**

在【变换】泊坞窗中，若选中【相对位置】复选框，将以原始对象相对应的锚点为坐标原点，沿设定的方向和距离进行位移。

### 2. 旋转对象

在 CorelDRAW 2018 中旋转对象的方法有以下 3 种。

- 双击将要进行旋转的对象，当出现旋转箭头后，将鼠标移动到标有曲线箭头的锚点上，按住鼠标左键拖曳旋转即可，如图 1-79 所示。

图 1-79 旋转效果

- 选择对象，在工具属性栏上设置【旋转角度】的参数即可对其进行旋转操作，如图 1-80 所示。

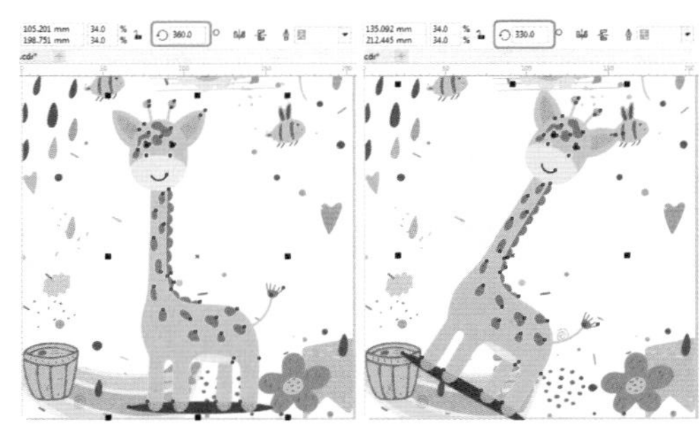
图 1-80 通过工具属性栏旋转对象

- 选择对象，在菜单栏中选择【对象】|【变换】|【旋转】命令，开启【变换】泊坞窗，在泊坞窗中设置【旋转角度】，然后选中【相对中心】复选框，最后单击【应用】按钮即可，如图 1-81 所示。

### 3. 缩放对象

在 CorelDRAW 2018 中提供了 3 种方法对对象进行缩放处理。

- 选择将要缩放的对象，将鼠标指针移动至锚点上，然后按住鼠标左键进行拖曳缩放，蓝色线框为缩放大小的预览效果。当从顶点开始进行缩放时，为等比例缩放；当在水平或垂直锚点开始进行缩放操作时，将会改变对象原有的形状。
- 选择对象，在菜单栏中选择【对象】|【变换】|【缩放和镜像】命令，开启【变换】泊坞窗，在该泊坞窗中设置 X 轴和 Y 轴的参数值，然后选择缩放中心，如图 1-82 所示，最后单击【应用】按钮即可完成缩放。

**提 示**

当进行缩放时，按住 Shift 键操作将进行中心缩放。

- 选择需要缩放的对象，在工具属性栏中的【缩放因子】文本框中输入数值即可缩放对象，如图 1-83 所示。

**提 示**

当【缩放因子】文本框右侧的【锁定比率】按钮🔒处于按下状态时，可以等比例缩放对象；当该按钮未处于按下状态时，则可以分别设置宽度和高度的缩放值。

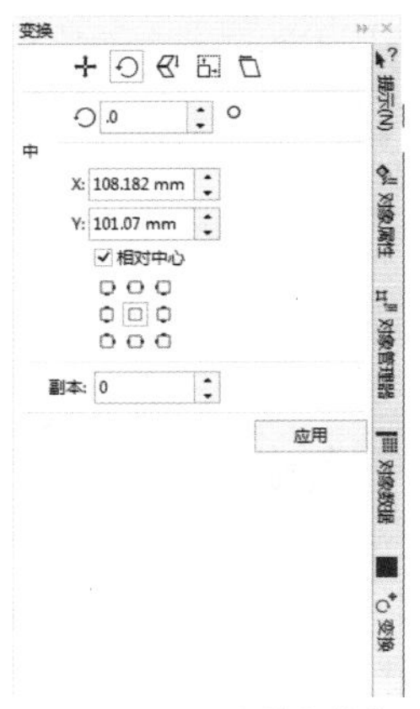


图 1-81　设置【变换】泊坞窗

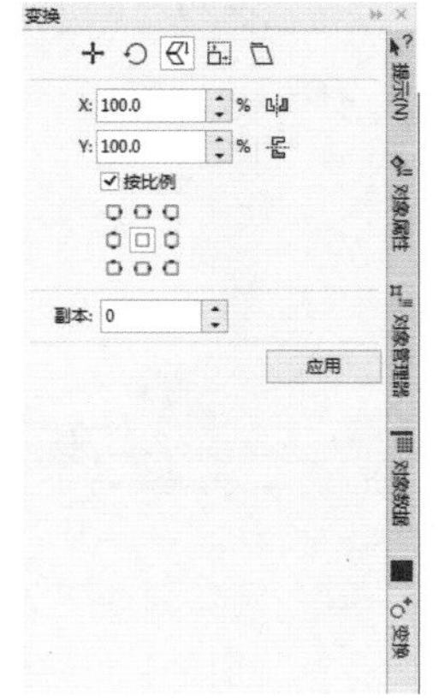


图 1-82　缩放参数设置

图 1-83　设置缩放参数

下面将介绍如何对对象进行缩放，其操作步骤如下。

01 按 Ctrl+O 组合键，在弹出的对话框中选择“素材\Cha01\素材 02.cdr”素材文件，单击【打开】按钮，如图 1-84 所示。

02 单击工具箱中的【选择工具】，在工作区中选择长颈鹿对象，按住鼠标将其向右拖动，调整其位置，效果如图 1-85 所示。

图 1-84　素材文件

图 1-85　调整长颈鹿的位置

03 继续选中长颈鹿对象，按小键盘上的+键，对其进行复制，按住鼠标将复制的对象向左移动，调整后的效果如图 1-86 所示。

04 继续选中移动后的对象，在工具属性栏中将【缩放因子】均设置为 26%，并调整其位置，如图 1-87 所示。

图 1-86　复制对象并进行调整

图 1-87　缩放对象后的效果

### 4. 镜像对象

在 CorelDRAW 2018 中提供了 3 种方法对对象进行镜像处理。

- 选择将要镜像处理的对象，按住 Ctrl 键在锚点上单击鼠标左键并进行拖曳，然后松开鼠标即可完成镜像操作。当用户向上或向下拖曳时为垂直镜像，当用户向左或向右拖曳时为水平镜像。
- 选择对象，在菜单栏中选择【对象】|【变换】|【缩放和镜像】命令，开启【变换】泊坞窗，在该泊坞窗中设置 X 轴和 Y 轴的参数，选择缩放中心，单击【水平镜像】按钮或【垂直镜像】按钮，然后单击【应用】按钮即可。
- 选择对象，在工具属性栏中单击【水平镜像】或【垂直镜像】按钮进行操作即可，如图 1-88 所示。

图 1-88　镜像按钮

下面将介绍如何镜像对象，其具体操作步骤如下。

01 继续上面的操作，在工具箱中单击【选择工具】，在工作区中选择小长颈鹿，效果如图 1-89 所示。

02 在工具属性栏中单击【水平镜像】按钮，即可完成对选中对象的镜像，效果如图 1-90 所示。

图 1-89 选择对象

图 1-90 镜像对象后的效果

5. 倾斜对象

CorelDRAW 2018 为用户提供了以下两种倾斜对象的方法。

- 用鼠标双击将要倾斜的对象，当对象周围出现旋转或倾斜箭头后，将指针移动到水平直线上的倾斜锚点上，按住鼠标左键进行拖曳倾斜即可。
- 选择将要倾斜的对象，在菜单栏中选择【对象】|【变换】|【倾斜】命令，开启【变换】泊坞窗，在该泊坞窗中设置 X 轴和 Y 轴的参数，然后选中【使用锚点】复选框并指定位置，最后单击【应用】按钮即可。

## 1.2.2 控制对象

在编辑对象的过程中，用户还可以对对象进行各种控制和操作，包括对象的群组与取消群组、合并与拆分、锁定与解锁和改变排列顺序。

1. 群组与取消群组

图像可以由很多独立的对象组成，用户利用对象之间的编组进行统一的操作时，既可以将两个或多个对象进行群组，也可以将其他群组创建为嵌套群组。可以直接编辑群组中的对象，而不需要解组。

(1) 群组对象

在 CorelDRAW 2018 中提供了以下 3 种群组对象的方法。

- 选择将要进行群组操作的所有对象，然后单击鼠标右键，在弹出的快捷菜单中选择【组合对象】命令（也可以按 Ctrl+G 组合键）进行快速群组，如图 1-91 所示。

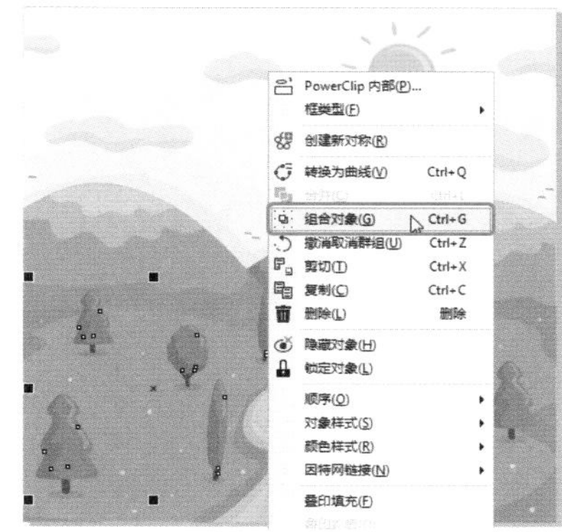


图 1-91 选择【组合对象】命令

- 选择需要群组的所有对象，在菜单栏中选择【对象】|【组合】|【组合对象】命令进行群组，如图 1-92 所示。

图 1-92 选择【组合对象】命令

- 选择需要群组的所有对象，在工具属性栏中单击【组合对象】按钮进行快速群组。

**提 示**

不仅能对单个对象进行群组，在组与组之间同样可以进行群组，而且群组后的对象将表现为整体的形式，显示为一个图层。

下面将简单讲解如何进行群组操作，具体操作步骤如下。

01 按 Ctrl+O 组合键，在弹出的对话框中选择“素材\Cha01\素材 03.cdr”素材文件，单击【打开】按钮，如图 1-93 所示。

02 在工具箱中单击【选择工具】，在

工作区中按住Shift键选择所有的树对象，如图1-94所示。

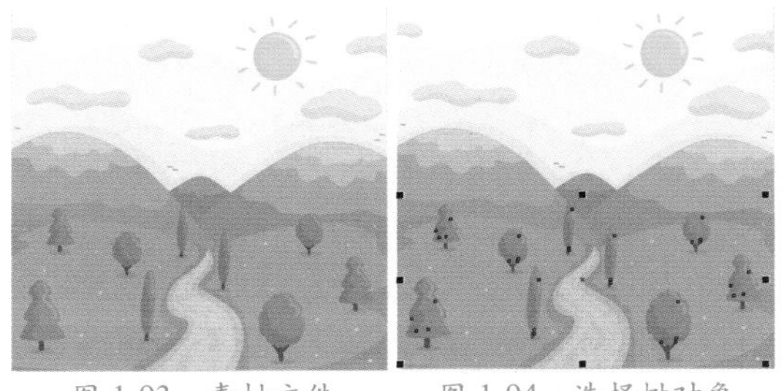

图1-93　素材文件　　图1-94　选择树对象

03 在选择的对象上右击鼠标，在弹出的快捷菜单中选择【组合对象】命令，如图1-95所示。

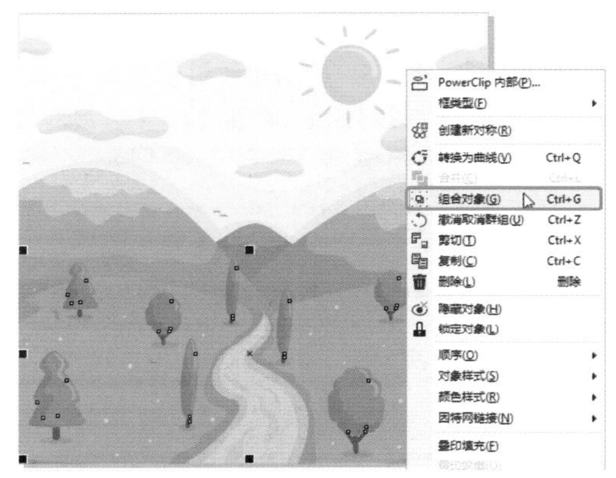


图1-95　选择【组合对象】命令

04 执行该操作后，即可将选中的对象进行组合，效果如图1-96所示。

图1-96　组合对象后的效果

(2) 取消群组对象

当在群组后发现错误，则可以取消群组重新编辑。CorelDRAW 2018为用户提供了以下3种取消群组的方法。

- 选择群组对象，然后单击鼠标右键，在弹出的快捷菜单中选择【取消组合对象】或【取消组合所有对象】命令(也可按Ctrl+U组合键)快速解散群组。
- 选择群组对象，在菜单栏中选择【对象】|【组合】|【取消组合对象】或【取消组合所有对象】命令进行解组。
- 选择群组对象，在工具属性栏中单击【取消组合对象】或【取消组合所有对象】按钮进行快速解组。

**提　示**

执行【取消组合对象】命令时，可以将群组拆分为单个对象，或者将嵌套群组拆分为多个群组。执行【取消组合所有对象】命令时，可以将一个或多个群组拆分为单个对象，包括嵌套群组中的对象。

下面将简单讲解如何取消群组对象，具体操作步骤如下。

01 继续上面的操作，在工作区中选择组合的树对象，右击鼠标，在弹出的快捷菜单中选择【取消组合所有对象】命令，如图1-97所示。

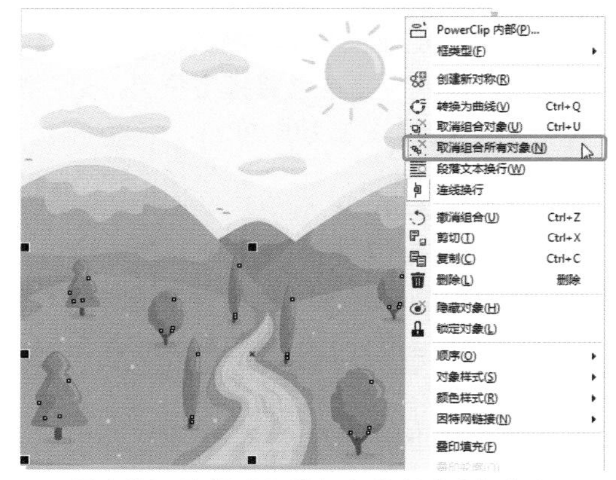


图1-97　选择【取消组合所有对象】命令

02 执行该操作后，即可将选中的组对象全部取消，效果如图1-98所示。

### 2. 合并与拆分对象

合并和群组不同，群组是将两个或多个对象编成一个组，内部是独立的，对象属性不变；而合并是将两个或多个对象合并为一个全新的对象。可以合并矩形、椭圆形、多边形、星形、螺纹形或文本，以便将这些对象转换为单个曲线对象，其对象的属性也将发生变化。

图 1-98　取消组合所有对象后的效果

如果需要修改由多个独立对象合并而成的对象的属性，可以拆分合并的对象。

CorelDRAW 2018 为用户提供了以下 4 种合并或拆分对象的方法。

- 选择要合并的对象，在工具属性栏中单击【合并】按钮，将所选对象合并为一个对象；再单击【拆分】按钮，即可将合并对象拆分为单个对象。
- 选择对象，单击鼠标右键，在弹出的快捷菜单中选择【合并】或【拆分曲线】命令，即可进行合并或拆分操作。
- 选择对象，在菜单栏中选择【对象】|【合并】或【拆分曲线】命令，即可进行合并或拆分操作。
- 使用快捷键，当执行【合并】命令时，按 Ctrl+L 组合键；当执行【拆分曲线】命令时，按 Ctrl+K 组合键。

**提　示**

对象合并后，属性将发生变化；当再将其拆分后，其属性将无法恢复。

### 3. 锁定与解锁对象

在编辑文档的过程中，为了避免操作失误，可以将编辑好的或者不需要再编辑的对象进行锁定。对象被锁定后，将无法再进行编辑，同样也不会被误删；如果想要重新编辑对象，需将其进行解锁处理。

（1）锁定对象

CorelDRAW 2018 提供了两种锁定对象的方法。

- 选择需要锁定的对象，然后单击鼠标右键，在弹出的快捷菜单中选择【锁定对象】命令，如图 1-99 所示，即可将其锁定。锁定后的对象锚点将以锁的形式呈现，显示效果如图 1-100 所示。

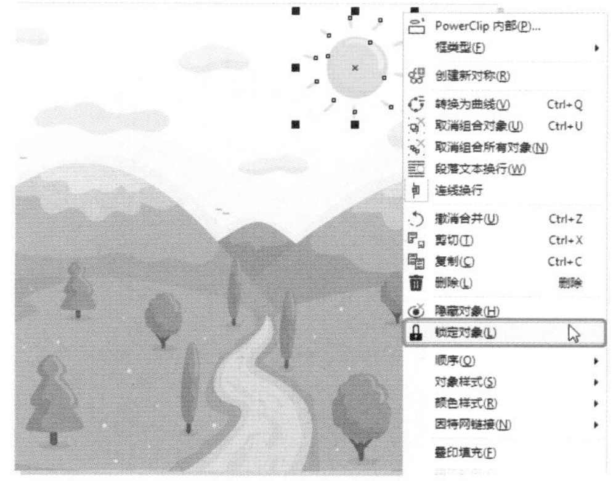


图 1-99　选择【锁定对象】命令

图 1-100　锁定对象后的效果

- 选择将要锁定的对象，在菜单栏中选择【对象】|【锁定对象】命令，即可将所选对象锁定。

（2）解锁对象

CorelDRAW 2018 提供了两种解锁对象的方法。

- 选择需要解锁的对象，然后单击鼠标右键，在弹出的快捷菜单中选择【解锁对象】命令，如图 1-101 所示，即可将锁定对象解锁。
- 选择需要解锁的对象，在菜单栏中选择【对象】|【锁定】|【解锁对象】命令，如图 1-102 所示，即可将锁定对象解锁。

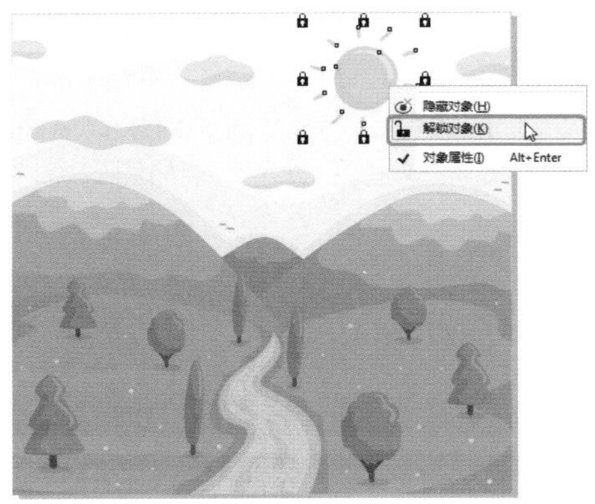


图 1-101　选择【解锁对象】命令

图 1-102　选择【解锁对象】命令

#### 4. 更改对象的叠放顺序

在编辑图像时，通常利用图层的叠加组成图案或体现效果，应用 CorelDRAW 2018 中的顺序功能可以把多个对象按照顺序排列，使绘制的对象有次序。一般最后创建的对象排在最前面，最早建立的对象则排在最后面。

CorelDRAW 2018 提供了以下 3 种更改排序的方法。

- 在场景中选择相应的图层并单击鼠标右键，在弹出的快捷菜单中选择【顺序】命令，如图 1-103 所示，在弹出的子菜单中执行相应的命令进行操作。
- 在场景中选择相应的图层，在菜单栏中选择【对象】|【顺序】命令，如图 1-104 所示，在弹出的子菜单中选择合适的命令进行操作即可。

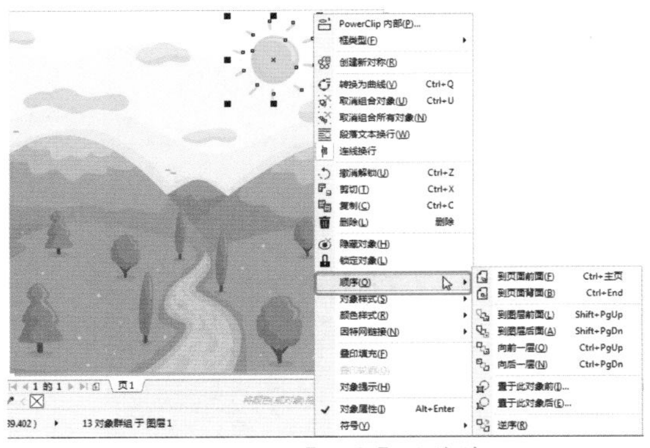

图 1-103　【顺序】子菜单

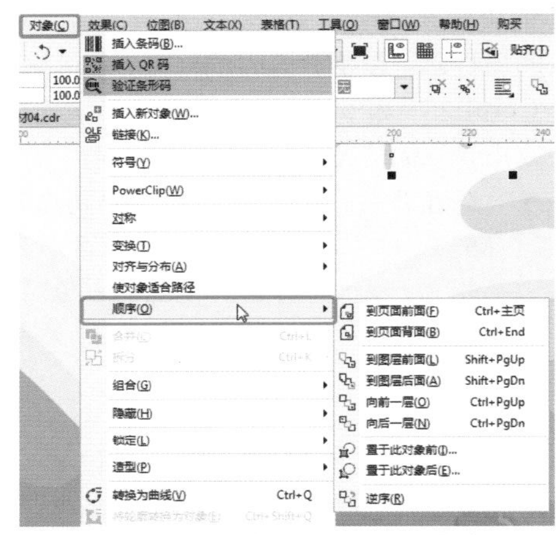


图 1-104　选择【对象】|【顺序】命令

- 按 Ctrl+Home 组合键，可以将对象置于顶层；按 Ctrl+End 组合键，可将对象置于底层；按 Ctrl+PageUp 组合键，可将对象向上移动一个图层；按 Ctrl+PageDown 组合键，可将对象向下移动一个图层。

**知识链接：【顺序】子菜单**

子菜单中各命令的解释如下。

- 【到页面前面】或【到页面背面】：选择该命令，将所选对象调整至当前页面的最前面或最后面。
- 【到图层前面】或【到图层后面】：选择该命令，将所选对象调整到当前图层所有对象的最前面或最后面。
- 【向前一层】或【向后一层】：选择该命令，将所选对象向上或向下移动一个堆叠顺序。
- 【置于此对象前】或【置于此对象后】：选择该命令，当光标变为➧形状，单击目标对象，可将所选对象置于该对象的前面或后面。
- 【逆序】：选择该命令，可将所选对象按相反的顺序进行排序。

### 5. 对齐与分布对象

在 CorelDRAW 2018 中绘图时，用户可以根据需要将某些图形对象按照一定的规则进行排列，以达到更好的视觉效果。如可以将对象互相对齐，也可以将对象与工作区对齐；在相互对齐对象时，可以按对象的中心或边缘对齐排列。

在编辑过程中进行准确的对齐与分布操作，有以下两种方法。

- 选择对象，在菜单栏中选择【对象】|【对齐与分布】命令，在弹出的子菜单中选择相应的命令进行操作即可，如图 1-105 所示。

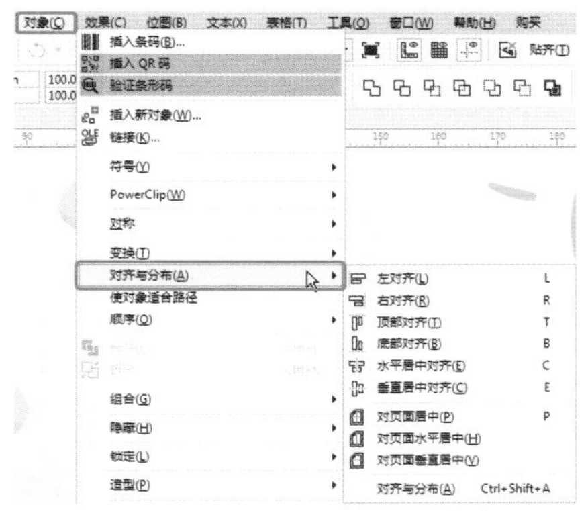


图 1-105 选择【对齐与分布】命令

- 选择对象，在工具属性栏中单击【对齐与分布】按钮，开启【对齐与分布】泊坞窗，如图 1-106 所示，在该泊坞窗中设置相应的参数即可。

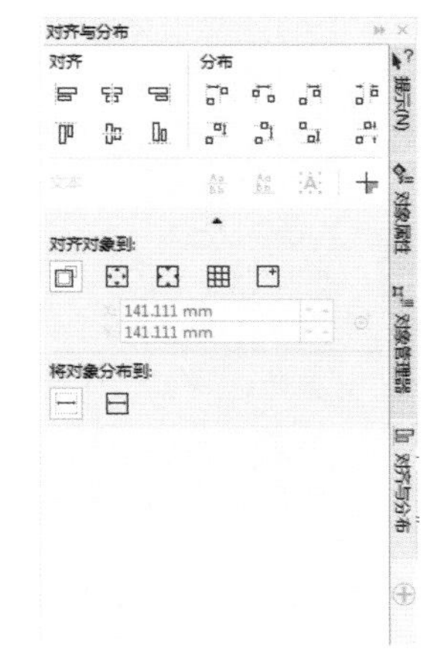


图 1-106 【对齐与分布】泊坞窗

(1) 对齐对象

在【对齐与分布】子菜单中，可以进行对齐的相关操作。

- 左对齐：以最底层的对象为准进行左对齐，如图 1-107 所示。

图 1-107 左对齐

- 右对齐：以最底层的对象为准进行右对齐，如图 1-108 所示。

图 1-108 右对齐

- 顶端对齐：以最底层的对象为准进行顶端对齐，如图 1-109 所示。

图 1-109 顶端对齐

- 底端对齐：以最底层的对象为准进行底端对齐，如图 1-110 所示。

图 1-110 底端对齐

- 水平居中对齐：以最底层的对象为准

进行水平居中对齐，如图 1-111 所示。

图 1-111 水平居中对齐

- 垂直居中对齐：以最底层的对象为准进行垂直居中对齐，如图 1-112 所示。

图 1-112 垂直居中对齐

- 对页面居中：以页面中心点为准进行水平居中对齐和垂直居中对齐，如图 1-113 所示。

图 1-113 对页面居中

- 对页面水平居中：以页面为准进行水平居中对齐，如图 1-114 所示。

图 1-114 对页面水平居中

- 对页面垂直居中：以页面为准进行垂直居中对齐，如图 1-115 所示。

图 1-115 对页面垂直居中

(2) 分布对象

在 CorelDRAW 2018 中分布对象时，可以使选择的对象的中心点或选定边缘以相等的间隔分布。在【对齐与分布】泊坞窗中，通过单击【分布】选项组中的按钮可以根据需要分布选择的对象，如图 1-116 所示，单击各按钮的表现形式如下。

- 【左分散排列】按钮：平均设定对象左边缘之间的间距，如图 1-117 所示。

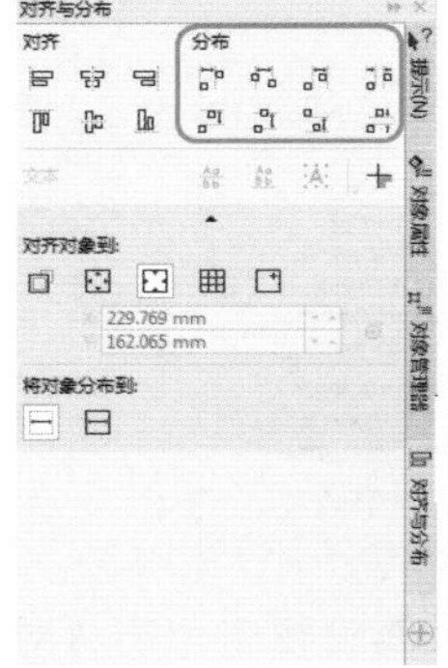


图 1-116 【分布】选项组

图 1-117 左分散排列

- 【水平分散排列中心】按钮：沿着水平轴，平均设定对象中心点之间的间距，如图 1-118 所示。

图 1-118 水平分散排列中心

- 【右分散排列】按钮：平均设定对象右边缘之间的间距，如图 1-119 所示。
- 【水平分散排列间距】按钮：沿水平

轴，将对象之间的间隔设为相同距离，如图 1-120 所示。

图 1-119 右分散排列

图 1-120 水平分散排列间距

- 【顶部分散排列】按钮：平均设定对象上边缘之间的间距，如图 1-121 所示。

图 1-121 顶部分散排列

- 【垂直分散排列中心】按钮：沿着垂直轴，平均设定对象中心点之间的间距，如图 1-122 所示。

图 1-122 垂直分散排列中心

- 【底部分散排列】按钮：平均设定对象下边缘之间的间距，如图 1-123 所示。
- 【垂直分散排列间距】按钮：沿垂直轴，将对象之间设为相同距离，如图 1-124 所示。

图 1-123 底部分散排列

图 1-124 垂直分散排列间距

### 6. 删除对象

要删除不需要的对象，应首先在场景中选中它，然后在菜单栏中选择【编辑】|【删除】命令，或直接按 Delete 键将其删除。

### 7. 步长和重复

在编辑过程中，可以利用【步长和重复】命令进行水平、垂直和角度再制。在菜单栏中选择【编辑】|【步长和重复】命令，开启【步长和重复】泊坞窗，如图 1-125 所示。

该泊坞窗中各选项的解释如下。

- 【水平设置】：水平方向进行再制，可以设置【类型】、【间距】和【方向】参数。在设置类型的下拉列表框中可以选择【无偏移】、【偏移】或【对象之间的间距】选项，如图 1-126 所示。

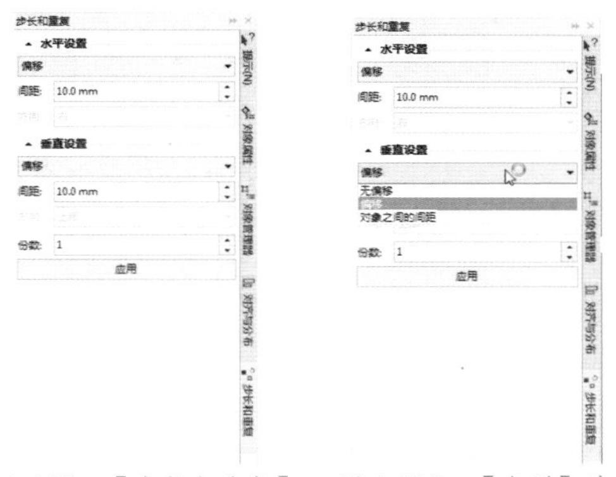


图 1-125 【步长和重复】泊坞窗　图 1-126 【类型】选项

- ◆ 【无偏移】：选择该类型，将不进

行任何偏移，其下面的【间距】和【方向】选项同样无法进行设置。在【份数】文本框中输入数值后单击【应用】按钮，则会在原位置进行再制。

- ◆ 【偏移】：选择该选项，是指以对象为准进行水平偏移。在选择【偏移】选项后，即可在其下面设置【间距】和【方向】参数。当【间距】参数设置为 0 时，将在原位置重复再制。

**提　示**

若要控制再制的间距，可以在工具属性栏中查看所选对象的宽和高的数值，然后在【步长和重复】泊坞窗中设置数值。当【间距】值小于对象的宽度时，表示对象重复效果为重叠，当【间距】值与对象的宽度相同时，表示对象重复效果为边缘重合，当【间距】值大于对象宽度时，表示对象重复有间距。

- ◆ 【对象之间的间距】：选择该选项，将以对象之间的间距进行再制。
- 【间距】：该选项用来设置精确偏移。
- 【方向】：该选项用来设置旋转方向，在其下拉列表中共有【左】和【右】两个选项。
- 【垂直设置】：设置该选项组，将在垂直方向进行重复再制，可以设置【类型】、【间距】和【方向】参数。
  - ◆ 【无偏移】：选择该选项，将不进行任何偏移，在原位置进行重复再制。
  - ◆ 【偏移】：选择该选项，将以对象为准进行垂直偏移，当【间距】参数为 0 时，为原位置重复再制。
  - ◆ 【对象之间的间距】：选择该选项，将以对象之间的间距为准进行垂直偏移，当【间距】为 0 时，重复效果为垂直边缘重合复制。
- 【份数】：该选项主要用来设置再制的份数。

## 1.3 上机练习

下面通过实例来巩固本章所学习的基础知识，使读者对本章的内容进一步加深认识。

### 1.3.1 绘制火烈鸟

火烈鸟一生只有一个伴侣，它象征着美好和火热的爱情。火烈鸟的元素深受大家的欢迎，因此不少手绘中也出现了火烈鸟的身影。本节将介绍如何绘制火烈鸟，效果如图 1-127 所示。

图 1-127　火烈鸟

| 素材 | 素材 \Cha01\ 火烈鸟背景 .jpg、花 .cdr |
|---|---|
| 场景 | 场景 \Cha01\ 绘制火烈鸟 .cdr |
| 视频 | 视频教学 \Cha01\1.3.1　绘制火烈鸟 .mp4 |

01 启动软件，按 Ctrl+N 组合键，在弹出的对话框中将【宽度】、【高度】分别设置为 677mm、395mm，将【渲染分辨率】设置为 300dpi，如图 1-128 所示。

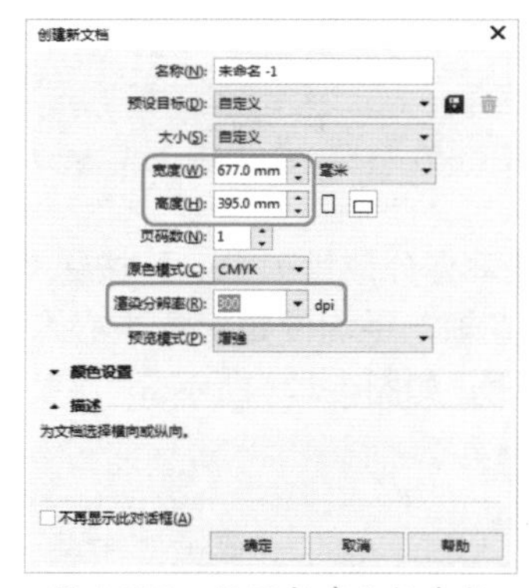


图 1-128　设置新建文档参数

02 设置完成后，单击【确定】按钮，按 Ctrl+I 组合键，在弹出的对话框中选择“素材 \Cha01\ 火烈鸟背景 .jpg”素材文件，如图 1-129 所示。

03 单击【导入】按钮，在工作区中单击鼠标，将选中的素材文件导入文档中，在工具属性栏中将【宽度】、【高度】分别设置为 677mm、395mm，在工作区中调整该素材文件的位置，如图 1-130 所示。

图 1-129 选择素材文件

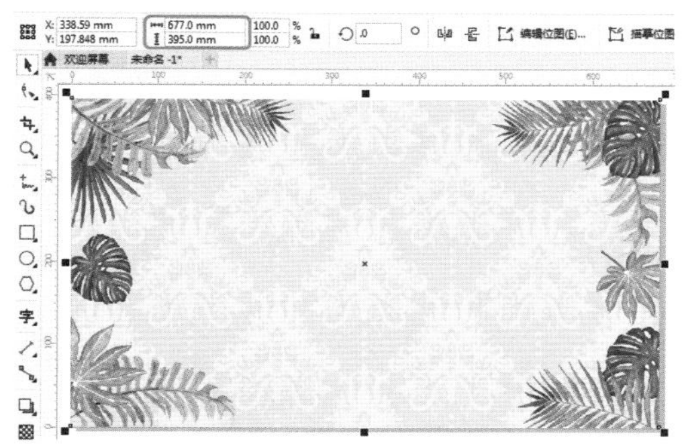

图 1-130 添加素材文件

04 在工具箱中单击【钢笔工具】，在工作区中绘制一个如图 1-131 所示的图形。

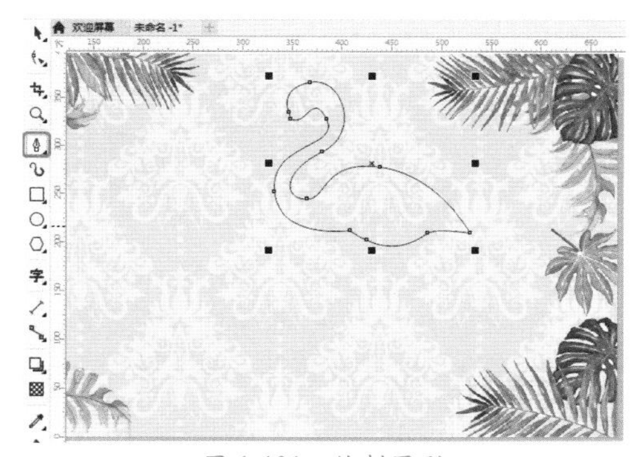

图 1-131 绘制图形

05 按 Shift+F11 组合键，在弹出的对话框中将颜色【模型】设置为 RGB，将 RGB 值设置为 255、135、144，如图 1-132 所示。

06 设置完成后，单击【确定】按钮，在默认调色板上右键单击☒色块，取消轮廓线的填充。在工具箱中单击【钢笔工具】，在工作区中绘制一个如图 1-133 所示的图形。

07 选中绘制的图形，按 Shift+F11 组合键，在弹出的对话框中将颜色【模型】设置为 RGB，将 RGB 值设置为 251、112、126，如图 1-134 所示。

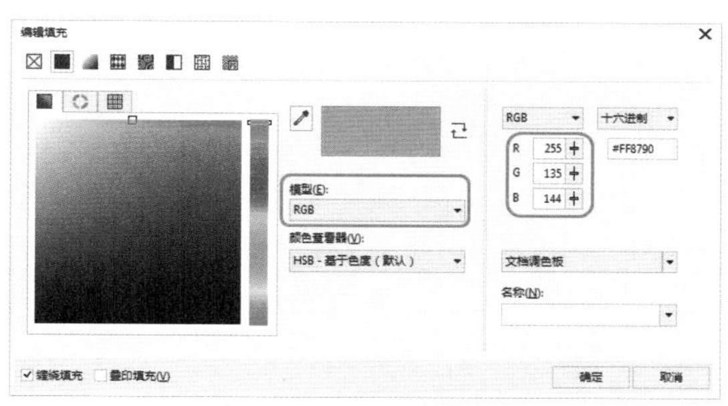

图 1-132 设置填充颜色

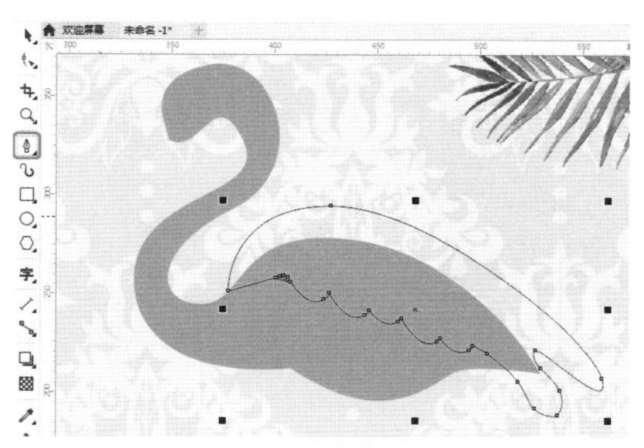

图 1-133 绘制图形

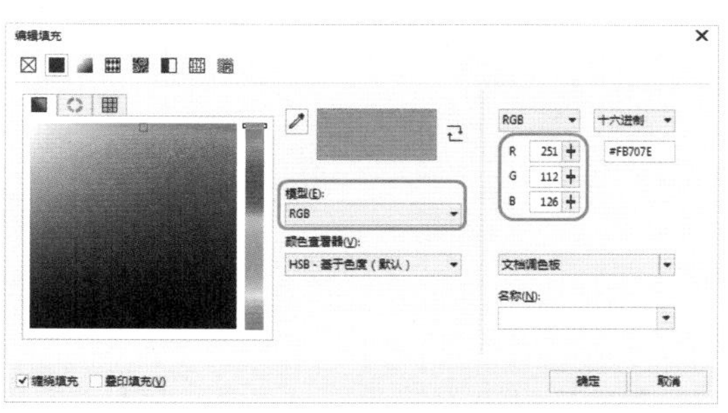

图 1-134 设置颜色参数

08 设置完成后，单击【确定】按钮，在默认调色板上右键单击☒色块，取消轮廓线的填充。在工具箱中单击【钢笔工具】，在工作区中绘制一个如图 1-135 所示的图形。

09 选中绘制的图形，按 Shift+F11 组合键，在弹出的对话框中将颜色【模型】设置为 RGB，将 RGB 值设置为 248、176、171，如图 1-136 所示。

10 设置完成后，单击【确定】按钮，在默认调色板上右键单击☒色块，取消轮廓线的填充。使用同样的方法在工作区中绘制多个如图 1-137 所示的图形，并对其进行相应的设置。

图 1-135　绘制图形

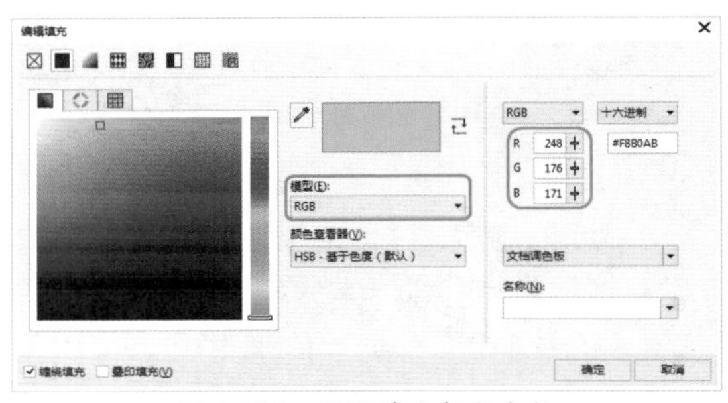


图 1-136　设置填充颜色参数

图 1-137　绘制其他图形后的效果

11 在工具箱中单击【钢笔工具】，在工作区中绘制一个如图 1-138 所示的图形。

图 1-138　绘制图形

12 选中绘制的图形，按 Shift+F11 组合键，在弹出的对话框中将颜色【模型】设置为 RGB，将 RGB 值设置为 255、255、255，如图 1-139 所示。

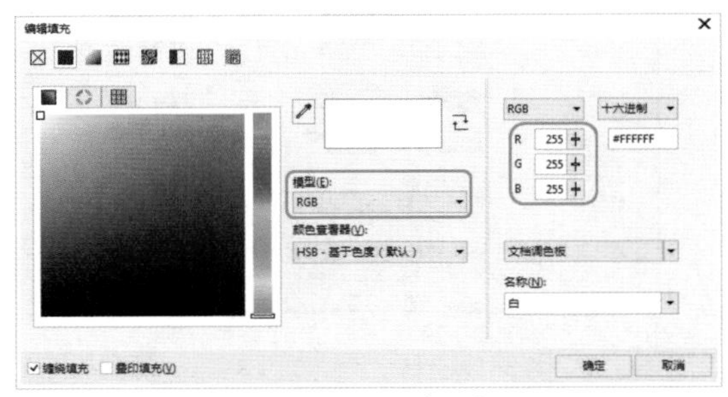


图 1-139　设置填充颜色

13 设置完成后，单击【确定】按钮，在默认调色板上右键单击☒色块，取消轮廓线的填充。在工具箱中单击【钢笔工具】，在工作区中绘制一个如图 1-140 所示的图形。

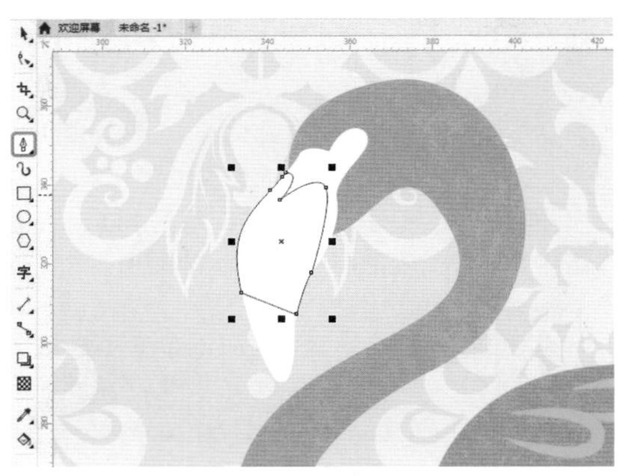

图 1-140　绘制图形

14 选中绘制的图形，按 Shift+F11 组合键，在弹出的对话框中将颜色【模型】设置为 RGB，将 RGB 值设置为 239、124、93，如图 1-141 所示。

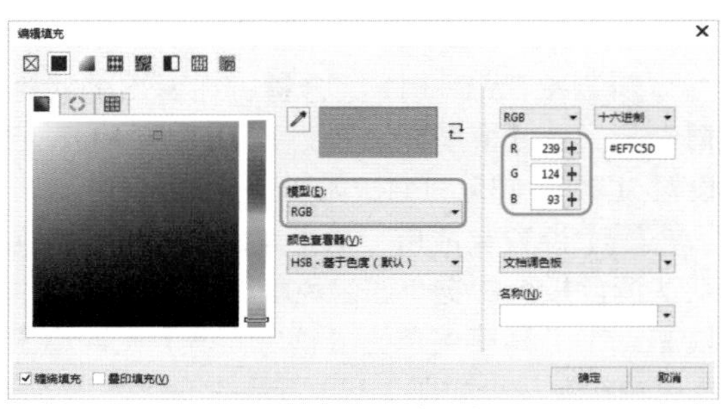


图 1-141　设置填充颜色

15 设置完成后，单击【确定】按钮，在

默认调色板上右键单击☒色块，取消轮廓线的填充。在工具箱中单击【钢笔工具】，在工作区中绘制一个如图 1-142 所示的图形。

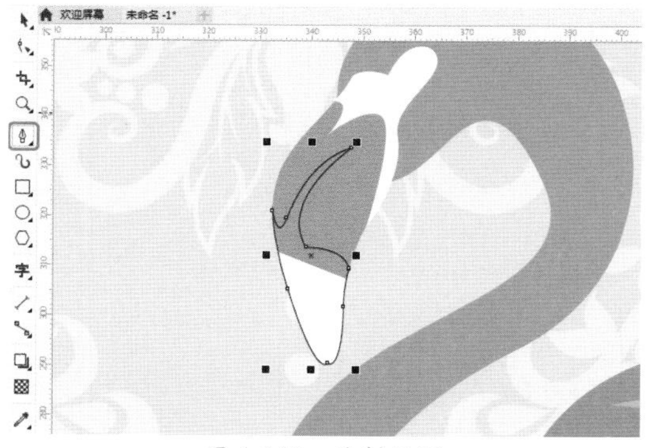

图 1-142 绘制图形

16 选中绘制的图形，按 Shift+F11 组合键，在弹出的对话框中将颜色【模型】设置为 RGB，将 RGB 值设置为 33、33、33，如图 1-143 所示。

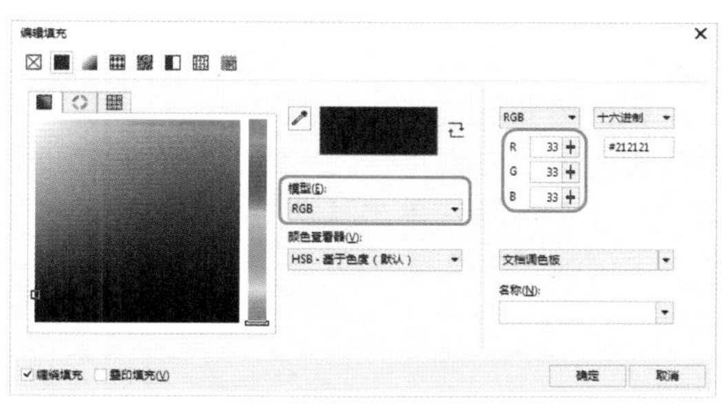

图 1-143 设置颜色参数

17 设置完成后，单击【确定】按钮，在默认调色板上右键单击☒色块，取消轮廓线的填充。在工具箱中单击【钢笔工具】，在工作区中绘制一个如图 1-144 所示的图形。

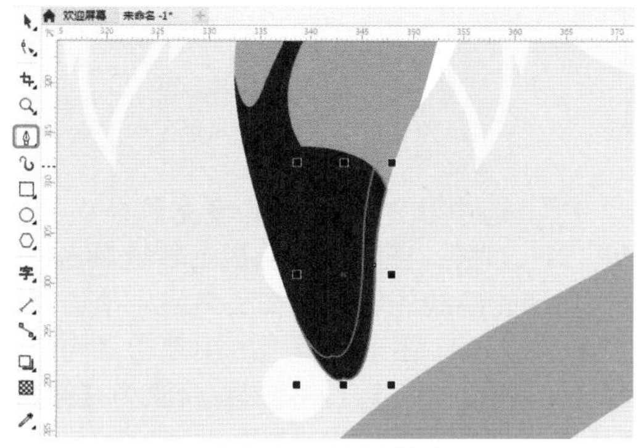

图 1-144 绘制图形

**提 示**

为了更好地观察绘制的效果，在此将轮廓颜色设置为红色。

18 选中绘制的图形，按 Shift+F11 组合键，在弹出的对话框中将颜色【模型】设置为 RGB，将 RGB 值设置为 33、33、33，如图 1-145 所示。

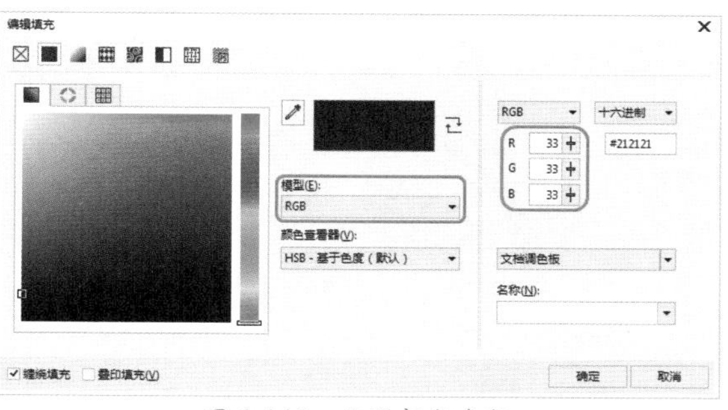

图 1-145 设置颜色参数

19 设置完成后，单击【确定】按钮，在默认调色板上右键单击☒色块，取消轮廓线的填充。在工具箱中单击【透明度工具】，在工具属性栏中单击【均匀透明度】按钮，将【透明度】设置为 56，如图 1-146 所示。

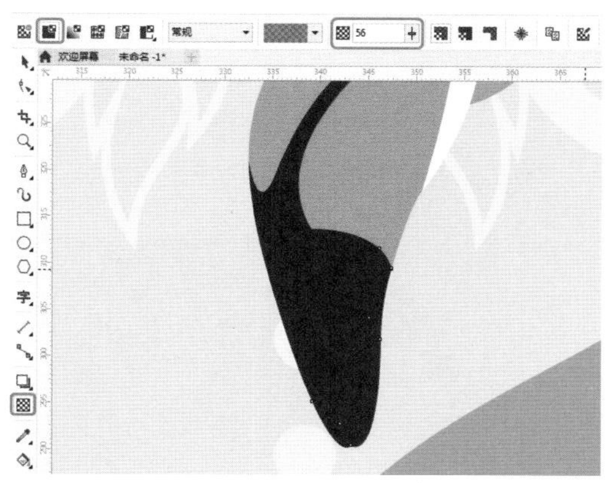

图 1-146 添加透明度

20 在工具箱中单击【钢笔工具】，在工作区中绘制一条如图 1-147 所示的线。

21 选中绘制的线条，按 F12 键，在弹出的对话框中将【颜色】设置为 33、33、33，将【宽度】设置为 0.689 mm，将【斜接限制】设置为 11.5°，单击【圆形端头】按钮，如图 1-148 所示。

22 设置完成后，单击【确定】按钮。使

用同样的方法在工作区中再绘制 3 条线，并对其进行相应的设置，效果如图 1-149 所示。

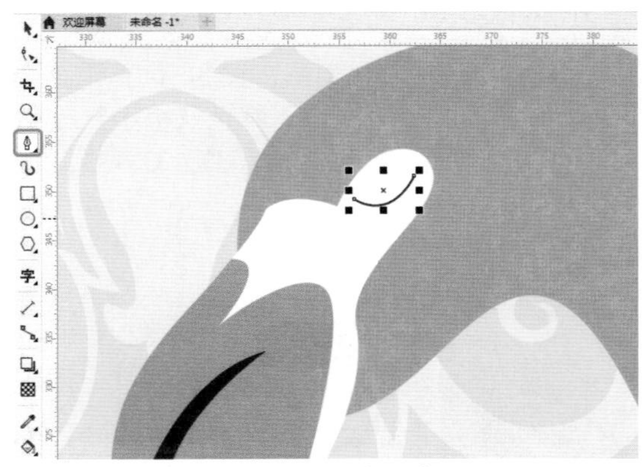

图 1-147　绘制线条

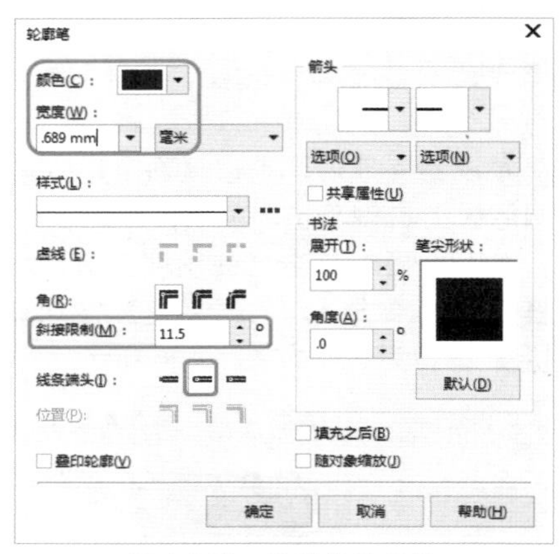


图 1-148　设置轮廓参数

图 1-149　绘制其他线条后的效果

23 在工具箱中单击【钢笔工具】，在工作区中绘制如图 1-150 所示的图形。

24 选中绘制的图形，按 Shift+F11 组合键，在弹出的对话框中将颜色【模型】设置为 RGB，将 RGB 值设置为 249、211、205，如图 1-151 所示。

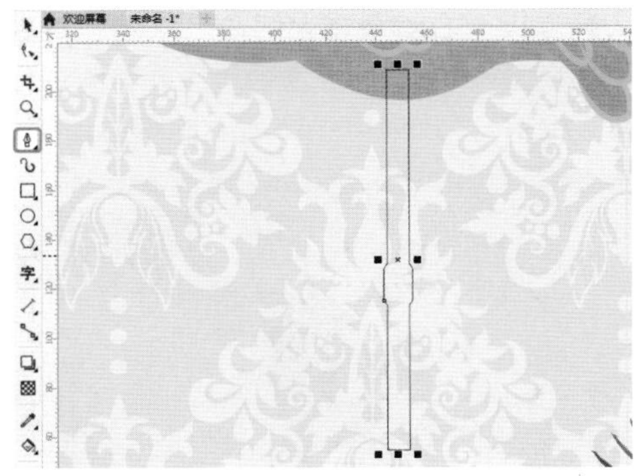

图 1-150　绘制图形

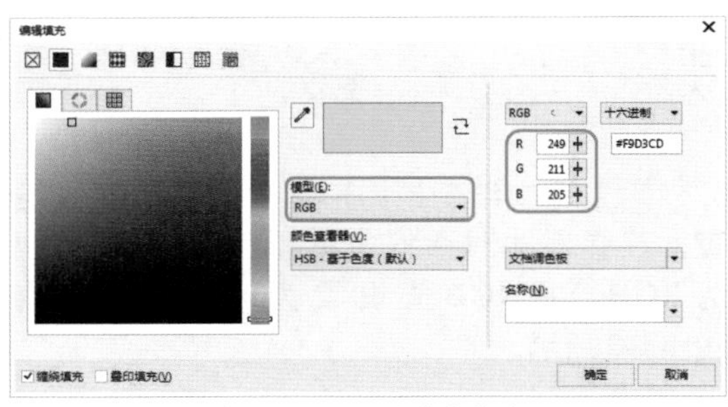


图 1-151　设置填充颜色

25 设置完成后，单击【确定】按钮，在默认调色板上右键单击☒色块，取消轮廓线的填充。在工具箱中单击【钢笔工具】，在工作区中绘制一个如图 1-152 所示的图形。

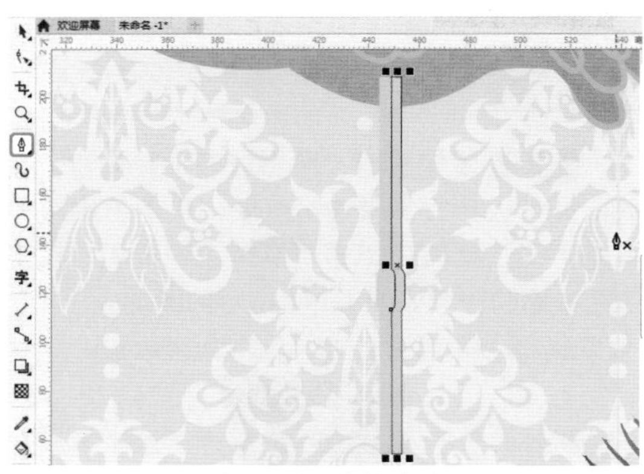

图 1-152　绘制图形

26 选中该图形，将其填充颜色设置为 249、211、205，在默认调色板上右键单击☒色块，取消轮廓线的填充。在工具箱中单击【透明度工具】，在工具属性栏中单击【均匀透明度】按钮，将【合并模式】设置为【乘】，将【透明度】设置为 29，如图 1-153 所示。

27 在工具箱中单击【选择工具】，在工

作区中选择如图 1-154 所示的两个图形，右击鼠标，在弹出的快捷菜单中选择【组合对象】命令。

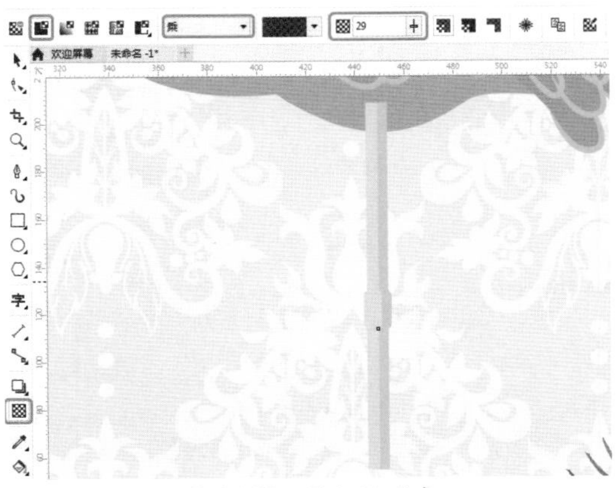
图 1-153　添加透明度

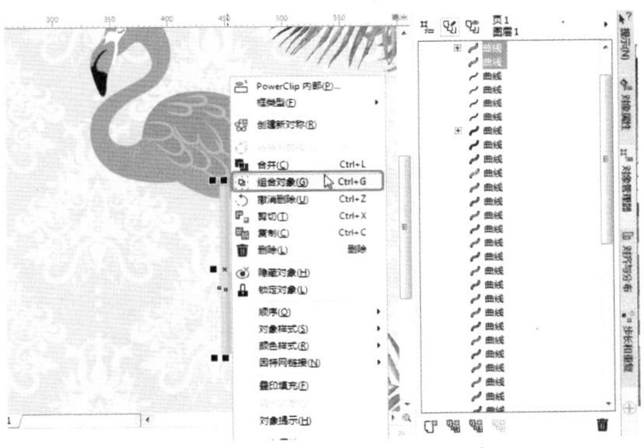
图 1-154　选择【组合对象】命令

28 使用同样的方法在工作区中绘制如图 1-155 所示的两个图形，并对其进行相应的设置及编组。

图 1-155　绘制图形并进行设置

29 在工具箱中单击【选择工具】，在工作区中选择成组的腿对象，右击鼠标，在弹出的快捷菜单中选择【顺序】|【置于此对象前】命令，如图 1-156 所示。

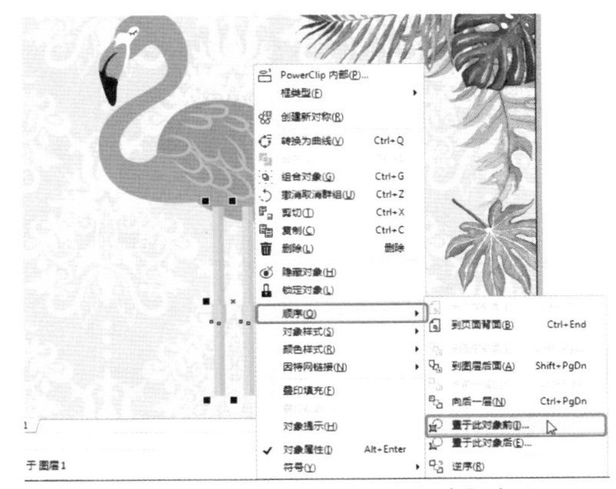
图 1-156　选择【置于此对象前】命令

30 执行该操作后，在工作区中的背景图像上单击鼠标，完成顺序的调整，效果如图 1-157 所示。

图 1-157　调整排放顺序后的效果

31 使用【选择工具】在工作区中选择除背景之外的其他对象，右击鼠标，在弹出的快捷菜单中选择【组合对象】命令，如图 1-158 所示。

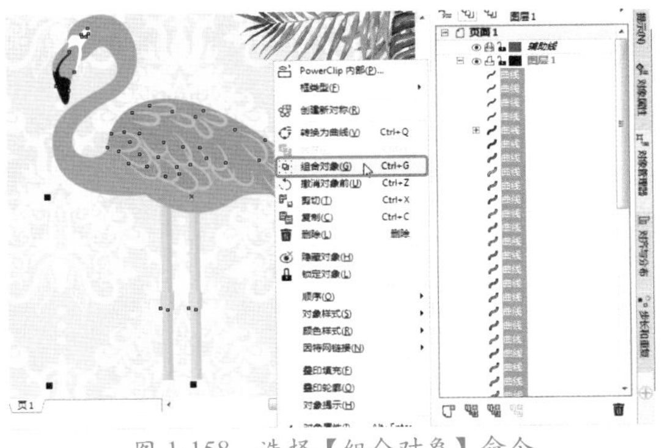
图 1-158　选择【组合对象】命令

32 在工具箱中单击【钢笔工具】，在

工作区中绘制一个如图 1-159 所示的图形。

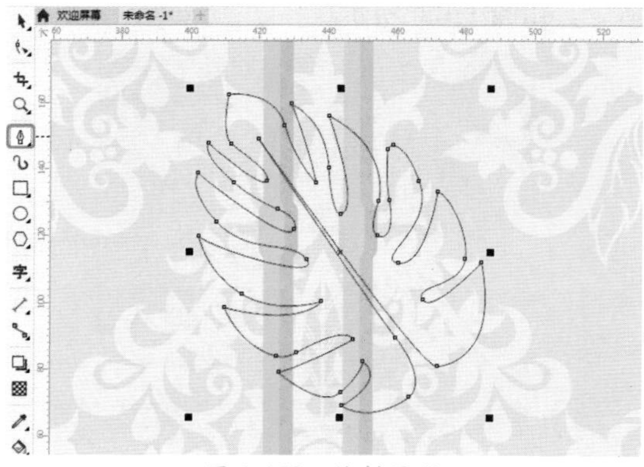

图 1-159　绘制图形

33 选中绘制的图形，按 Shift+F11 组合键，在弹出的对话框中将颜色【模型】设置为 RGB，将 RGB 值设置为 177、209、52，如图 1-160 所示。

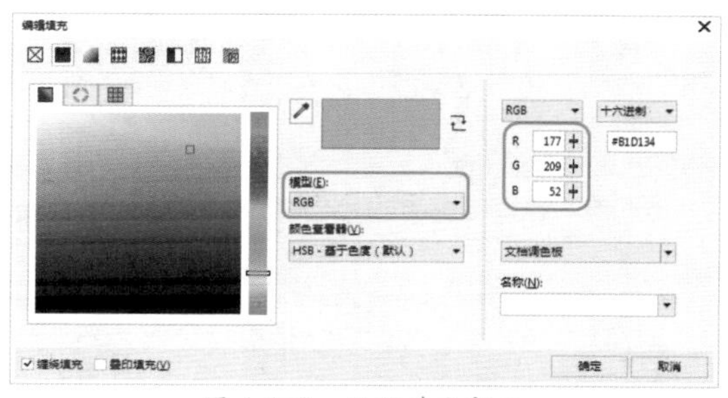

图 1-160　设置填充颜色

34 设置完成后，单击【确定】按钮，在默认调色板上右键单击☒色块，取消轮廓线的填充。在工具箱中单击【钢笔工具】，在工作区中绘制多个如图 1-161 所示的图形，为其填充任意颜色，并取消轮廓线的填充。

图 1-161　绘制图形并进行设置

35 在工具箱中单击【选择工具】，在工作区中选择绘制的所有叶子对象，右击鼠标，在弹出的快捷菜单中选择【合并】命令，如图 1-162 所示。

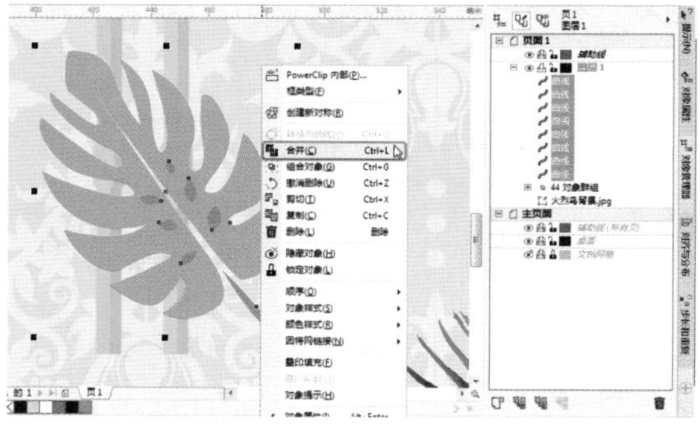

图 1-162　选择【合并】命令

**疑难解答**　合并对象与组合对象有什么区别？

合并和组合不同，组合是将两个或多个对象编成一个组，内部是独立的，对象属性不变；而合并是将两个或多个对象合并为一个全新的对象。

36 使用同样的方法在工作区中绘制其他图形，并对其进行相应的设置，效果如图 1-163 所示。

图 1-163　绘制其他图形并进行设置后的效果

37 在工作区中选择除背景图片与火烈鸟对象外的其他对象，右击鼠标，在弹出的快捷菜单中选择【组合对象】命令，如图 1-164 所示。

图 1-164　选择【组合对象】命令

38 继续选中编组后的对象，右击鼠标，

在弹出的快捷菜单中选择【顺序】|【置于此对象后】命令，如图 1-165 所示。

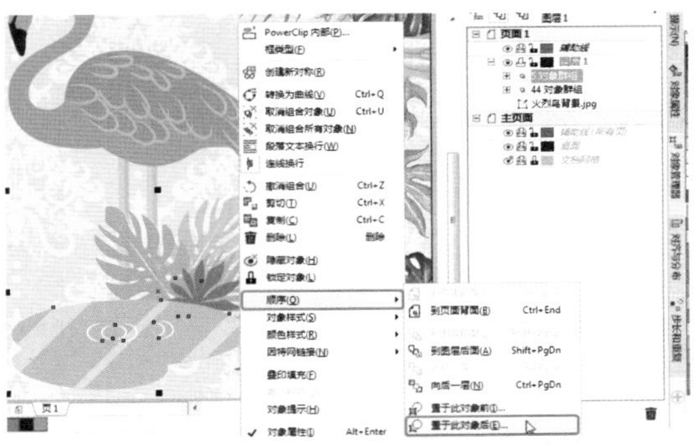

图 1-165 选择【置于此对象后】命令

39 执行该操作后，在火烈鸟对象上单击鼠标，完成顺序调整，并根据前面所介绍的方法将“花 .cdr”素材文件添加至文档中，效果如图 1-166 所示。

图 1-166 添加素材文件

40 在工作区中选择除背景图片外的其他对象，按 Ctrl+G 组合键对其进行编组。选中编组后的对象，按小键盘上的 + 键进行复制，并向左调整其位置，效果如图 1-167 所示。

图 1-167 编组对象并进行复制

41 选择复制的对象，在工具属性栏中单击【水平镜像】按钮，将其进行翻转，如图 1-168 所示。

42 翻转完成后，在工作区中调整对象的位置，效果如图 1-169 所示。

图 1-168 翻转对象后的效果

图 1-169 调整对象位置后的效果

### 1.3.2 绘制草莓

草莓是我们生活中比较常见的一种水果，草莓的味道酸甜可口，红红的颜色给人满满的食欲感。在手绘效果中，清新的草莓元素也随处可见。本案例将详细介绍如何绘制草莓，效果如图 1-170 所示。

图 1-170 绘制草莓

| 素材 | 素材 \Cha01\ 草莓背景 .jpg、草莓花 .cdr |
|---|---|
| 场景 | 场景 \Cha01\ 绘制草莓 .cdr |
| 视频 | 视频教学 \Cha01\1.3.2 绘制草莓 .mp4 |

01 启动软件，按 Ctrl+N 组合键，在弹

出的对话框中将【宽度】、【高度】均设置为282.2mm，将【渲染分辨率】设置为300dpi，如图1-171所示。

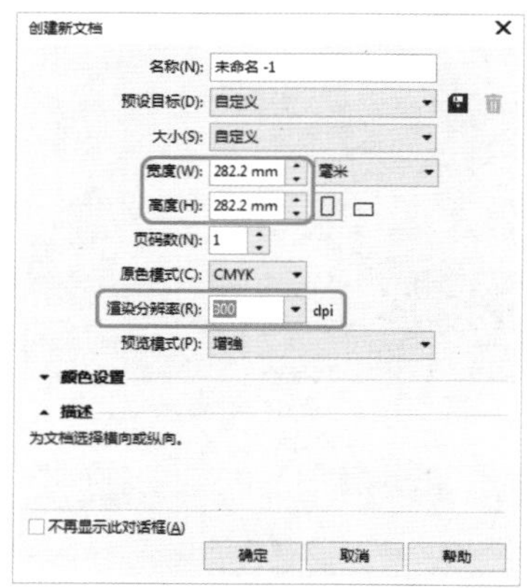

图1-171　设置新建文档参数

02 设置完成后，单击【确定】按钮，按Ctrl+I组合键，在弹出的对话框中选择"素材\Cha01\草莓背景.jpg"素材文件，如图1-172所示。

图1-172　选择素材文件

03 单击【导入】按钮，在工作区中单击鼠标，将选中的素材文件导入文档中，在工作区中调整素材文件的位置，效果如图1-173所示。

04 在工具箱中单击【钢笔工具】，在工作区中绘制一个如图1-174所示的图形。

05 选中绘制的图形，按Shift+F11组合键，在弹出的对话框中将颜色【模型】设置为RGB，将RGB值设置为217、0、21，如图1-175所示。

图1-173　添加素材文件并进行调整

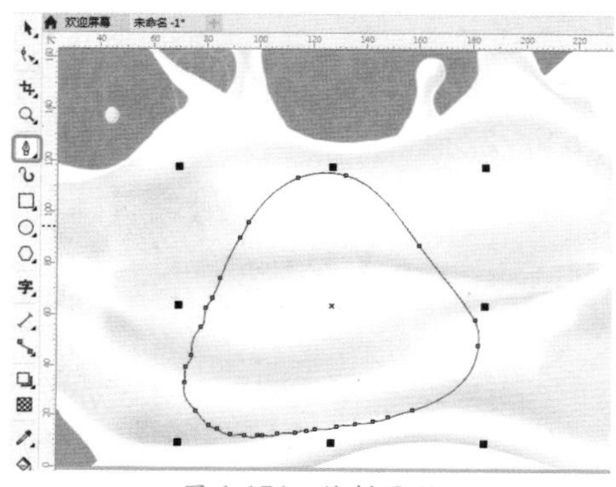

图1-174　绘制图形

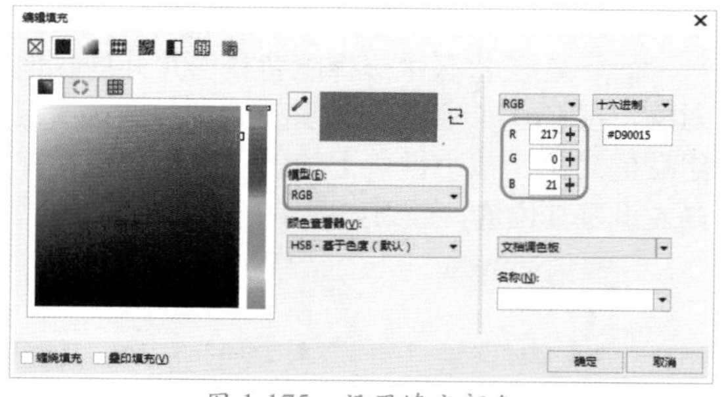

图1-175　设置填充颜色

06 设置完成后，单击【确定】按钮，在默认调色板上右键单击☒色块，取消轮廓线的填充。在工具箱中单击【钢笔工具】，在工作区中绘制一个如图1-176所示的图形。

07 选中绘制的图形，按Shift+F11组合键，在弹出的对话框中将颜色【模型】设置为RGB，将RGB值设置为163、0、0，如图1-177所示。

08 设置完成后，单击【确定】按钮，在

默认调色板上右键单击☒色块，取消轮廓线的填充。在工具箱中单击【钢笔工具】，在工作区中绘制一个如图 1-178 所示的图形。

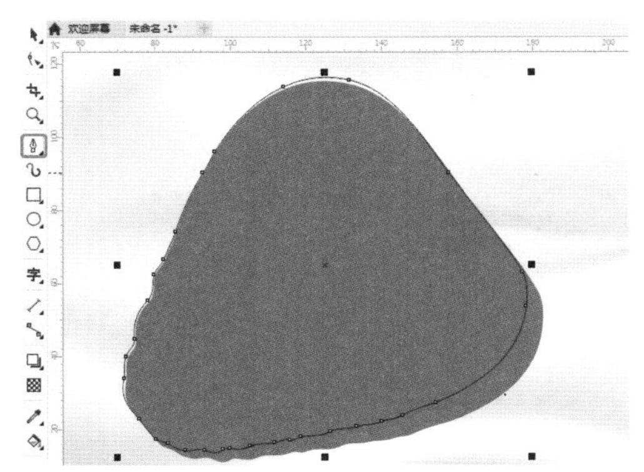

图 1-176 绘制图形

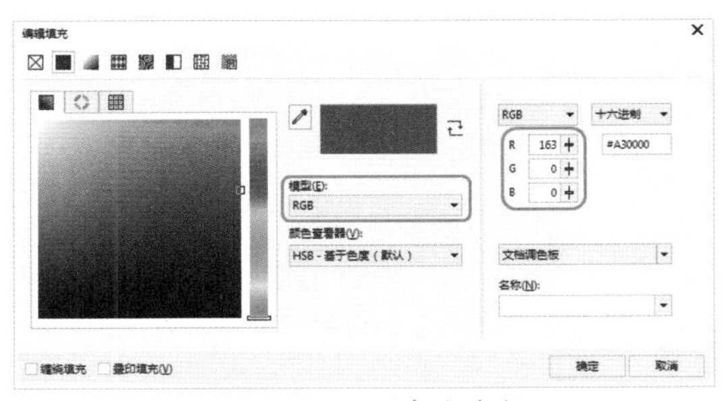

图 1-177 设置颜色参数

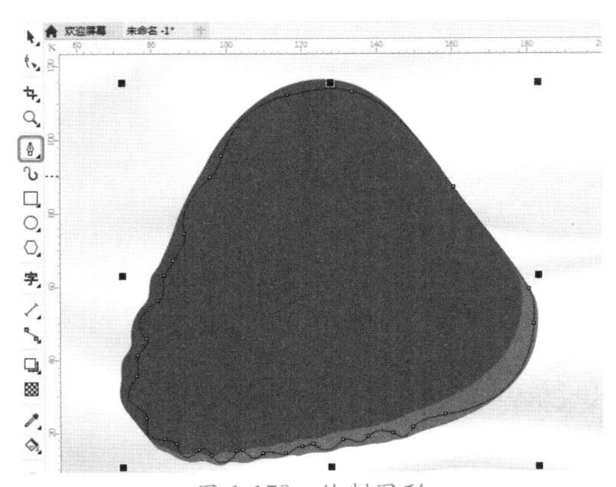

图 1-178 绘制图形

09 选中绘制的图形，按 Shift+F11 组合键，在弹出的对话框中将颜色【模型】设置为 RGB，将 RGB 值设置为 192、0、32，如图 1-179 所示。

10 设置完成后，单击【确定】按钮，在默认调色板上右键单击☒色块，取消轮廓线的填充。在工具箱中单击【钢笔工具】，在工作区中绘制一个如图 1-180 所示的图形。

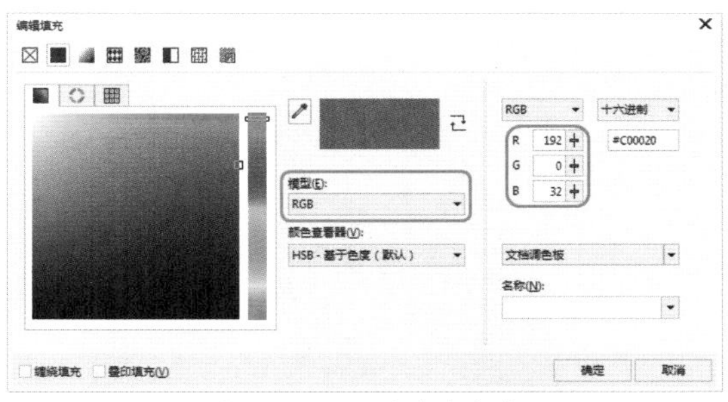

图 1-179 设置填充颜色

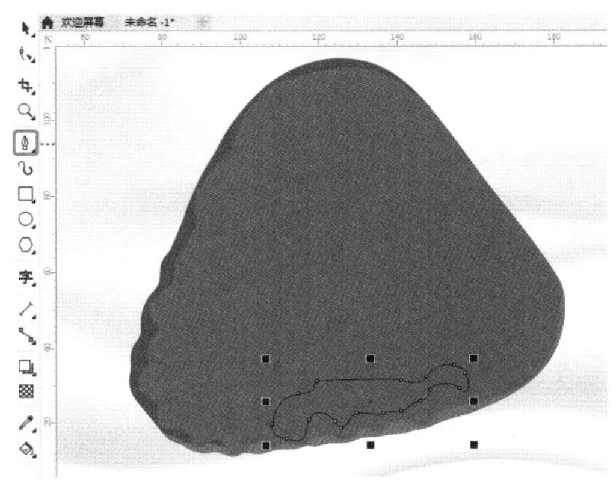

图 1-180 取消轮廓并绘制图形

11 选中绘制的图形，按 Shift+F11 组合键，在弹出的对话框中将颜色【模型】设置为 RGB，将 RGB 值设置为 217、0、21，如图 1-181 所示。

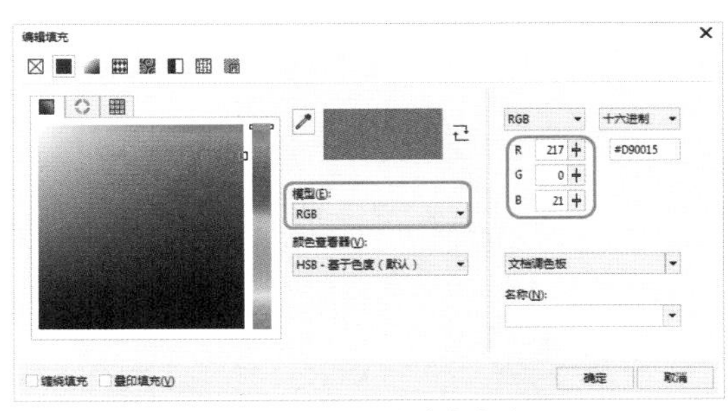

图 1-181 设置填充颜色

12 设置完成后，单击【确定】按钮，在默认调色板上右键单击☒色块，取消轮廓线的填充。在工具箱中单击【钢笔工具】，在工作区中绘制一个如图 1-182 所示的图形。

13 选中绘制的图形，按 Shift+F11 组合键，在弹出的对话框中将颜色【模型】设置为 RGB，将 RGB 值设置为 217、0、21，如图 1-183 所示。

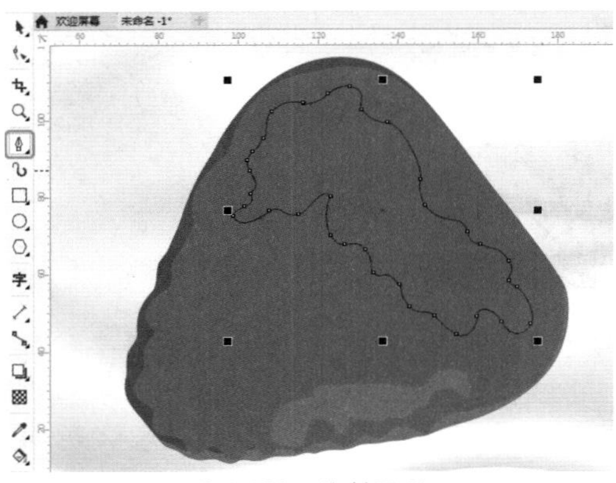


图 1-182 绘制图形

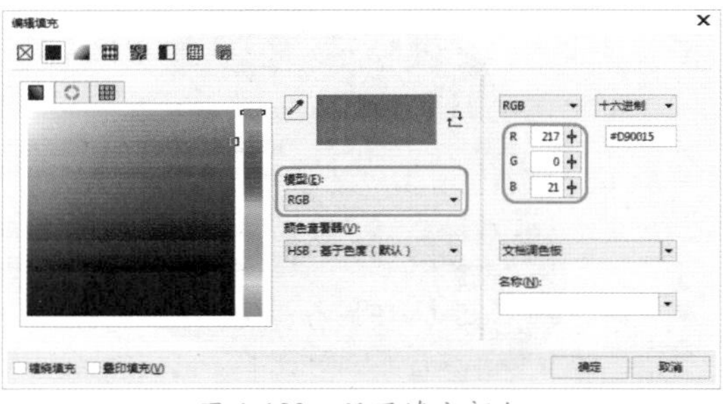


图 1-183 设置填充颜色

14 设置完成后，单击【确定】按钮，在默认调色板上右键单击☒色块，取消轮廓线的填充。在工具箱中单击【钢笔工具】，在工作区中绘制两个如图 1-184 所示的图形。

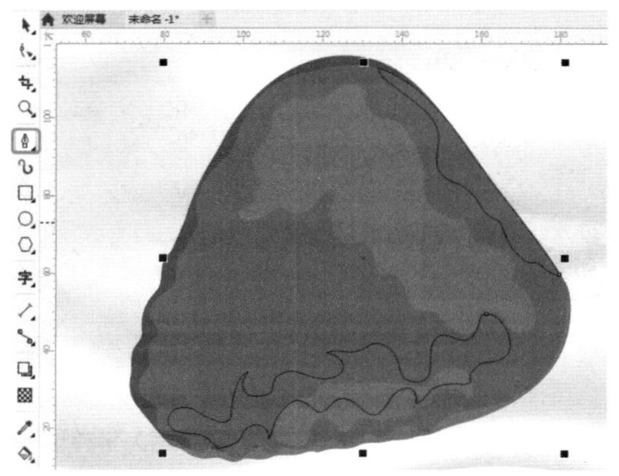


图 1-184 绘制两个图形

15 选中绘制的两个图形，按 Shift+F11 组合键，在弹出的对话框中将颜色【模型】设置为 RGB，将 RGB 值设置为 163、0、0，如图 1-185 所示。

16 设置完成后，单击【确定】按钮，在默认调色板上右键单击☒色块，取消轮廓线的填充。在工具箱中单击【钢笔工具】，在工作区中绘制一个如图 1-186 所示的图形。

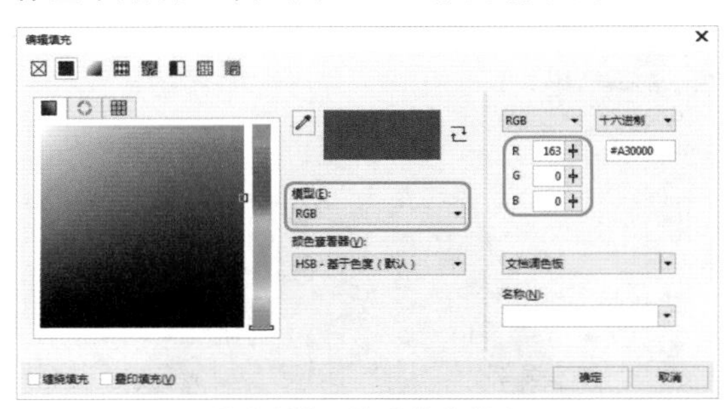


图 1-185 设置填充颜色

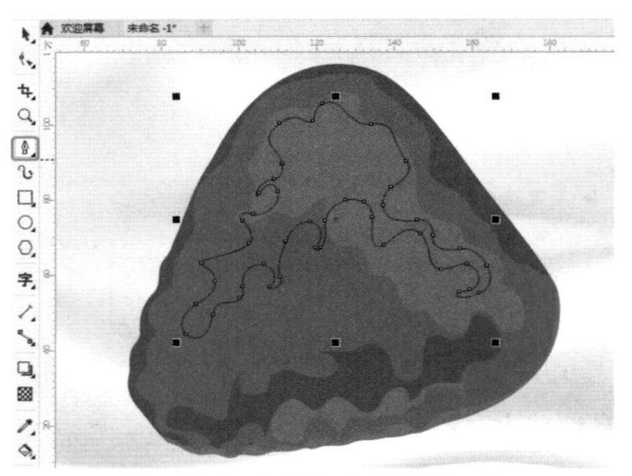


图 1-186 取消轮廓并绘制图形

17 选中绘制的图形，按 Shift+F11 组合键，在弹出的对话框中将颜色【模型】设置为 RGB，将 RGB 值设置为 231、65、47，如图 1-187 所示。

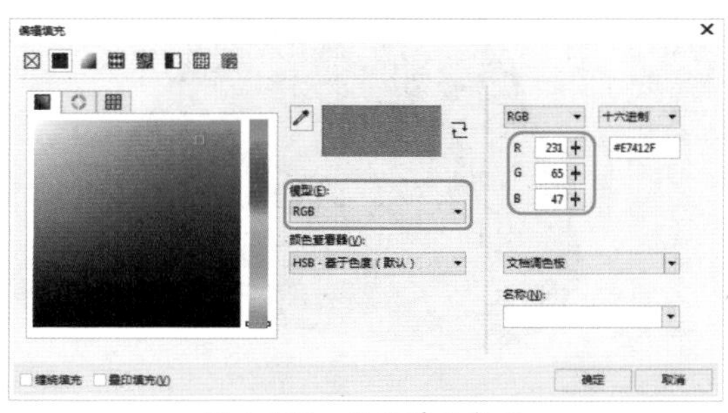


图 1-187 设置填充颜色

18 设置完成后，单击【确定】按钮，在默认调色板上右键单击☒色块，取消轮廓线的填充。在工具箱中单击【钢笔工具】，在工作区中绘制一个如图 1-188 所示的图形。

19 选中绘制的图形，按 Shift+F11 组合键，在弹出的对话框中将颜色【模型】设置为 RGB，将 RGB 值设置为 81、132、27，如

图 1-189 所示。

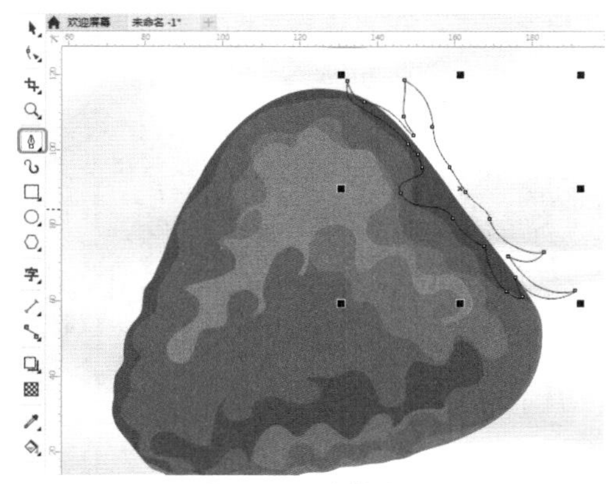

图 1-188 绘制图形

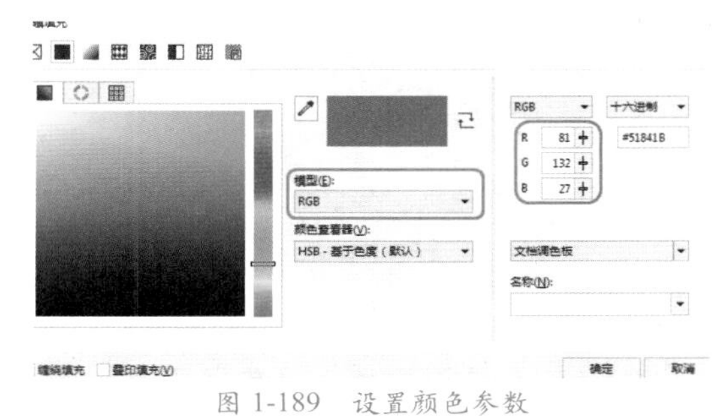

图 1-189 设置颜色参数

20 设置完成后，单击【确定】按钮，在默认调色板上右键单击☒色块，取消轮廓线的填充。在工具箱中单击【钢笔工具】，在工作区中绘制多个如图 1-190 所示的图形。

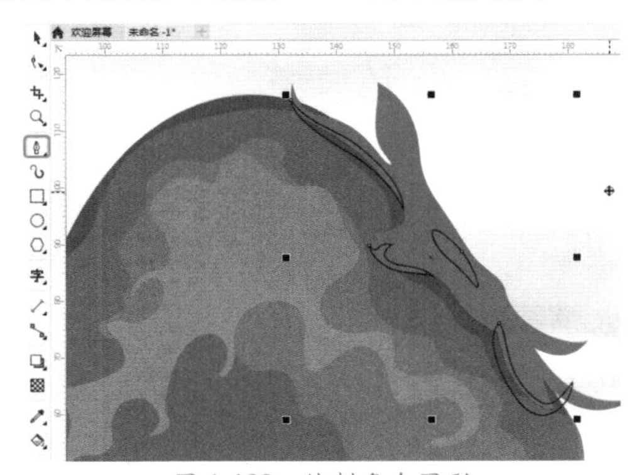

图 1-190 绘制多个图形

21 选中绘制的图形，按 Shift+F11 组合键，在弹出的对话框中将颜色【模型】设置为 RGB，将 RGB 值设置为 64、97、7，如图 1-191 所示。

22 设置完成后，单击【确定】按钮，在默认调色板上右键单击☒色块，取消轮廓线的填充。使用同样的方法在工作区中绘制多个图形，并对其进行相应的设置，效果如图 1-192 所示。

图 1-191 设置填充颜色

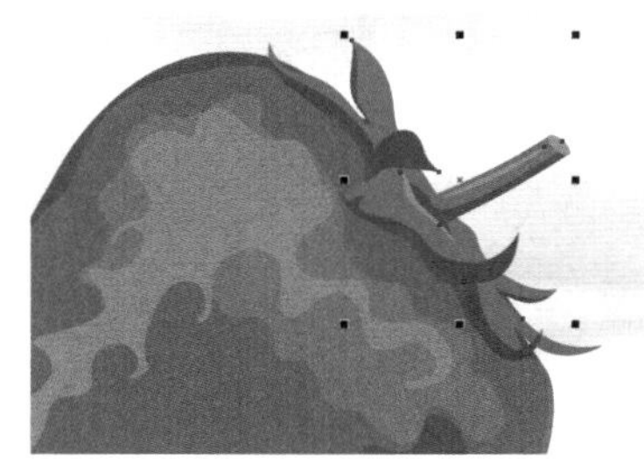

图 1-192 绘制多个图形并设置后的效果

23 在工具箱中单击【钢笔工具】，在工作区中绘制多个如图 1-193 所示的图形。

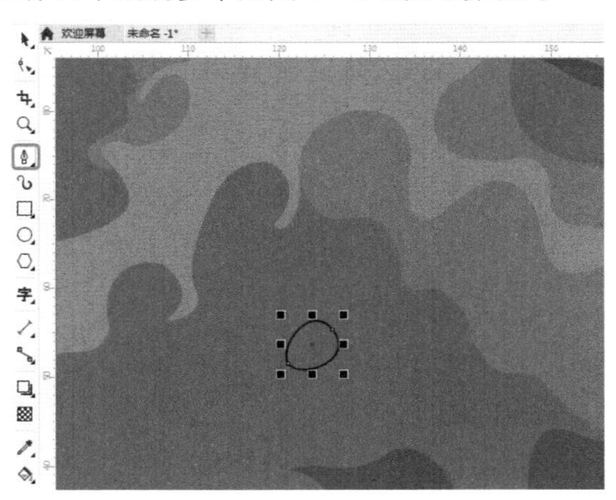

图 1-193 绘制图形

24 选中绘制的图形，按 Shift+F11 组合键，在弹出的对话框中将颜色【模型】设置为 RGB，将 RGB 值设置为 240、153、117，如图 1-194 所示。

25 设置完成后，单击【确定】按钮，在默认调色板上右键单击☒色块，取消轮廓线的填充。在工具箱中单击【钢笔工具】，在工作区中绘制如图 1-195 所示的图形。

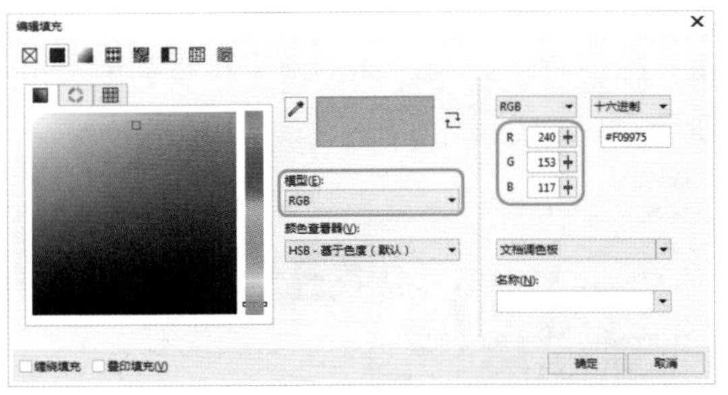
图 1-194　设置填充颜色

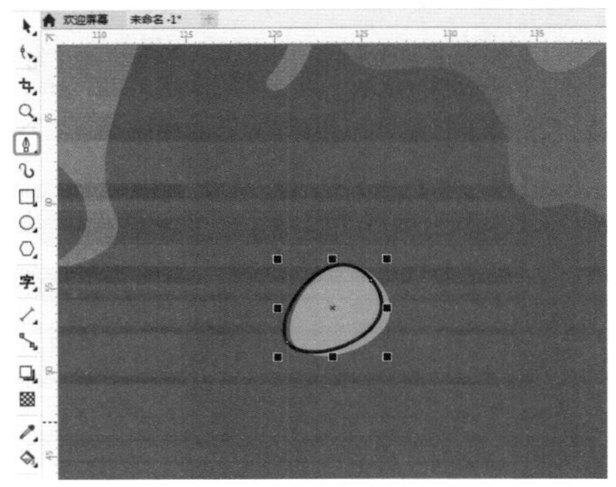
图 1-195　取消轮廓并绘制图形

26 选中绘制的图形，按Shift+F11组合键，在弹出的对话框中将颜色【模型】设置为RGB，将RGB值设置为163、0、0，如图1-196所示。

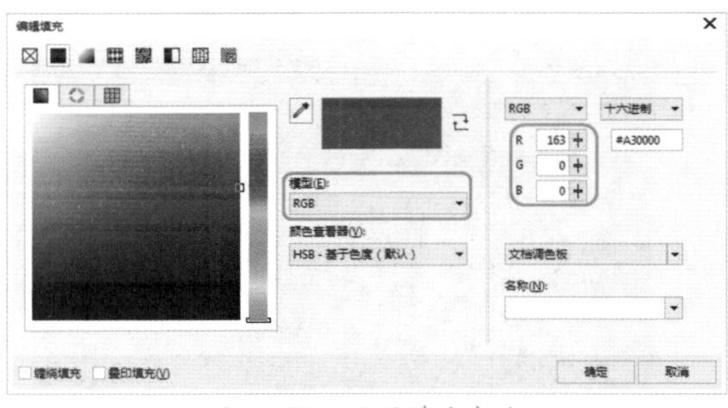
图 1-196　设置填充颜色

27 设置完成后，单击【确定】按钮，在默认调色板上右键单击☒色块，取消轮廓线的填充。使用相同的方法在工作区中绘制其他图形，并对其进行相应的设置，效果如图1-197所示。

28 根据前面介绍的方法在工作区中绘制其他图形，并对其进行设置，效果如图1-198所示。

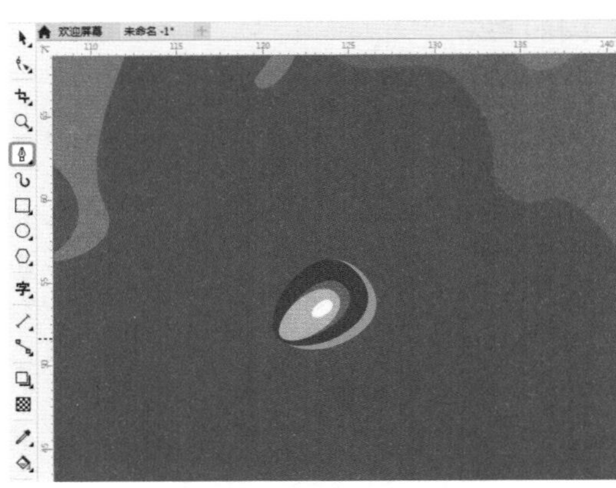
图 1-197　绘制其他图形后的效果

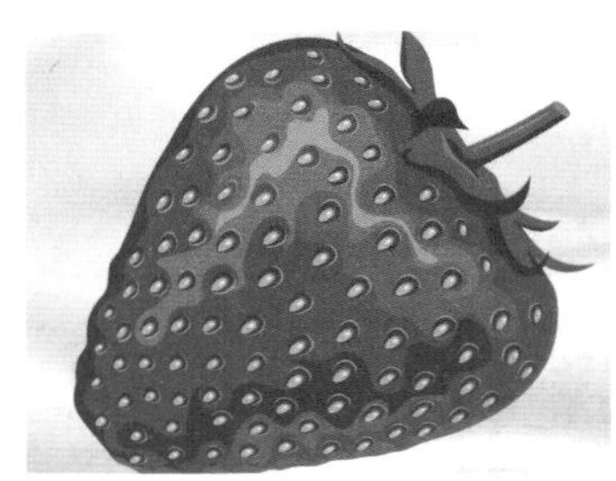
图 1-198　绘制其他图形后的效果

29 在工具箱中单击【选择工具】，在工作区中选择除背景外的其他对象，右击鼠标，在弹出的快捷菜单中选择【组合对象】命令，如图1-199所示。

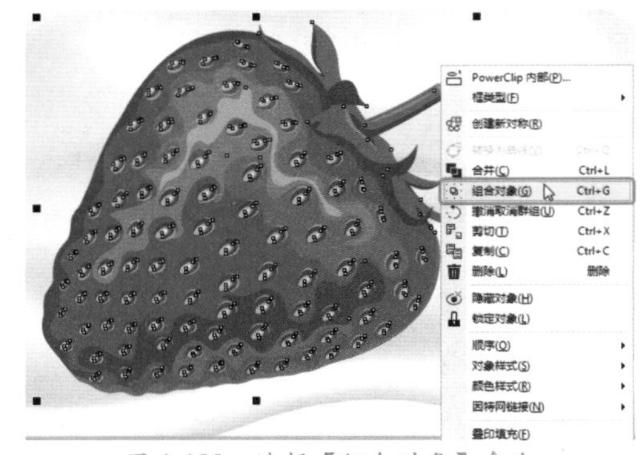
图 1-199　选择【组合对象】命令

**疑难解答　如何快速地在工作区中选择除背景外的其他对象？**

在选择对象时，难免会有一些小的对象难以选择，用户可以在工作区中按Ctrl+A组合键选择所有对象，然后按住Shift键单击不需要选择的对象，将其取消选取，这样可以快速地选择除某个对象外的其他对象。或者还可以在【对象管理器】泊坞窗中按住Shift键或Ctrl键选择除某个对象外的其他对象。

30 在工具箱中单击【钢笔工具】，在

工作区中绘制多个如图 1-200 所示的图形。

图 1-200 绘制图形

31 选中绘制的图形，按 Shift+F11 组合键，在弹出的对话框中将颜色【模型】设置为 RGB，将 RGB 值设置为 81、132、27，如图 1-201 所示。

图 1-201 设置填充颜色

32 设置完成后，单击【确定】按钮，在默认调色板上右键单击☒色块，取消轮廓线的填充。在工具箱中单击【钢笔工具】，在工作区中绘制如图 1-202 所示的图形。

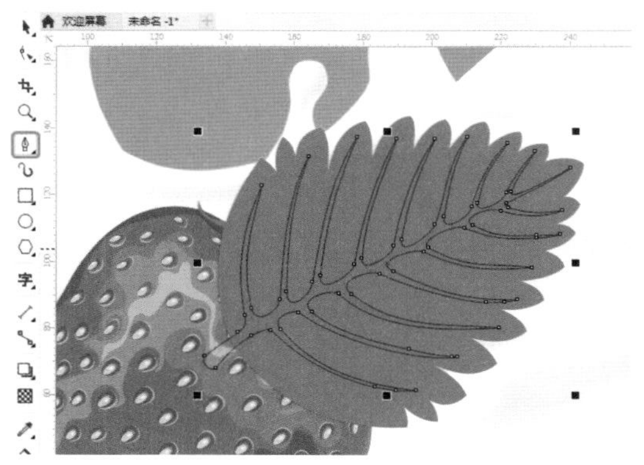

图 1-202 绘制图形

33 选中绘制的图形，按 Shift+F11 组合键，在弹出的对话框中将颜色【模型】设置为 RGB，将 RGB 值设置为 64、97、7，如图 1-203 所示。

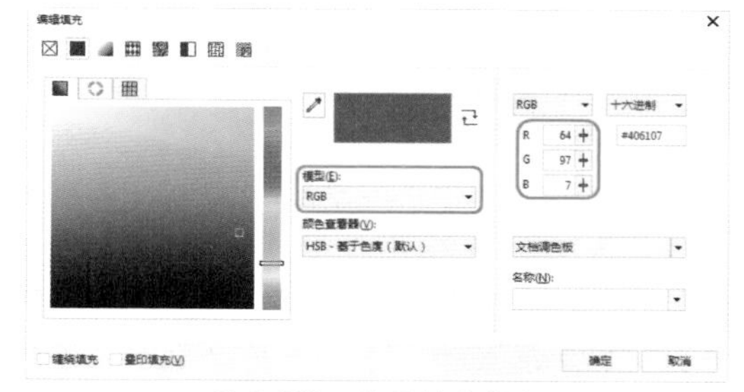

图 1-203 设置填充颜色

34 设置完成后，单击【确定】按钮，在默认调色板上右键单击☒色块，取消轮廓线的填充。使用同样的方法再在工作区中绘制一个图形，并将其填充颜色的 RGB 值设置为 109、177、40，取消轮廓色，选择绘制的叶子对象，按 Ctrl+G 组合键将选中的对象进行编组，效果如图 1-204 所示。

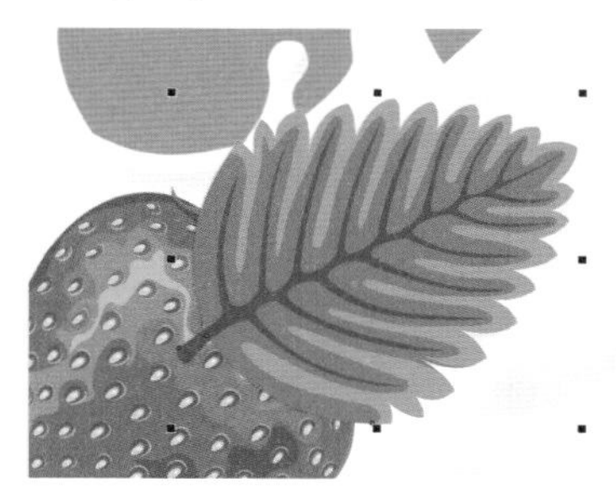

图 1-204 绘制图形并进行设置

35 使用同样的方法再在工作区中绘制其他对象，并调整对象的排放顺序，效果如图 1-205 所示。

图 1-205 绘制其他对象后的效果

36 将“草莓花 .cdr”素材文件导入文档中，然后对其进行复制并调整其位置，效果如图 1-206 所示。

图 1-206 导入素材文件并调整后的效果

## 1.4 习题与训练

1. 如何按顺序选择对象？
2. 镜像对象有几种方法？分别是什么？

# 第2章 插画设计——图形的绘制

CorelDRAW 2018 软件中的各种绘图工具，是创建图形的基本工具，只有掌握了绘图工具的使用方法，才能在创作图形的过程中运用自如，从而绘制出各种各样的图形并提高工作效率。

**基础知识**

- 矩形工具
- 椭圆形工具

**重点知识**

- 星形工具
- 基本形状工具

**提高知识**

- 流程图形状工具
- 标题形状工具

插画被人们俗称为插图，通行于市场的商业插画包括出版物配图、卡通吉祥物、影视海报、游戏人物设定，以及游戏内置的美术场景设计、广告、漫画、绘本、贺卡、挂历、装饰画、包装等多种形式。

## 2.1 制作卡通兔子——基本几何图形的绘制

在数以万计的卡通插画形象中，兔子是最为普遍的动物卡通形象，很多有关兔子的卡通形象都被人们熟知，例如兔子彼得、兔八哥、怀特兔等。兔子形象在设计领域持续不断地被塑造成各种形态。本节将介绍如何绘制卡通兔子形象，效果如图 2-1 所示。

图 2-1　卡通兔子

| 素材 | 素材 \Cha02\ 卡通兔子素材 .cdr |
| --- | --- |
| 场景 | 场景 \Cha02\ 制作卡通兔子——基本几何图形的绘制 .cdr |
| 视频 | 视频教学 \Cha02\2.1　制作卡通兔子——基本几何图形的绘制 .mp4 |

01 打开“素材 \Cha02\ 卡通兔子素材 .cdr”素材文件，使用【钢笔工具】绘制兔子轮廓，如图 2-2 所示。

图 2-2　绘制兔子轮廓

02 将【填充颜色】设置为白色，将【轮廓颜色】设置为无，如图 2-3 所示。

图 2-3　设置填充颜色

**提　示**

选择绘制的兔子轮廓，在默认调色板中单击□按钮，设置【填充颜色】为白色，在☒按钮上右击鼠标，将【轮廓颜色】设置为无。

03 使用【钢笔工具】绘制图形对象，如图 2-4 所示。

图 2-4　绘制图形对象

04 按 Shift+F11 组合键，弹出【编辑填充】对话框，将 RGB 值设置为 31、139、206，单击【确定】按钮，如图 2-5 所示。

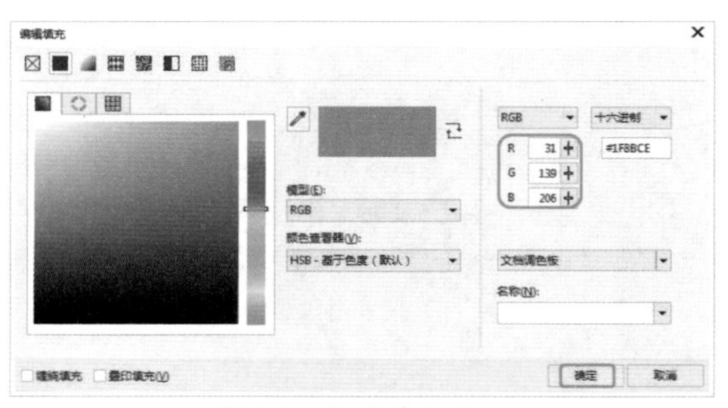


图 2-5　设置填充颜色

05 将【轮廓颜色】设置为无，如图 2-6 所示。

06 使用【钢笔工具】绘制如图 2-7 所

示的图形，将【填充颜色】的 RGB 值设置为 17、110、165，将【轮廓颜色】设置为无。

图 2-6　设置轮廓颜色

图 2-7　绘制图形并填充颜色

07 使用【钢笔工具】绘制如图 2-8 所示的线段，将【轮廓宽度】设置为 0.2mm。

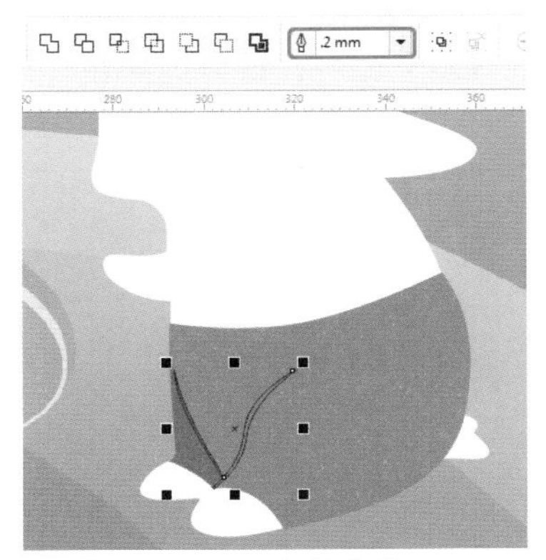


图 2-8　绘制图形

08 将【填充颜色】和【轮廓颜色】的 RGB 值均设置为 61、125、186，如图 2-9 所示。

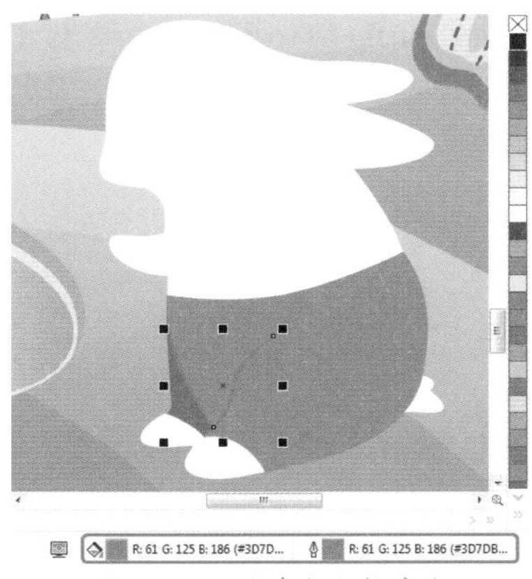


图 2-9　设置填充和轮廓色

09 使用【钢笔工具】绘制如图 2-10 所示的图形，将【填充颜色】的 RGB 值设置为 101、143、186，将【轮廓颜色】设置为无。

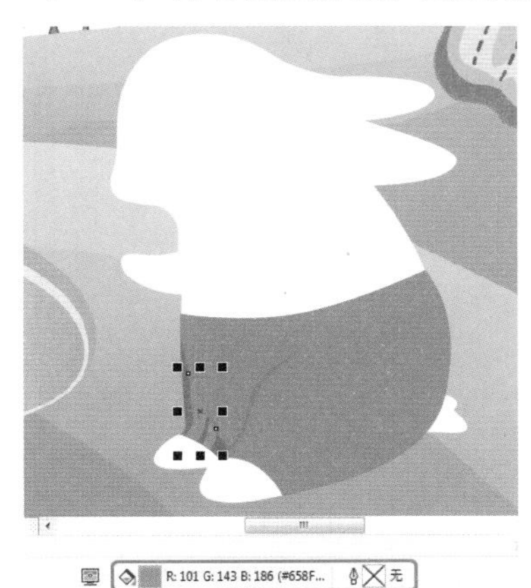


图 2-10　绘制图形并填充颜色

10 使用【钢笔工具】绘制其他图形，如图 2-11 所示。

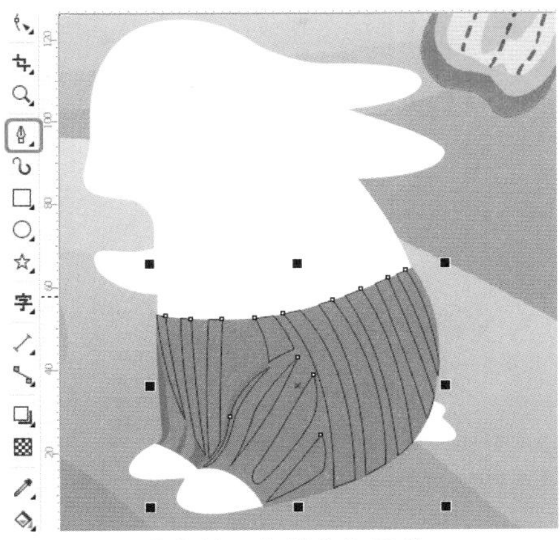

图 2-11　绘制其他图形

11 按Shift+F11组合键，弹出【编辑填充】对话框，将RGB值设置为149、181、230，单击【确定】按钮，如图2-12所示。

图 2-12 设置填充颜色

12 将【轮廓颜色】设置为无，如图2-13所示。

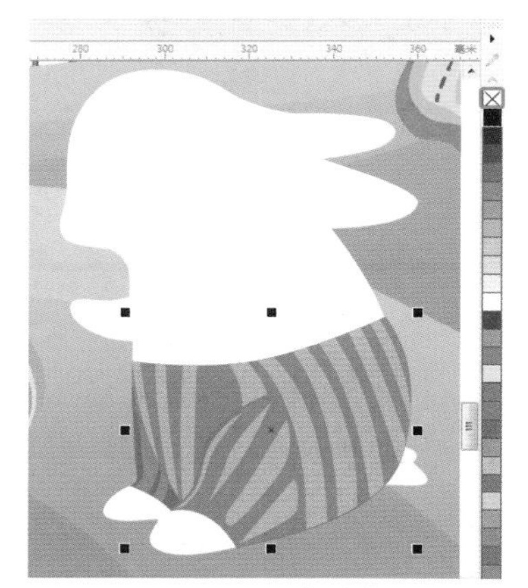

图 2-13 设置轮廓颜色

13 选择如图2-14所示的线段，单击鼠标右键，在弹出的快捷菜单中选择【顺序】|【到页面前面】命令。

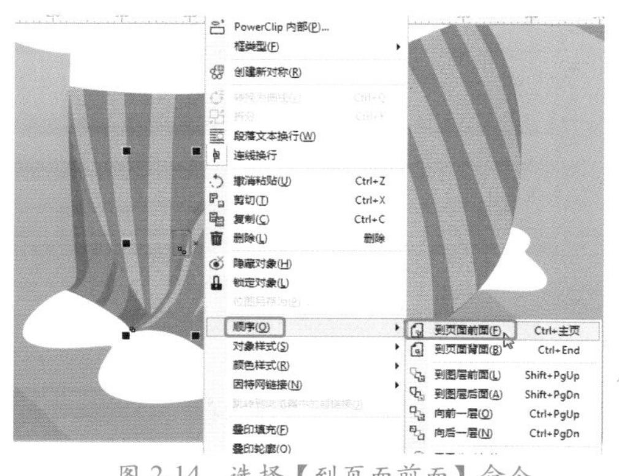


图 2-14 选择【到页面前面】命令

14 使用【钢笔工具】绘制阴影部分，将【填充颜色】的RGB值设置为207、205、206，将【轮廓颜色】设置为无，如图2-15所示。

图 2-15 设置填充颜色和轮廓颜色

15 使用【钢笔工具】绘制背带部分，将【填充颜色】的RGB值设置为122、190、232，将【轮廓颜色】设置为无，如图2-16所示。

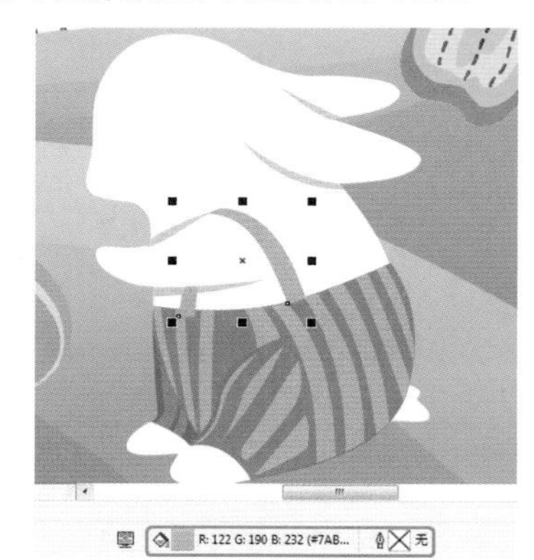


图 2-16 设置填充颜色和轮廓颜色

16 使用【钢笔工具】绘制嘴巴和眼睛部分，将【填充颜色】设置为黑色，如图2-17所示。

图 2-17 绘制嘴巴和眼睛部分

17 使用【椭圆形工具】绘制椭圆形，如图2-18所示。

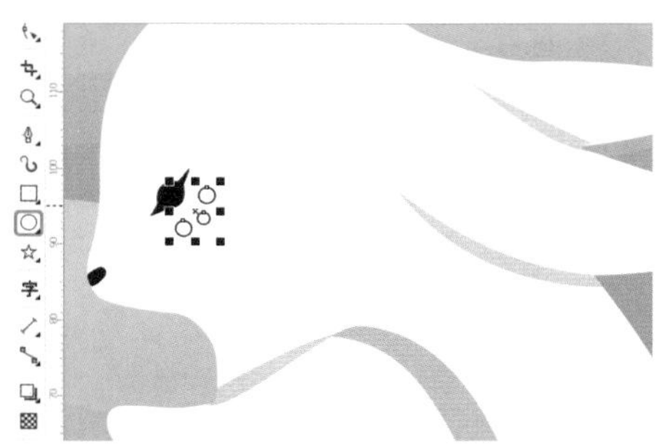

图 2-18 绘制椭圆形

18 选择绘制的椭圆形对象，按 Shift+F11 组合键，弹出【编辑填充】对话框，将 CMYK 值设置为 0、20、10、0，单击【确定】按钮，如图 2-19 所示。

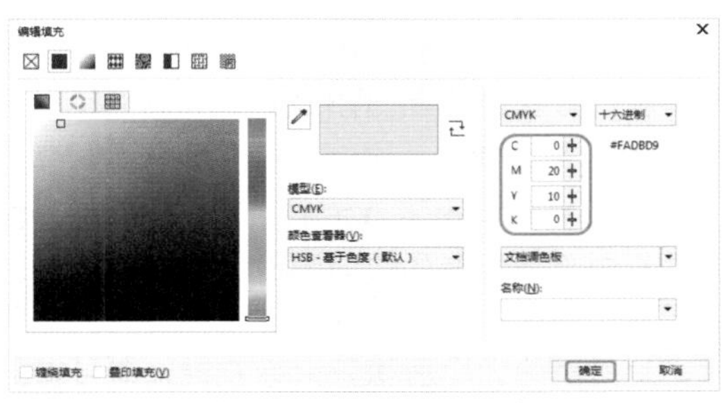

图 2-19 设置 CMYK 值

19 按 F12 键，弹出【轮廓笔】对话框，将【颜色】的 RGB 值设置为 236、154、151，将【宽度】设置为 0.2mm，单击【确定】按钮，如图 2-20 所示。

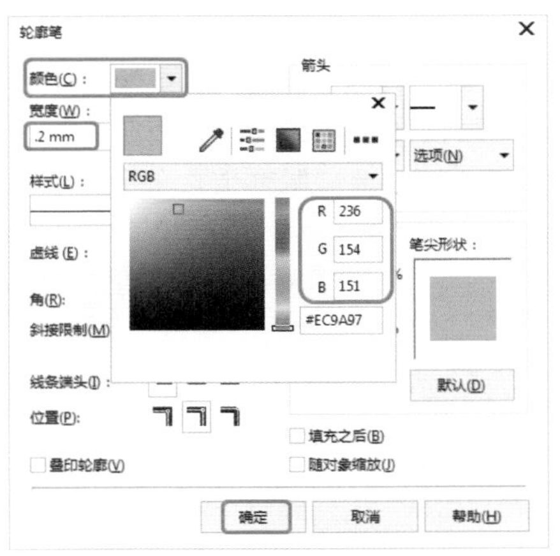

图 2-20 设置轮廓颜色和宽度

20 使用【钢笔工具】绘制如图 2-21 所示的图形。

21 按 Shift+F11 组合键，弹出【编辑填充】对话框，将 RGB 值设置为 252、188、6，单击【确定】按钮，如图 2-22 所示。

图 2-21 绘制图形

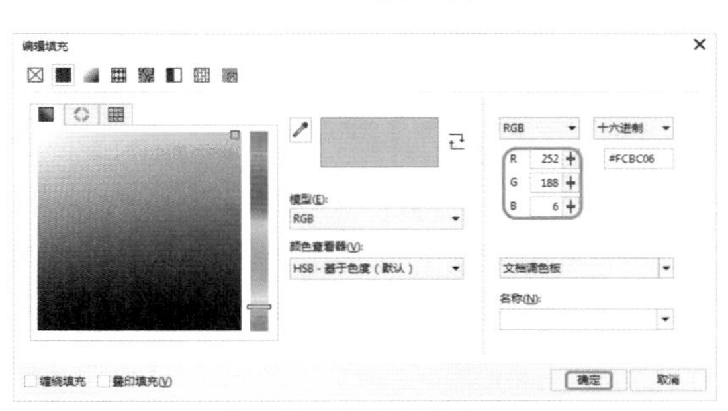

图 2-22 设置填充颜色

22 将图形的【轮廓颜色】设置为无，如图 2-23 所示。

图 2-23 设置轮廓颜色

23 在图形上单击鼠标右键，在弹出的快捷菜单中选择【顺序】|【置于此对象后】命令，如图 2-24 所示。

24 当鼠标指针变为黑色箭头时，在兔子身体部分上单击鼠标左键，如图 2-25 所示。

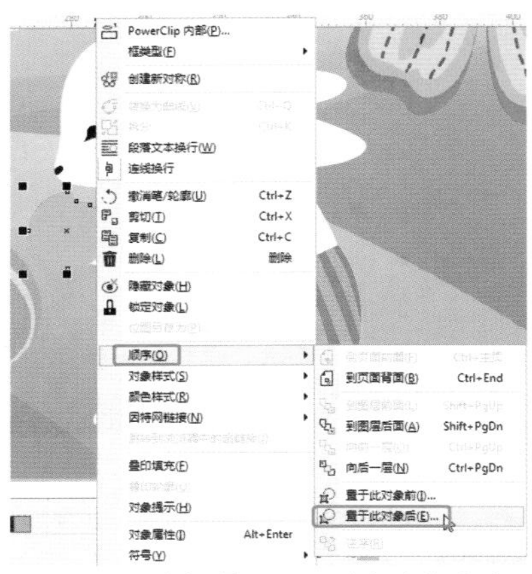
图 2-24　选择【置于此对象后】命令

图 2-25　在兔子身体部分上单击鼠标左键

25 使用【钢笔工具】绘制如图 2-26 所示的两条线段。

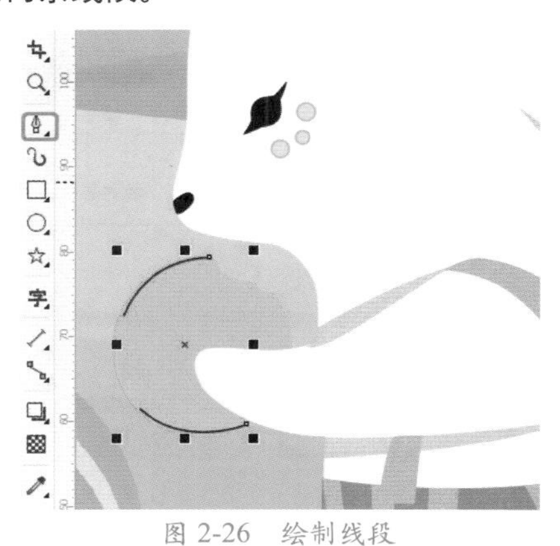
图 2-26　绘制线段

26 按 F12 键，弹出【轮廓笔】对话框，将【颜色】的 CMYK 值设置为 0、0、60、0，将【宽度】设置为 0.2mm，单击【确定】按钮，如图 2-27 所示。

27 最终效果如图 2-28 所示。

图 2-27　设置轮廓颜色和宽度　图 2-28　最终效果

## 2.1.1　使用矩形工具绘制矩形

CorelDRAW 2018 提供了两种绘制矩形的工具，即矩形工具和 3 点矩形工具。使用这两种工具，可以方便地绘制任意形状的矩形。

### 1. 矩形工具

在工具箱中单击【矩形工具】按钮，在属性栏中设置矩形的边角圆滑度与轮廓宽度，然后在工作区中按住鼠标左键向右下方拖动鼠标，到所需的大小后松开鼠标左键，即可得到所需的矩形。

### 2. 3 点矩形工具

单击【3 点矩形工具】按钮，可以通过 3 个点来确定矩形的长度、宽度与旋转位置。下面练习【3 点矩形工具】的操作方法。

01 打开“素材\Cha02\素材 1.cdr”素材文件，在工具箱中单击【3 点矩形工具】按钮，然后按住 Ctrl 键的同时在工作区中按住鼠标左键不放，拖动鼠标指针至矩形的第二个点，如图 2-29 所示。

图 2-29　确定矩形的两个点

02 继续按住 Ctrl 键，松开鼠标并移动鼠标指针至第三个点的位置单击，如图 2-30 所示。

图 2-30 确定矩形的高度

**提 示**

使用【3 点矩形工具】拖动鼠标指针绘制时，按住 Ctrl 键可以强制基线的角度以 15° 的增量变化。

## 2.1.2 使用椭圆形工具绘制椭圆形与弧形

使用椭圆形工具，可以绘制各种大小不同的椭圆形、圆形、饼形和弧形。在工具箱中单击【椭圆形工具】按钮◯，在属性栏中即可显示它的选项参数。

### 1. 绘制椭圆形

在工具箱中单击【椭圆形工具】按钮◯，在工作区中按住鼠标左键不放，确定椭圆形的起始位置，沿直径方向拖移至理想大小的椭圆形后放开鼠标，完成椭圆形的绘制，如图 2-31 所示。

图 2-31 绘制椭圆形

### 2. 绘制圆形

如果用椭圆形工具绘制圆形，绘制时只需要按住 Ctrl 键即可。按住 Shift+Ctrl 组合键的同时拖动鼠标绘制，则可以绘制出以起点为中心向外扩展的圆形，如图 2-32 所示。

图 2-32 绘制圆形

### 3. 绘制饼形和弧形

绘制一个圆形，在属性栏中单击【饼图】按钮◔，设置参数后，即可生成饼形，如图 2-33 所示。

图 2-33 绘制饼形

弧形的绘制方法与饼形的绘制方法一样。在选择椭圆形后，在属性栏中单击【弧形】按钮◡，即可绘制出弧形，如图 2-34 所示。

图 2-34 绘制弧形

## 2.1.3 绘制多边形

单击工具箱中的【多边形工具】按钮⬠，在工作区中按住鼠标左键并拖动，即可绘制出默认设置下的五边形，如图 2-35 所示。

图 2-35 绘制多边形

如果要改变已绘制的多边形的边数，可先选择绘制的多边形，然后在多边形工具属性栏中的多边形端点数微调框⬠5中输入所需的边数，按 Enter 键，即可得到所需边数的多边形。

在按住 Shift 键的同时拖动鼠标，可以绘制以起点为中心向外扩展的多边形；按住 Ctrl 键，则可以绘制正多边形；同时按住 Shift+Ctrl 组合键，则可以绘制以起点为中心向外扩展的正多边形。

## 2.2 制作卡通太阳——绘制其他图形

太阳象征着美好阳光的生活，每天早起看到太阳会使人心情舒畅，并且太阳在许多风景类插画中特别常见，形态也非常多。本节将介绍如何绘制卡通太阳，效果如图 2-36 所示。

图 2-36　卡通太阳

| 素材 | 素材 \Cha02\ 太阳背景 .jpg |
| --- | --- |
| 场景 | 场景 \Cha02\ 制作卡通太阳——绘制其他图形 .cdr |
| 视频 | 视频教学 \Cha02\2.2　制作卡通太阳——绘制其他图形 .mp4 |

01 按 Ctrl+N 组合键，新建一个【宽度】和【高度】分别为 296mm、148mm 的文档，将【原色模式】设置为 CMYK，将【渲染分辨率】设置为 300dpi，单击【确定】按钮，如图 2-37 所示。

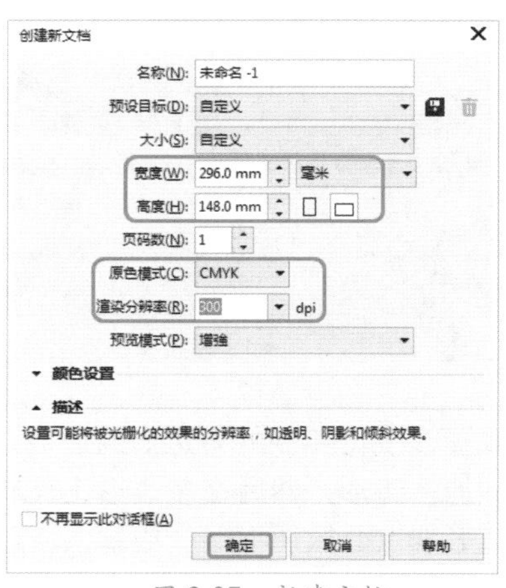


图 2-37　新建文档

02 按 Ctrl+I 组合键，导入“素材 \Cha02\ 太阳背景 .jpg”素材文件，单击【导入】按钮，如图 2-38 所示。

图 2-38　选择要导入的素材文件

03 导入素材文件后，调整对象的大小，效果如图 2-39 所示。

图 2-39　导入素材文件后的效果

04 在工具箱中单击【星形工具】，绘制【宽度】、【高度】均为 40mm 的星形，在工具属性栏中将【点数或边数】、【锐度】均设置为 20，如图 2-40 所示。

图 2-40　绘制星形

**提　示**

星形工具组主要包括星形工具和复杂星形工具。

05 选中星形图形，按F11键，在弹出的对话框中单击【椭圆形渐变填充】按钮▩，将0位置处的CMYK值设置为3、27、97、0，将28%位置处的CMYK值设置为9、52、100、0，将100%位置处的CMYK值设置为9、52、100、0，勾选【缠绕填充】复选框，将【填充宽度】和【填充高度】均设置为98%，如图2-41所示。

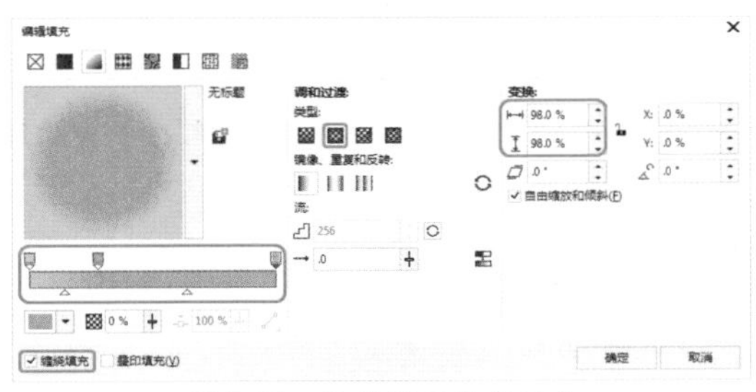

图 2-41 设置渐变填充颜色

06 设置完成后，单击【确定】按钮，在默认调色板中右键单击☒按钮，通过【形状工具】调整星形，效果如图2-42所示。

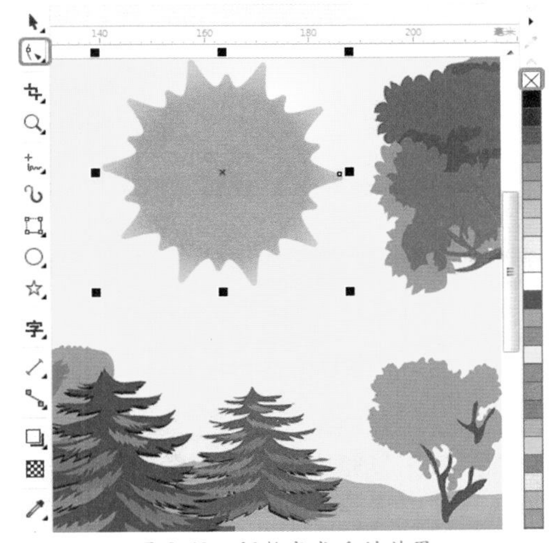

图 2-42 调整完成后的效果

07 继续选中星形对象，按数字键盘上的+键，对选中的对象进行复制，按F11键，弹出【编辑填充】对话框，在位置17%处添加一个节点，并将其CMYK值设置为3、27、97、0，如图2-43所示。

08 设置完成后，单击【确定】按钮，继续选中星形图形，将复制后的图形缩小，然后调整位置，如图2-44所示。

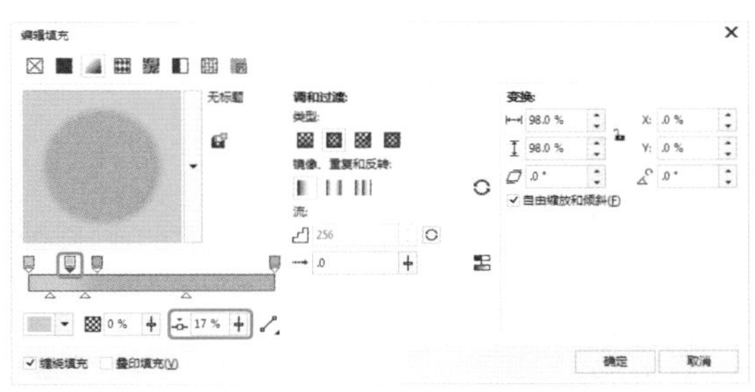

图 2-43 添加节点并进行设置

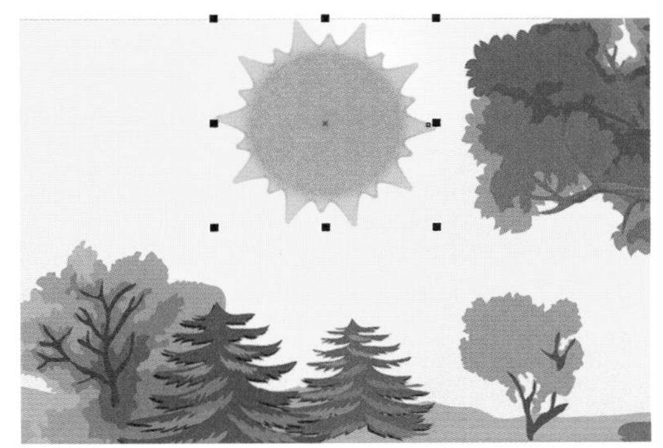

图 2-44 调整对象的大小

09 在工具箱中单击【椭圆形工具】○，在工作区中按住Ctrl键绘制圆形，效果如图2-45所示。

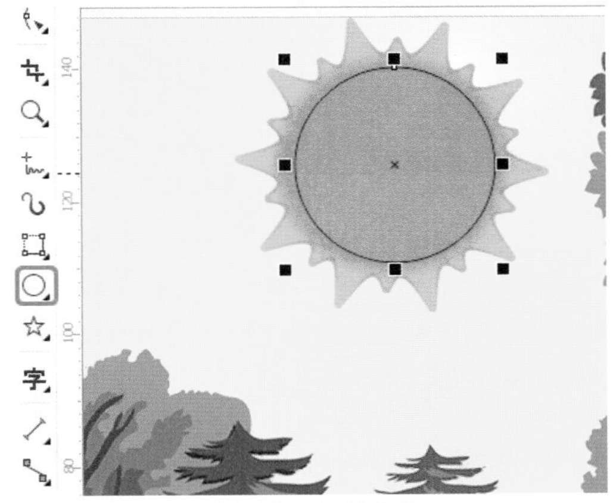

图 2-45 绘制圆形

10 选中圆形，按F11键，在弹出的对话框中单击【椭圆形渐变填充】按钮▩，将0位置处的CMYK值设置为15、60、100、2，在50位置处添加一个节点，并将其CMYK值设置为0、25、100、0，将100%位置处的CMYK值设置为0、10、95、0，如图2-46所示。

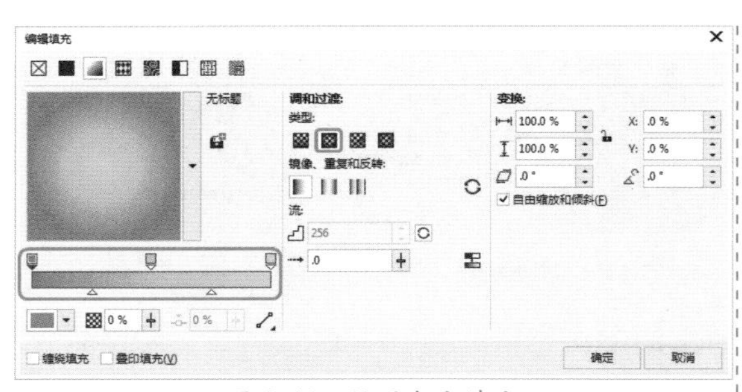
图 2-46　设置渐变填充

**疑难解答**　为什么该案例没有详细描述图形的大小参数？

这里考虑到前面每个人调整的太阳轮廓大小不一样，后面所绘制的图形大小可能不一致，因此读者可根据自身需要绘制图形。

11 设置完成后，单击【确定】按钮，在默认调色板中右键单击☒按钮，效果如图 2-47 所示。

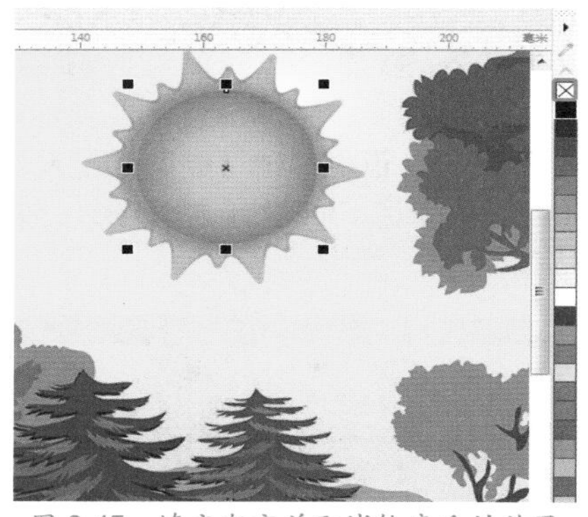
图 2-47　填充渐变并取消轮廓后的效果

12 继续选中圆形图形，按 + 键对选中的图形进行复制，按 Shift+F11 组合键，在弹出的对话框中将 CMYK 值设置为 0、10、95、0，如图 2-48 所示。

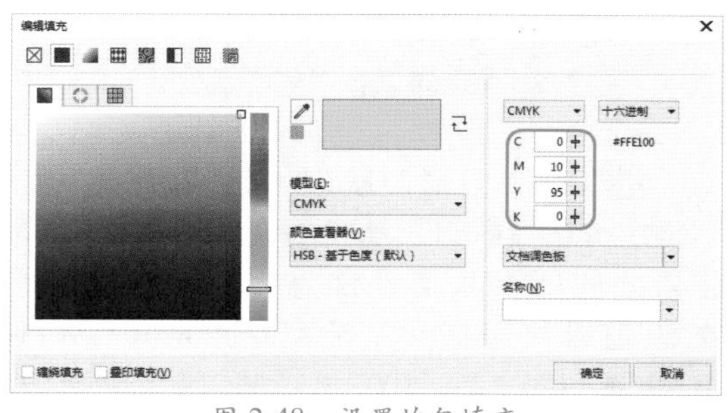
图 2-48　设置均匀填充

13 设置完成后，单击【确定】按钮，填充颜色后的效果如图 2-49 所示。

图 2-49　填充颜色后的效果

14 选中图形，在工具箱中单击【透明度工具】，在工具属性栏中将【合并模式】设置为【叠加】，如图 2-50 所示。

图 2-50　设置合并模式

**提　示**

使用阴影工具可以为对象添加阴影效果，以模拟光源照射对象时产生的阴影效果。可以在添加阴影时调整阴影的透明度、颜色、位置及羽化程度，当对象外观改变时，阴影的形状也随之变化。

15 在工具箱中单击【阴影工具】，在工具属性栏中选择【预设列表】中的【小型辉光】，将【阴影颜色】的 CMYK 值设置为 6、39、99、0，如图 2-51 所示。

16 在工具箱中单击【椭圆形工具】，在工作区中绘制一个椭圆形，调整其位置，为其填充白色，并取消轮廓，效果如图 2-52 所示。

**提　示**

在绘制椭圆形时，按住 Ctrl 键可以绘制圆形；按 Shift 键可以绘制高或宽的椭圆形；按 Shift+Ctrl 组合键可以在某一中心绘制圆形。

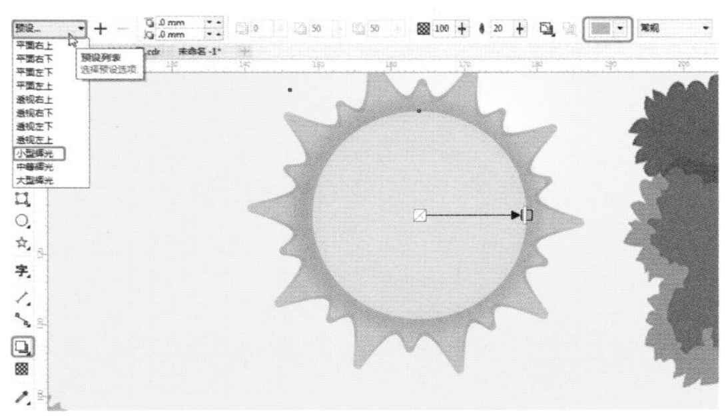
图 2-51 为选中对象添加阴影

图 2-52 绘制椭圆形

17 继续选中椭圆图形，在工具箱中单击【透明度工具】，在工具属性栏中单击【渐变透明度】按钮，将【旋转】设置为 90°，如图 2-53 所示。

图 2-53 添加透明度

18 在工具箱中单击【钢笔工具】，在工作区中绘制一个如图 2-54 所示的图形。

19 选中该图形，按 F11 键，在弹出的对话框中将 0 位置处的 CMYK 值设置为 11、94、100、0，将 100% 位置处的 CMYK 值设置为 31、100、100、45，勾选【缠绕填充】复选框，取消勾选【自由缩放和倾斜】复选框，将【填充宽度】设置为 58%，将【旋转】设置为 113.4°，如图 2-55 所示。

图 2-54 绘制图形

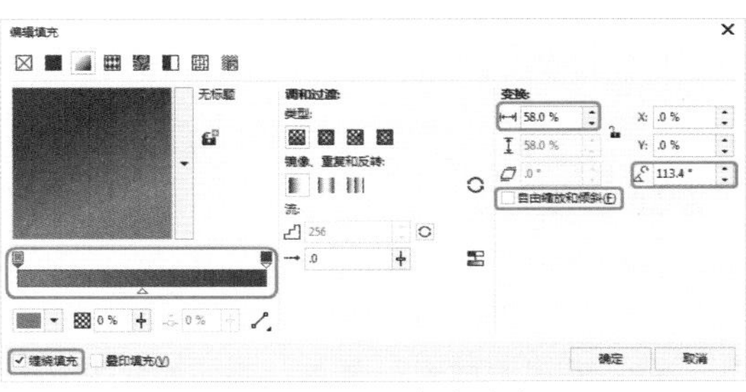
图 2-55 设置渐变填充

20 设置完成后，单击【确定】按钮，在默认调色板中右键单击☒按钮，填充渐变并取消轮廓后的效果如图 2-56 所示。

图 2-56 填充渐变并取消轮廓后的效果

21 在工具箱中单击【钢笔工具】，在工作区中绘制如图 2-57 所示的图形，

22 选中该图形，按 Shift+F11 组合键，在弹出的对话框中将 CMYK 值设置为 6、76、100、0，勾选【缠绕填充】复选框，如图 2-58

所示。

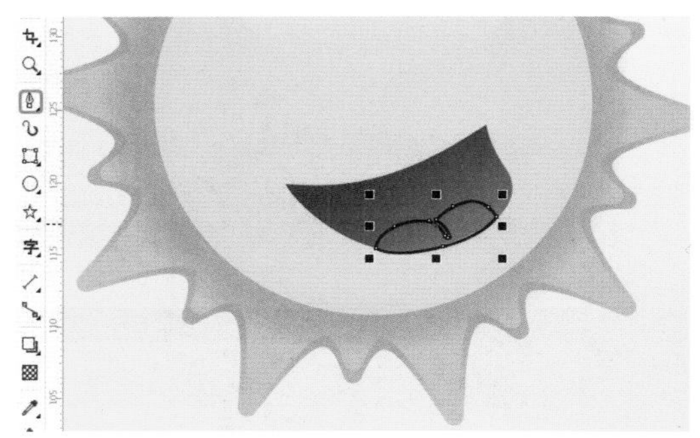

图 2-57　绘制图形

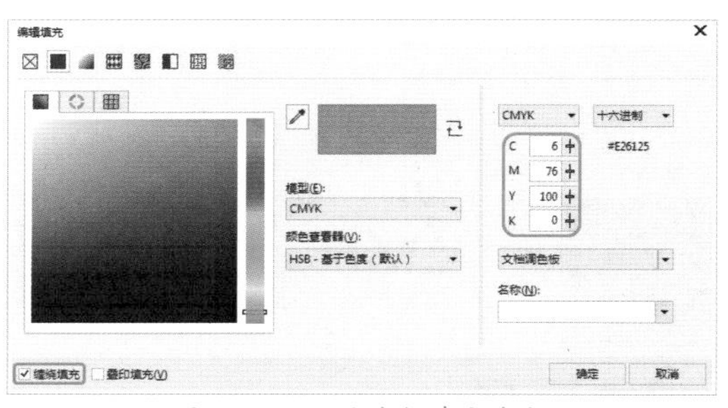


图 2-58　设置均匀填充参数

23 设置完成后，单击【确定】按钮，在默认调色板中右键单击☒按钮，填充颜色并取消轮廓后的效果如图 2-59 所示。

图 2-59　填充颜色并取消轮廓后的效果

24 在工具箱中单击【钢笔工具】，在工作区中绘制如图 2-60 所示的图形。

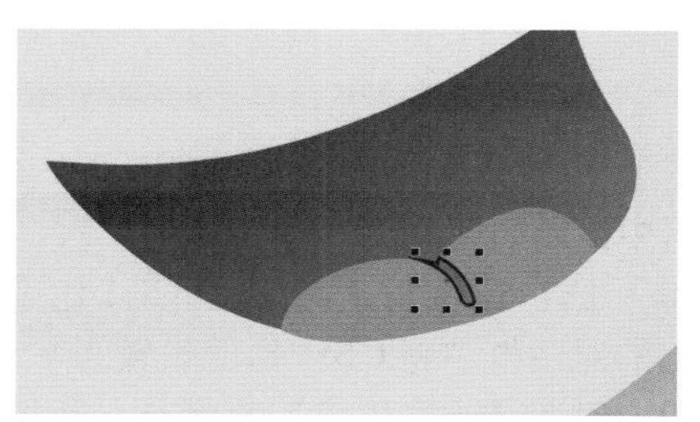

图 2-60　绘制图形

**提　示**

为了便于观察，这里将图形的【轮廓宽度】暂时设置为细线。

25 将绘制的图形 CMYK 值设置为 7、83、100、0，并取消轮廓，效果如图 2-61 所示。

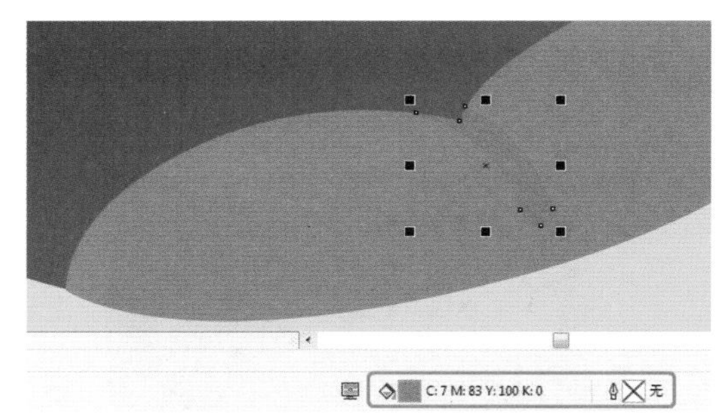


图 2-61　填充颜色并取消轮廓后的效果

26 在工具箱中单击【钢笔工具】，在工作区中绘制一个如图 2-62 所示的图形。

图 2-62　绘制图形

## 知识链接：CorelDRAW 的发展前景

CorelDRAW 与 Photoshop 和 Illustrator 并称为设计领域的三大图形图像设计软件，其拥有功能强大的矢量绘画工具、强悍的版面设计能力、增强数字图像的能力，并能够将位图图像转换为矢量文件。用于商业设计和美术设计的计算机上大都安装了 CorelDRAW，其非凡的设计能力广泛地应用于商标设计、标志制作、模型绘制、插图描画、排版及分色输出等诸多领域。

27 选中绘制的图形，按 F11 键，在弹出的对话框中将 0 位置处的 CMYK 值设置为 0、0、0、0，在 56% 位置处添加一个节点，并将其 CMYK 值设置为 0、0、0、0，将 100% 位置处的 CMYK 值设置为 10、7、7、0，勾选【缠绕填充】复选框，取消勾选【自由缩放和倾斜】复选框，将【填充宽度】设置为 24.4%，将【旋转】设置为 28.5°，如图 2-63 所示。

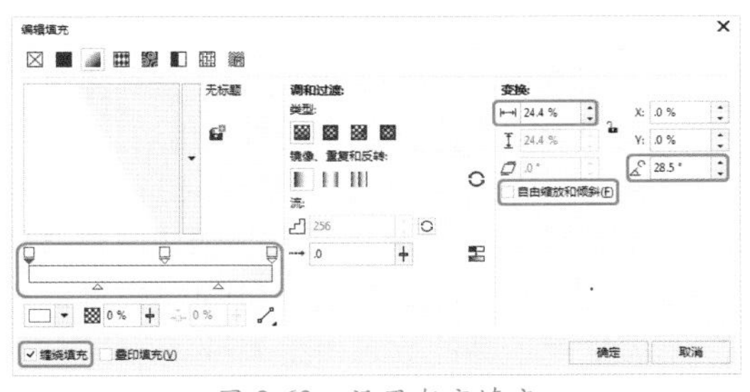

图 2-63　设置渐变填充

28 设置完成后，单击【确定】按钮，在默认调色板中右键单击☒按钮，填充渐变并取消轮廓后的效果如图 2-64 所示。

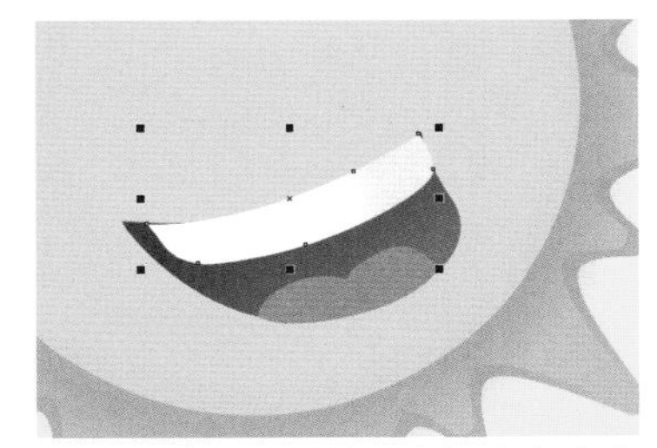

图 2-64　填充渐变并取消轮廓后的效果

29 在工具箱中单击【钢笔工具】，在工作区中绘制一个如图 2-65 所示的图形。

图 2-65　绘制图形

30 选中该图形，按 Shift+F11 组合键，在弹出的对话框中将 CMYK 值设置为 6、45、100、0，勾选【缠绕填充】复选框，如图 2-66 所示。

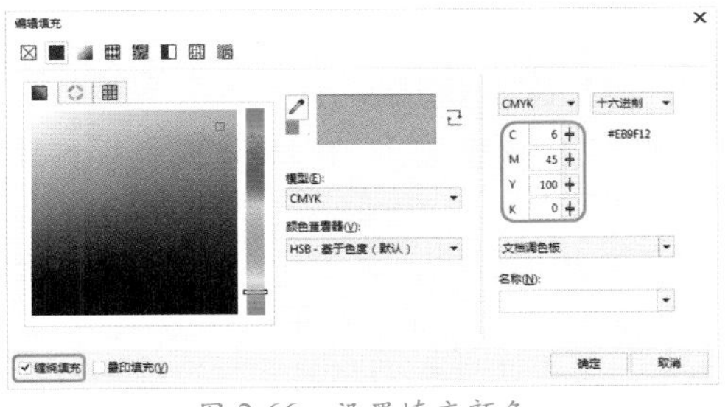

图 2-66　设置填充颜色

31 设置完成后，单击【确定】按钮，在默认调色板中右键单击☒按钮，填充颜色并取消轮廓后的效果如图 2-67 所示。

图 2-67　填充颜色并取消轮廓后的效果

32 选中该图形，按 + 键，对其进行复制，选中复制后的图形，按 F11 键，在弹出的对话框中将 0 位置处的 CMYK 值设置为 5、10、89、0，将 100% 位置处的 CMYK 值设置为 3、53、98、0，勾选【缠绕填充】复选框，取消勾选【自由缩放和倾斜】复选框，将【填充宽度】设置为 37%，将【旋转】设置为 105.3°，如图 2-68 所示。

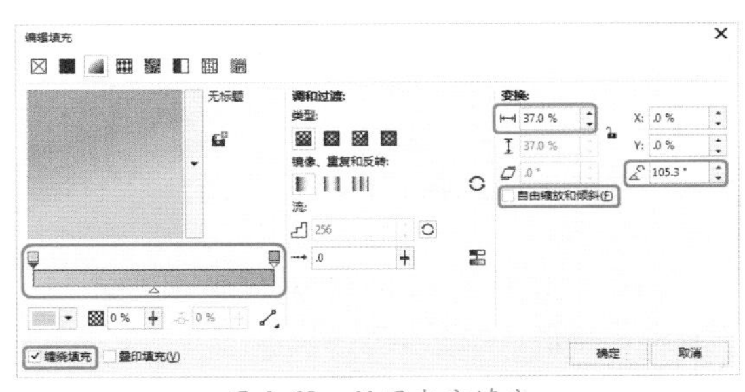

图 2-68　设置渐变填充

33 设置完成后，单击【确定】按钮，调整对象的大小及位置，如图 2-69 所示。

图 2-69　调整对象的大小和位置

34 使用相同的方法绘制其他图形对象，并进行相应的设置，效果如图 2-70 所示。

图 2-70　绘制其他图形

## 2.2.1　绘制星形

在工具箱中单击【星形】工具按钮☆后，在属性栏中将显示其选项参数。

### 1. 使用【星形】工具绘图

使用【星形】工具可以绘制星形，具体操作步骤如下。

01 新建文档，导入“素材\Cha02\素材2.jpg”素材文件，在多边形工具组中单击【星形】工具按钮☆，如图2-71所示。

图 2-71　单击【星形】工具按钮

02 在工作区中单击鼠标左键并拖动，即可绘制出星形，如图2-72所示。

03 在属性栏中将【点数或边数】设置为8，将【锐度】设置为30，效果如图2-73所示。

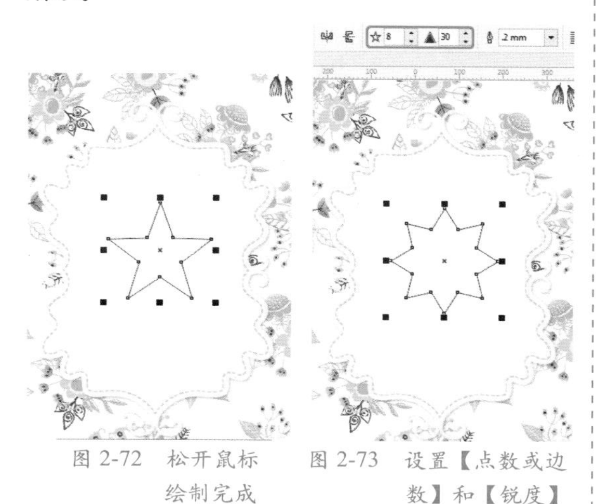

图 2-72　松开鼠标绘制完成　　图 2-73　设置【点数或边数】和【锐度】

### 2. 使用【复杂星形】工具绘图

在多边形工具组中新增了【复杂星形】工具，使用该工具可以快速地绘制出交叉星形。下面介绍【复杂星形】工具的基本用法。

01 新建文档，导入“素材\Cha02\素材2.jpg”素材文件，在多边形工具组中单击【复杂星形】工具按钮，在工作区中按住鼠标左键并拖动，完成后的效果如图2-74所示。

02 绘制出的复杂星形如图2-75所示。

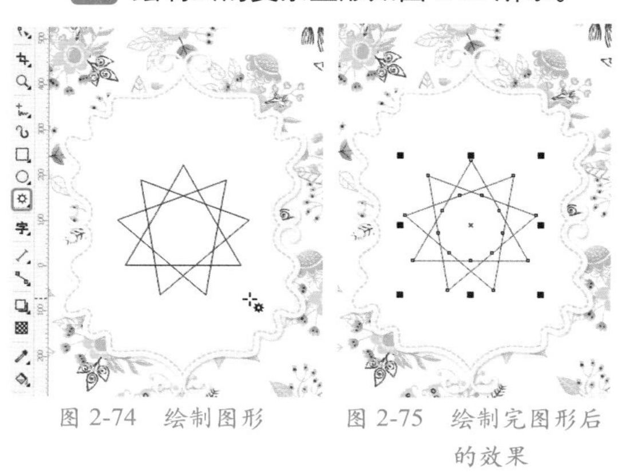

图 2-74　绘制图形　　图 2-75　绘制完图形后的效果

03 单击调色板中的红色色块，效果如图2-76所示。

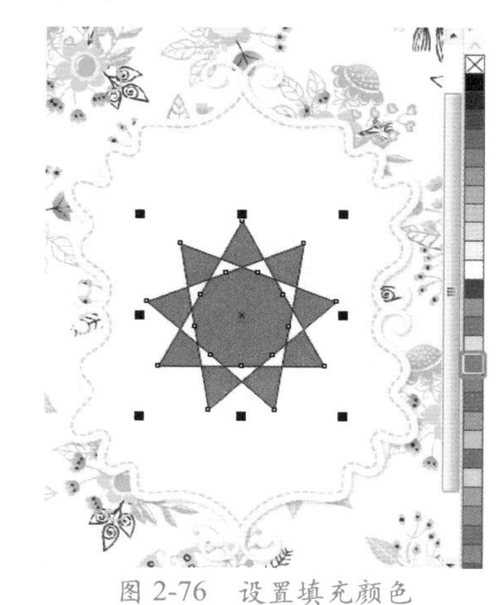

图 2-76　设置填充颜色

## 2.2.2　使用【图纸】工具绘制图形

使用【图纸】工具可以绘制网格，具体操作步骤如下。

01 新建文档，导入“素材\Cha02\素材2.jpg”素材文件，在工具箱中单击【图纸】工具按钮，在属性栏中将显示其选项参数，如

图 2-77 所示。在【行数和列数】微调框中输入所需的行数与列数，在绘制时将根据设置的属性绘制出表格。

图 2-77 【图纸】工具的属性栏

02 在属性栏中将【行数和列数】设置为 11、11，按 Enter 键确定，然后在工作区绘制如图 2-78 所示的网格效果。

03 为绘制的网格填充白色，将其【轮廓颜色】设置为洋红色，如图 2-79 所示。

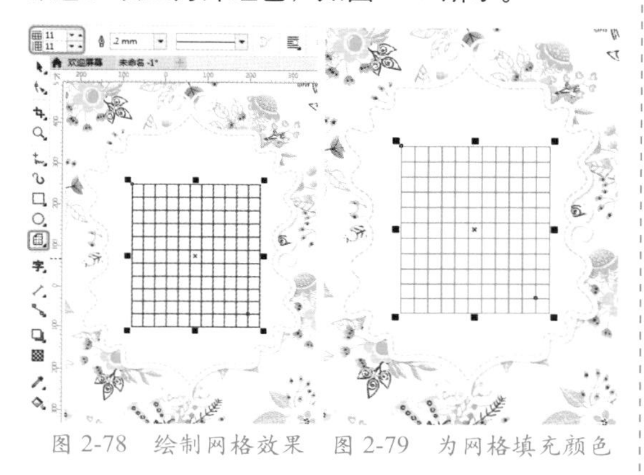

图 2-78 绘制网格效果 图 2-79 为网格填充颜色

## 2.2.3 使用【螺纹】工具绘制螺纹形状

使用【螺纹】工具可以绘制螺纹形，下面简单介绍绘制螺纹的步骤。

01 新建文档，导入“素材 \Cha02\ 素材 2.jpg”素材文件，在工具箱中单击【螺纹】工具按钮，在工作区中按住鼠标并拖动至合适的位置后松开，螺纹形效果如图 2-80 所示。

图 2-80 螺纹形效果

02 按 F12 键，弹出【轮廓笔】对话框，将【颜色】的 CMYK 值设置为 100、0、0、0，将【宽度】设置为 10mm，设置完成后单击【确定】按钮，如图 2-81 所示。设置完成后的效果如图 2-82 所示。

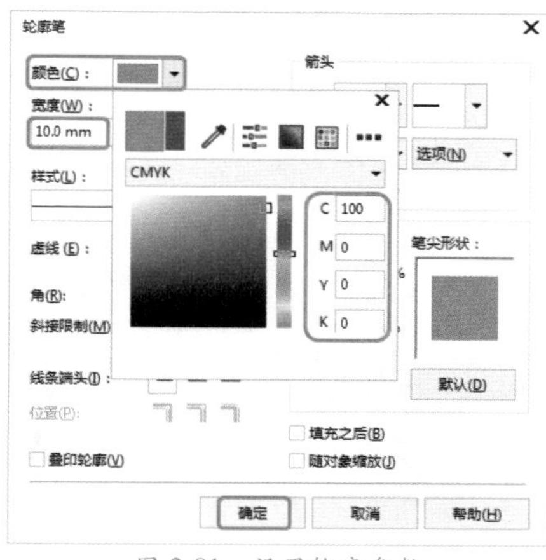

图 2-81 设置轮廓参数

图 2-82 设置轮廓参数后的效果

## 2.2.4 绘制基本形状

使用【基本形状】工具绘图的操作如下。

01 新建文档，导入“素材 \Cha02\ 素材 2.jpg”素材文件，在工具箱中单击【基本形状】工具按钮，然后在其属性栏中选择所需的心形图形，在工作区按住鼠标左键并拖动，拖至合适的大小后松开左键，即可绘制一个形状，如图 2-83 所示。

02 在默认调色板中单击☒色块，为其进行填充，在☒色块上单击鼠标右键，将【轮廓颜色】设置为无，如图 2-84 所示。

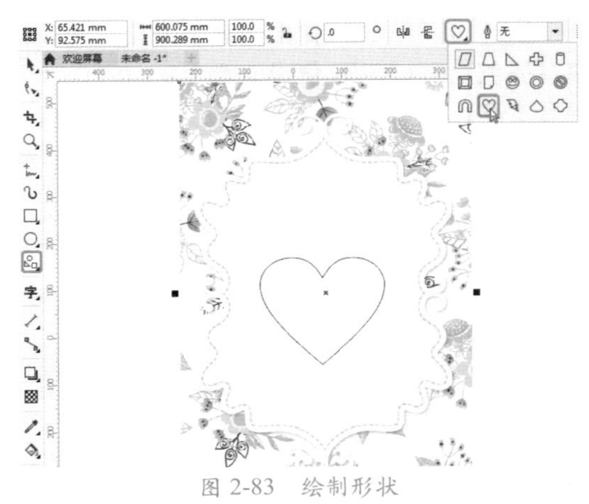
图 2-83　绘制形状

图 2-84　填充颜色

## 2.2.5　绘制箭头形状

在 CorelDRAW 2018 中提供了多种箭头类型，要绘制这些箭头形状，具体操作方法如下。

01 新建文档，导入“素材\Cha02\素材3.jpg”素材文件，单击工具箱中的【箭头形状】按钮。在属性栏中单击按钮，可打开预设的箭头形状面板，从中选择所需的箭头形状，如图 2-85 所示。

02 在工作区中拖动鼠标，即可绘制出所选的箭头图形，在默认调色板中单击⊠色块，为其进行填充，在⊠色块上单击鼠标右键，将【轮廓颜色】设置为无，效果如图 2-86 所示。

03 使用【文本工具】输入文本，将【字体】设置为【汉仪大宋简】，设置【字体大小】为 24pt，如图 2-87 所示。

图 2-85　选择箭头形状

图 2-86　绘制形状

图 2-87　输入文本

## 2.2.6　绘制流程图形状

在 CorelDRAW 2018 中提供了流程图工具，使用它可以绘制多种常见的数据流程图、信息系统的业务流程图等。绘制流程图的具体操作方法如下。

01 新建文档，导入“素材\Cha02\素材4.jpg”素材文件，在工具箱中单击【流程图形状】工具按钮，并在属性栏中单击【完美形状】按钮，在弹出的面板中选择一种形状，如图 2-88 所示。

02 在工作区中，按住鼠标左键并拖至适当的位置松开，即可绘制出一个形状，在默认调色板中单击⊠色块，为其进行填充，在⊠色块上单击鼠标右键，将【轮廓颜色】设置为无，效果如图 2-89 所示。

图 2-88 选择形状

图 2-89 设置形状颜色

## 2.2.7 使用【标题形状】工具绘制标题形状

使用【标题形状】工具绘制图形并输入文字的操作如下。

01 新建文档，导入“素材\Cha02\素材4.jpg”素材文件，在工具箱中单击【标题形状】工具按钮，并在其属性栏中单击【完美形状】按钮，在弹出的面板中选择一种形状，在工作区中按住鼠标左键并拖动至合适的位置松开鼠标，即可绘制一个形状，如图 2-90 所示。

图 2-90 绘制形状

02 在默认调色板中单击⊠色块，为其进行填充，在⊠色块上单击鼠标右键，将【轮廓颜色】设置为无，效果如图 2-91 所示。

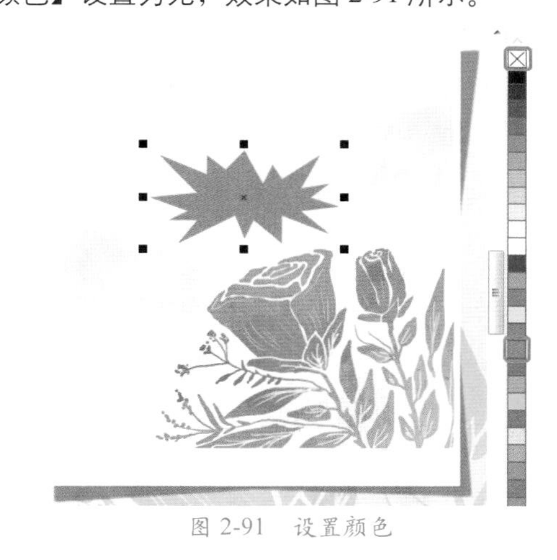

图 2-91 设置颜色

## 2.2.8 使用【标注形状】工具绘制标注

标注经常用于做进一步的补充说明，例如绘制了一幅风景画，可以在风景画上绘制标注图形，并且在标注图形中添加相关的文字信息。CorelDRAW 2018 中提供了多种标注图形。绘制标注图形的具体操作方法如下。

01 新建文档，导入“素材\Cha02\素材4.jpg”素材文件，在工具箱中单击【标注形状】工具按钮。在属性栏中单击【完美形状】按钮，即可打开标注形状面板，从中选择所需的标注形状，如图 2-92 所示。

02 在工作区中拖动鼠标进行绘制，即可绘制出一个形状，在默认调色板中单击⊠

色块，为其进行填充，在☒色块上单击鼠标右键，将【轮廓颜色】设置为无，效果如图 2-93 所示。

图 2-92 选择形状

图 2-93 选择形状并绘制形状

## 2.3 上机练习

本节将通过绘制热气球与时尚少女两个案例来对本章所学习的内容进行巩固。

### 2.3.1 绘制热气球

热气球（Hot Air Balloon）是一个上半部是一个大气球状，下半部是吊篮的飞行器。气球的内部加热空气，这样相对比外部冷空气具有更低的密度；吊篮可以携带乘客和热源（大多是明火）。现代运动气球通常用尼龙织物制成，开口处用耐火材料制作，效果如图 2-94 所示。

图 2-94 热气球

| 素材 | 素材 \Cha02\ 热气球背景 .jpg |
|---|---|
| 场景 | 场景 \Cha02\ 绘制热气球 .cdr |
| 视频 | 视频教学 \Cha02\2.3.1 绘制热气球 .mp4 |

01 按 Ctrl+N 组合键，新建一个【宽度】和【高度】分别为 118mm、177mm 的文档，将【原色模式】设置为 RGB、【渲染分辨率】设置为 300dpi，单击【确定】按钮，如图 2-95 所示。

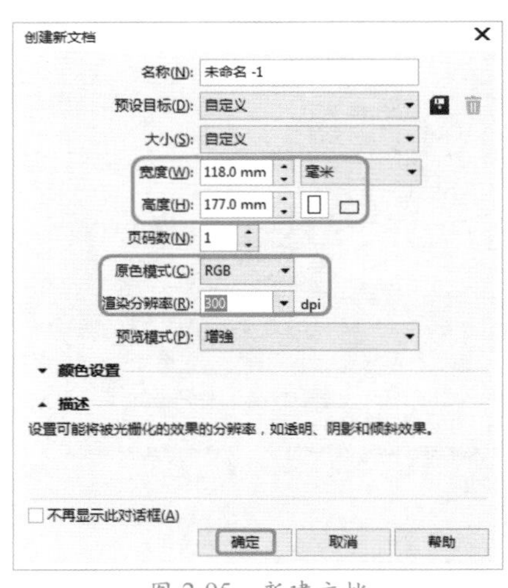


图 2-95 新建文档

02 按 Ctrl+I 组合键，导入“素材 \Cha02\ 热气球背景 .jpg”素材文件，单击【导入】按钮，如图 2-96 所示。

03 将素材文件导入场景中，将【宽度】、【高度】分别设置为 118mm、177mm，如图 2-97 所示。

04 使用【钢笔工具】绘制图形，如图 2-98 所示。

图 2-96　选择导入的素材

图 2-97　设置对象大小

图 2-98　绘制图形

05 按F11键，弹出【编辑填充】对话框，将0位置处的RGB值设置为255、116、0，将100%位置处的RGB值设置为255、0、0，在【变换】选项组中取消勾选【自由缩放和倾斜】复选框，将【填充宽度】设置为1090%，将【水平偏移】、【垂直偏移】分别设置为-285%、-77%，将【角度】设置为-164.8°，勾选【缠绕填充】复选框，单击【确定】按钮，如图2-99所示。

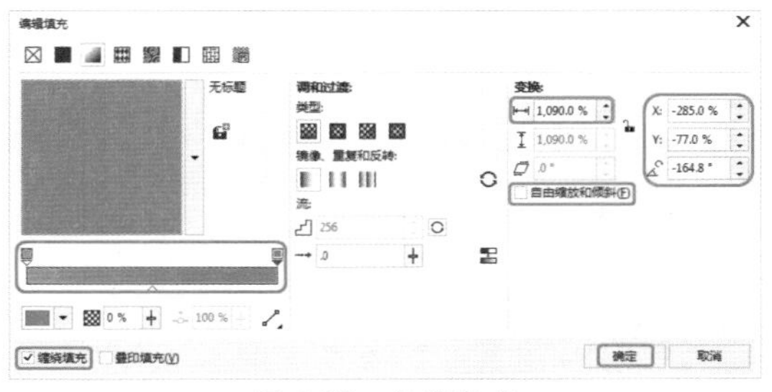
图 2-99　设置渐变

06 继续选中绘制的图形，在默认调色板中右键单击☒按钮，将【轮廓颜色】设置为无，如图2-100所示。

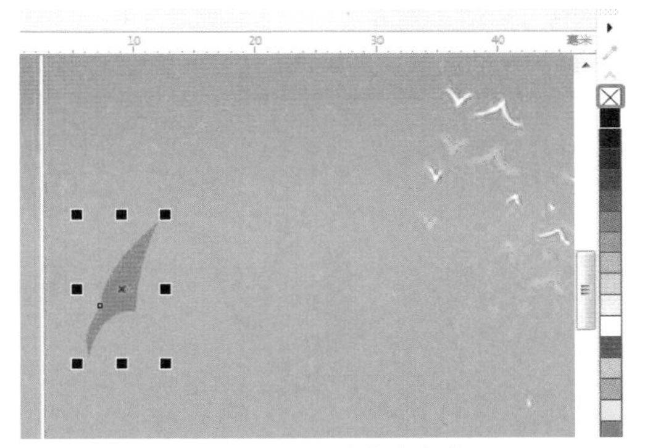
图 2-100　设置轮廓颜色

07 使用【钢笔工具】绘制图形，如图2-101所示。

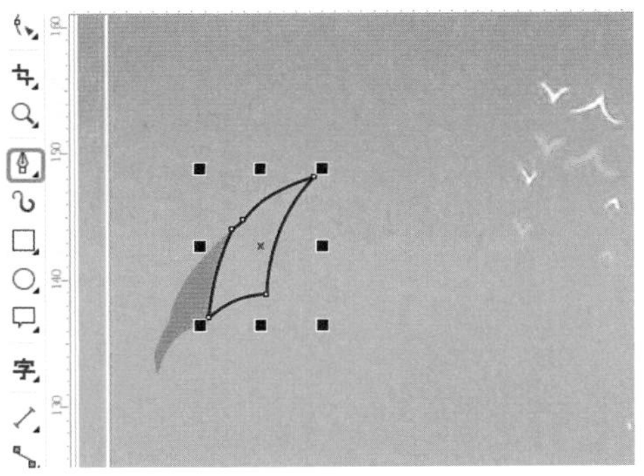
图 2-101　绘制图形

08 按F11键，弹出【编辑填充】对话

框，将0位置处的RGB值设置为255、116、0，将100%位置处的RGB值设置为255、0、0，在【变换】选项组中取消勾选【自由缩放和倾斜】复选框，将【填充宽度】设置为135 %，将【水平偏移】、【垂直偏移】均设置为0，将【角度】设置为-160°，勾选【缠绕填充】复选框，单击【确定】按钮，如图2-102所示。

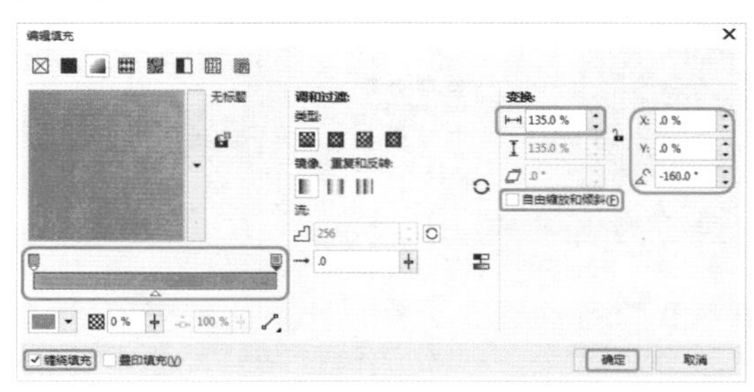

图 2-102　设置渐变

09 选中绘制的图形，在默认调色板中右键单击☒按钮，将【轮廓颜色】设置为无，如图2-103所示。

图 2-103　设置轮廓颜色

10 使用【钢笔工具】绘制其他图形，并对其进行渐变填充，如图2-104所示。

图 2-104　制作完成后的效果

11 使用【钢笔工具】绘制图形，如图2-105所示。

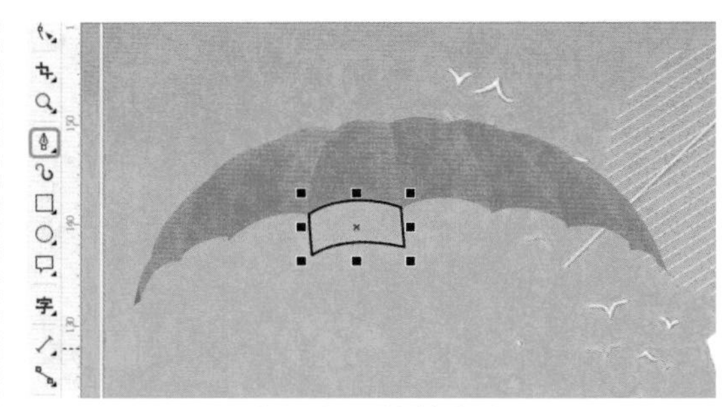

图 2-105　绘制图形

12 按F11键，弹出【编辑填充】对话框，将0位置处的RGB值设置为255、255、0，将51%位置处的RGB值设置为255、255、0，将100%位置处的RGB值设置为255、127、0，在【变换】选项组中取消勾选【自由缩放和倾斜】复选框，将【填充宽度】设置为101%，将【水平偏移】、【垂直偏移】均设置为0，将【角度】设置为3.2°，勾选【缠绕填充】复选框，单击【确定】按钮，如图2-106所示。

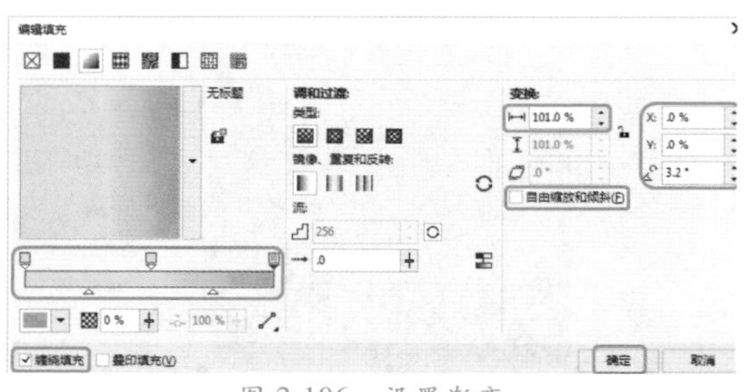

图 2-106　设置渐变

13 选中绘制的图形，在默认调色板中右键单击☒按钮，将【轮廓颜色】设置为无，如图2-107所示。

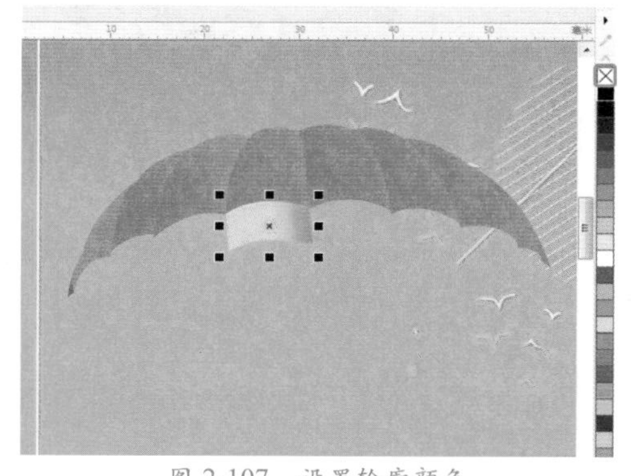

图 2-107　设置轮廓颜色

14 使用同样的方法，绘制其他的形状，然后进行渐变填充，如图2-108所示。

图 2-108 制作完成后的效果

**提 示**

热气球的渐变颜色可参考“场景\Cha02\绘制热气球.cdr”场景文件。

15 使用【钢笔工具】绘制图形，如图 2-109 所示。

图 2-109 绘制图形

16 按 F11 键，弹出【编辑填充】对话框，将 0 位置处的 RGB 值设置为 255、255、0，将 51% 位置处的 RGB 值设置为 255、255、0，将 100% 位置处的 RGB 值设置为 255、127、0，在【变换】选项组中取消勾选【自由缩放和倾斜】复选框，将【填充宽度】设置为 100%，将【水平偏移】、【垂直偏移】均设置为 0，将【角度】设置为 7.2°，勾选【缠绕填充】复选框，单击【确定】按钮，如图 2-110 所示。

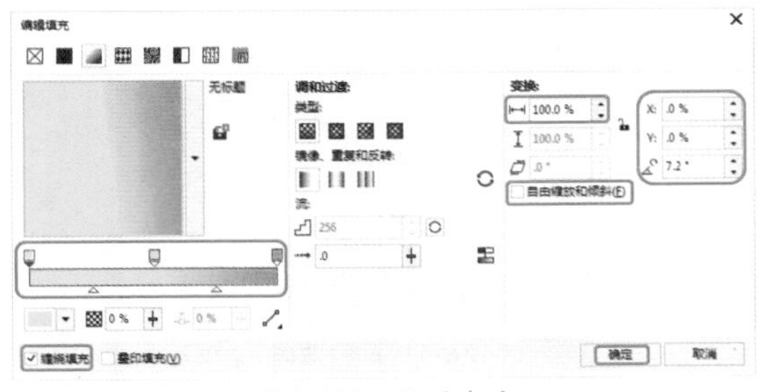
图 2-110 设置渐变

17 选中绘制的图形，在默认调色板中右键单击☒按钮，将【轮廓颜色】设置为无，如图 2-111 所示。

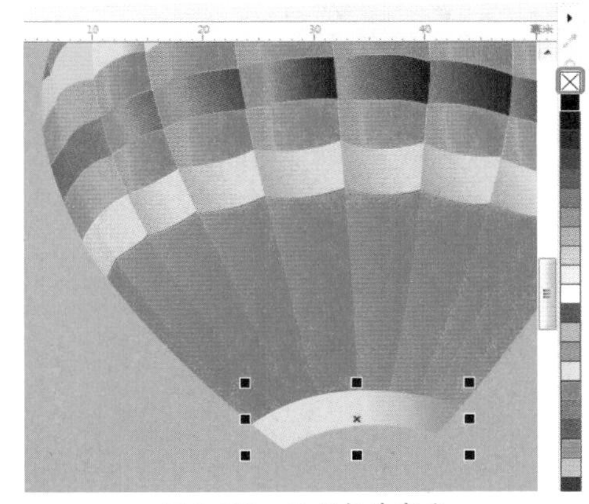
图 2-111 设置轮廓颜色

18 使用【钢笔工具】绘制图形，如图 2-112 所示。

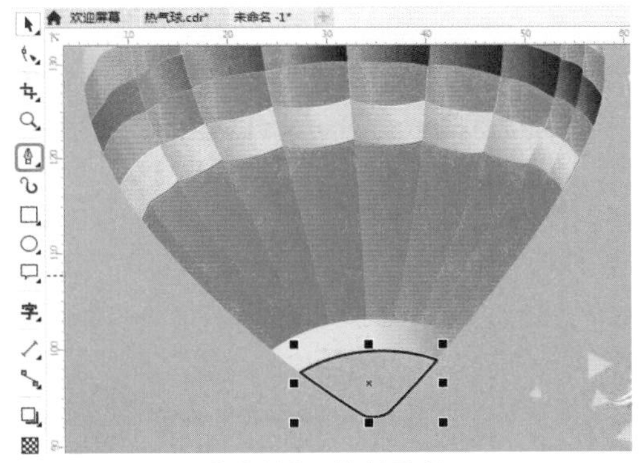
图 2-112 绘制图形

19 按 F11 键，弹出【编辑填充】对话框，将 0 位置处的 RGB 值设置为 212、104、0，将 42% 位置处的 RGB 值设置为 199、91、0，将 62% 位置处的 RGB 值设置为 255、205、0，将 100% 位置处的 RGB 值设置为 255、205、0，在【调和过渡】选项组中将【类型】设置为椭圆形渐变填充▩，在【变换】选项组中取消勾选【自由缩放和倾斜】复选框，将【填充宽度】设置为 170%，将【水平偏移】、【垂直偏移】分别设置为 -36%、8.8%，勾选【缠绕填充】复选框，单击【确定】按钮，如图 2-113 所示。

20 选中绘制的图形，在默认调色板中右键单击☒按钮，将【轮廓颜色】设置为无，如

图 2-114 所示。

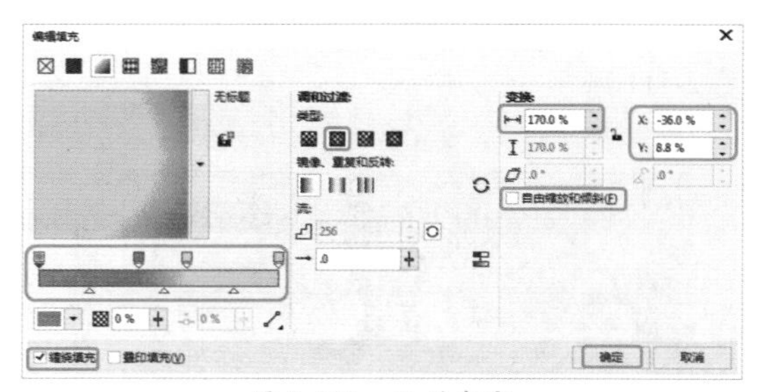
图 2-113 设置渐变

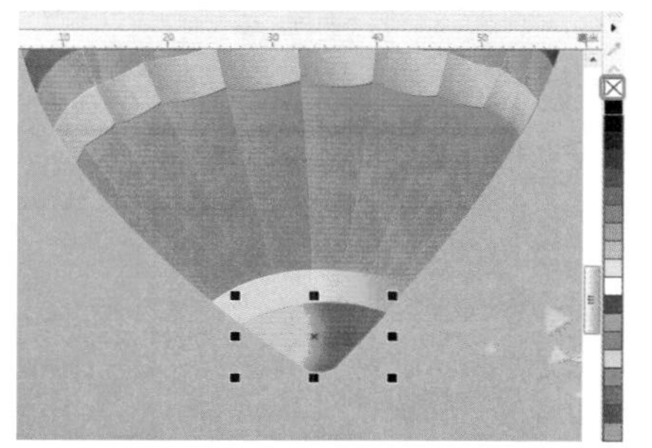
图 2-114 设置轮廓颜色

21 使用【矩形工具】绘制【宽度】、【高度】分别为 0.2mm、4.6mm 的矩形，将【轮廓颜色】设置为无，按 F11 键，弹出【编辑填充】对话框，将 0 位置处的 RGB 值设置为 47、69、93，将 100% 位置处的 RGB 值设置为 0、186、218，在【变换】选项组中取消勾选【自由缩放和倾斜】复选框，将【填充宽度】设置为 592%，将【水平偏移】、【垂直偏移】分别设置为 56%、-10%，将【角度】设置为 -10.3°，勾选【缠绕填充】复选框，单击【确定】按钮，如图 2-115 所示。

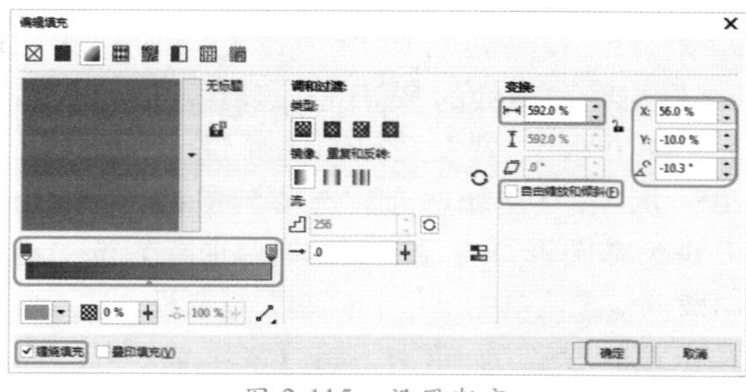
图 2-115 设置渐变

22 在工具属性栏中将【旋转角度】设置为 4.8°，如图 2-116 所示。

23 对设置完成后的矩形进行复制，并调整大小及旋转角度，效果如图 2-117 所示。

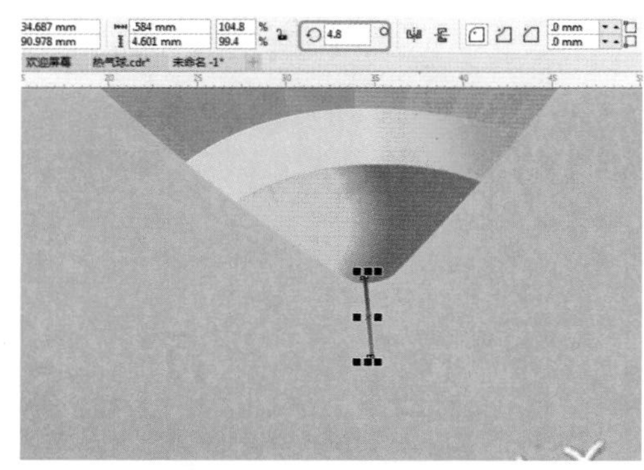
图 2-116 设置【旋转角度】

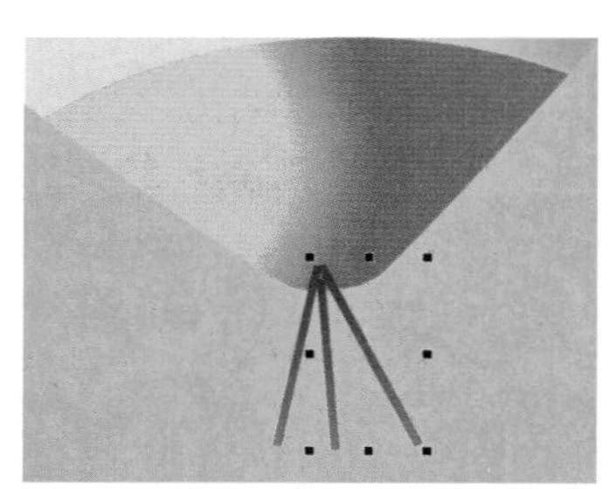
图 2-117 调整大小及旋转角度

24 选择 3 个矩形对象，单击鼠标右键，在弹出的快捷菜单中选择【顺序】|【置于此对象后】命令，如图 2-118 所示。

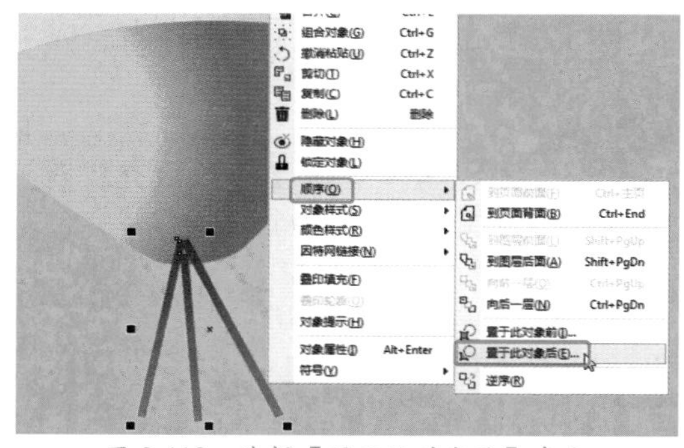
图 2-118 选择【置于此对象后】命令

25 在如图 2-119 所示输入的对象上单击鼠标左键。

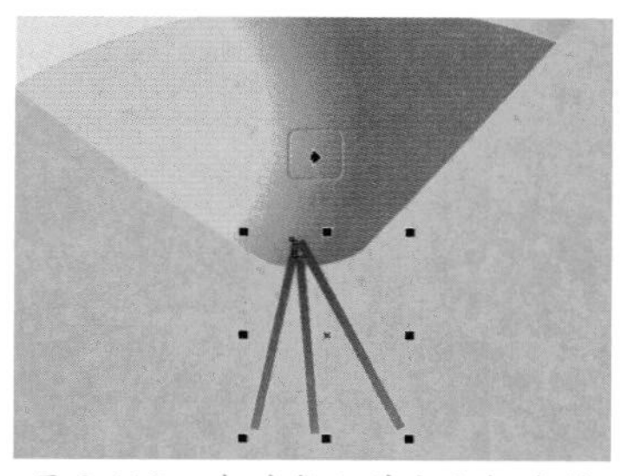
图 2-119 在对象上单击鼠标左键

26 使用【钢笔工具】绘制图形，并设置渐变颜色，如图 2-120 所示。

图 2-120 绘制图形并设置渐变颜色

27 使用【钢笔工具】绘制图形，将【填充颜色】的 RGB 值设置为 72、0、13，将【轮廓颜色】设置为无，如图 2-121 所示。

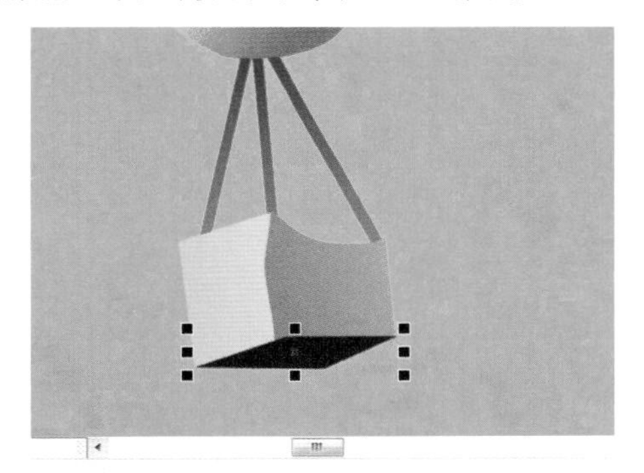


图 2-121 绘制图形并设置渐变颜色

28 热气球的最终效果如图 2-122 所示。

图 2-122 最终效果

### 知识链接：CorelDRAW 2018 的界面介绍

CorelDRAW 2018 的工作界面主要由标题栏、菜单栏、标准工具栏、工具属性栏、标尺栏、工具箱、文档导航器、状态栏、绘图页、导航器、泊坞窗、调色板等组成，如图 2-123 所示。

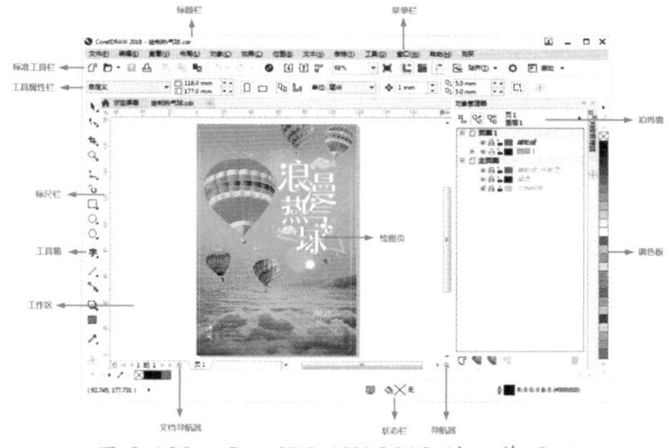


图 2-123 CorelDRAW 2018 的工作界面

- 标题栏：显示打开的文档标题。
- 菜单栏：包含下拉菜单和命令选项。
- 标准工具栏：包含菜单和其他命令的快捷方式。
- 工具属性栏：包含与活动工具或对象相关的命令。
- 标尺栏：具有标记的校准线，用于确定绘图中对象的大小和位置。
- 工具箱：包含在绘图中创建和修改对象的工具。
- 文档导航器：包含在页面之间移动和添加页面的控件的区域。
- 状态栏：包含有关对象属性（类型、大小、颜色、填充和分辨率）的信息，同时显示鼠标的当前位置。
- 绘图页：指绘图窗口中可打印的区域。
- 导航器：可打开一个较小的显示窗口，用于在绘图上进行移动操作。
- 泊坞窗：包含与特定工具或任务相关的可用命令和设置窗口。
- 调色板：包含色样的泊坞栏。

窗口控制按钮的功能如下。

- 【最小化】按钮 -：在程序窗口中单击该按钮，可以将窗口缩小并存放在 Windows 的任务栏中。
- 【还原】按钮 □：单击 ⧉ 按钮，窗口缩小为一部分并显示在屏幕中间，当该按钮变成 □ 时称为最大化按钮，单击 □ 按钮，则窗口放大并且覆盖整个屏幕。
- 【关闭】按钮 ×：单击该按钮可以关闭窗口或对话框。

## 2.3.2 绘制时尚少女

随着社会的发展和科技的进步，插画已经演变为视觉艺术和当代艺术中不可或缺的一部分，其中人物插画效果也较为常见，很多人物插画形象非常生动并深入人心。本节将介绍如何绘制时尚少女插画，效果如图 2-124 所示。

图 2-124　时尚少女

| 素材 | 素材 \Cha02\ 时尚少女素材 .cdr、手提袋 .cdr |
|---|---|
| 场景 | 场景 \Cha02\ 绘制时尚少女 .cdr |
| 视频 | 视频教学 \Cha02\2.3.2　绘制时尚少女 .mp4 |

01 打开“素材\Cha02\时尚少女素材.cdr”素材文件，如图 2-125 所示。

图 2-125　素材文件

02 在工具箱中选择【钢笔工具】，在工作区中绘制图形，如图 2-126 所示。

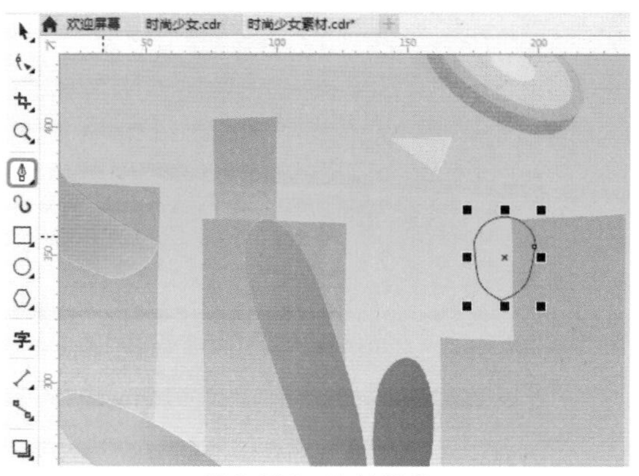
图 2-126　绘制图形

03 选择绘制的图形，按 Shift+F11 组合键弹出【编辑填充】对话框，将 CMYK 值设置为 0、25、30、0，单击【确定】按钮，如图 2-127 所示，即可为绘制的图形填充该颜色。

04 取消轮廓线的填充，然后继续绘制图形并为其填充颜色，效果如图 2-128 所示。

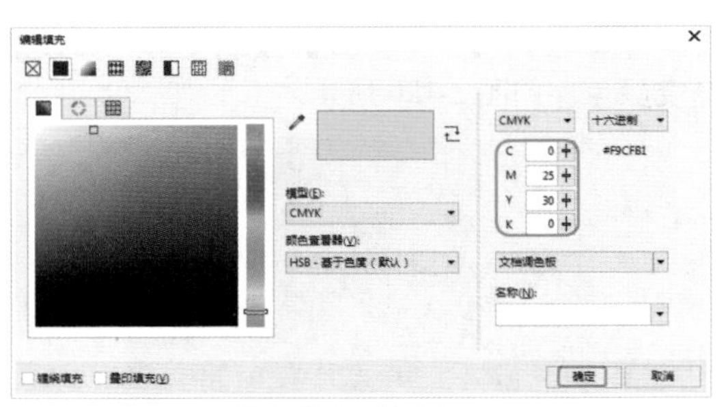
图 2-127　设置颜色

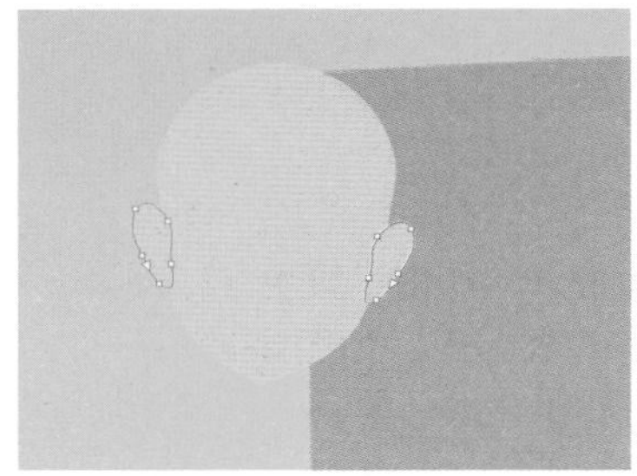
图 2-128　绘制图形并填充颜色

05 在工具箱中选择【椭圆形工具】，在按住 Ctrl 键的同时绘制圆形，如图 2-129 所示。

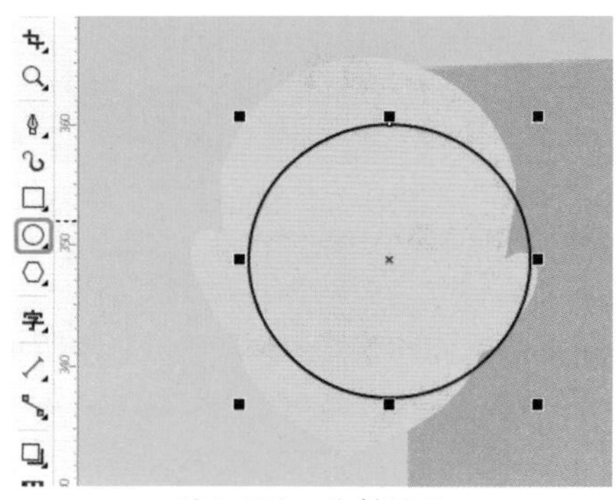
图 2-129　绘制圆形

06 选择绘制的圆形，按 F11 键弹出【编辑填充】对话框，在【调和过渡】选项组中单击【椭圆形渐变填充】类型按钮，然后将 0 位置处的 CMYK 值设置为 0、0、0、0，将 100% 位置处的 CMYK 值设置为 0、33、24、0，单击【确定】按钮，如图 2-130 所示，即可为绘制的圆形填充该颜色。

**提　示**

按住 Shift 键不放，可绘制从中心扩散的椭圆形，双击【椭圆形工具】，在打开的【选项】面板中可以设置椭圆形的起始角度和结束角度。

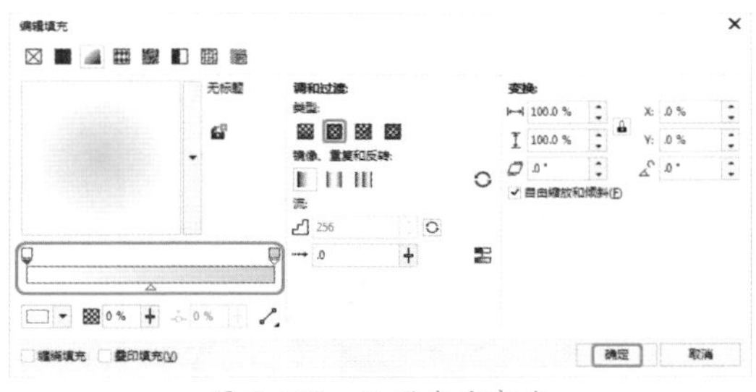
图 2-130 设置渐变颜色

07 取消轮廓线的填充，然后在工具箱中选择【透明度工具】，在属性栏中单击【均匀透明度】按钮，将【合并模式】设置为【减少】，将【透明度】设置为 0，添加透明度后的效果如图 2-131 所示。

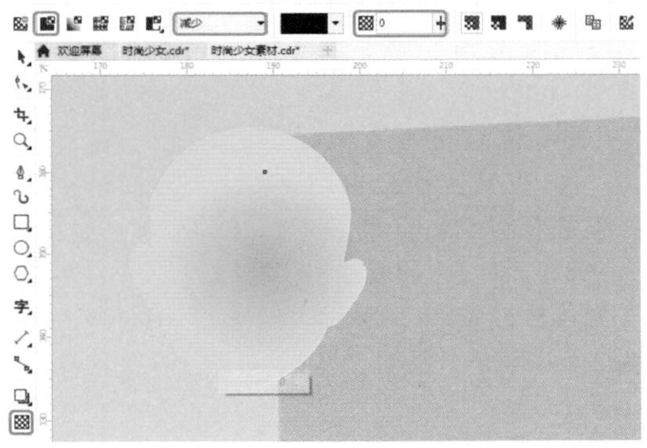
图 2-131 添加透明度

08 按小键盘上的 + 键复制圆形，效果如图 2-132 所示。

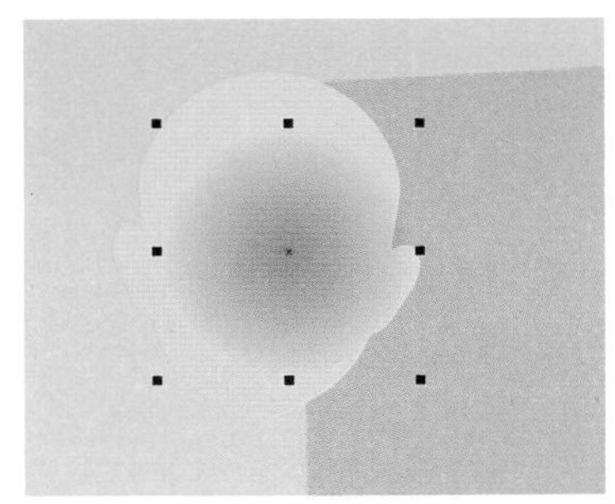
图 2-132 复制圆形

09 在【对象管理器】泊坞窗中选择右侧耳朵的曲线图层，将对象调整至最底层，将【椭圆形】图层调整至左侧耳朵曲线的上方，效果如图 2-133 所示。

10 在工具箱中选择【钢笔工具】，在工作区中绘制眉毛，如图 2-134 所示。

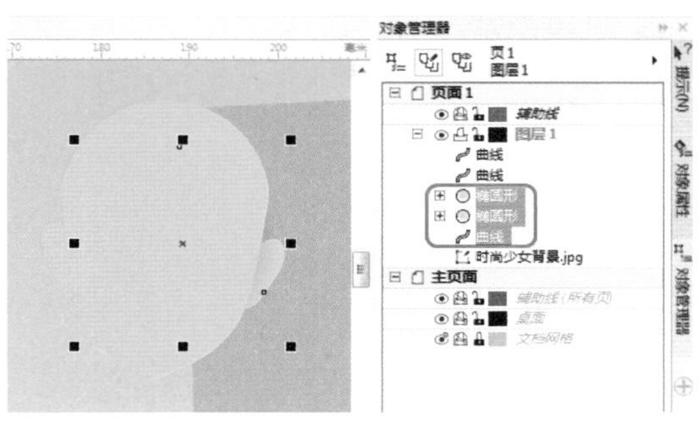
图 2-133 调整排列顺序

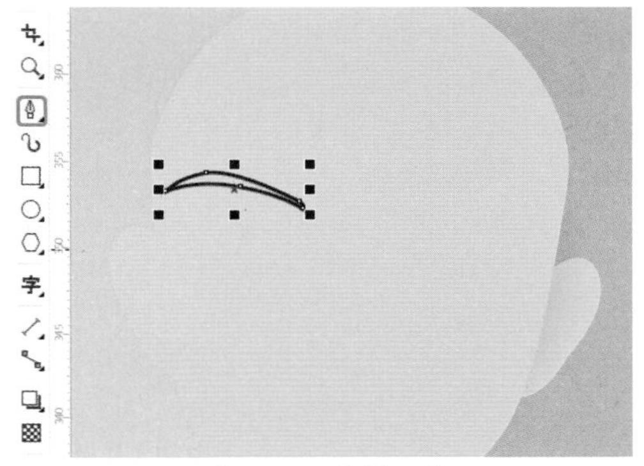
图 2-134 绘制眉毛

**疑难解答** 如何打开【对象管理器】泊坞窗？

在菜单栏中选择【窗口】|【泊坞窗】|【对象管理器】命令，即可打开【对象管理器】泊坞窗。

11 选择绘制的图形，按 F11 键弹出【编辑填充】对话框，将 0 位置处的 CMYK 值设置为 29、47、49、0，将 100% 位置处的 CMYK 值设置为 45、62、62、1，在【变换】选项组中，取消勾选【自由缩放和倾斜】复选框，将【填充宽度】设置为 52%，将【旋转】设置为 152°，单击【确定】按钮，如图 2-135 所示，即可为绘制的眉毛填充该颜色。

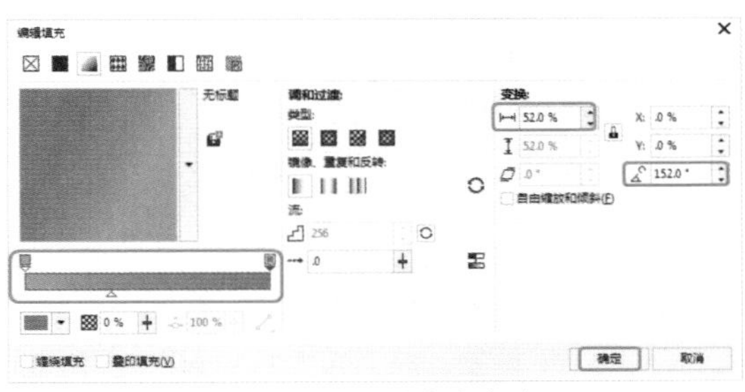
图 2-135 设置渐变颜色

12 取消轮廓线的填充，然后在工具箱中选择【钢笔工具】，在工作区中绘制图形，如图 2-136 所示。

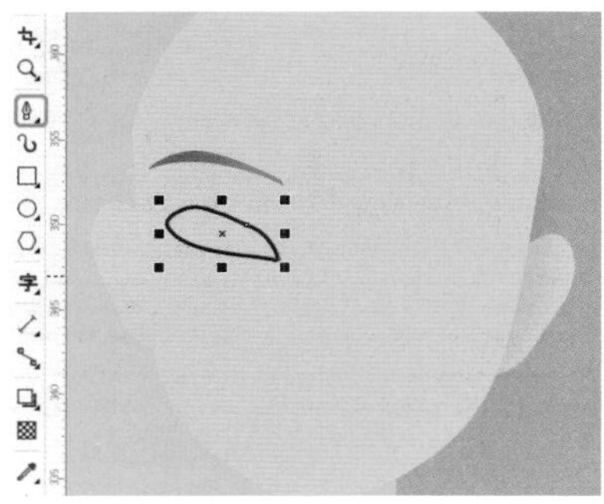

图 2-136　绘制图形

13 选择绘制的图形，按 F11 键弹出【编辑填充】对话框，在【调和过渡】选项组中单击【椭圆形渐变填充】类型按钮，然后将 0 位置处的 CMYK 值设置为 0、0、0、0，将 100% 位置处的 CMYK 值设置为 40、54、54、0，在【变换】选项组中，取消勾选【自由缩放和倾斜】复选框，将【填充宽度】设置为 97%，将【水平偏移】设置为 -1%，将【垂直偏移】设置为 1.7%，单击【确定】按钮，如图 2-137 所示。

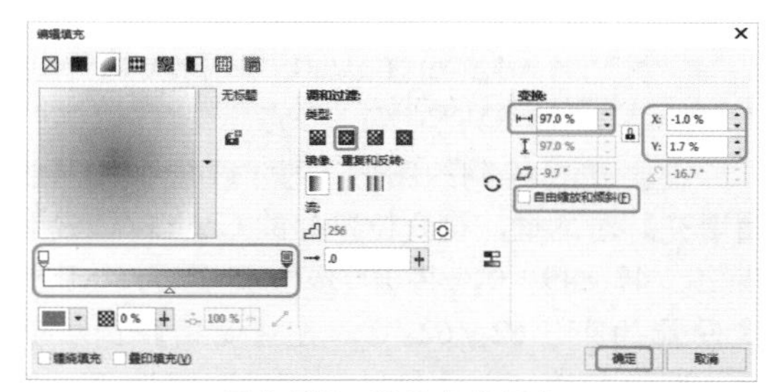

图 2-137　设置渐变颜色

14 在工具箱中选择【钢笔工具】，在工作区中绘制图形，并为其填充白色，然后取消轮廓线的填充，效果如图 2-138 所示。

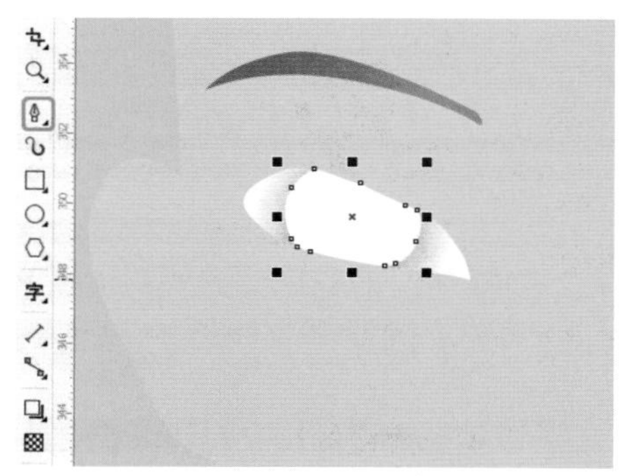

图 2-138　绘制图形并填充白色

15 继续使用【钢笔工具】在工作区中绘制图形，如图 2-139 所示。

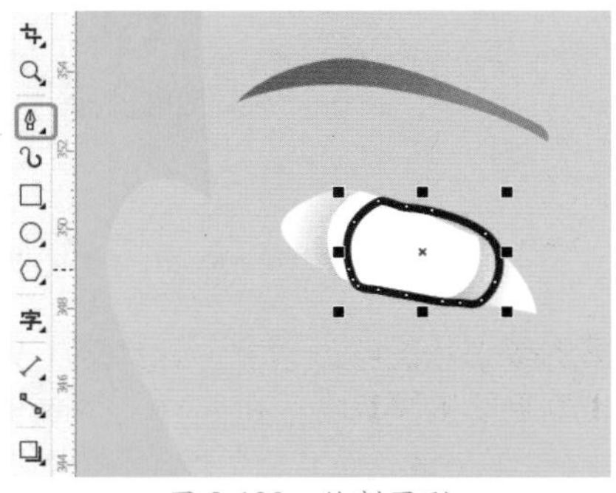

图 2-139　绘制图形

16 选择绘制的图形，按 F11 键弹出【编辑填充】对话框，在【调和过渡】选项组中单击【椭圆形渐变填充】类型按钮，然后将 0 位置处的 CMYK 值设置为 82、73、45、7，将 100% 位置处的 CMYK 值设置为 84、62、40、1，在【变换】选项组中，取消勾选【自由缩放和倾斜】复选框，将【填充宽度】设置为 99%，将【水平偏移】设置为 0.6%，将【垂直偏移】设置为 2.7%，单击【确定】按钮，如图 2-140 所示，即可为绘制的图形填充颜色。

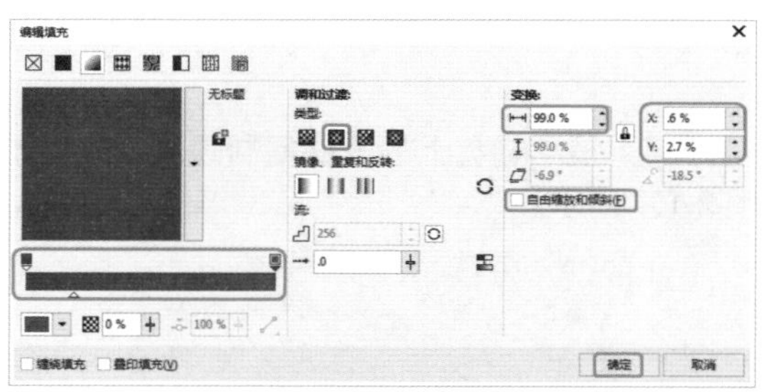

图 2-140　设置渐变颜色

17 取消轮廓线的填充，然后在工具箱中选择【钢笔工具】，在工作区中绘制图形，如图 2-141 所示。

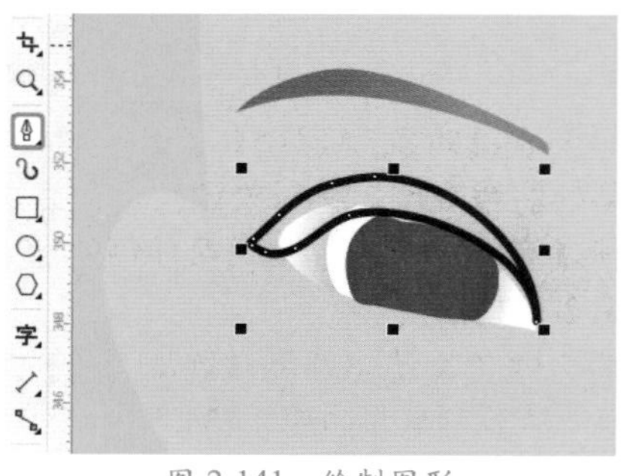

图 2-141　绘制图形

18 选择绘制的图形，按 Shift+F11 组合键弹出【编辑填充】对话框，将 CMYK 值设置为 55、75、85、24，单击【确定】按钮，如图 2-142 所示，即可为绘制的图形填充该颜色。

图 2-142 设置颜色

19 取消轮廓线的填充，然后在工具箱中选择【透明度工具】，在属性栏中单击【均匀透明度】按钮，将【合并模式】设置为【乘】，将【透明度】设置为 42，添加透明度后的效果如图 2-143 所示。

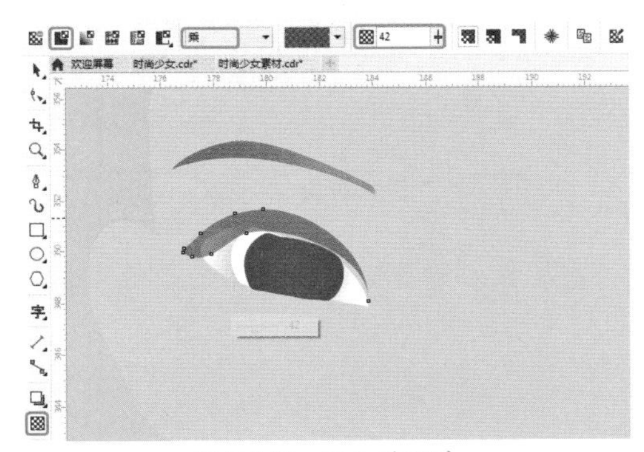

图 2-143 添加透明度

20 在工具箱中选择【椭圆形工具】，在工作区中绘制椭圆形，效果如图 2-144 所示。

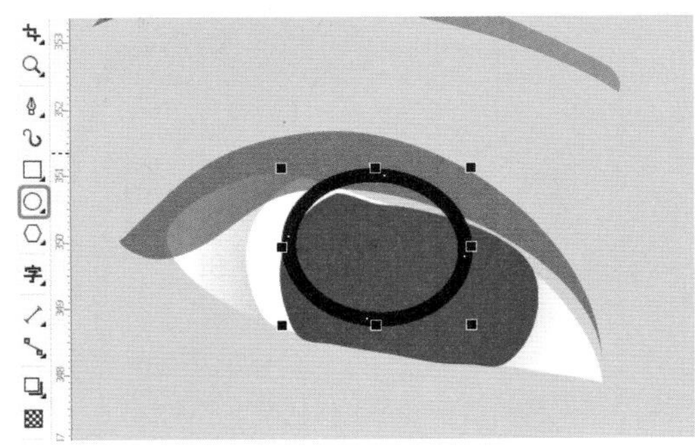

图 2-144 绘制椭圆形

21 选择绘制的椭圆形，按 F11 键弹出【编辑填充】对话框，在【调和过渡】选项组中单击【椭圆形渐变填充】类型按钮，然后将 0 位置处的 CMYK 值设置为 0、0、0、0，将 100% 位置处的 CMYK 值设置为 74、73、81、51，在【变换】选项组中，取消勾选【自由缩放和倾斜】复选框，将【填充宽度】设置为 107%，将【水平偏移】设置为 0.04%，将【垂直偏移】设置为 0.03%，单击【确定】按钮，如图 2-145 所示，即可为绘制的椭圆形填充该颜色。

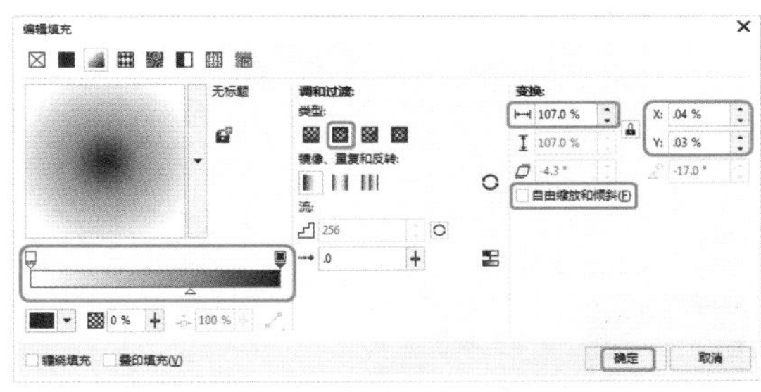

图 2-145 设置渐变颜色

22 取消轮廓线的填充，然后在工具箱中选择【透明度工具】，在属性栏中单击【均匀透明度】按钮，将【合并模式】设置为【减少】，将【透明度】设置为 27，添加透明度后的效果如图 2-146 所示。

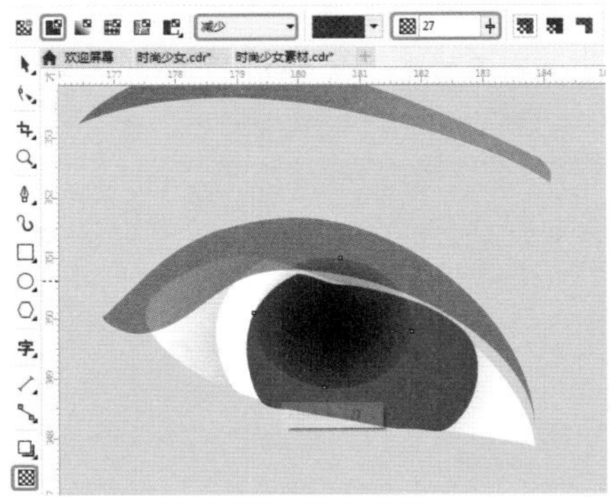

图 2-146 添加透明度

23 使用同样的方法，继续绘制两个椭圆形，并为绘制的椭圆形填充渐变颜色，然后添加透明度，效果如图 2-147 所示。

24 继续使用【椭圆形工具】在工作区中绘制一个圆形，选择绘制的圆形，按 F11 键弹出【编辑填充】对话框，在【调和过渡】选项组中单击【椭圆形渐变填充】类型按钮，然后将 0 位置处的 CMYK 值设置为 93、88、89、80，将 100% 位置处的 CMYK 值设置为

0、0、0、0，在【变换】选项组中，取消勾选【自由缩放和倾斜】复选框，将【填充宽度】设置为93%，勾选【缠绕填充】复选框，单击【确定】按钮，如图2-148所示，即可为绘制的圆形填充该颜色。

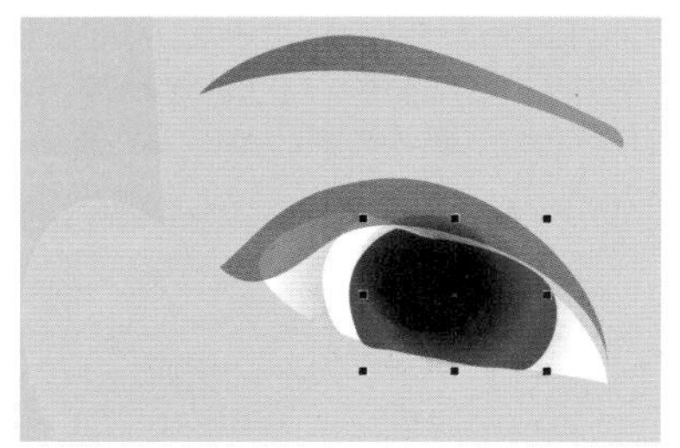

图2-147 绘制并编辑圆形

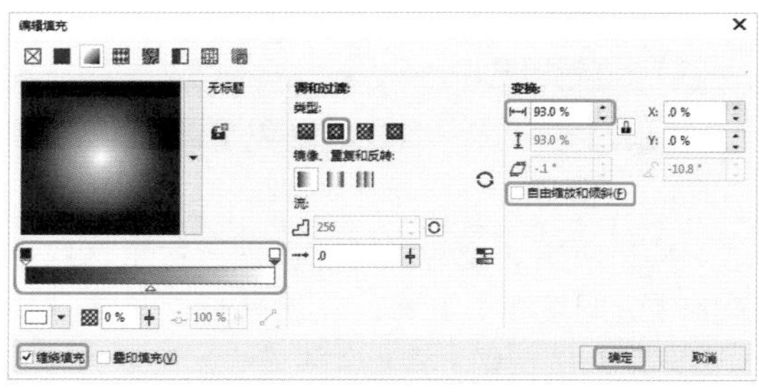

图2-148 设置渐变颜色

25 取消轮廓线的填充，然后在工具箱中选择【透明度工具】，在属性栏中单击【均匀透明度】按钮，将【合并模式】设置为【屏幕】，将【透明度】设置为0，添加透明度后的效果如图2-149所示。

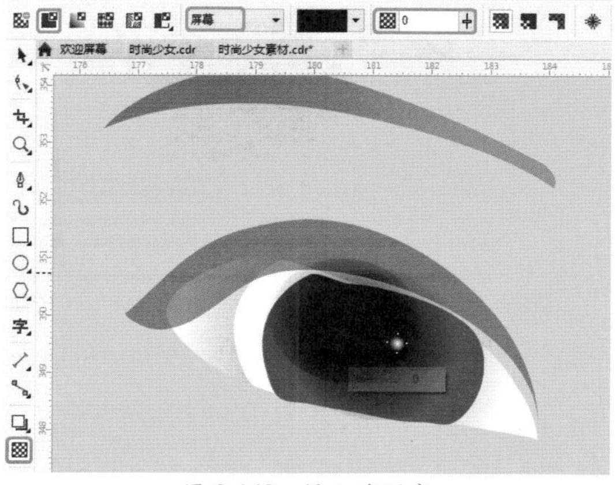

图2-149 添加透明度

26 按小键盘上的+键复制圆形，并在工作区中调整其位置，效果如图2-150所示。

27 使用【钢笔工具】绘制图形，并为绘制的图形填充CMYK值为38、51、49、0的颜色，然后取消轮廓线的填充，效果如图2-151所示。

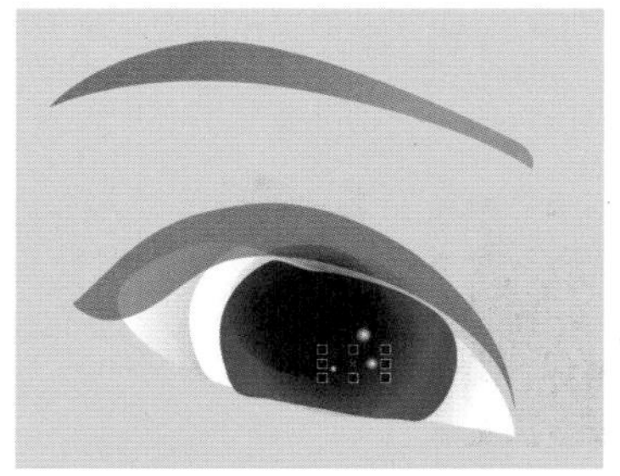

图2-150 复制圆形并调整位置

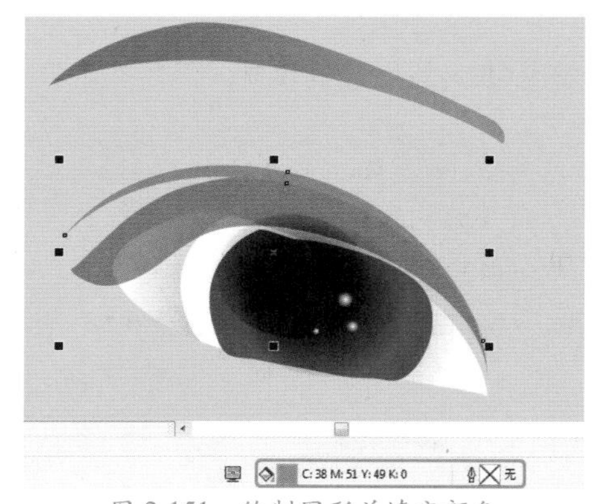

图2-151 绘制图形并填充颜色

28 在工具箱中选择【钢笔工具】，在工作区中绘制图形，如图2-152所示。

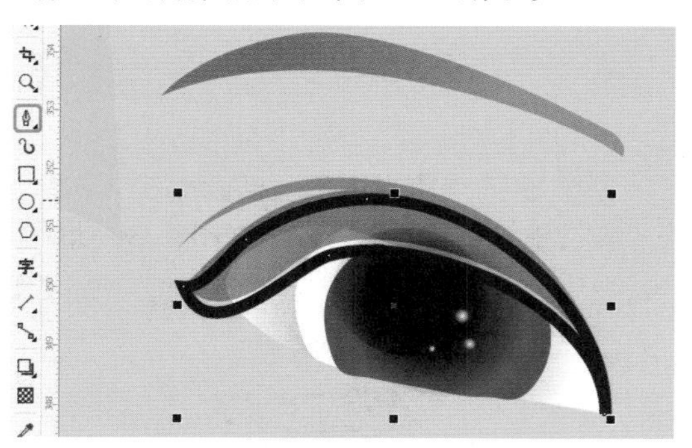

图2-152 绘制图形

29 选择绘制的图形，按Shift+F11组合键弹出【编辑填充】对话框，将CMYK值设置为73、85、84、67，勾选【缠绕填充】复选框，单击【确定】按钮，如图2-153所示，即可为绘制的图形填充颜色。

30 取消轮廓线的填充。继续使用【钢笔工具】绘制图形，并填充颜色，效果如

图 2-154 所示。

31 选择眉毛和眼睛对象，按 Ctrl+G 组合键组合对象，对图形进行复制，并水平镜像复制选择的对象，然后在工作区中调整其位置和旋转角度，效果如图 2-155 所示。

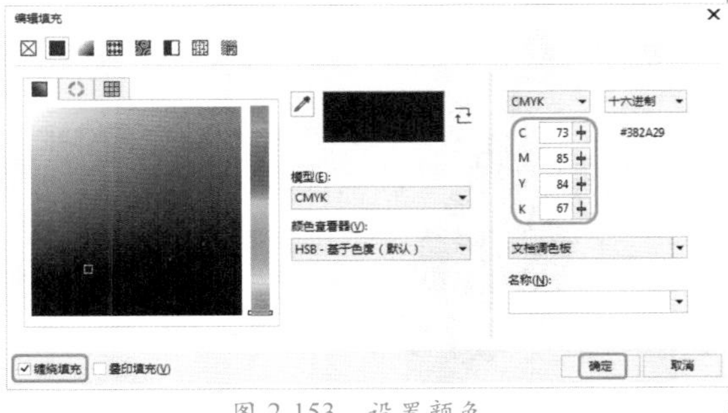

图 2-153 设置颜色

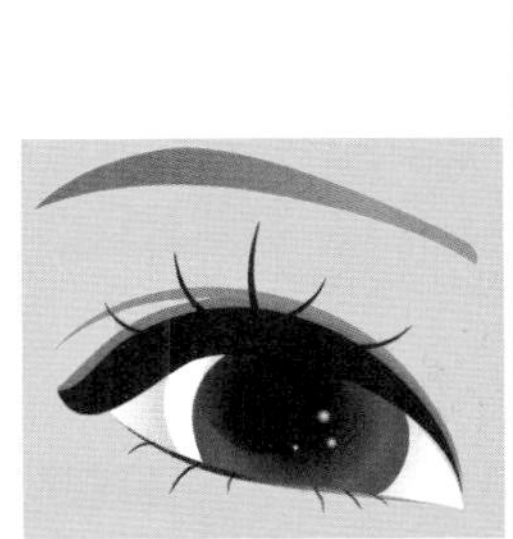

图 2-154 绘制图形并填充颜色

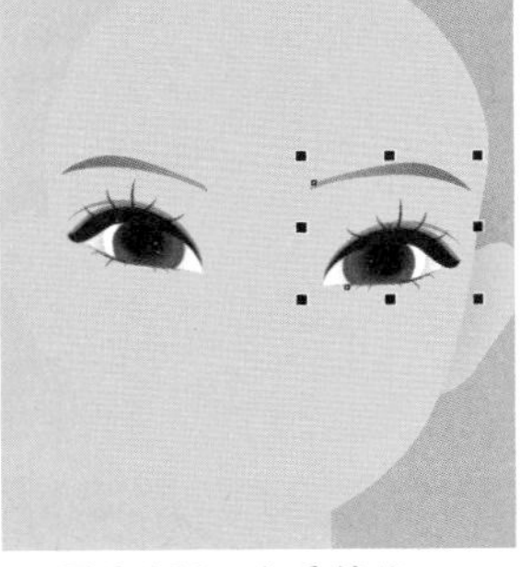

图 2-155 水平镜像复制对象

32 使用【钢笔工具】绘制图形，并为绘制的图形填充 CMYK 值为 38、53、51、0 的颜色，然后取消轮廓线的填充，效果如图 2-156 所示。

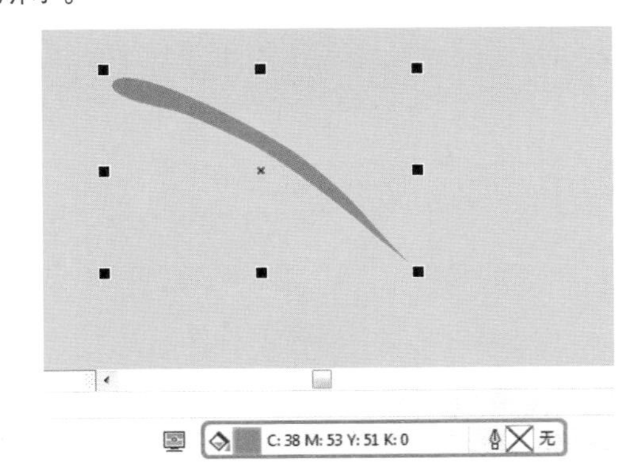


图 2-156 绘制图形并填充颜色

33 选择新绘制的图形，对其进行复制，并水平镜像复制选择的对象，然后在工作区中调整其位置和旋转角度，效果如图 2-157 所示。

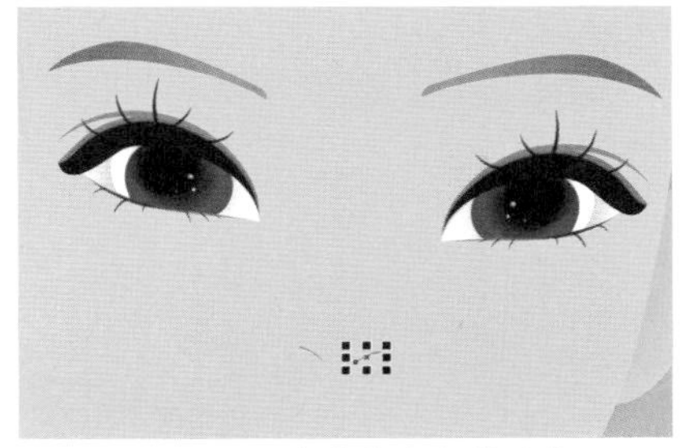

图 2-157 水平镜像复制对象

34 使用【钢笔工具】绘制图形，并为绘制的图形填充 CMYK 值为 0、40、31、0 的颜色，然后取消轮廓线的填充，效果如图 2-158 所示。

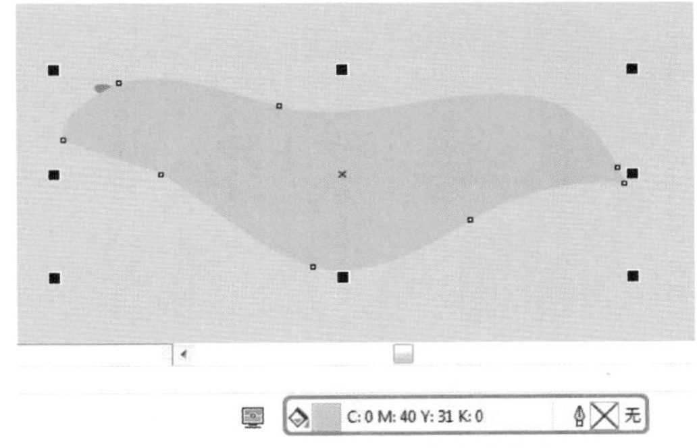


图 2-158 绘制图形并填充颜色

35 在工具箱中选择【透明度工具】，在属性栏中单击【均匀透明度】按钮，将【合并模式】设置为【乘】，将【透明度】设置为 68，添加透明度后的效果如图 2-159 所示。

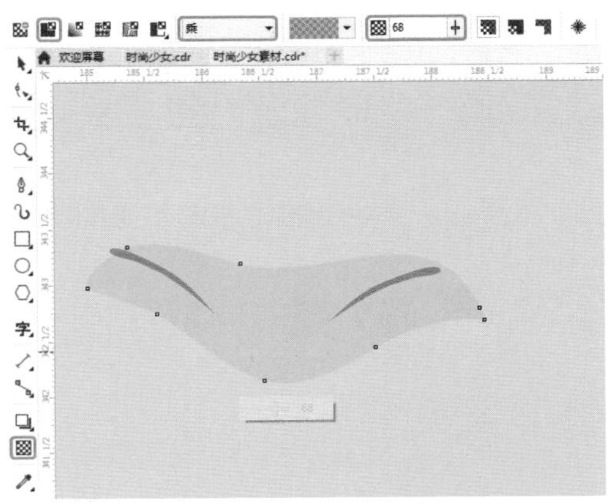

图 2-159 添加透明度

36 使用前面介绍的方法，继续绘制图形并添加透明度，效果如图 2-160 所示。

37 使用【钢笔工具】绘制嘴巴部分图形，如图 2-161 所示。

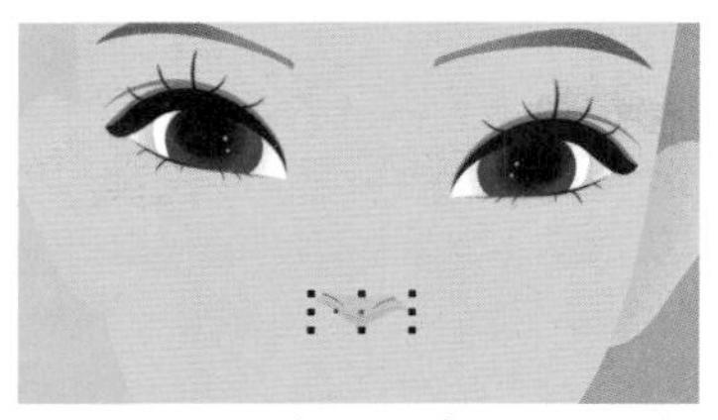
图 2-160　绘制图形并添加透明度

图 2-161　绘制嘴巴部分图形

38 在工具箱中选择【钢笔工具】，在工作区中绘制图形，如图 2-162 所示。

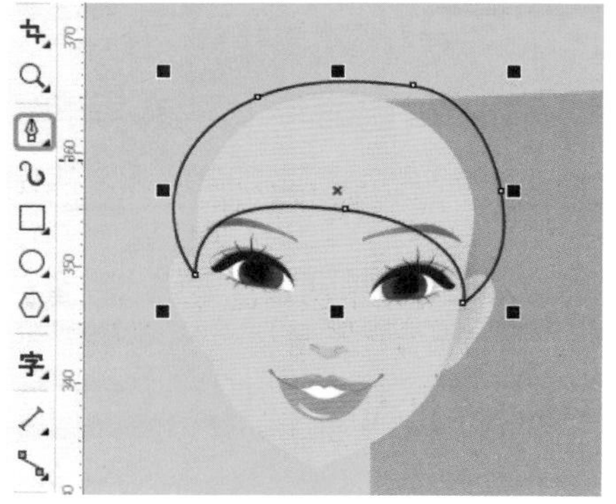
图 2-162　绘制图形

39 选择绘制的图形，按 Shift+F11 组合键弹出【编辑填充】对话框，将 CMYK 值设置为 67、97、100、65，单击【确定】按钮，如图 2-163 所示，即可为绘制的图形填充该颜色。

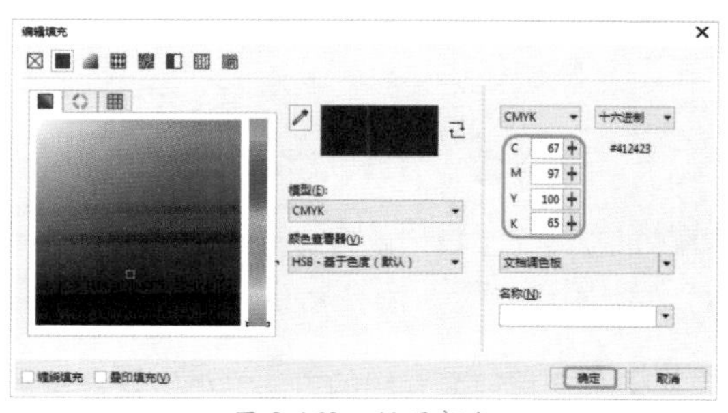
图 2-163　设置颜色

40 取消轮廓线的填充。使用同样的方法，继续绘制图形并填充颜色，然后调整图层的顺序，效果如图 2-164 所示。

图 2-164　绘制新图形

41 在工具箱中选择【钢笔工具】，在工作区中绘制裙子，效果如图 2-165 所示。

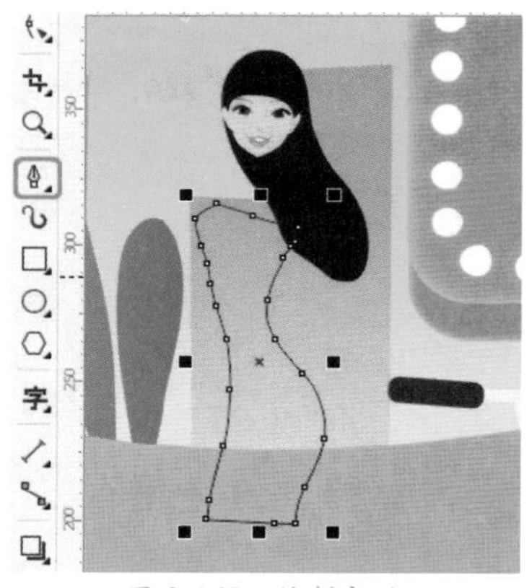
图 2-165　绘制裙子

42 选择绘制的裙子，按 Shift+F11 组合键弹出【编辑填充】对话框，将 CMYK 值设置为 1、100、100、0，勾选【缠绕填充】复选框，单击【确定】按钮，如图 2-166 所示，即可为绘制的裙子填充该颜色。

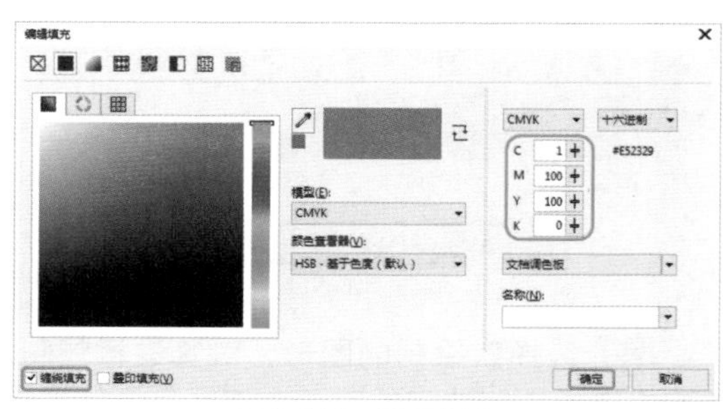
图 2-166　设置颜色

43 取消轮廓线的填充，结合前面介绍的方法，绘制四肢和脖子，并调整四肢的排列顺序，效果如图 2-167 所示。

图 2-167 绘制四肢

44 在工具箱中选择【钢笔工具】，在工作区中绘制鞋底，如图 2-168 所示。

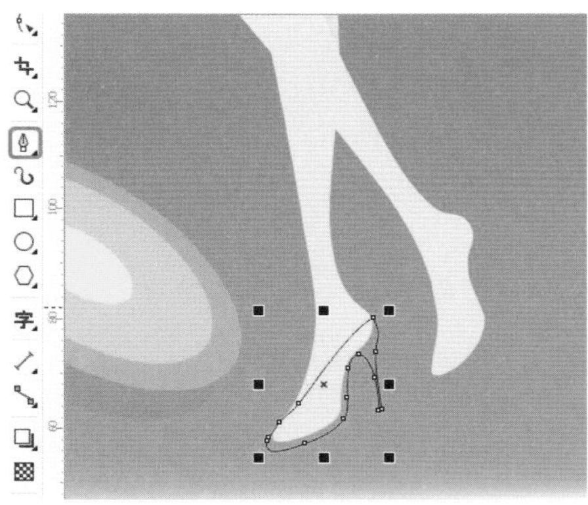

图 2-168 绘制鞋底

45 选择绘制的鞋底，按 Shift+F11 组合键弹出【编辑填充】对话框，将 CMYK 值设置为 55、84、100、37，勾选【缠绕填充】复选框，单击【确定】按钮，如图 2-169 所示，即可为绘制的鞋底填充该颜色。

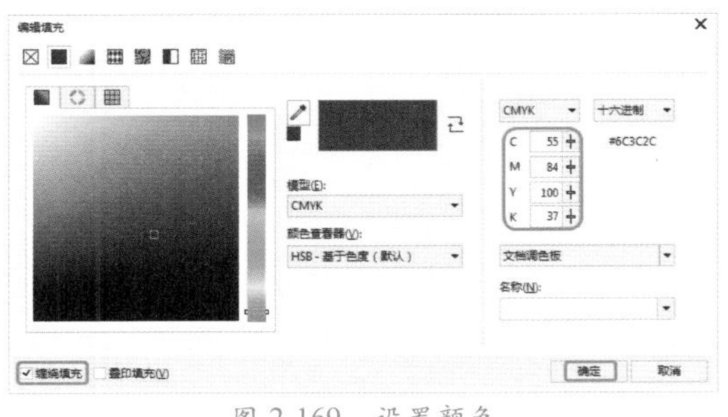


图 2-169 设置颜色

46 取消轮廓线的填充，然后在工作区中绘制鞋面，并为绘制的鞋面填充黑色，取消轮廓线的填充，调整对象的图层顺序，效果如图 2-170 所示。

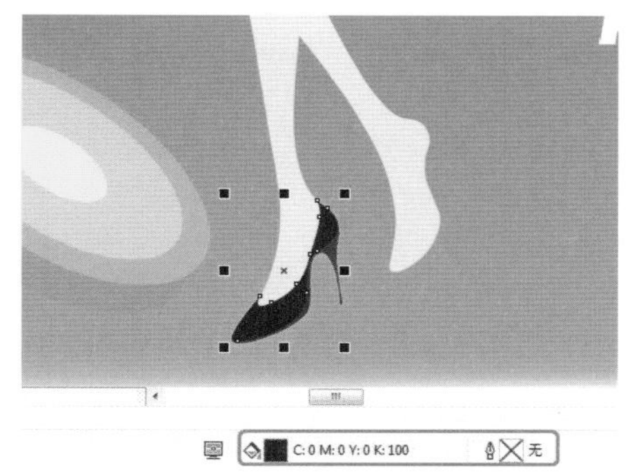


图 2-170 绘制鞋面

47 结合前面介绍的方法，绘制另一只高跟鞋，效果如图 2-171 所示。

图 2-171 绘制另一只高跟鞋

48 使用【钢笔工具】绘制一绺头发，并填充颜色，效果如图 2-172 所示。

图 2-172 绘制一绺头发

49 按 Ctrl+O 组合键弹出【打开绘图】对话框，在该对话框中选择“素材\Cha02\手提袋.cdr”素材文件，单击【打开】按钮，如图 2-173 所示，即可打开选择的素材文件。

图 2-173　选择素材文件并打开

50 按 Ctrl+A 组合键选择所有的对象，按 Ctrl+C 组合键复制选择的对象，然后返回到当前制作的场景中，按 Ctrl+V 组合键粘贴选择的对象，调整素材文件的位置，最终效果如图 2-174 所示。

图 2-174　最终效果

## 2.4 习题与训练

1. 在使用【椭圆形工具】时怎样绘制圆形？
2. 使用绘图工具绘制简单的图案。
3. 如何绘制多角星形？

# 第3章 卡片设计——曲线的绘制与编辑

通过前两章的学习我们初步了解了 CorelDRAW 2018 的基本操作，本章将学习曲线的绘制与编辑，掌握直线与曲线以及规则图形工具的绘图技巧，为后面章节的学习奠定坚实的基础。

**基础知识**

- 使用手绘工具
- 使用钢笔工具

**重点知识**

- 使用塞贝尔工具
- 更改曲线属性

**提高知识**

- 编辑节点
- 艺术笔工具的使用

卡片是承载信息或娱乐用的物品，名片、电话卡、会员卡、吊牌、贺卡等均属此类，其制作材料可以是 PVC、透明塑料、金属以及纸质材料等。本章将介绍卡片的设计。

## 3.1 制作 VIP 会员卡——绘制基本曲线

VIP 卡也叫 VIP 会员卡，是一种高级身份识别卡，也是一种消费服务卡。VIP 会员卡的效果如图 3-1 所示。

图 3-1　VIP 会员卡

| 素材 | 素材 \Cha03\VIP 背景 1.jpg、VIP 背景 2.jpg |
| --- | --- |
| 场景 | 场景 \Cha03\ 制作 VIP 会员卡——绘制基本曲线 .cdr |
| 视频 | 视频教学 \Cha03\3.1　制作 VIP 会员卡——绘制基本曲线 .mp4 |

01 按 Ctrl+N 组合键，弹出【创建新文档】对话框，将【单位】设置为毫米，【宽度】和【高度】分别设置为 92mm、118mm，【原色模式】设置为 RGB，【渲染分辨率】设置为 300dpi，单击【确定】按钮，如图 3-2 所示。

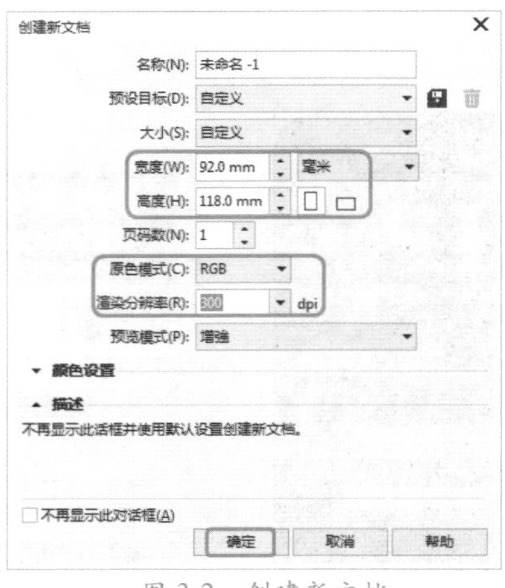


图 3-2　创建新文档

02 按 Ctrl+I 组合键，弹出【导入】对话框，选择"素材 \Cha03\VIP 背景 1.jpg"素材文件，单击【导入】按钮，如图 3-3 所示。

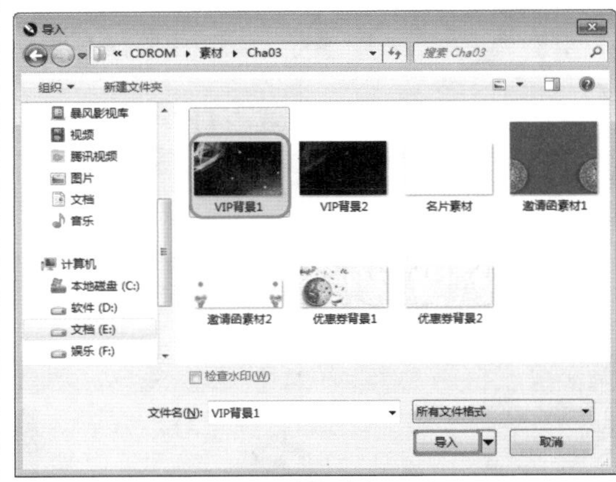


图 3-3　选择素材文件

03 选择导入的素材文件，将【宽度】、【高度】分别设置为 92mm、58mm，调整素材文件的位置，图 3-4 所示。

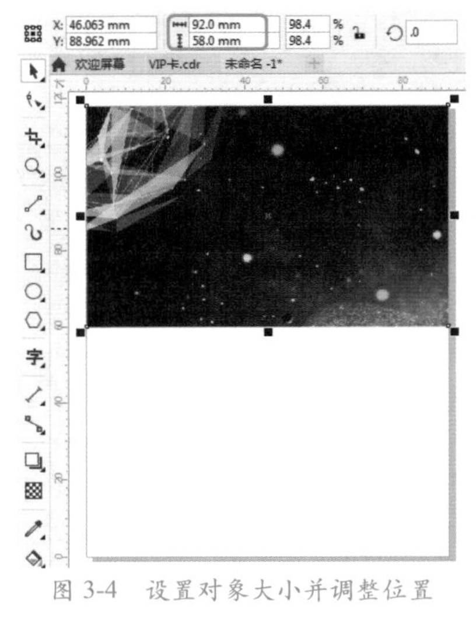


图 3-4　设置对象大小并调整位置

04 使用【文本工具】字输入文本，将【字体】设置为【方正粗黑宋简体】，【字体大小】设置为 63pt，在默认调色板中单击□按钮，如图 3-5 所示。

> **提　示**
>
> 这里为了便于观察，故将文本的颜色更改为白色，后面会为文本添加渐变颜色。

05 按 F11 键，弹出【编辑填充】对话框，将 0 位置处的 RGB 值设置为 229、189、

124，将18%位置处的RGB值设置为231、204、136，将40%位置处的RGB值设置为242、230、216，将74%位置处的RGB值设置为186、129、44，将100%位置处的RGB值设置为228、186、127，如图3-6所示。

图3-5 设置填充颜色为白色

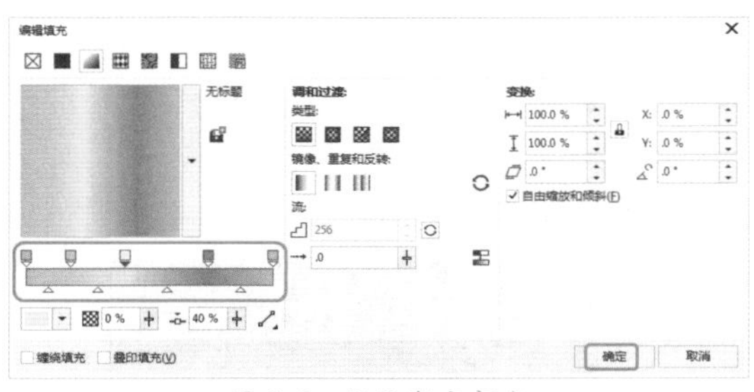

图3-6 设置渐变颜色

06 在工具箱中单击【阴影工具】按钮，在VIP文本上拖动鼠标，在工具属性栏中将【阴影偏移】设置为0.31 mm、-1.103 mm，【透明度】设置为80，【阴影羽化】设置为10，【阴影颜色】的RGB值设置为106、184、58，【合并模式】设置为亮度，如图3-7所示。

图3-7 设置阴影参数

07 使用【文本工具】输入文本，将【字体】设置为【方正粗黑宋简体】，【字体大小】设置为10pt，为文本设置相同的渐变颜色，如图3-8所示。

图3-8 设置文本参数

08 使用【文本工具】输入文本，将【字体】设置为【方正粗活意简体】，【字体大小】设置为9pt，将【填充颜色】的RGB值设置为231、204、136，如图3-9所示。

图3-9 设置文本参数

09 使用【矩形工具】绘制矩形，在工具属性栏中将【宽度】、【高度】分别设置为10mm、0.3mm，【圆角半径】设置为2mm，如图3-10所示。

图3-10 设置矩形参数

10 按F11键，弹出【编辑填充】对话框，将0位置处的RGB值设置为255、255、255，将40%位置处的RGB值设置为207、165、34，将70%位置处的RGB值设置为207、165、34，将100%位置处的RGB值设置为255、255、255，如图3-11所示。

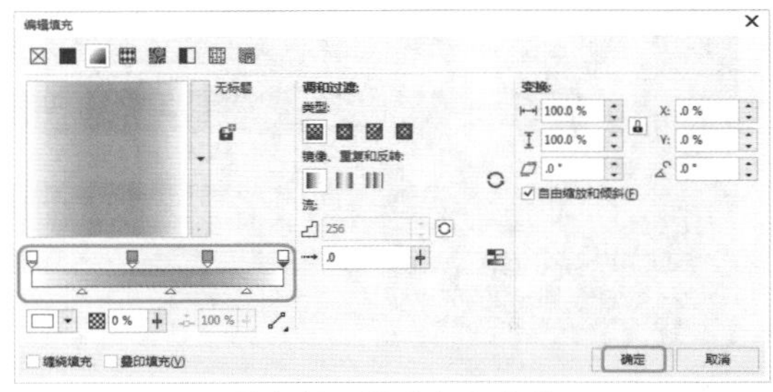

图3-11　设置渐变参数

11 将圆角矩形的【轮廓颜色】设置为无，按小键盘上的+键，对图形进行复制，调整对象的位置，效果如图3-12所示。

图3-12　复制对象并调整对象的位置

12 使用【文本工具】字输入文本，将【字体】设置为【汉仪粗宋简】，【字体大小】设置为10pt，【填充颜色】的RGB值设置为245、182、79，如图3-13所示。

图3-13　设置文本参数

13 按Ctrl+I组合键，弹出【导入】对话框，选择“素材\Cha03\VIP背景2.jpg”素材文件，单击【导入】按钮，如图3-14所示。

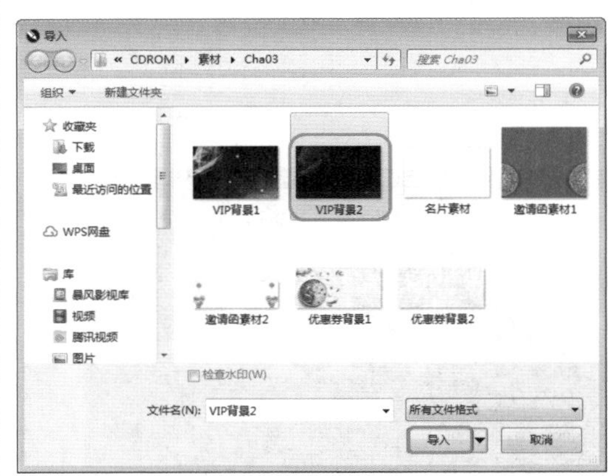


图3-14　选择导入的素材文件

14 调整素材文件的大小，将【宽度】、【高度】分别设置为92mm、58mm，调整素材文件的位置，如图3-15所示。

图3-15　调整对象大小

15 使用【文本工具】字输入文本，将【字体】设置为【方正粗活意简体】，【字体大小】设置为9pt，【填充颜色】的RGB值设置为231、204、136，如图3-16所示。

16 单击【贝塞尔工具】按钮，绘制如图3-17所示的图形，在工具属性栏中将【轮廓宽度】设置为0.5mm，在默认调色板中右击□按钮。

图 3-16 设置文本参数

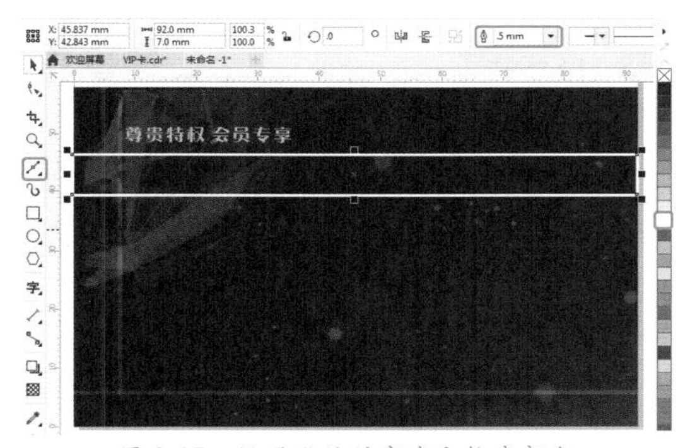

图 3-17 设置线段的宽度和轮廓颜色

## 知识链接：会员卡

会员卡泛指普通身份识别卡，包括商场、宾馆、健身中心、酒家等消费场所的会员认证。会员卡的用途非常广泛，凡涉及需要识别身份的地方，都可用到，如学校、俱乐部、公司、机关、团体等。会员制服务也是现在流行的一种服务管理模式，它可以提高顾客的回头率，提高顾客对企业的忠诚度，很多服务行业都采取这种服务模式，会员制的形式多数都表现为会员卡。一个公司发行的会员卡相当于公司的名片，在会员卡上可以印刷公司的标志或者图案，为公司形象作宣传，是公司进行广告宣传的理想载体。同时发行会员卡还能起到吸引新顾客、留住老顾客，以及实现打折、积分、客户管理等功能，是一种切实可行的增加效益的途径。

会员卡是现代文明社会传统营销的一大重要手段，会员卡最初出现于欧洲娱乐场所俱乐部，而如今随着互联网的快速发展，会员卡已经走入互联网，受到众多网络用户的推崇与欢迎，可以说会员卡是商户锁定客源的最有效方法。

17 按 Shift+F11 组合键，弹出【编辑填充】对话框，将【填充颜色】的 RGB 值设置为 237、204、106，单击【确定】按钮，如图 3-18 所示。

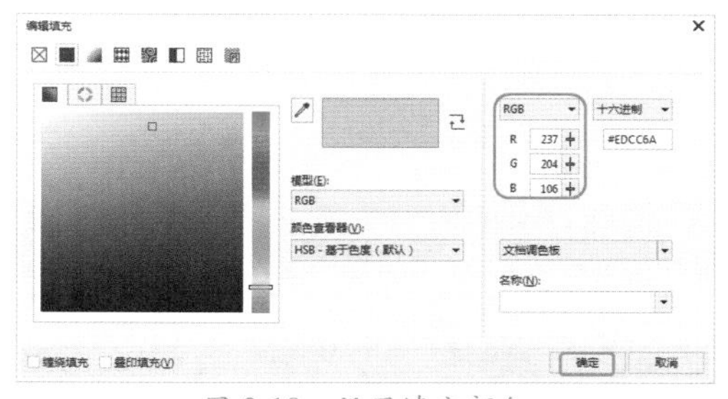

图 3-18 设置填充颜色

18 使用【文本工具】字输入文本，将【字体】设置为【黑体】，将【字体大小】设置为 10pt，将【填充颜色】的 RGB 值设置为 231、204、136，如图 3-19 所示。

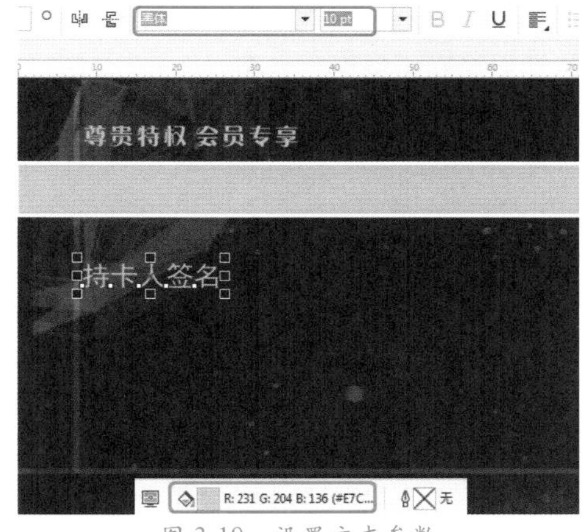

图 3-19 设置文本参数

19 使用【文本工具】字输入文本，将【字体】设置为【黑体】，【字体大小】设置为 6pt，将【填充颜色】的 RGB 值设置为 231、204、136，如图 3-20 所示。

图 3-20 设置文本参数

20 使用【文本工具】字，在工作区中拖动鼠标绘制文本框，输入段落文本，将【字体】设置为【文鼎CS中黑】，将【字体大小】设置为7pt，将【填充颜色】的RGB值设置为231、204、136，如图3-21所示。

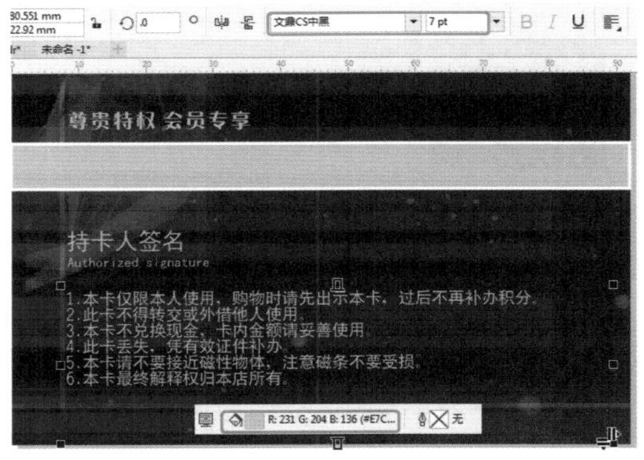

图3-21 设置文本参数

## 知识链接：会员卡分类

会员卡按材质可分为普通印刷会员卡、磁条会员卡、IC会员卡、ID会员卡、金属会员卡几种。

会员卡按行业可分为酒店会员卡、美食会员卡、旅游会员卡、医疗会员卡、美发会员卡、服装会员卡、网吧会员卡几种。

会员卡按等级可分为贵宾会员卡、会员金卡、会员银卡、普通会员卡几种。

会员卡按功能可分为预付费会员卡、返现会员卡、积分会员卡、打折会员卡。

会员卡按发行方可分为普通会员卡、第三方会员卡。

会员卡按存储介质技术可分为PVC卡、磁卡、射频ID卡、IC卡（射频IC卡、接触式IC卡）、双界面IC卡（磁条IC卡、双界面接触式IC卡）、可视卡。

会员卡按使用授权可分为正式会员卡、临时会员卡、永久会员卡。

21 使用【矩形工具】绘制矩形，将【宽度】、【高度】分别设置为45mm、5mm，将【填充颜色】设置为白色，将【轮廓颜色】设置为无，如图3-22所示。

22 使用【文本工具】字输入文本，将【字体】设置为【汉仪粗宋简】，将【字体大小】设置为10pt，将【填充颜色】的RGB值设置为245、182、79，如图3-23所示。

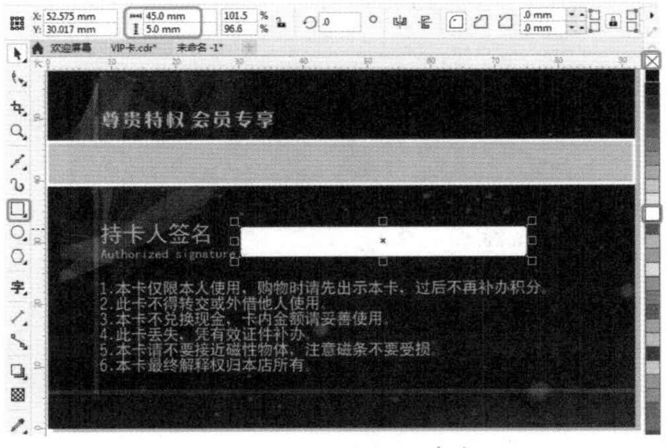

图3-22 设置矩形参数

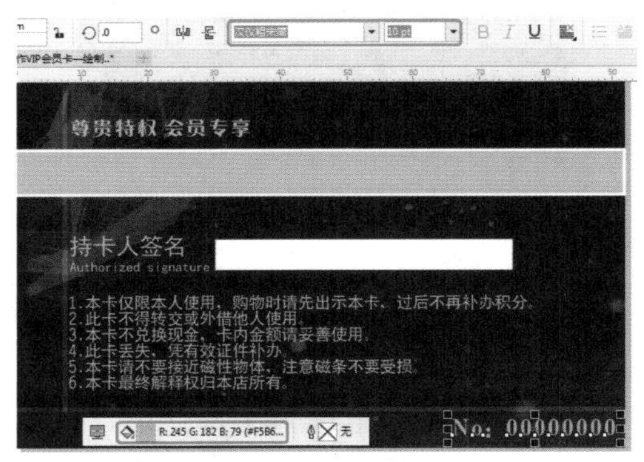

图3-23 设置文本参数

### 3.1.1 使用【手绘工具】

【手绘工具】具有很强大的自由性，就像是平常大家用铅笔在图纸上作画一样，但它比铅笔更加方便，可以在没有标尺的情况下绘制直线，用户还可以通过设定轮廓的样式与宽度来绘制所需的图形与线条等。

#### 1. 绘制线段

在工具箱中单击【手绘工具】按钮，在场景中单击鼠标左键，然后拖动鼠标至另外一点单击左键即可确定一条线段，如图3-24所示。

图3-24 绘制线段

2. 连续绘制线段

单击【手绘工具】按钮，绘制一条线段后，将鼠标指针移动到线段节点上，当鼠标指针变为形状时单击鼠标左键，然后移动光标至合适位置单击鼠标左键即可创建折线，如图 3-25 所示。

图 3-25 连续绘制线段

**提示：连续绘制线段画图形**

在连续绘制线段时，当起点与终点重合时，便会形成一个面，此时用户可以对其进行颜色填充和效果添加等操作。利用这种方式用户可以绘制出各种抽象的几何形状，如图 3-26 所示。

图 3-26 绘制几何体

3. 绘制曲线

单击【手绘工具】按钮，在场景中按住鼠标左键并进行拖曳，松开鼠标之后便绘制出曲线形状，如图 3-27 所示。

图 3-27 绘制曲线

当使用【手绘工具】时，按住鼠标左键进行拖曳绘制出错时，可以在没松开鼠标前按住 Shift 键往回拖动鼠标，当绘制的线段变为红色时，松开鼠标即可擦除。

下面将通过实例讲解使用【手绘工具】绘制曲线的操作步骤。

01 按 Ctrl+O 组合键，在弹出的对话框中选择“素材 \Cha03\ 情侣鸟 .cdr”素材文件，单击【打开】按钮，如图 3-28 所示。

02 在工具箱中单击【手绘工具】按钮，将鼠标指针移动到画面中，按住左键进行拖动，得到所需的长度与形状后松开左键，即可绘制出需要的曲线或图形，在工具属性栏中将【轮廓宽度】设置为 0.8mm，如图 3-29 所示。

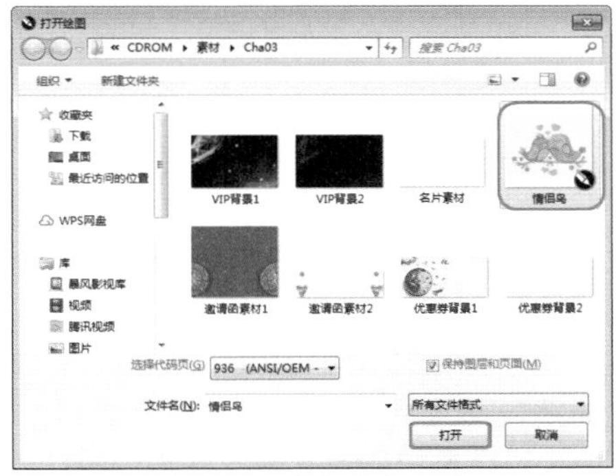


图 3-28 选择素材文件

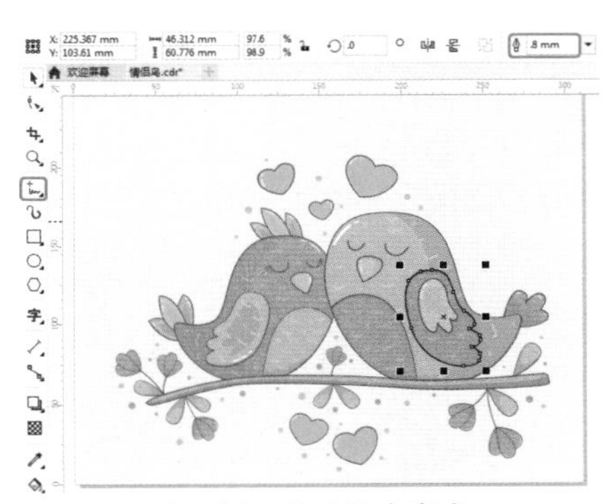

图 3-29 设置轮廓宽度

03 按 F12 键，弹出【轮廓笔】对话框，将【颜色】的 RGB 值设置为 151、43、47，单击【确定】按钮，如图 3-30 所示。

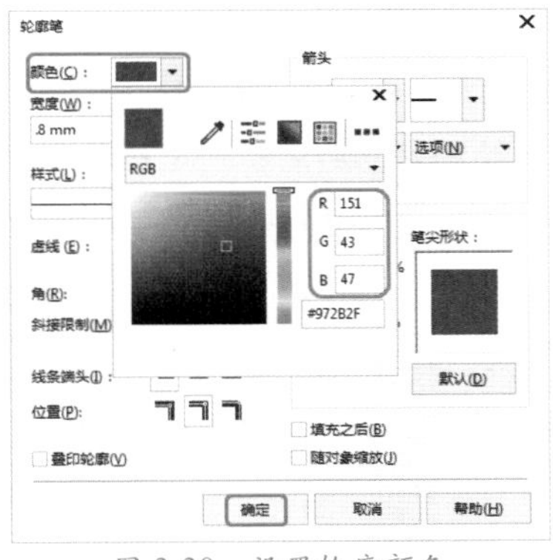


图 3-30 设置轮廓颜色

04 设置轮廓颜色后的效果如图 3-31 所示。

图 3-31　设置完成后的效果

### 3.1.2　使用【贝塞尔工具】

贝塞尔曲线是计算机图形学中非常重要的参数曲线，无论是直线或曲线，都能通过数学表达式予以描述。

贝塞尔曲线是由可编辑节点连接而成的直线或曲线，而且每个节点都有两个控制点，用户可以通过调整控制点来修改线条的形状。

下面将通过实例讲解如何使用【贝塞尔工具】，具体操作步骤如下。

01 按 Ctrl+O 组合键，在弹出的对话框中选择“素材\Cha03\热气球.cdr”素材文件，单击【打开】按钮，如图 3-32 所示。

图 3-32　素材文件

02 在工具箱中单击【贝塞尔工具】按钮，在工作区中的任意位置单击确定起点，然后在其他位置单击并拖动添加第二点，即可绘制出曲线路径，绘制效果如图 3-33 所示。

03 绘制好曲线后，在工具箱中单击【形状工具】按钮，对绘制的曲线进行调整即可，如图 3-34 所示。

04 按 Shift+F11 组合键，弹出【编辑填充】对话框，将【填充颜色】的 RGB 值设置为 242、140、161，单击【确定】按钮，如图 3-35 所示。

05 按 F12 键，弹出【轮廓笔】对话框，将【颜色】的 RGB 值设置为 205、94、128，将【宽度】设置为 0.5mm，单击【确定】按钮，如图 3-36 所示。

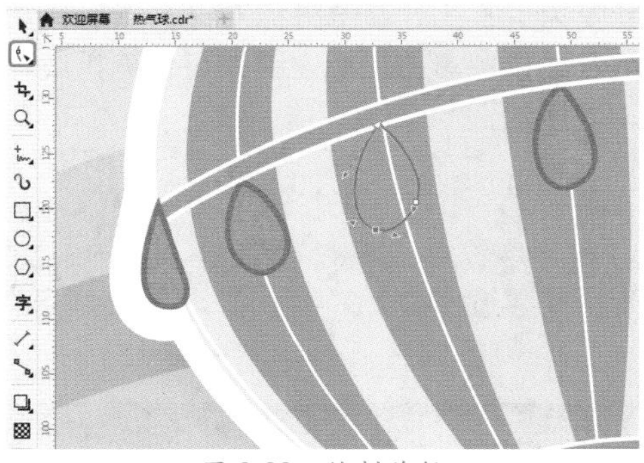

图 3-33　绘制路径

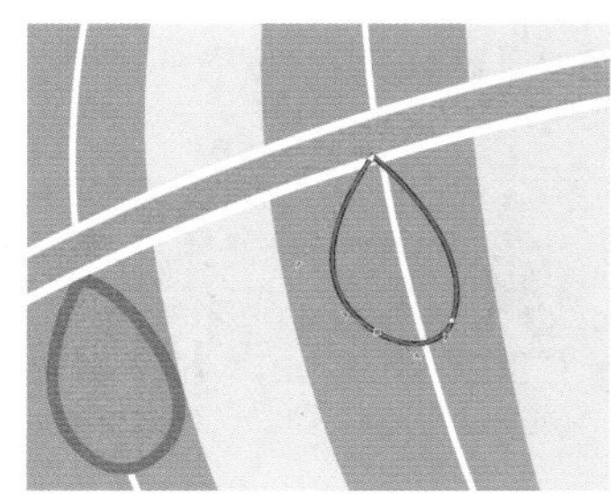

图 3-34　调整路径

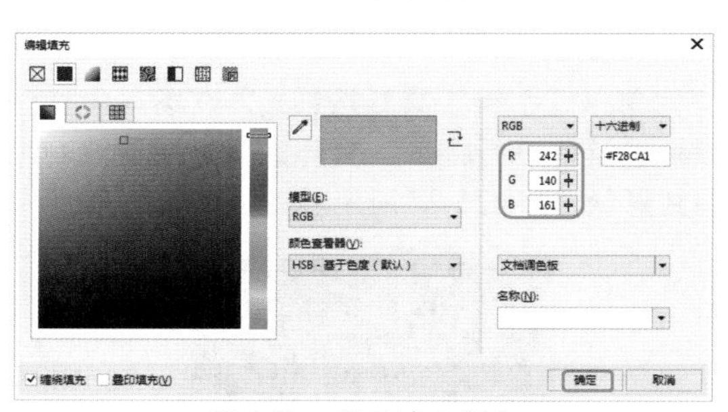

图 3-35　设置填充颜色

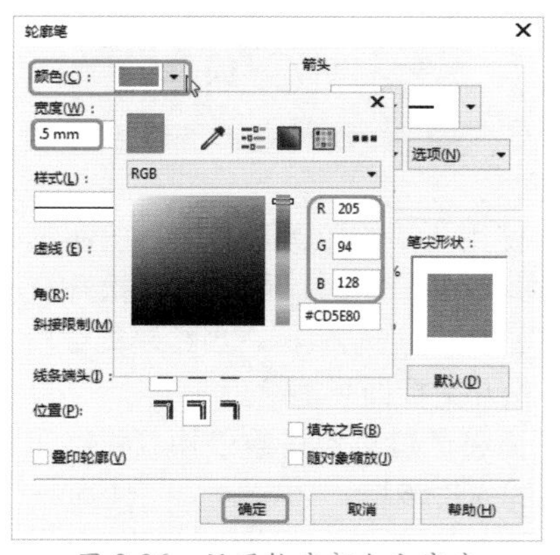

图 3-36　设置轮廓颜色和宽度

06 制作完成后的效果如图 3-37 所示。

图 3-37　制作完成后的效果

### 3.1.3 使用【钢笔工具】

【钢笔工具】和【贝塞尔工具】相似，通过控制节点的位置连接绘制的直线和曲线，在绘制之后通过【形状工具】进行调整修饰，使图形更加美观。

使用【钢笔工具】可以绘制各种线段、曲线和复杂的图形。在绘制的过程中，使用【钢笔工具】可以预览绘制拉伸的状态，方便进行移动修改。

在工具箱中单击【钢笔工具】按钮，如果未在工作区中选择或绘制任何对象，其属性栏中的部分选项为不可用状态。只有在工作区中绘制并选中对象后，其属性栏中的一些选项才会成为可用选项，如图 3-38 所示。

图 3-38　选择对象后的属性栏

本案例将讲解如何绘制彩虹伞，主要应用了【贝塞尔工具】、【钢笔工具】等。

图 3-39　素材文件

01 按 Ctrl+O 组合键，在弹出的对话框中选择“素材\Cha03\彩虹伞.cdr”素材文件，单击【打开】按钮，如图 3-39 所示。

02 在工具箱中单击【贝塞尔工具】按钮，绘制如图 3-40 所示的伞形状。

03 按 Shift+F11 组合键，弹出【编辑填充】对话框，将 CMYK 值设置为 0、90、70、0，单击【确定】按钮，如图 3-41 所示。

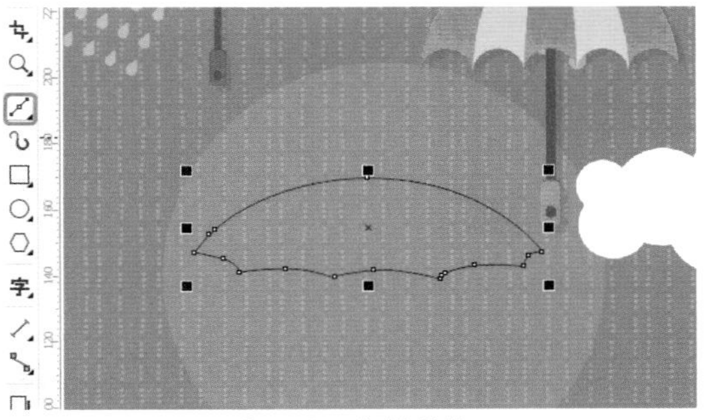

图 3-40　绘制形状

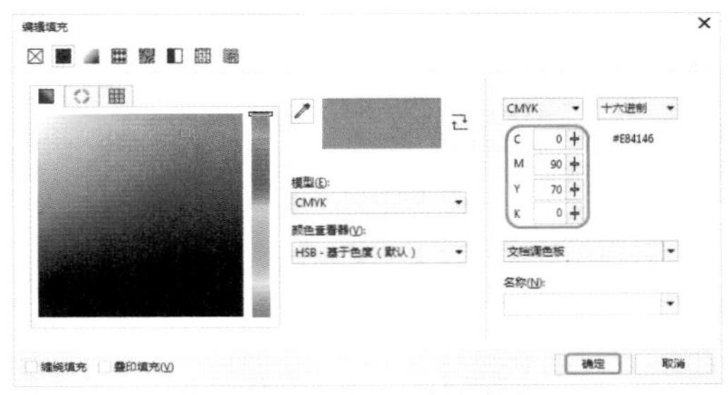


图 3-41　设置填充颜色

04 在工具箱中单击【钢笔工具】按钮，绘制如图 3-42 所示的图形。

图 3-42　绘制图形

05 按 Shift+F11 组合键，弹出【编辑填充】对话框，将 CMYK 值设置为 65、98、0、0，单击【确定】按钮，如图 3-43 所示。

06 设置填充颜色后的效果如图 3-44 所示。

07 取消伞形状的轮廓显示，使用相同的方法绘制其他对象并填充不同的颜色，完成效果如图 3-45 所示。

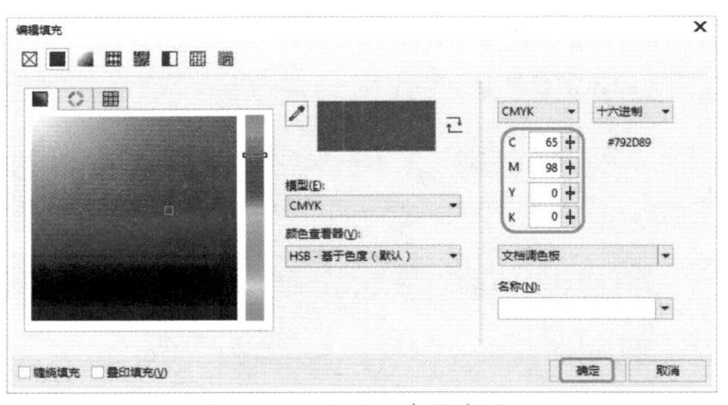

图 3-43　设置填充颜色

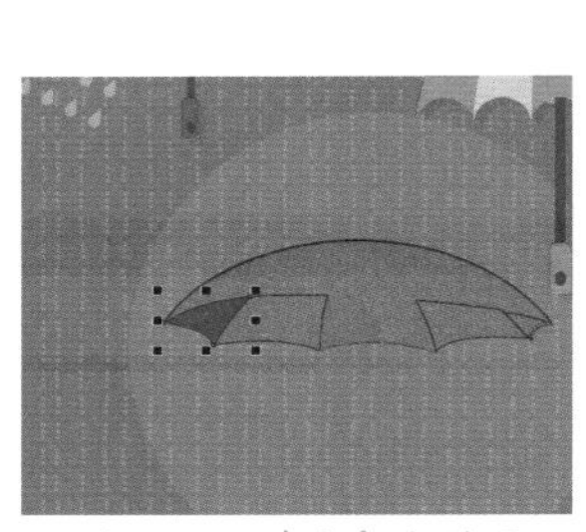

图 3-44　填充颜色效果

图 3-45　最终效果

## 3.2 制作火锅优惠券——编辑与更改曲线属性

优惠券可降低产品的价格，是一种常见的营业推广工具。优惠券可以印在杂志的插页上，或夹在报纸中随报附送，或附在产品的包装上，或放置在商店中让人索取，有时甚至可以派人在街上分送。本实例讲解火锅优惠券的制作方法，效果如图 3-46 所示。

图 3-46　火锅优惠券

| 素材 | 素材\Cha03\优惠券背景1.jpg、优惠券背景2.jpg、火锅.png |
|---|---|
| 场景 | 场景\Cha03\制作火锅优惠券——编辑与更改曲线属性.cdr |
| 视频 | 视频教学\Cha03\3.2　制作火锅优惠券——编辑与更改曲线属性.mp4 |

01 按 Ctrl+N 组合键，弹出【创建新文档】对话框，将【单位】设置为毫米，【宽度】和【高度】分别设置为 173mm、170mm，【原色模式】设置为 CMYK，【渲染分辨率】设置为 300dpi，单击【确定】按钮，如图 3-47 所示。

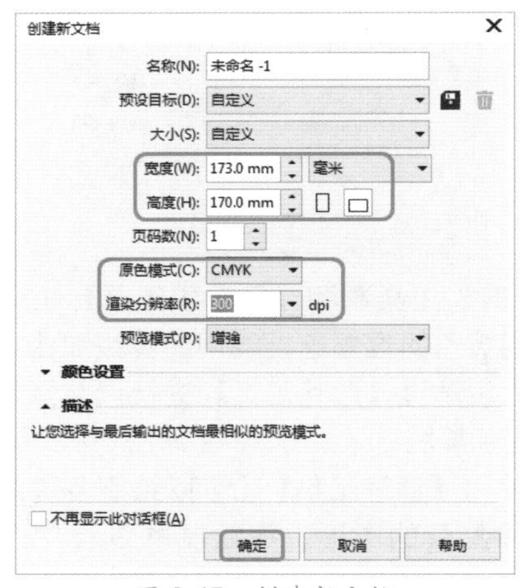

图 3-47　创建新文档

02 按 Ctrl+I 组合键，弹出【导入】对话框，选择“素材\Cha03\优惠券背景1.jpg”素材文件，单击【导入】按钮，如图 3-48 所示。

图 3-48　导入素材文件

03 选择素材对象，将【宽度】、【高度】分别设置为 173mm、83mm，如图 3-49 所示。

04 使用【文本工具】输入文本，将【字体】设置为【汉仪书魂体简】，【字体大小】设置为 72pt，如图 3-50 所示。

05 在【火】文本上单击鼠标右键，在弹出的快捷菜单中选择【转换为曲线】命令，如图 3-51 所示。

图 3-49 设置对象大小

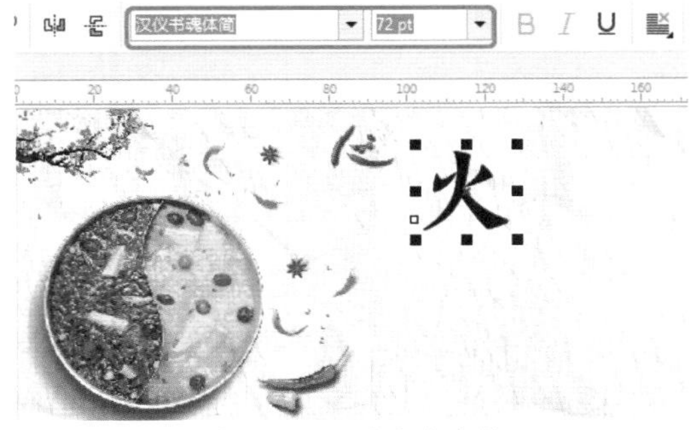

图 3-50 设置文本参数

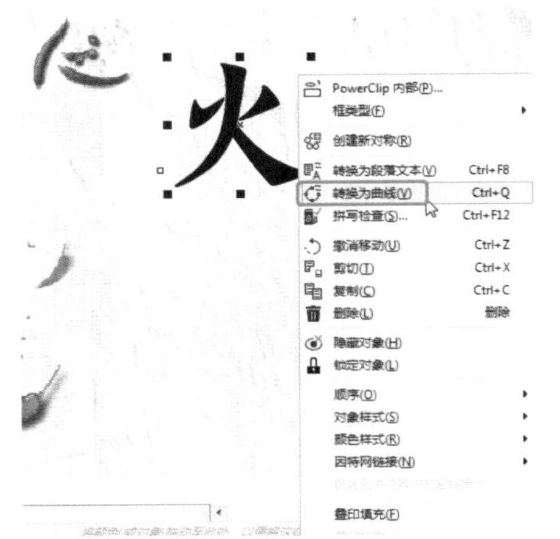

图 3-51 选择【转换为曲线】命令

06 使用【形状工具】选择如图 3-52 所示的节点。

07 按 Delete 键删除节点，并通过【形状工具】调整节点，如图 3-53 所示。

08 删除并调整完成后，再使用【形状工具】调整节点，效果如图 3-54 所示。

图 3-52 选择节点

图 3-53 删除并调整节点

图 3-54 调整节点

09 按 F11 键，弹出【编辑填充】对话框，将 0 位置处的 CMYK 值设置为 0、100、100、0，将 36% 位置处的 CMYK 值设置为 0、49、100、0，将 100% 位置处的 CMYK 值设置为 0、0、100、0，在【变换】选项组中勾选【自由缩放和倾斜】复选框，将【填充宽度】、【填充高度】分别设置为 100%、71%，【倾斜】设置为 43°，【水平偏移】、【垂直偏移】分别设置为 12%、-1.38%，【角度】设置为 0°，单击【确定】按钮，如图 3-55 所示。

10 使用【钢笔工具】绘制形状，如图 3-56 所示。

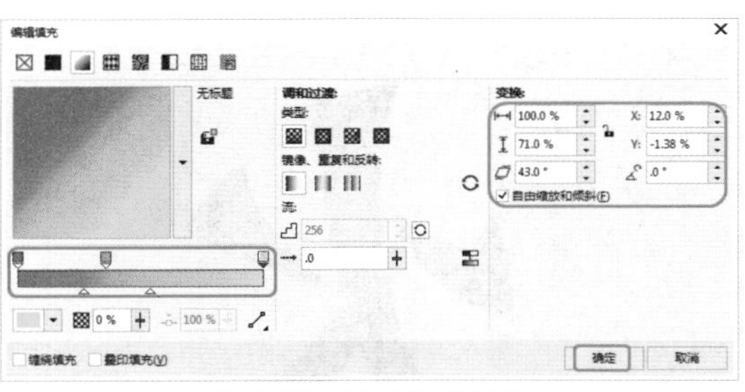
图 3-55　设置渐变颜色

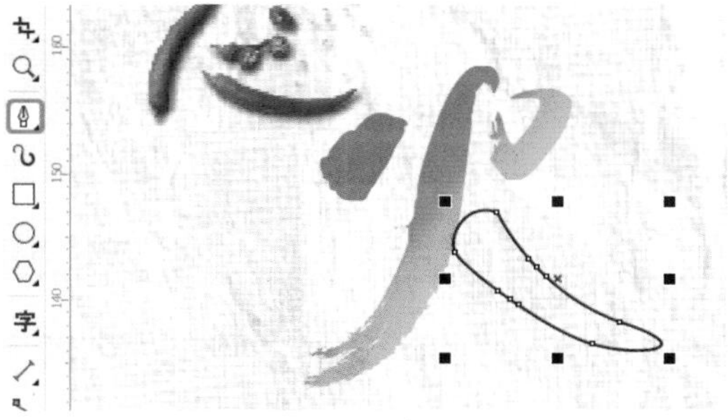
图 3-56　绘制形状

11 按 F11 键，弹出【编辑填充】对话框，将 0 位置处的 CMYK 值设置为 37、100、100、6，将 100% 位置处的 CMYK 值设置为 0、89、67、0，在【变换】选项组中勾选【自由缩放和倾斜】复选框，将【填充宽度】、【填充高度】分别设置为 43%、−54.5%，【倾斜】设置为 9.7°，【水平偏移】、【垂直偏移】分别设置为 −21.5%、−9.8%，【角度】设置为 65°，单击【确定】按钮，如图 3-57 所示。

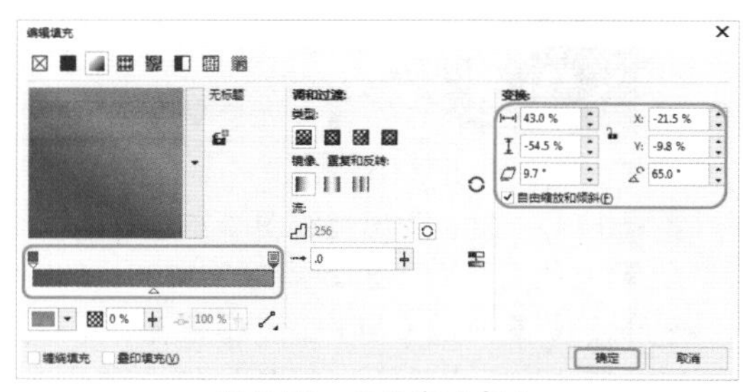
图 3-57　设置渐变颜色

12 将【轮廓颜色】设置为无，如图 3-58 所示。

13 使用【文本工具】输入文本，将【字体】设置为【汉仪书魂体简】，【字体大小】设置为 72pt，如图 3-59 所示。

14 在【锅】文本上单击鼠标右键，在弹出的快捷菜单中选择【转换为曲线】命令，如图 3-60 所示。

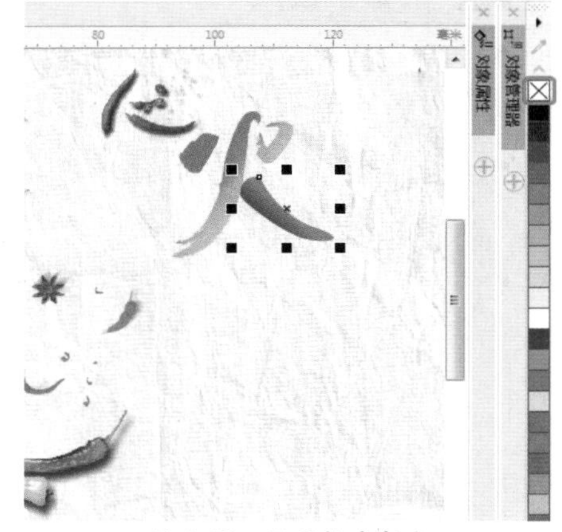
图 3-58　设置轮廓颜色

图 3-59　设置文本参数

图 3-60　选择【转换为曲线】命令

**提　示**

按 Ctrl+Q 组合键，可快速将文本转换为曲线。

15 使用【形状工具】调整【锅】文本的节点，效果如图 3-61 所示。

16 按 F11 键，弹出【编辑填充】对话框，将 0 位置处的 CMYK 值设置为 0、100、100、0，将 37% 位置处的 CMYK 值设置为 0、

48、100、0，将48%位置处的CMYK值设置为8、26、99、0，将74%位置处的CMYK值设置为0、87、100、0，将100%位置处的CMYK值设置为0、0、100、0，在【变换】选项组中勾选【自由缩放和倾斜】复选框，将【填充宽度】、【填充高度】分别设置为100%、106%，【倾斜】设置为9.5°，【水平偏移】、【垂直偏移】分别设置为1.42%、-3.6%，【角度】设置为-45°，单击【确定】按钮，如图3-62所示。

图 3-61 调整节点

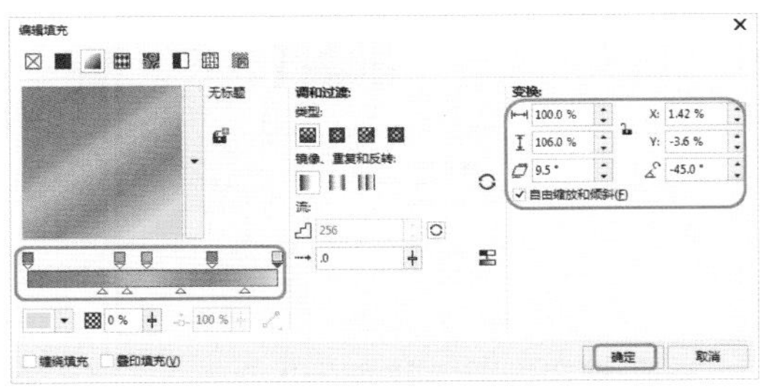
图 3-62 设置渐变参数

17 使用【椭圆形工具】○绘制【宽度】、【高度】均为4.7mm的正圆形，如图3-63所示。

图 3-63 绘制正圆形并设置参数

18 按Shift+F11组合键，弹出【编辑填充】对话框，将CMYK值设置为21、100、100、0，单击【确定】按钮，如图3-64所示。

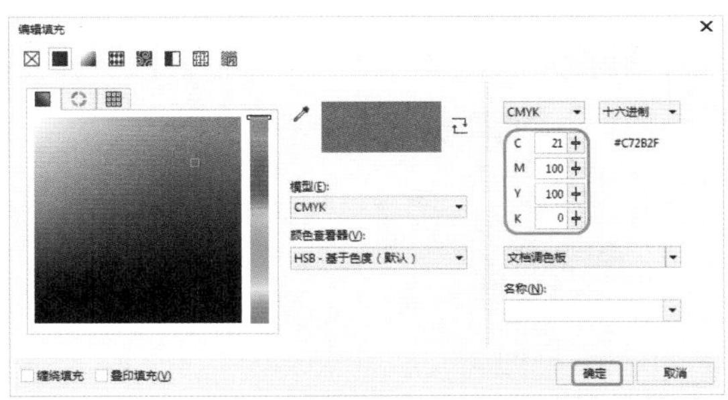
图 3-64 设置填充颜色

19 将圆的【轮廓颜色】设置为无，继续使用【椭圆形工具】绘制【宽度】、【高度】均为5.7mm的正圆形，如图3-65所示。

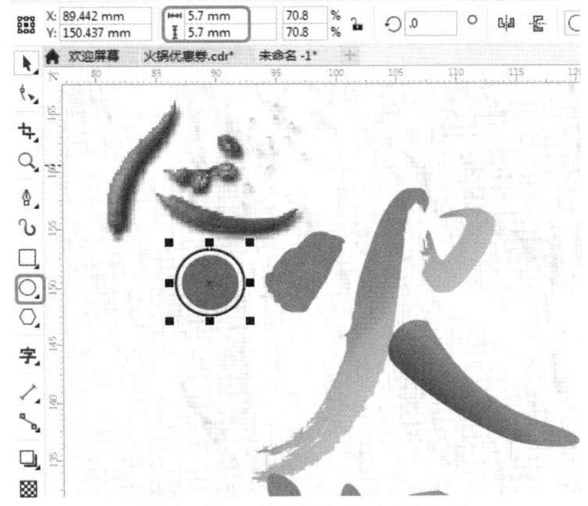
图 3-65 绘制圆并设置参数

20 按F12键，弹出【轮廓笔】对话框，将【颜色】的CMYK值设置为21、100、100、0，【宽度】设置为0.25mm，单击【确定】按钮，如图3-66所示。

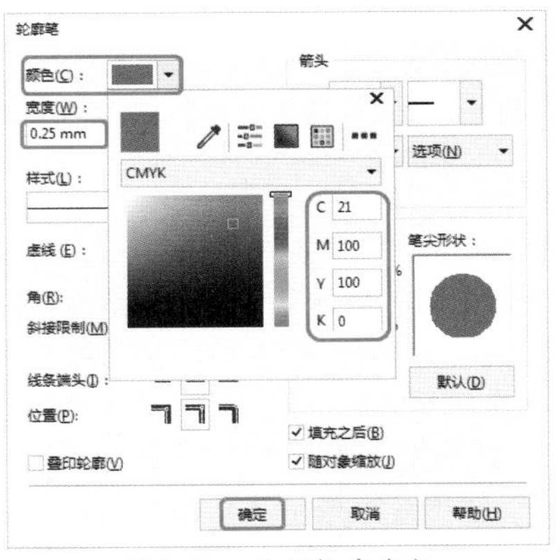
图 3-66 设置轮廓参数

21 对绘制的两个正圆形进行复制，并调

整对象的位置，如图 3-67 所示。

图 3-67　复制对象

22 使用【文本工具】输入文本，将【字体】设置为【方正大黑简体】，【字体大小】设置为 9.3pt，【填充颜色】设置为白色，如图 3-68 所示。

图 3-68　设置文本参数

## 知识链接：优惠券分类

按照介质分类：电子优惠券、纸质优惠券、手机优惠券、银行卡优惠券。

按照使用方法分类：

现金券——消费者持券消费可抵用部分现金。

体验券——消费者持券消费可体验部分服务。

礼品券——消费者持券消费可领用指定礼品。

折扣券——消费者持券消费可享受消费折扣。

特价券——消费者持券消费可购买特价商品。

换购券——消费者持换购券可换购指定商品

通用券——拥有以上所有功能。

23 使用【矩形工具】绘制【宽度】、【高度】均为 0.8mm 的矩形，将【填充颜色】的 CMYK 值设置为 29、100、100、1，【轮廓颜色】设置为无，如图 3-69 所示。

24 使用【矩形工具】绘制【宽度】、【高度】均为 1.5mm 的矩形，将【轮廓颜色】的 CMYK 值设置为 29、100、100、1，【宽度】设置为 0.15mm，如图 3-70 所示。

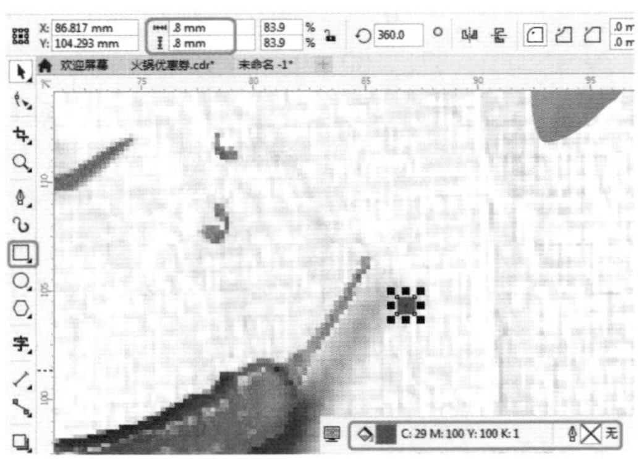

图 3-69　设置矩形参数

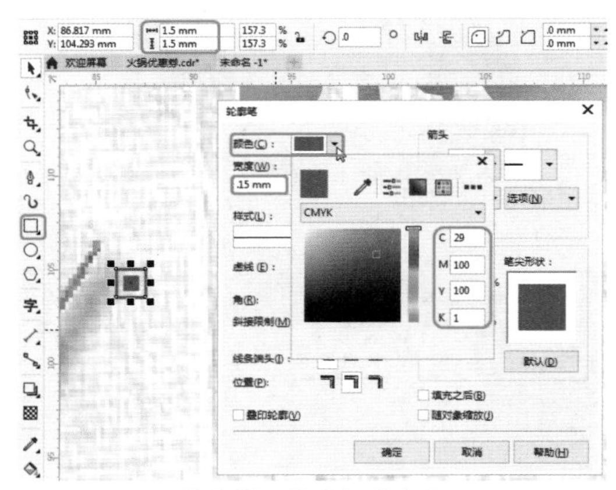

图 3-70　设置矩形参数

25 选择如图 3-71 所示的对象，在工具属性栏中将【旋转角度】设置为 45°。

图 3-71　旋转对象

26 使用【文本工具】输入文本，将【字体】设置为【方正大黑简体】，【字体大小】设置为 7.6pt，如图 3-72 所示。

27 按Shift+F11组合键，弹出【编辑填充】对话框，将CMYK值设置为29、100、100、1，单击【确定】按钮，如图3-73所示。

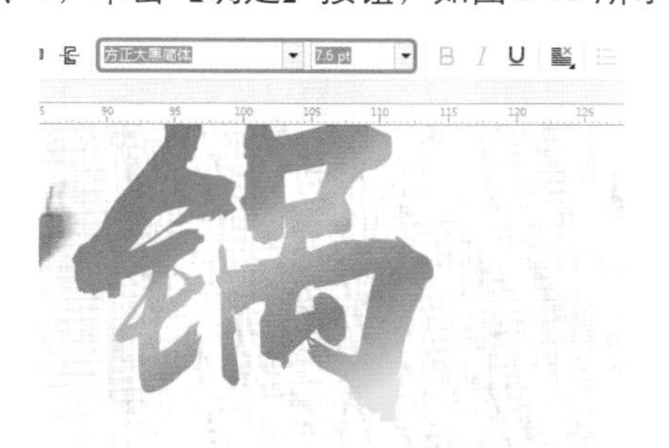


图 3-72 设置文本参数

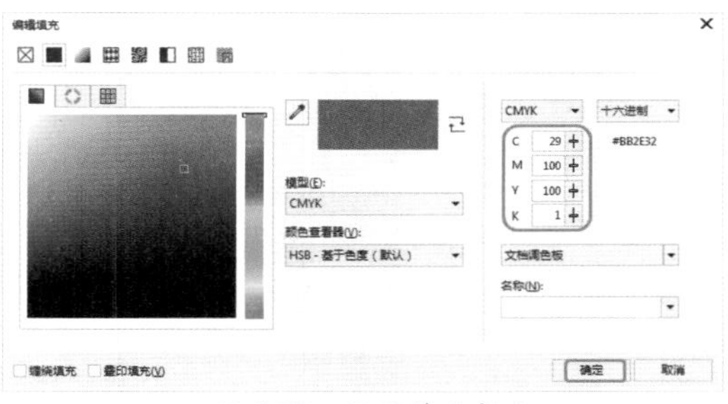


图 3-73 设置填充颜色

28 使用【文本工具】字输入文本，将【字体】设置为【方正大黑简体】，【字体大小】设置为9.6pt，将CMYK值设置为29、100、100、1，如图3-74所示。

图 3-74 设置文本参数

29 使用【星形】工具☆，在工具属性栏中将【点数】、【锐度】分别设置为13、35，绘制星形，将【填充颜色】的CMYK值设置为29、100、100、1，【轮廓颜色】设置为无，如图3-75所示。

图 3-75 设置星形参数

30 使用【文本工具】字输入文本，将【字体】设置为Arial，【字体大小】设置为13pt，单击【粗体】按钮B，将【填充颜色】设置为白色，如图3-76所示。

图 3-76 设置文本参数

31 使用【文本工具】字输入文本，将【字体】设置为【方正大黑简体】，将【字体大小】设置为6pt，将【填充颜色】的CMYK值设置为29、100、100、1，如图3-77所示。

图 3-77 设置文本参数

32 使用【矩形工具】□绘制矩形，将【宽度】、【高度】分别设置为45mm、83mm，【填充颜色】的CMYK值设置为29、100、100、1，【轮廓颜色】设置为无，如图3-78所示。

图 3-78　设置矩形参数

33 使用【文本工具】字输入文本，将【字体】设置为【方正隶书简体】，【字体大小】设置为36pt，【填充颜色】设置为白色，如图3-79所示。

图 3-79　设置文本参数

34 使用【文本工具】字输入文本，将【字体】设置为【方正粗倩简体】，【字体大小】设置为48pt，【填充颜色】设置为白色，如图3-80所示。

35 使用【文本工具】字输入文本，将【字体】设置为【方正小标宋简体】，【字体大小】设置为17pt，【填充颜色】设置为白色，如图3-81所示。

图 3-80　设置文本参数

图 3-81　设置文本参数

36 使用【钢笔工具】绘制如图3-82所示的白色花纹，通过【形状工具】调整对象。

图 3-82　绘制白色花纹

37 使用【文本工具】字输入文本，将【字体】设置为【微软雅黑】，【字体大小】设置为3.5pt，【填充颜色】设置为白色，如图3-83所示。

38 按Ctrl+I组合键，弹出【导入】对话框，选择“素材\Cha03\优惠券背景2.jpg”素材文件，单击【导入】按钮，如图3-84所示。

39 选择导入的素材文件，将【宽度】、【高度】分别设置为173mm、83mm，如图3-85所示。

图 3-83 设置文本参数

图 3-84 选择素材文件

图 3-85 设置对象大小

40 将火锅优惠券正面的内容复制到如图 3-86 所示的位置处，将【填充颜色】的 CMYK 值设置为 29、100、100、1。

41 按 Ctrl+I 组合键，弹出【导入】对话框，选择“素材 \Cha03\ 火锅 .png”素材文件，单击【导入】按钮，如图 3-87 所示。

图 3-86 复制对象并设置颜色

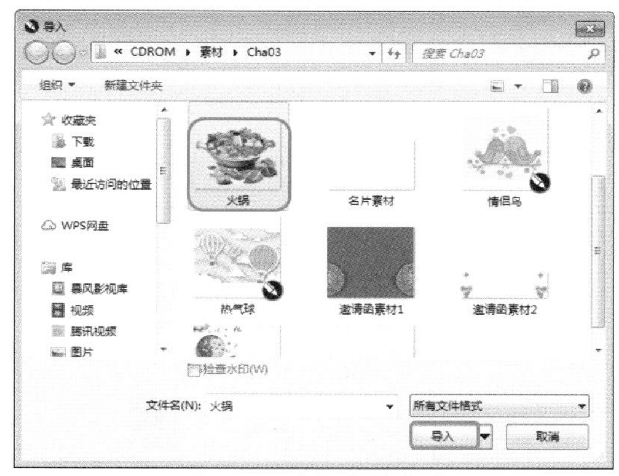

图 3-87 选择素材文件

42 选择导入的素材文件，将【宽度】、【高度】分别设置为 30mm、25mm，如图 3-88 所示。

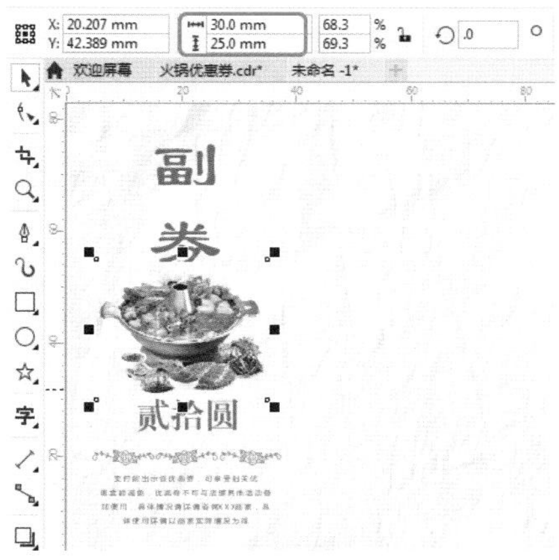

图 3-88 设置对象大小

43 使用【2 点线工具】绘制一条垂直的线段，如图 3-89 所示。

44 按F12键，弹出【轮廓笔】对话框，将【颜色】的CMYK值设置为29、100、100、1，【宽度】设置为0.5mm，然后设置线段的样式，单击【确定】按钮，如图3-90所示。

图 3-89　绘制线段

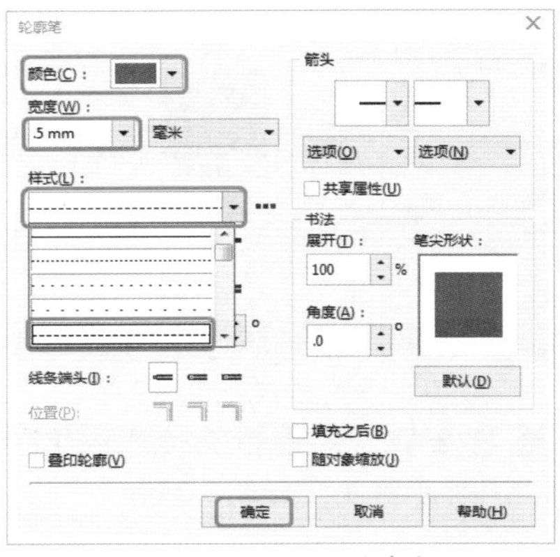


图 3-90　设置线段参数

45 使用【矩形工具】绘制矩形，将【宽度】、【高度】分别设置为118mm、50mm，将【左上角】、【左下角】的圆角半径设置为8mm，【右上角】、【右下角】的圆角半径设置为0mm，如图3-91所示。

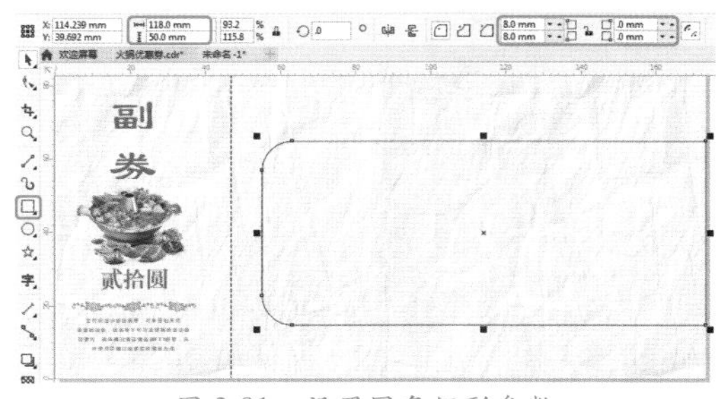


图 3-91　设置圆角矩形参数

46 按Shift+F11组合键，弹出【编辑填充】对话框，将【填充颜色】的CMYK值设置为27、100、100、0，单击【确定】按钮，如图3-92所示。

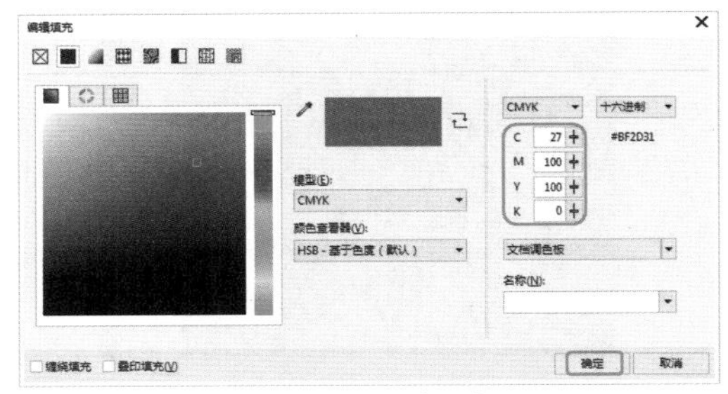


图 3-92　设置填充颜色

47 将矩形的【轮廓颜色】设置为无，使用【文本工具】字输入文本，将【字体】设置为【汉仪书魂体简】，【字体大小】设置为14pt，【填充颜色】设置为白色，如图3-93所示。

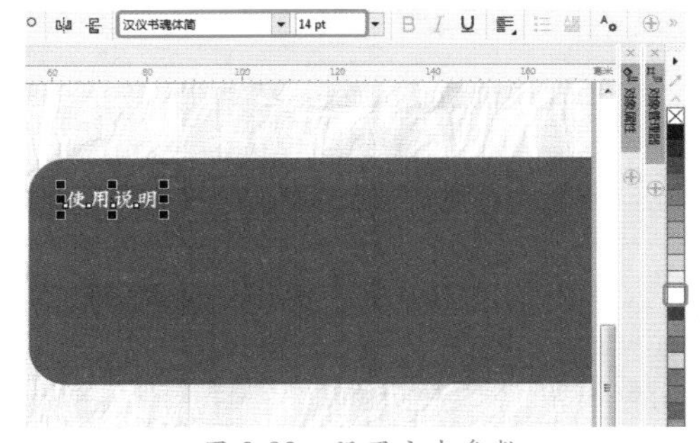


图 3-93　设置文本参数

48 使用【文本工具】字输入文本，将【字体】设置为【方正大黑简体】，【字体大小】设置为10.7pt，【填充颜色】设置为白色，如图3-94所示。

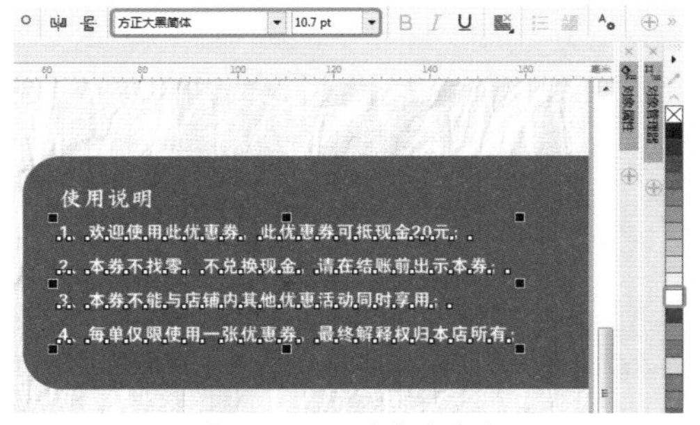


图 3-94　设置文本参数

49 使用【钢笔工具】绘制其他图形，然后使用【文本工具】字输入文本，最后为其设置相应的颜色，如图3-95所示。

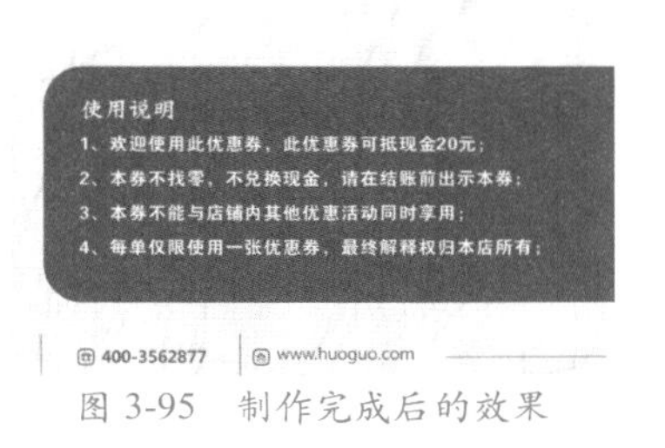


图 3-95　制作完成后的效果

## 3.2.1 编辑节点

在 CorelDRAW 中，可以通过添加节点将曲线形状调整得更加精确，也可以通过删除多余的节点使曲线更加平滑。

### 1. 添加节点

添加节点的具体操作步骤如下。

01 按 Ctrl+O 组合键，弹出【打开绘图】对话框，选择“素材\Cha03\彩色条纹.cdr”素材文件，单击【打开】按钮，在工具箱中单击【星形】工具按钮，创建一个五角星形对象并选中，然后单击鼠标右键，在弹出的快捷菜单中选择【转换为曲线】命令，如图 3-96 所示。

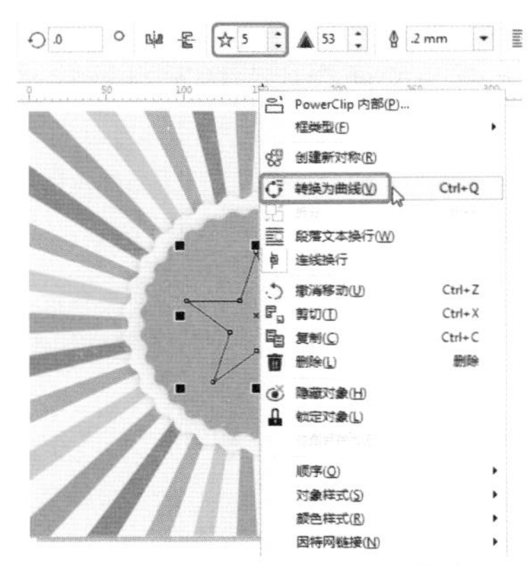

图 3-96　选择【转换为曲线】命令

02 在工具箱中单击【形状工具】按钮，在图形上需要添加节点的位置处单击鼠标左键，如图 3-97 所示。

03 在属性栏中单击【添加节点】按钮，即可在指定的位置添加一个新的节点，如图 3-98 所示。

**提示：添加节点**

为对象添加节点最为简洁的方法就是直接使用【形状工具】，在曲线上需要添加节点的位置处双击鼠标左键即可。

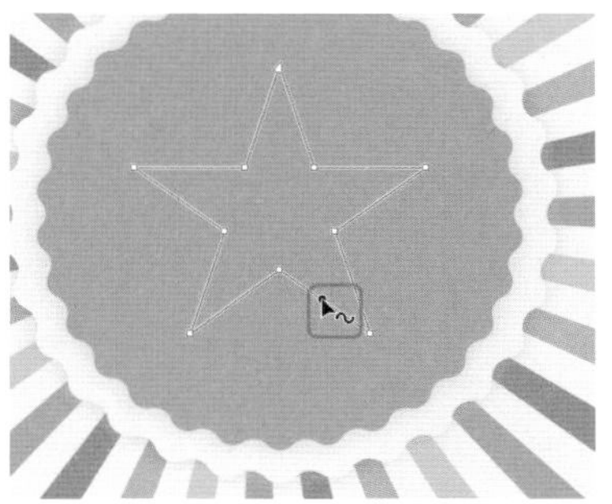

图 3-97　单击鼠标左键

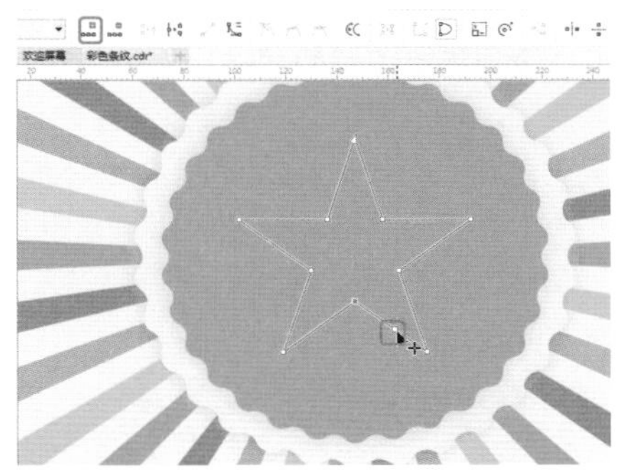

图 3-98　添加节点

### 2. 删除节点

在实际操作中，需要删除一些多余的节点，在 CorelDRAW 中提供了以下几种方法删除节点。

- 在工具箱中单击【形状工具】按钮，然后单击或框选将要删除的节点，在属性栏中单击【删除节点】按钮，如图 3-99 所示。

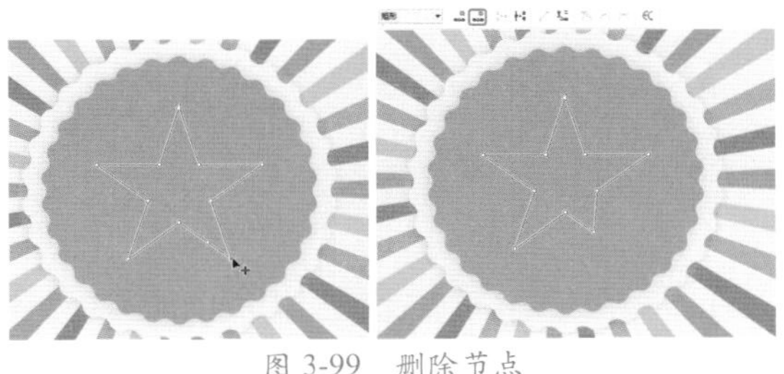

图 3-99　删除节点

- 在工具箱中单击【形状工具】按钮，然后双击需要删除的节点。
- 在工具箱中单击【形状工具】按钮，选择需要删除的节点，然后单击鼠标右键，在弹出的快捷菜单中选择【删除节点】命令。
- 在工具箱中单击【形状工具】按钮，

选择将要删除的节点，然后按键盘上的 Delete 键。

### 3.2.2 更改曲线属性

CorelDRAW 中的节点有 3 种类型，分别为尖突节点、平滑节点和对称节点。在编辑曲线的过程中，经常需要转换节点的属性，以便更好地为曲线造型。

#### 1. 将节点转换为尖突节点

将节点转换为尖突节点后，尖突节点两端的控制手柄成为相对独立的状态。当用户移动一个控制手柄时，另一个手柄不会受影响。

01 打开“素材\Cha03\彩色条纹 .cdr”素材文件，在工具箱中单击【椭圆形工具】按钮，创建一个椭圆形对象，按 Ctrl+Q 组合键，将对象转换为曲线，如图 3-100 所示。

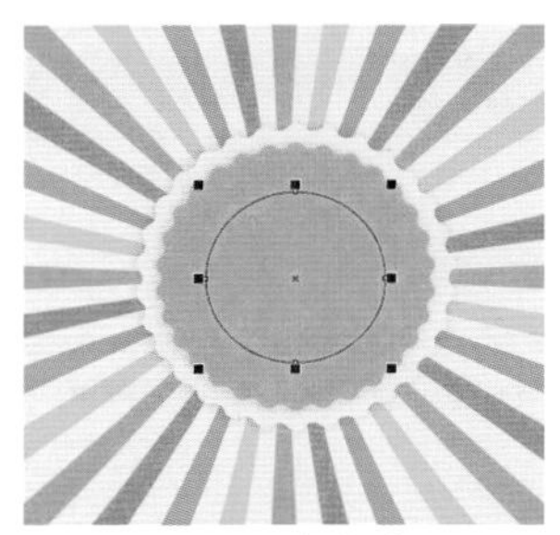

图 3-100　转换为曲线

02 在工具箱中单击【形状工具】按钮并选取一个节点，然后在属性栏中单击【尖突节点】按钮，如图 3-101 所示。

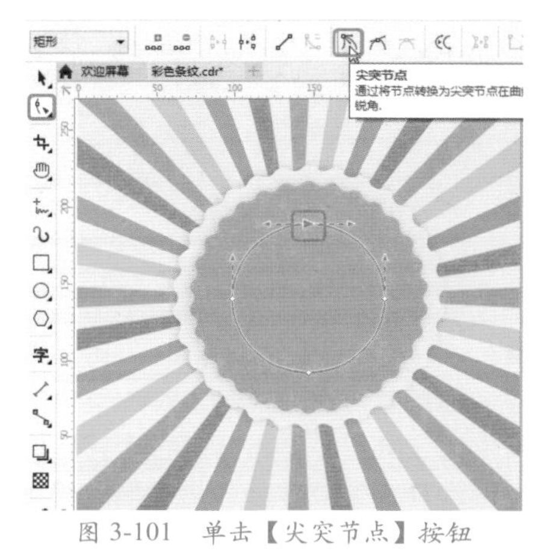


图 3-101　单击【尖突节点】按钮

03 变为尖突节点后，拖动其中一个控制点的显示效果如图 3-102 所示。

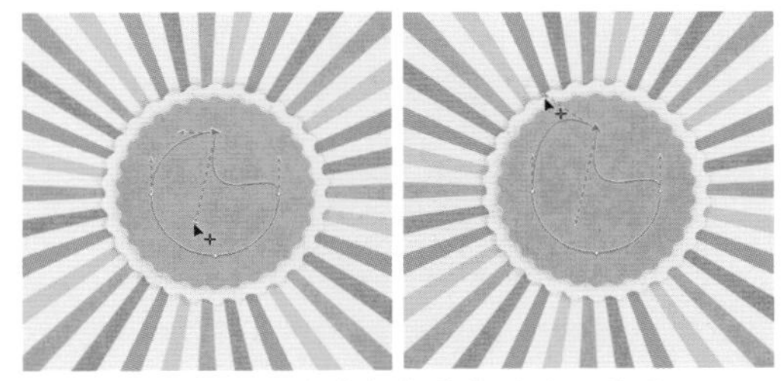

图 3-102　拖动尖突节点的显示效果

#### 2. 将节点转换为平滑节点

平滑节点两边的控制点是相互关联的，当移动一个控制点时，另外一个控制点也会随之发生变化，产生平滑过渡的曲线。曲线上新增的节点默认为平滑节点。要将尖突节点转换为平滑节点，只需在选取节点后，单击属性栏中的【平滑节点】按钮即可。

#### 3. 将节点转换为对称节点

对称节点是指在平滑节点的基础上，使两边控制线的长度相等，从而使平滑节点两边的曲线率也相等。

#### 4. 闭合和断开曲线

通过【连接两个节点】功能，可以将同一个对象上断开的两个相邻的节点连接成一个节点，从而使不封闭图形成为封闭图形。同理，使用【断开曲线】功能，可以将曲线上的一个节点在原来的位置分离为两个节点，从而断开曲线的连接，使图形由封闭状态变为不封闭状态。使用该方法，还可以将多个节点连接成的曲线分离成多条独立的线段。

下面将通过实例讲解如何闭合和断开曲线，具体的操作步骤如下。

01 打开“素材\Cha03\彩色条纹 .cdr”素材文件，在工具箱中单击【钢笔工具】按钮，并创建一个不闭合的图形，使用【形状工具】同时按住 Ctrl 键，选取断开的两个相邻的节点，如图 3-103 所示。

02 在属性栏中单击【连接两个节点】按钮，即可完成连接，如图 3-104 所示。

03 使用【形状工具】选择将要断开的节点，如图 3-105 所示。

04 在属性栏中单击【断开曲线】按钮，并拖动其中的一个节点，此时可以看到源节点已经被断开成为独立的两个节点，如图 3-106

所示。

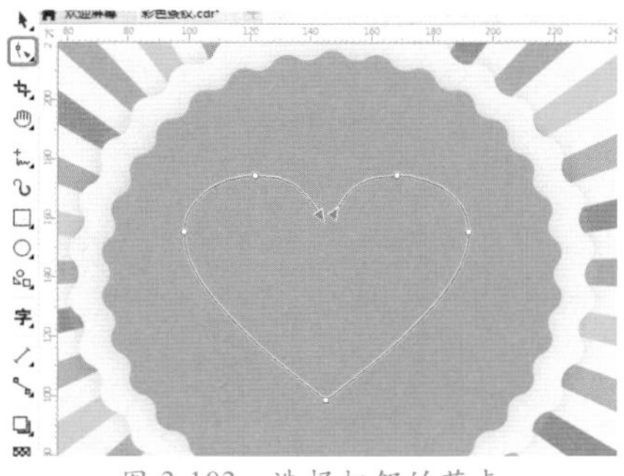

图 3-103 选择相邻的节点

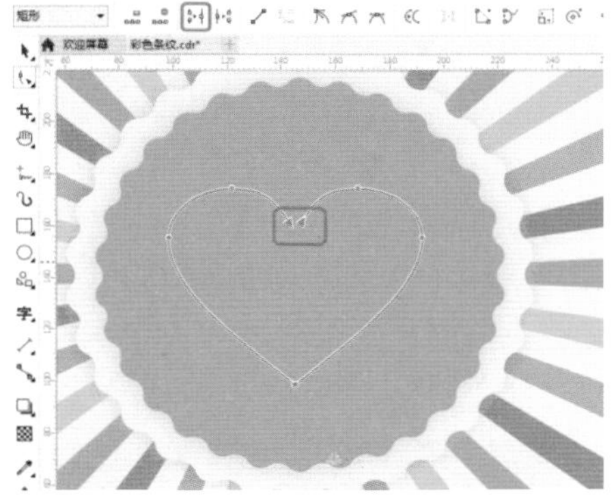

图 3-104 单击【连接两个节点】按钮

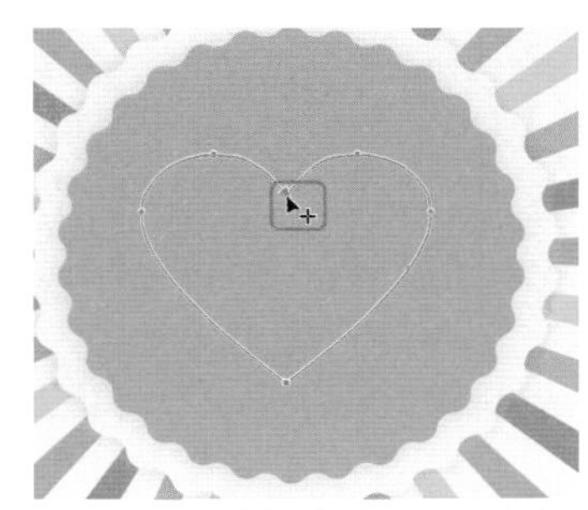

图 3-105 选择将要断开的节点

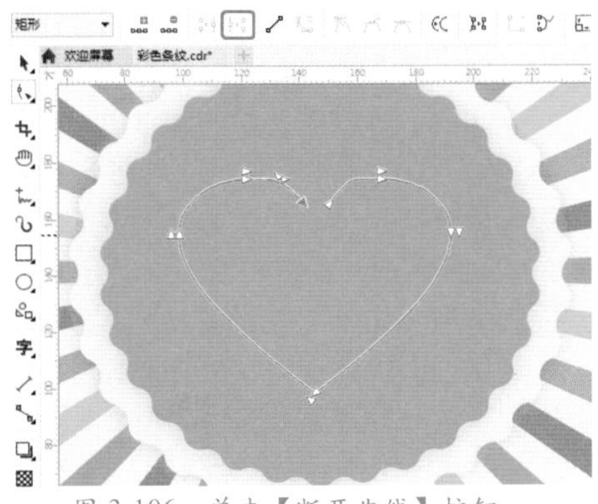

图 3-106 单击【断开曲线】按钮

5. 闭合曲线

使用【闭合曲线】功能，可以将绘制的开放式曲线的起始节点和终止节点自动闭合，形成闭合曲线。自动闭合曲线的操作步骤如下。

01 打开“素材 \Cha03\ 彩色条纹 .cdr”素材文件，在工具箱中单击【贝塞尔工具】按钮，创建一个开放式曲线，如图 3-107 所示。

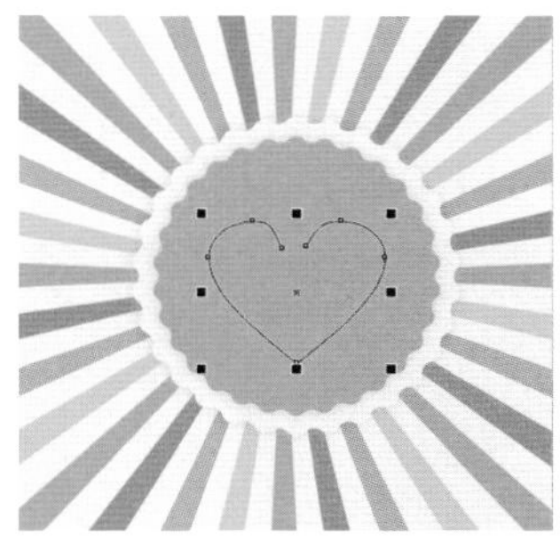

图 3-107 创建一个开放式曲线

02 按住 Ctrl 键使用【形状工具】选择如图 3-108 所示的节点，然后在属性栏中单击【闭合曲线】按钮，如图 3-108 所示。

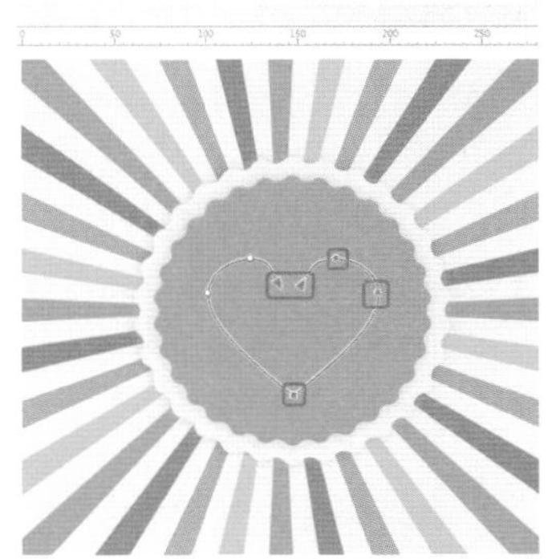

图 3-108 选择节点

03 即可将开放式曲线自动闭合成为封闭曲线，如图 3-109 所示。

图 3-109 闭合曲线效果

## 3.3 绘制邀请函——特殊线型与艺术画笔

邀请函是邀请亲朋好友或知名人士、专家等参加某项活动时所发的请约性书信。它是现实生活中常用的一种日常应用写作文种。商务活动邀请函是邀请函的一个重要分支，商务礼仪活动邀请函的主体内容符合邀请函的一般结构，由标题、称谓、正文、落款组成。但要注意，简洁明了，看懂就行，不需要太多文字，效果如图 3-110 所示。

图 3-110 邀请函

| 素材 | 素材 \Cha03\ 邀请函素材 1.jpg、邀请函素材 2.png |
| --- | --- |
| 场景 | 场景 \Cha03\ 绘制邀请函——特殊线型与艺术画笔 .cdr |
| 视频 | 视频教学 \Cha03\3.3 绘制邀请函——特殊线型与艺术画笔 .mp4 |

01 按 Ctrl+N 组合键，弹出【创建新文档】对话框，将【单位】设置为毫米，【宽度】和【高度】分别设置为 426mm、182mm，【原色模式】设置为 RGB，【渲染分辨率】设置为 300dpi，单击【确定】按钮，如图 3-111 所示。

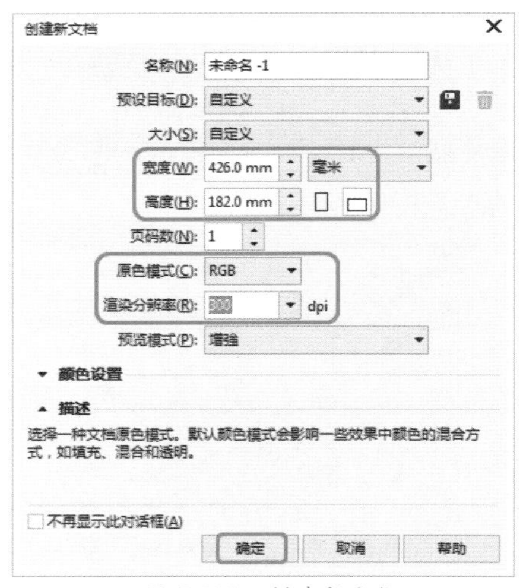


图 3-111 创建新文档

02 按 Ctrl+I 组合键，弹出【导入】对话框，选择“素材 \Cha03\ 邀请函素材 1.jpg”素材文件，单击【导入】按钮，如图 3-112 所示。

图 3-112 选择素材文件

03 选择素材文件，将【宽度】、【高度】分别设置为 212 mm、182 mm，如图 3-113 所示。

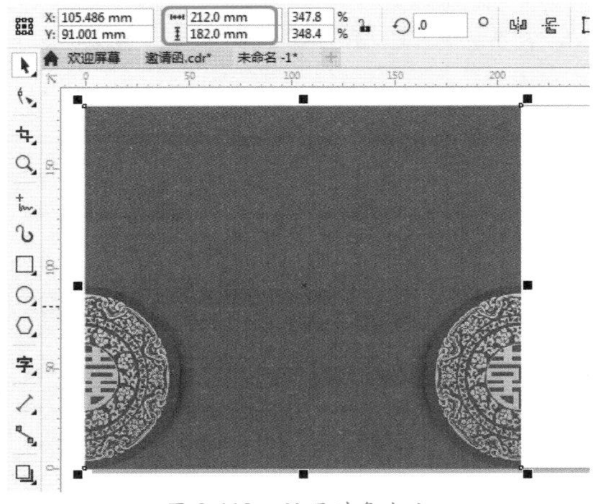


图 3-113 设置对象大小

04 使用【钢笔工具】绘制图形，效果如图 3-114 所示。

05 按 Shift+F11 组合键，弹出【编辑填充】对话框，将 RGB 值设置为 255、247、196，单击【确定】按钮，如图 3-115 所示。

06 在默认调色板中右键单击☒按钮，将轮廓颜色设置为无，效果如图 3-116 所示。

07 使用【艺术笔工具】，在工具属性栏中单击【书法】按钮，将【手绘平滑】设置为 100，【笔触宽度】设置为 1mm，【书法角度】设置为 45°，绘制两条线段，如图 3-117 所示。

图 3-114 绘制图形

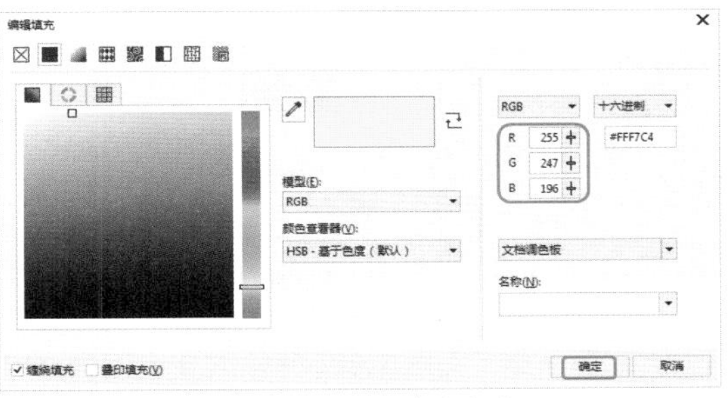
图 3-115 设置填充颜色

图 3-116 设置轮廓颜色

08 选择绘制的两条线段，按小键盘上的 + 键，对其进行复制，在工具属性栏中单击【水平镜像】按钮，调整对象的位置，将【填充颜色】的 RGB 值设置为 255、247、196，如图 3-118 所示。

09 选择绘制的图形对象，单击鼠标右键，在弹出的快捷菜单中选择【组合对象】命令，如图 3-119 所示。

图 3-117 设置艺术笔参数

图 3-118 调整完成后的效果

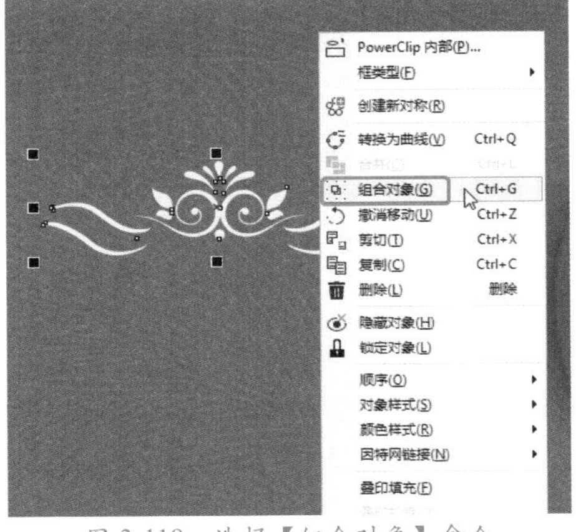
图 3-119 选择【组合对象】命令

10 使用【钢笔工具】绘制如图3-120所示的图形，将【填充颜色】的RGB值设置为255、247、196，【轮廓颜色】设置为无，选择绘制的对象并单击鼠标右键，在弹出的快捷菜单中选择【组合对象】命令。

图3-120　绘制图形

**疑难解答**　组合对象与取消组合对象的快捷键是什么？

按Ctrl+G组合键，可快速组合对象；按Ctrl+U组合键，可取消组合对象。

11 使用【文本工具】输入文本，将【字体】设置为【汉仪大宋简】，【字体大小】设置为38pt，【填充颜色】的RGB值设置为255、247、196，如图3-121所示。

图3-121　设置文本参数

12 单击【基本形状工具】按钮，在工具属性栏中将【完美形状】定义为【心形】，绘制心形，如图3-122所示。

13 按F12键，在弹出的【轮廓笔】对话框中，将【颜色】的RGB值设置为255、247、196，【宽度】设置为0.8mm，单击【确定】按钮，如图3-123所示。

图3-122　绘制心形

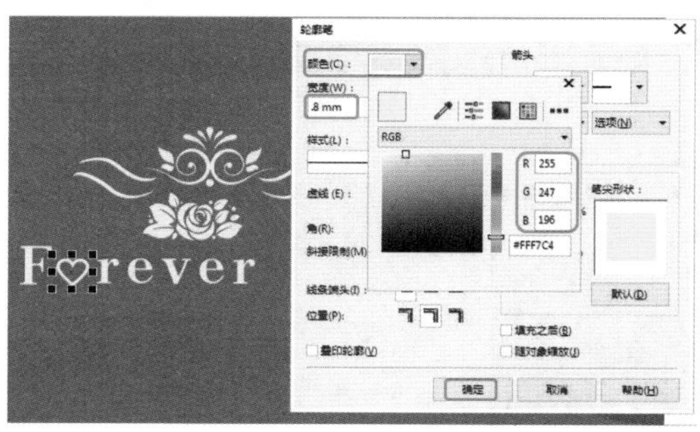

图3-123　设置轮廓笔参数

14 使用【文本工具】输入文本，将【字体】设置为【汉仪书魂体简】，【字体大小】设置为13pt，将【填充颜色】的RGB值设置为255、247、196，如图3-124所示。

图3-124　设置文本参数

15 使用【钢笔工具】绘制如图3-125所示的图形，并填充颜色，将对象进行组合。

16 选择如图3-126所示的图形对象，按小键盘上的+键对其进行复制，在工具属性栏中单击【垂直镜像】按钮，然后调整镜像图形对象的位置。

17 使用【文本工具】输入文本，将【字体】设置为【汉仪大宋简】，【字体大小】设置为 30pt，如图 3-127 所示。

图 3-125 制作完成后的效果

图 3-126 调整镜像图形对象的位置

图 3-127 设置文本参数

18 使用【文本工具】字输入文本，将【字体】设置为【汉仪大宋简】，【字体大小】设置为 12pt，如图 3-128 所示。

19 使用【文本工具】字输入文本，将【字体】设置为【汉仪大宋简】，【字体大小】设置为 14pt，如图 3-129 所示。

20 使用【文本工具】字输入文本，将【字体】设置为【汉仪大宋简】，【字体大小】设置为 18pt，如图 3-130 所示。

21 选择输入的文本对象，单击鼠标右键，在弹出的快捷菜单中选择【组合对象】命令，如图 3-131 所示。

图 3-128 设置文本参数

图 3-129 设置文本参数

图 3-130 设置文本参数

图 3-131 选择【组合对象】命令

22 按 Shift+F11 组合键，弹出【编辑填充】对话框，将【填充颜色】的 RGB 值设置为 245、228、145，单击【确定】按钮，如图 3-132 所示。

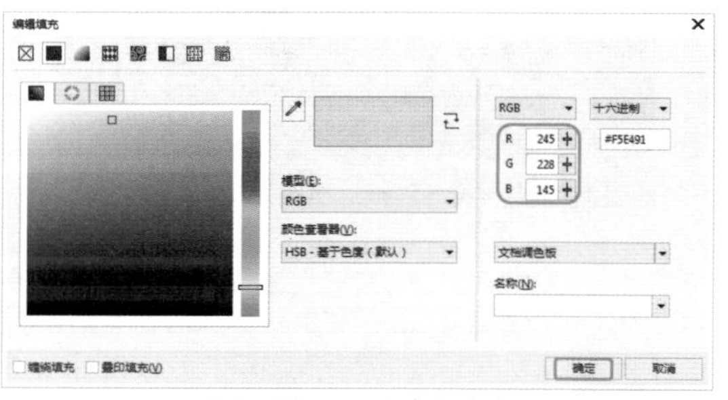

图 3-132　设置填充参数

23 选择组合后的文本对象，在工具属性栏中单击【垂直镜像】按钮，如图 3-133 所示。

图 3-133　垂直镜像

24 使用【矩形工具】绘制【宽度】、【高度】分别为 212mm、182mm 的矩形，如图 3-134 所示。

图 3-134　绘制矩形

25 按 Shift+F11 组合键，弹出【编辑填充】对话框，将【填充颜色】的 RGB 值设置为 189、28、46，单击【确定】按钮，如图 3-135 所示。

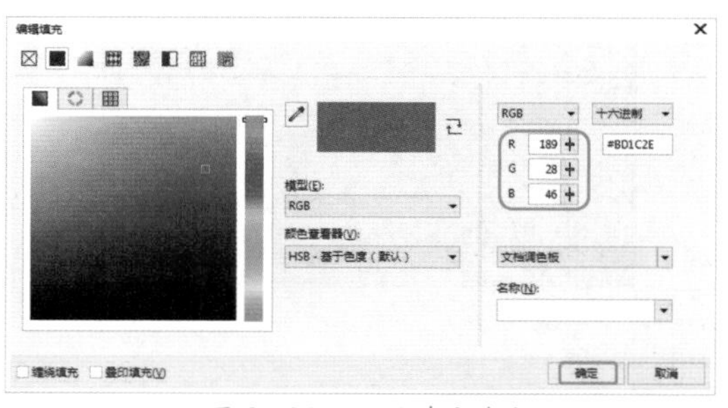

图 3-135　设置填充参数

26 将【轮廓颜色】设置为无，使用【钢笔工具】绘制如图 3-136 所示的图形并填充颜色。

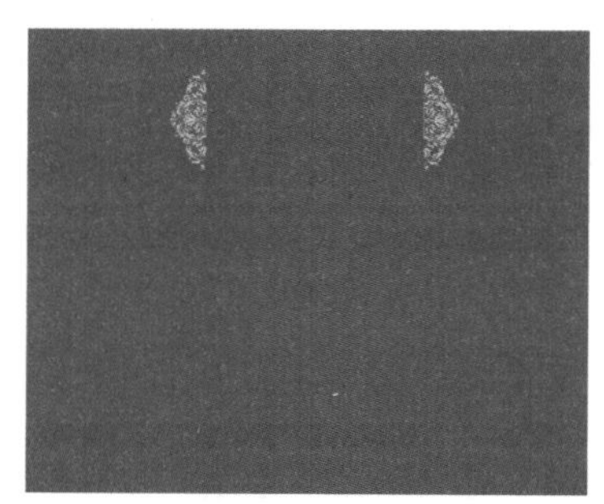

图 3-136　绘制图形并填充颜色

27 使用【文本工具】输入文本，将【字体】设置为【微软简综艺】，将【字体大小】设置为 65pt，将【填充颜色】的 RGB 值设置为 245、228、145，如图 3-137 所示。

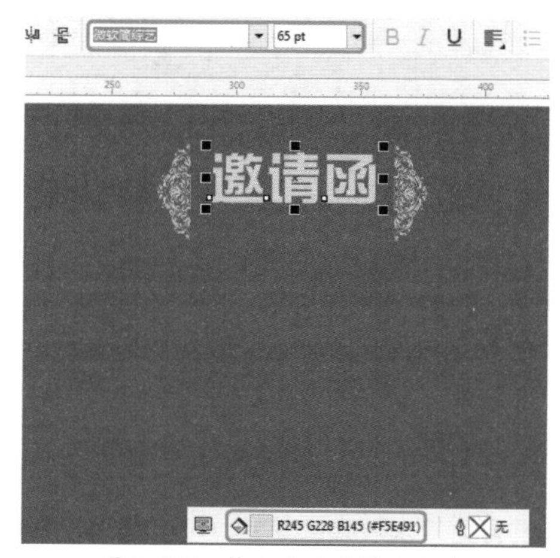

图 3-137　输入文本并填充颜色

28 使用【文本工具】输入文本，将【字体】设置为【汉仪大宋简】，【字体大小】设置为19pt，将【填充颜色】的RGB值设置为245、228、145，如图3-138所示。

图 3-138 输入文本并填充颜色

29 按Ctrl+I组合键，弹出【导入】对话框，选择“素材\Cha03\邀请函素材2.png”素材文件，单击【导入】按钮，如图3-139所示。

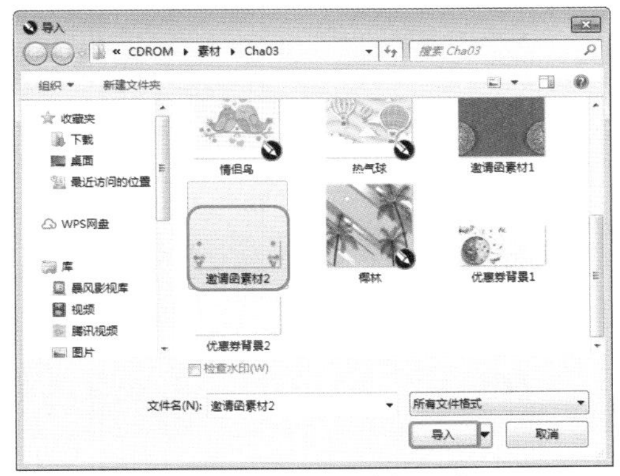

图 3-139 选择素材文件

30 导入素材文件并调整位置及大小，如图3-140所示。

图 3-140 调整素材位置及大小

31 使用【矩形工具】□绘制【宽度】、【高度】分别是为170mm、108mm的矩形，将【填充颜色】的RGB值设置为248、232、199，【轮廓颜色】设置为无，如图3-141所示。

图 3-141 绘制矩形并填充颜色

32 使用【钢笔工具】绘制如图3-142所示的图形，并填充颜色。

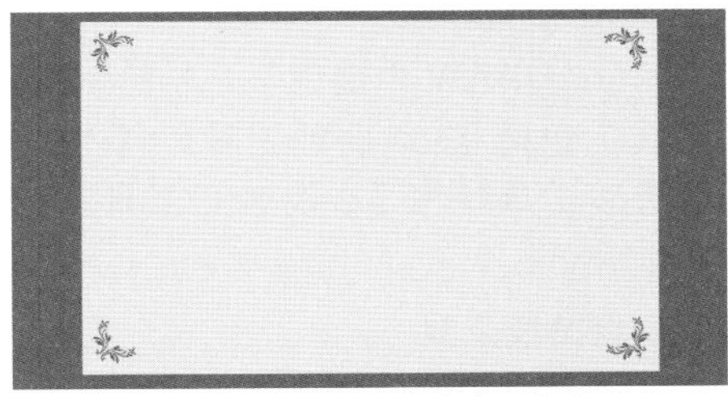

图 3-142 绘图形并填充颜色

33 使用【钢笔工具】绘制四条线段，按F12键，弹出【轮廓笔】对话框，将【填充颜色】的RGB值设置为139、86、18，【宽度】设置为0.5mm，设置线段的样式，单击【确定】按钮，如图3-143所示。

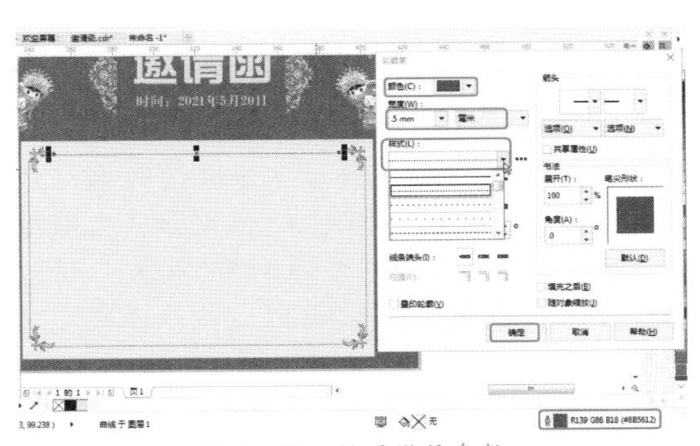

图 3-143 设置线段参数

34 使用【文本工具】输入文本，将【字体】设置为【微软雅黑】，【字体大小】设置为11.5pt，【填充颜色】的RGB值设置为139、86、18，如图3-144所示。

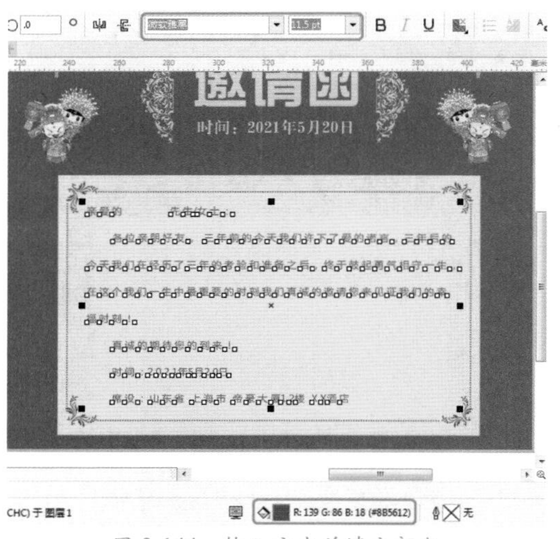

图 3-144　输入文本并填充颜色

## 3.3.1 绘制特殊线型

在CorelDRAW中提供了几种绘制特殊线型的工具，包括【3点曲线工具】、【B样条工具】、【折线工具】和【智能绘图工具】，下面将详细介绍。

### 1. 3点曲线工具

【3点曲线工具】可以准确地确定曲线的弧度和方向，一般使用【3点曲线工具】可以绘制各种弧度的曲线或饼形等。

在工具箱中单击【3点曲线工具】按钮，可以在属性栏中设置【轮廓宽度】、【线条样式】等参数，如图3-145所示。

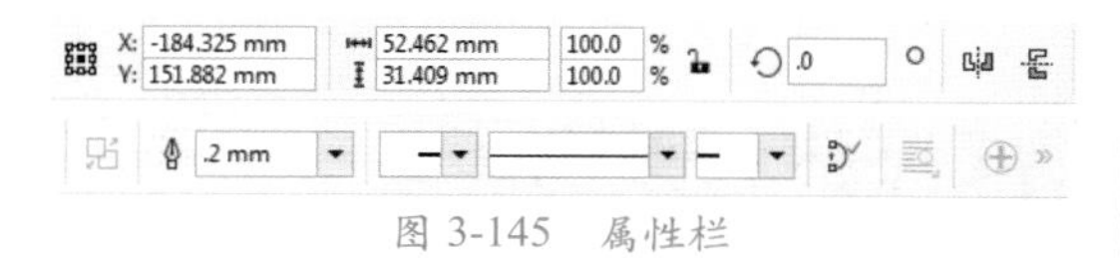

图 3-145　属性栏

在绘图页中按住鼠标左键并进行拖动，即可绘制一条直线，如图3-146所示；当拖曳至合适的位置时，松开左键并移动鼠标，可以调整曲线的弧度，如图3-147所示；调整完成后单击鼠标左键，即可完成操作，如图3-148所示。

### 2. B样条工具

【B样条工具】是通过创建控制点来创建连续平滑的曲线。

在工具箱中单击【B样条工具】按钮，在绘图页中，单击鼠标左键确定第一个控制点，再移动鼠标并拖曳出一条与虚线重合的实线线段，如图3-149所示。将鼠标指针移动至合适的位置确定第二个控制点。

图 3-146　绘制直线

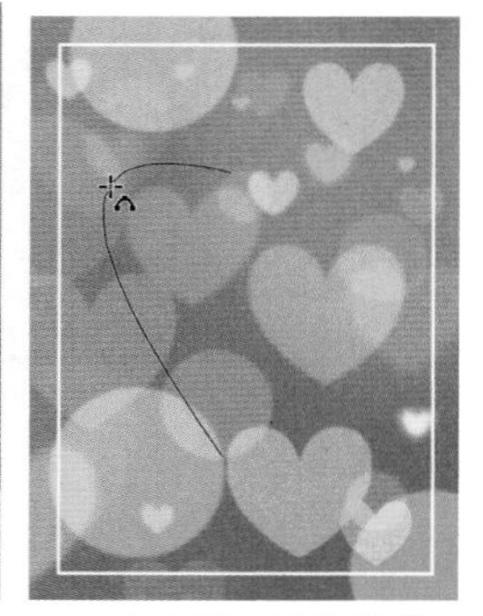

图 3-147　调整弧度

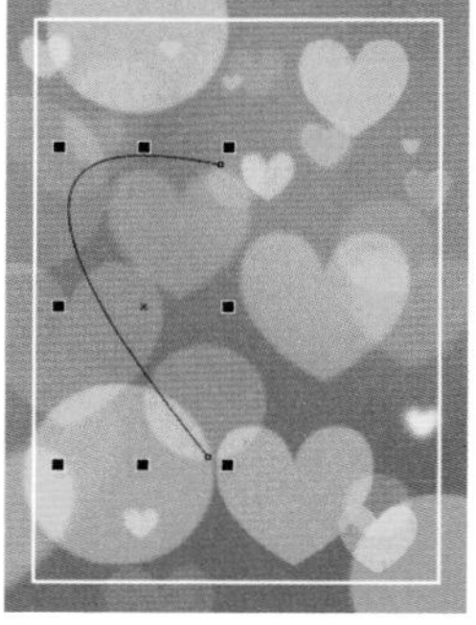

图 3-148　完成操作

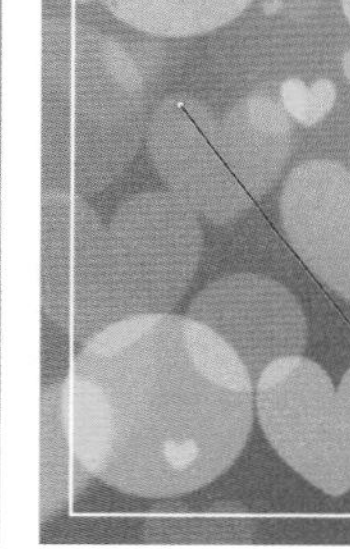

图 3-149　实线与虚线重合

确定第二个控制点后，移动鼠标，此时实线与虚线被分离开来，如图3-150所示。实线表示绘制的曲线，虚线为连接控制点的控制线。继续增加控制点直到闭合控制点，在闭合控制点时将自动生成平滑曲线，如图3-151所示。

**提　示**

在编辑B样条线完成后，可以通过使用【形状工具】调整控制点来修改曲线，在编辑曲线时，只要双击鼠标左键即可；在绘制闭合曲线时，直接将控制点闭合即可。

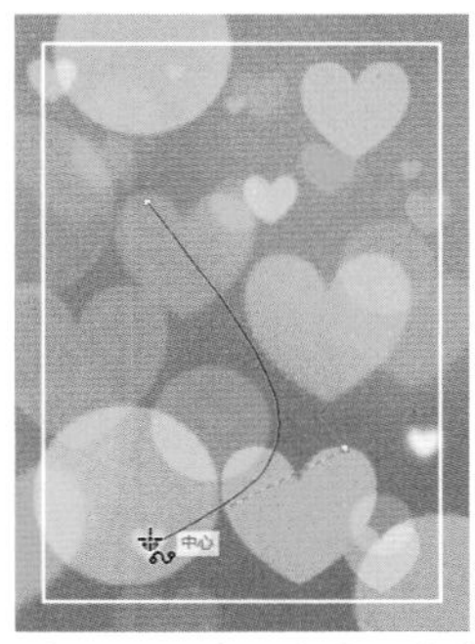

图 3-150 实线与虚线分离

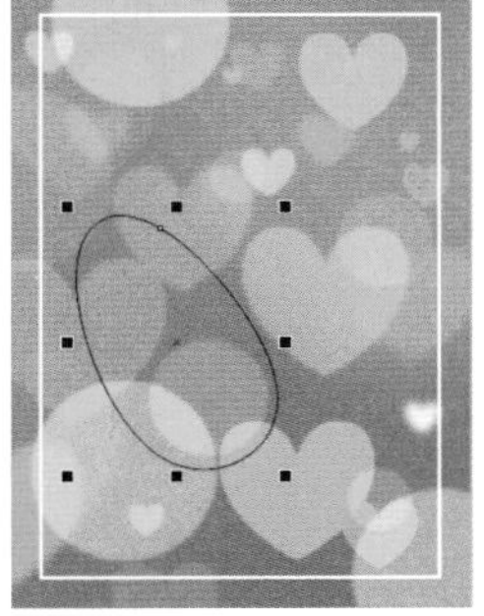

图 3-151 平滑曲线

### 3. 折线工具

【折线工具】主要用于方便快捷地创建复杂几何形和折线。

与【钢笔工具】不同的是，【折线工具】可以像使用手绘工具一样按住左键一直拖动，以绘制出所需的曲线，也可以通过不同位置的两次单击得到一条直线段。而【钢笔工具】则是通过单击并移动或单击并拖动来绘制直线段、曲线与各种形状的图形，并且在绘制的同时可以在曲线上添加锚点，同时按住 Ctrl 键还可以调整锚点的位置以达到调整曲线形状的目的。

**提　示**

在使用【手绘工具】时，按住鼠标左键并拖曳至合适的位置，松开鼠标左键即可完成图形的绘制；而使用【折线工具】时，按住鼠标左键并拖曳至合适的位置松开鼠标左键后，还可以继续绘制，直到返回到起点位置处单击或双击才停止绘制。

在工具箱中单击【折线工具】按钮，在绘图页中单击鼠标左键确定起始节点，移动鼠标键将出现一条线段，如图 3-152 所示；然后在合适的位置单击鼠标左键确定第二个节点的位置，继续绘制形成复杂折线，绘制完成后双击鼠标左键即可完成编辑，如图 3-153 所示；当编辑完成后的图形为闭合图形时，可以对其进行填充，填充效果如图 3-154 所示。

在属性栏中显示了工具的相关选项，用户可以设置折线的大小、起始终止箭头、线条样式、轮廓宽度等参数，如图 3-155 所示。【折线工具】与【手绘工具】的属性栏基本相同，只是【手绘平滑】选项不可用。如图 3-156 所示为设置线条样式和轮廓宽度后的显示效果。

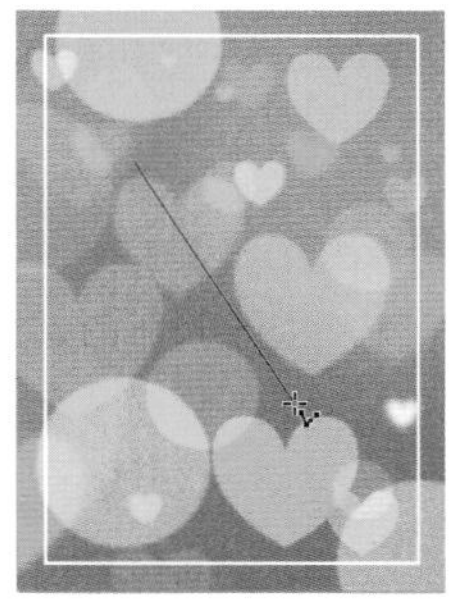

图 3-152 确定起始节点

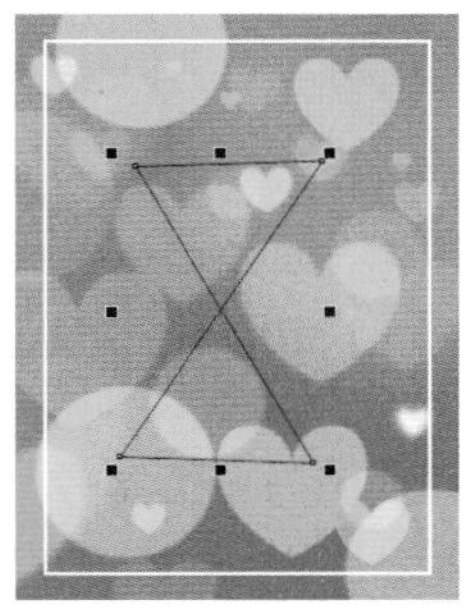

图 3-153 绘制效果

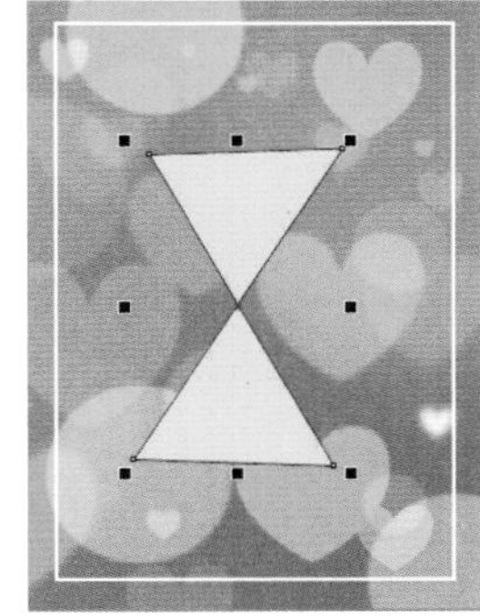

图 3-154 填充效果

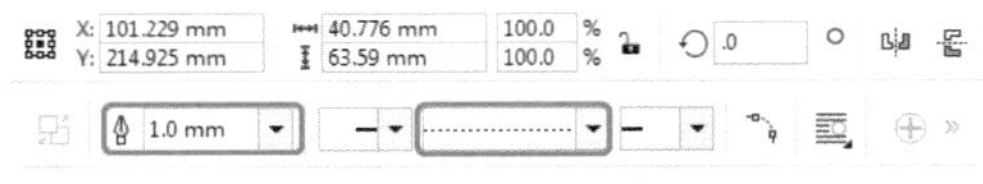


图 3-155 【折线工具】属性栏

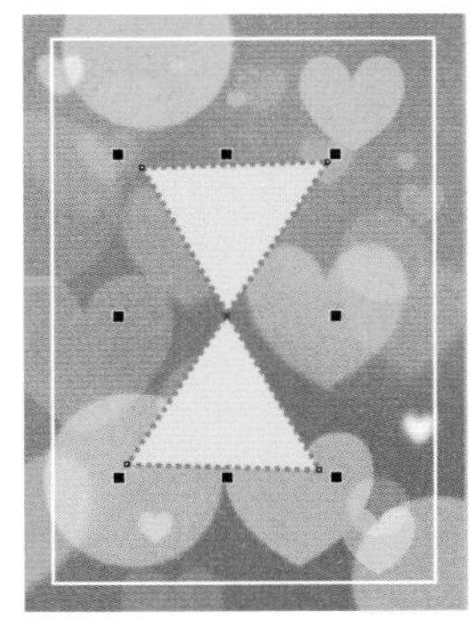

图 3-156 设置参数效果

### 4. 智能绘图工具

使用【智能绘图工具】绘制图形时，可以将手绘笔触转换成近似的基本形状或平滑的曲线，另外，还可以通过属性栏的选项来改变识别等级和所绘制图形的轮廓宽度。

使用【智能绘图工具】既可以绘制单一的图形，也可以绘制多个图形，在属性栏将显示它的相关选项，如图 3-157 所示。

图 3-157 属性栏

（1）绘制单一的图形

在工具箱中单击【智能绘图工具】按钮，在绘图页中单击鼠标左键，绘制图形，如图 3-158 所示；当松开鼠标后，会自动将手绘笔触转换为与所绘制形状近似的图形，如图 3-159 所示。

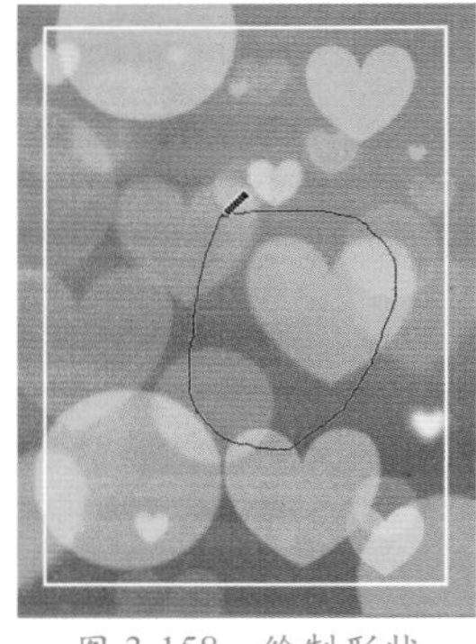
图 3-158 绘制形状

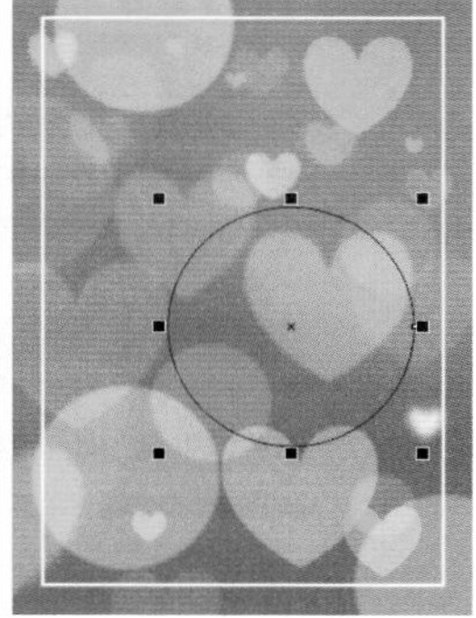
图 3-159 转换为圆

（2）绘制多个图形

在绘制的过程中，当绘制的前一个图形未自动平滑前，可以继续绘制下一个图形，如图 3-160 所示。松开鼠标左键以后，图形将自动平滑，并且绘制的图形会形成同一组编辑对象，如图 3-161 所示。

图 3-160 绘制多个形状

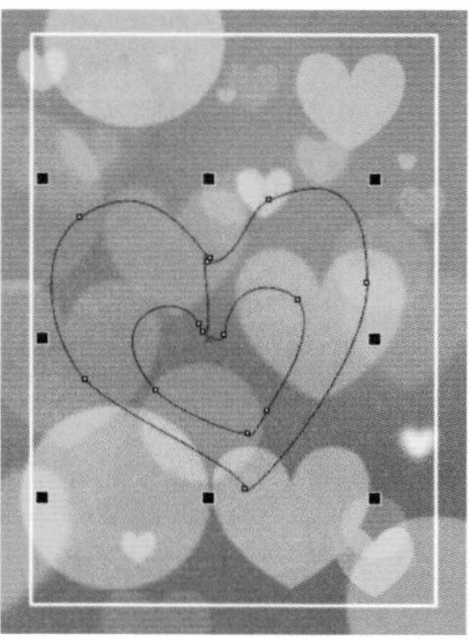
图 3-161 形成同一组编辑对象

当鼠标指针为双向箭头形状时，拖曳绘制的图形可以改变图形的大小，如图 3-162 所示；当鼠标指针为十字箭头形状时，可以移动图形的位置，如图 3-163 所示。在移动的同时单击鼠标右键，还可以进行复制。

图 3-162 改变大小

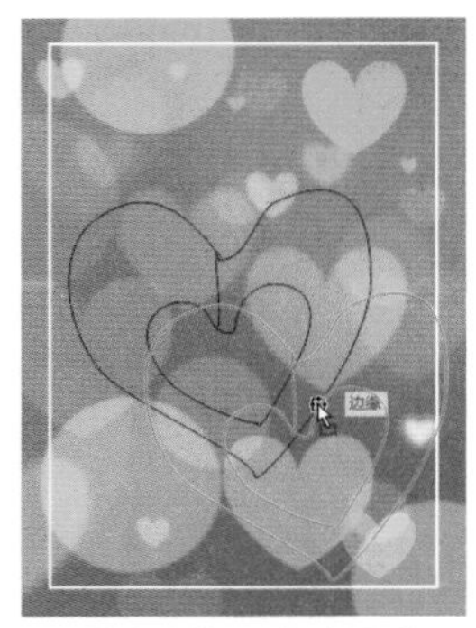

图 3-163 移动图形

**提示：擦除形状**

在使用【智能绘图工具】绘制图形的过程中，如果对绘制的形状不满意，还可以对其进行擦除，擦除的方法就是按住 Shift 键反向拖动鼠标。

## 3.3.2 艺术笔工具的使用

使用【艺术笔工具】可以快速地创建系统提供的图案或笔触效果，并且绘制出的对象为封闭路径，可以对其进行填充，如图 3-164 所示。

图 3-164 填充效果

艺术笔类型分为【预设】、【笔刷】、【书法】、【喷涂】和【压力】5 种，可以在属性栏中选择参数进行设置。

### 1. 预设

【预设】是指使用预设的矢量图形来绘制曲线。【预设】艺术笔是【艺术笔工具】的效果之一。在工具箱中单击【艺术笔工具】按钮，在其属性栏中单击【预设】按钮，即可将属性栏变为预设属性栏，如图 3-165 所示。

图 3-165 预设属性栏

2. 笔刷

在工具箱中单击【艺术笔工具】按钮，在属性栏中单击【笔刷】按钮，将属性栏转换为笔刷属性栏，如图 3-166 所示。其中各选项的功能如下。

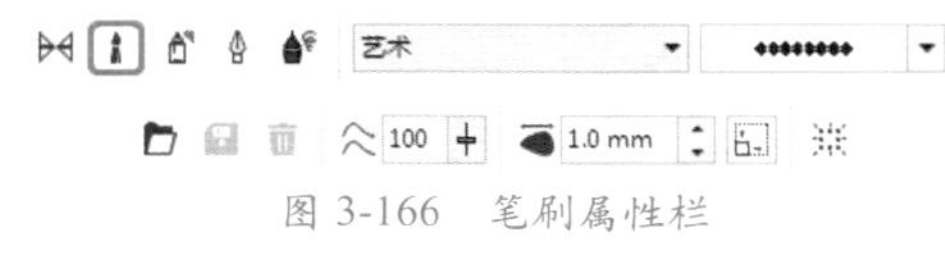

图 3-166 笔刷属性栏

- 【笔刷】：可以绘制与笔刷笔触相似的曲线。
- 【手绘平滑】：在创建手绘曲线时主要用于控制笔触的平滑度，其数值范围为 0 ～ 100，数值越小笔触路径就越曲折，节点就越多；反之，笔触路径就越圆滑，节点就越少。
- 【笔触宽度】：用于调整笔触的宽度。调整范围是 0.762 ～ 254mm。
- 【类别】：为所选的艺术笔工具选择一个类别，如图 3-167 所示。
- 【笔刷笔触】：可以选择想要应用的笔刷笔触效果。
- 【浏览】：单击该按钮，即可弹出【浏览文件夹】对话框，如图 3-168 所示，可以选择外部自定义的艺术画笔笔触文件夹。

图 3-167 【类别】下拉列表　图 3-168 【浏览文件夹】对话框

- 【保存艺术笔触】：将当前工作区中选中的图形另存为自定义笔触，单击该按钮即可弹出【另存为】对话框。
- 【删除】：删除自定义的艺术笔触。

3. 书法

在【艺术笔工具】的属性栏中单击【书法】按钮，将属性栏转换为书法属性栏，如图 3-169 所示。

图 3-169 书法属性栏

使用【书法】工具可以在绘制线条时模拟钢笔书法的效果。在绘制书法线条时，其粗细会随着笔头的角度和方向的改变而改变。使用【形状工具】可以改变所选书法控制点的角度，从而改变绘制线条的角度，并控制书法线条的粗细。

4. 喷涂

【喷涂】是指通过喷涂一组预设图案进行绘制。

在工具箱中单击【艺术笔工具】按钮，在属性栏中单击【喷涂】按钮，将属性栏转换为喷涂属性栏，如图 3-170 所示。

图 3-170 喷涂属性栏

01 打开“素材\Cha03\椰林.jpg”素材文件，如图 3-171 所示。

图 3-171 素材文件

02 在工具箱中单击【艺术笔工具】按钮，在属性栏中单击【喷涂】按钮，将喷涂类别定义为【植物】，定义喷射图样，【喷涂对象大小】设置为 50，将喷涂顺序定义为【顺序】，然后在工作区中绘制图形，如图 3-172 所示。

图 3-172　绘制图形

### 5. 压力

使用【艺术笔工具】中的【压力】工具，可以创建各种粗细的压感线条。可以使用鼠标或压感钢笔和图形蜡版来创建这种效果。两种方法绘制的线条都有边，而且路径的各部分宽度都不同。

## 3.4 上机练习——绘制商业名片

名片是新朋友互相认识、自我介绍的最快捷有效的方法。名片应该能让人在最短的时间内获得所需要的信息。因此，制作名片必须做到文字简明扼要，强调设计意识，艺术风格要给人耳目一新的感觉。本实例讲解名片的制作方法，效果如图 3-173 所示。

图 3-173　商业名片

| 素材 | 素材 \Cha03\ 名片素材 .jpg、二维码 .png |
|---|---|
| 场景 | 场景 \Cha03\ 上机练习——绘制商业名片 .cdr |
| 视频 | 视频教学 \Cha03\3.4　上机练习——绘制商业名片 .mp4 |

01 按 Ctrl+N 组合键，弹出【创建新文档】对话框，将【宽度】、【高度】分别设置为 125mm、155mm，【原色模式】设置为 RGB，【渲染分辨率】设置为 300dpi，单击【确定】按钮，如图 3-174 所示。

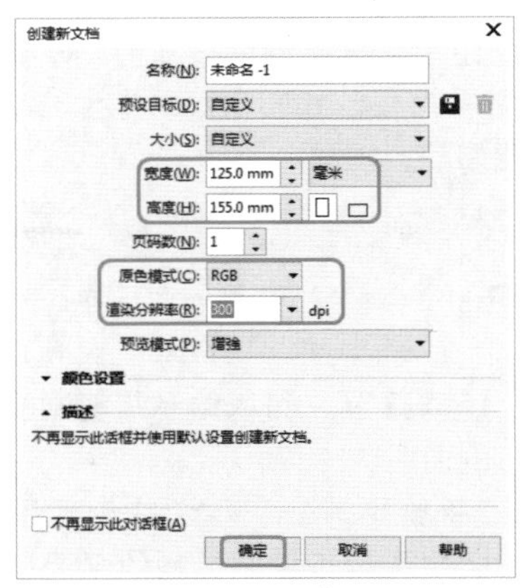

图 3-174　新建文档

02 使用【矩形工具】绘制【宽度】、【高度】分别为 125mm、155mm 的矩形，将【填充颜色】的 RGB 值设置为 238、238、239，【轮廓颜色】设置为无，如图 3-175 所示。

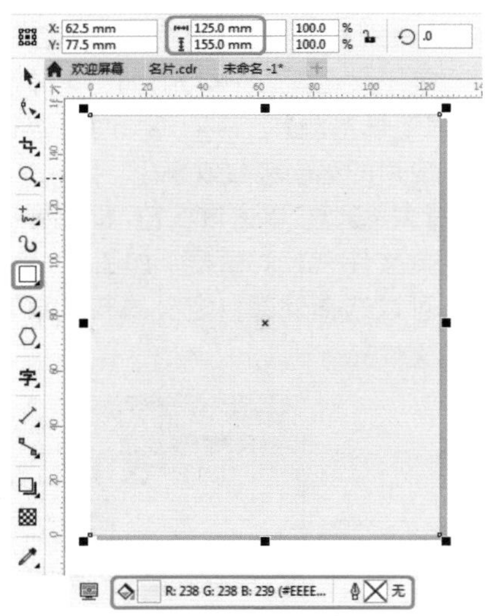

图 3-175　绘制矩形并填充颜色

03 使用【钢笔工具】绘制图形，将【填充颜色】的 RGB 值设置为 189、191、193，【轮廓颜色】设置为无，如图 3-176 所示。

04 按 Ctrl+I 组合键，弹出【导入】对话框，选择“素材 \Cha03\ 名片素材 .jpg”素材文件，单击【导入】按钮，如图 3-177 所示。

05 选择导入的素材文件，将【宽度】、

【高度】分别设置为90mm、54mm，调整素材文件的位置，如图3-178所示。

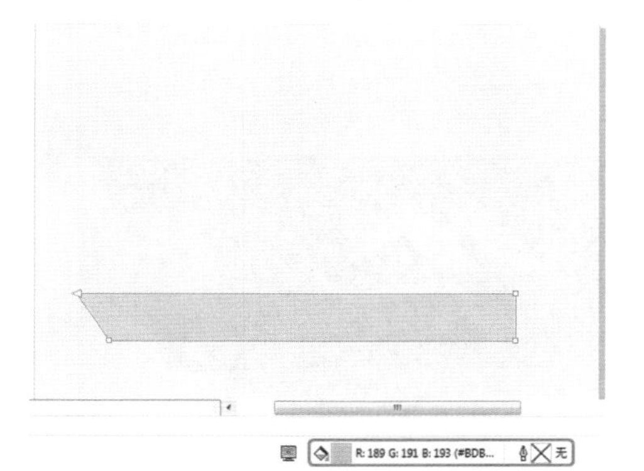


图 3-176 绘制图形

图 3-177 选择素材文件

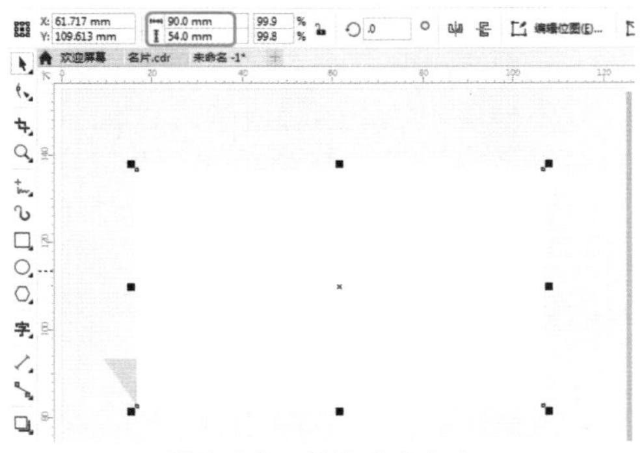


图 3-178 调整对象大小

06 使用【钢笔工具】绘制图形，然后通过【形状工具】调整图形，效果如图3-179所示。

07 按Shift+F11组合键，弹出【编辑填充】对话框，将RGB值设置为214、36、55，单击【确定】按钮，如图3-180所示。

08 将图形的【轮廓颜色】设置为无，使用【钢笔工具】绘制图形，将【填充颜色】的CMYK值设置为85、75、75、50，【轮廓颜色】设置为无，如图3-181所示。

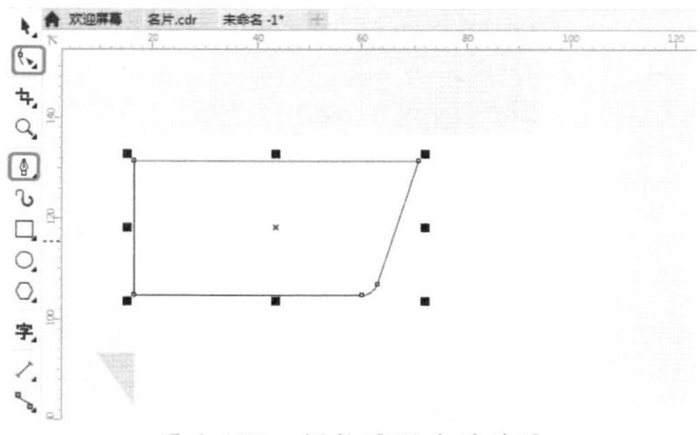


图 3-179 调整图形后的效果

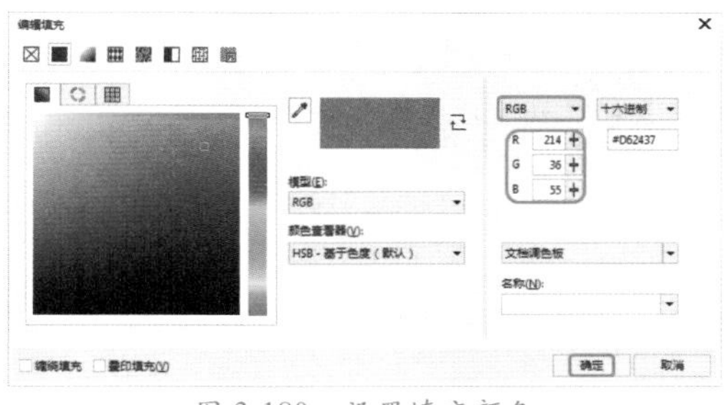


图 3-180 设置填充颜色

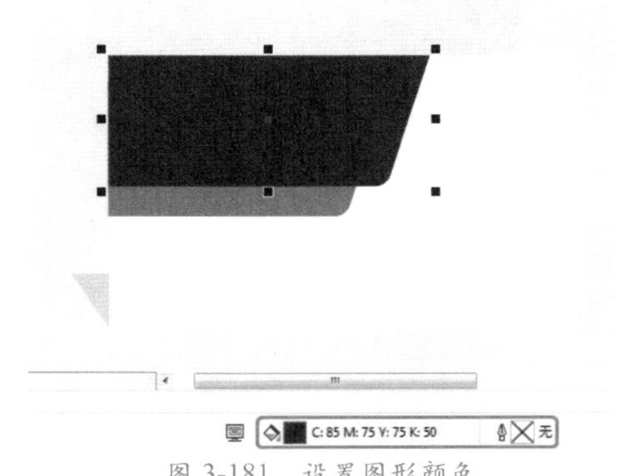


图 3-181 设置图形颜色

09 使用【钢笔工具】绘制图形，在工具箱中单击【颜色滴管工具】按钮，在如图3-182所示的位置处单击鼠标，拾取颜色。

10 在如图3-183所示的位置处单击鼠标，填充颜色，将【轮廓颜色】设置为无。

11 使用【钢笔工具】绘制图形，将【填充颜色】设置为白色，【轮廓颜色】设置为无，如图3-184所示。

12 使用【矩形工具】绘制四个矩形，将【宽度】、【高度】均设置为1.09mm，将【填充颜色】设置为白色，【轮廓颜色】设置为无，如图 3-185 所示。

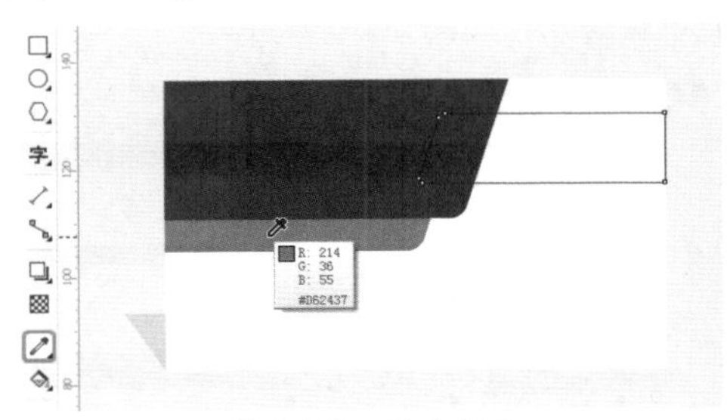

图 3-182 拾取颜色

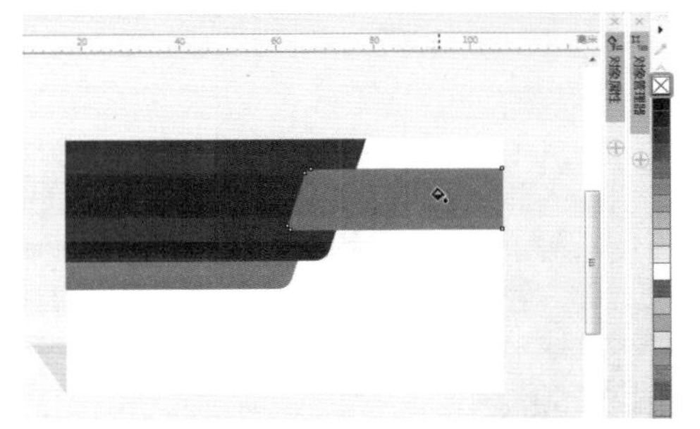

图 3-183 填充颜色

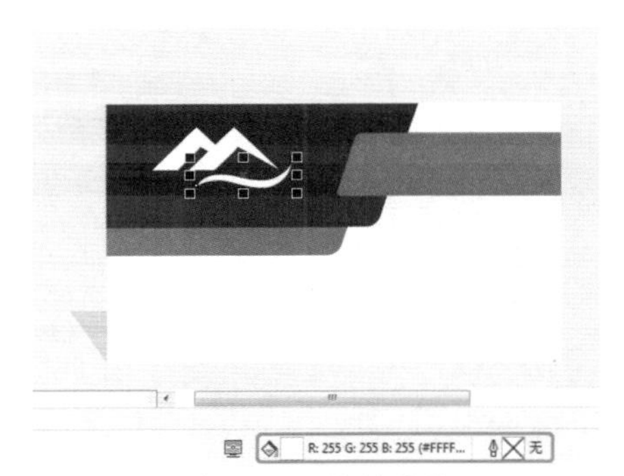

图 3-184 绘制图形

图 3-185 绘制矩形

**提 示**

本例主要针对【钢笔工具】的使用方法进行练习，因此均使用该工具进行绘制。

13 使用【文本工具】字输入文本，将【字体】设置为【长城新艺体】，【字体大小】设置为 8.6pt，【填充颜色】设置为白色，如图 3-186 所示。

图 3-186 设置文本参数

14 使用【文本工具】字输入文本，将【字体】设置为【黑体】，【字体大小】设置为 4.7pt，【填充颜色】设置为白色，如图 3-187 所示。

图 3-187 设置文本参数

15 使用【文本工具】字输入文本，将【字体】设置为【方正兰亭粗黑简体】，【字体大小】设置为 6pt，【填充颜色】设置为白色，如图 3-188 所示。

图 3-188 设置文本参数

16 使用【文本工具】输入文本，将【字体】设置为【方正兰亭粗黑简体】，【字体大小】设置为14pt，【填充颜色】设置为白色，如图3-189所示。

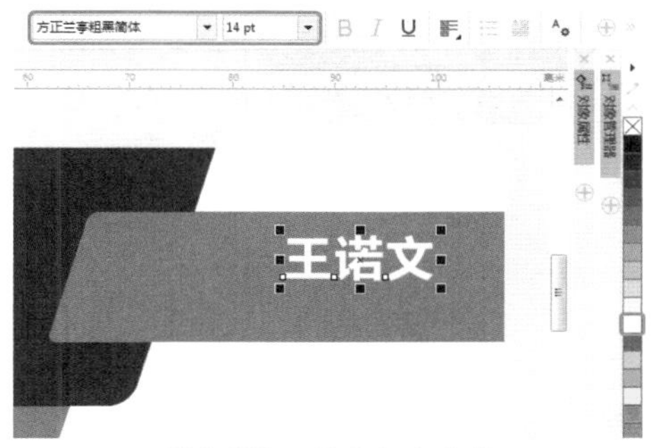

图3-189 设置文本参数

17 使用【文本工具】输入文本，将【字体】设置为【方正兰亭粗黑简体】，【字体大小】设置为8.3pt，【填充颜色】设置为白色，如图3-190所示。

图3-190 输入文本并填充颜色

18 使用【矩形工具】绘制【宽度】、【高度】均为15mm的矩形，如图3-191所示。

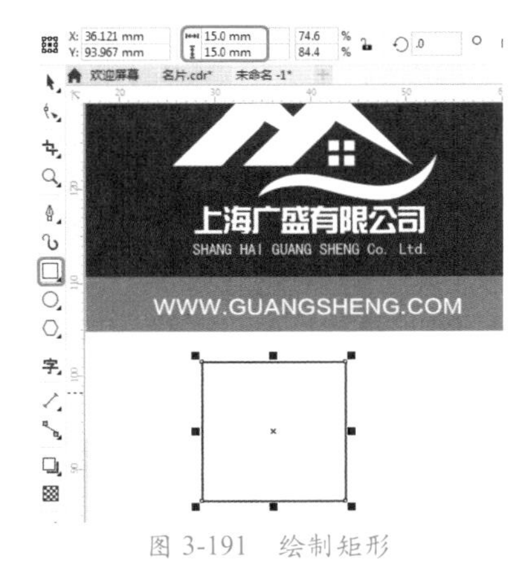


图3-191 绘制矩形

19 按F12键，弹出【轮廓笔】对话框，将【颜色】的RGB值设置为255、166、0，【宽度】设置为0.5mm，单击【确定】按钮，如图3-192所示。

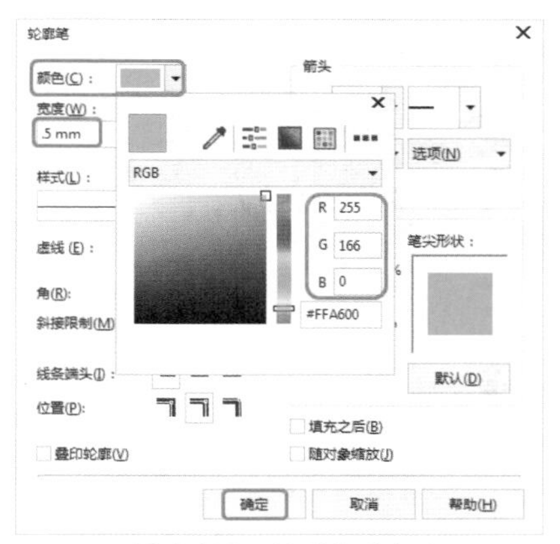

图3-192 设置轮廓颜色

20 按Ctrl+I组合键，弹出【导入】对话框，选择“素材\Cha03\二维码.png”素材文件，单击【导入】按钮，如图3-193所示。

图3-193 选择素材文件

21 导入素材文件后，调整对象的大小及位置，如图3-194所示。

图3-194 调整对象大小

22 使用【矩形工具】绘制【宽度】、【高度】均为 5.906mm 的矩形，将【填充颜色】的 RGB 值设置为 255、166、0，【轮廓颜色】设置为无，如图 3-195 所示。

图 3-195　绘制矩形并填充颜色

23 使用【钢笔工具】绘制图形，将【填充颜色】设置为白色，【轮廓颜色】设置为无，如图 3-196 所示。

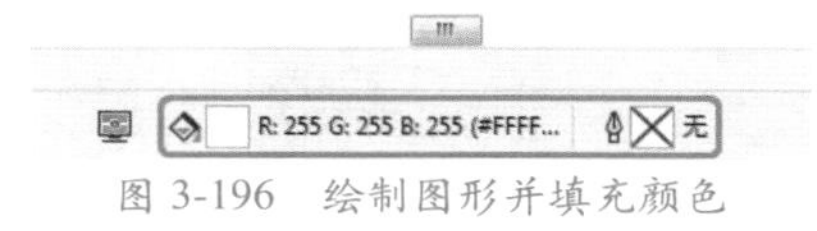


图 3-196　绘制图形并填充颜色

24 使用【文本工具】输入文本，将【字体】设置为【方正美黑简体】，【字体大小】设置为 4.5pt，【填充颜色】的 RGB 值设置为 26、26、26，如图 3-197 所示。

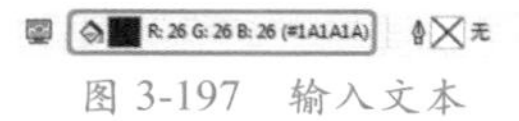


图 3-197　输入文本

25 使用同样的方法制作如图 3-198 所示的内容。

图 3-198　输入其他文本

26 将前面导入的名片背景和阴影部分进行复制，然后调整位置，如图 3-199 所示。

图 3-199　复制对象

27 使用【钢笔工具】绘制图形，将【填充颜色】的 RGB 值设置为 214、36、55，【轮廓颜色】设置为无，如图 3-200 所示。

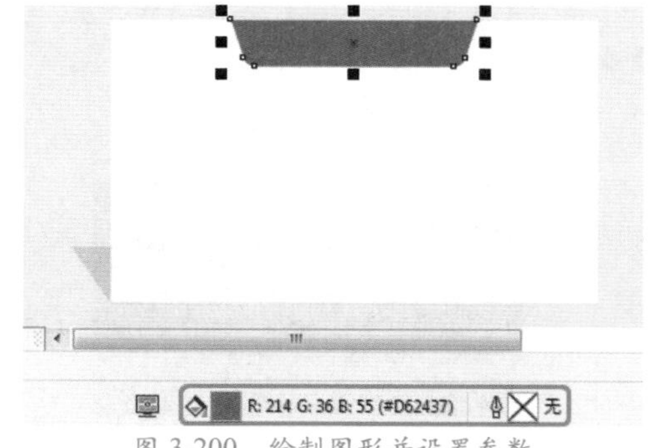


图 3-200　绘制图形并设置参数

28 使用【矩形工具】绘制【宽度】、【高度】分别为 90mm、8.75mm 的矩形，将【填充颜色】的 RGB 值设置为 214、36、55，【轮廓颜色】设置为无，如图 3-201 所示。

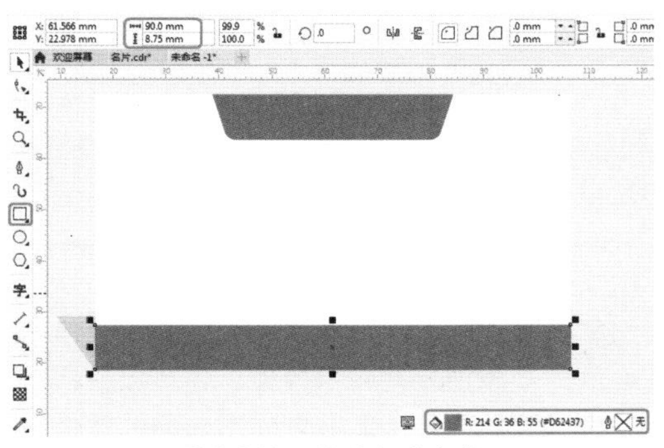

图 3-201 设置矩形参数

**疑难解答** 【钢笔工具】与【贝塞尔工具】有哪些不同之处?

使用【钢笔工具】时，可以预览正在绘制的线段。【钢笔工具】的属性栏上有一个【预览模式】按钮，激活它后在绘制线条时能实时查看效果。在【钢笔工具】的属性栏上还有一个【自动添加/删除节点】按钮，按下它，在绘制时可以随时在画好的线条中增加和删除节点。

29 使用【钢笔工具】绘制图形，将【填充颜色】的 RGB 值设置为 186、11、11，【轮廓颜色】设置为无，如图 3-202 所示。

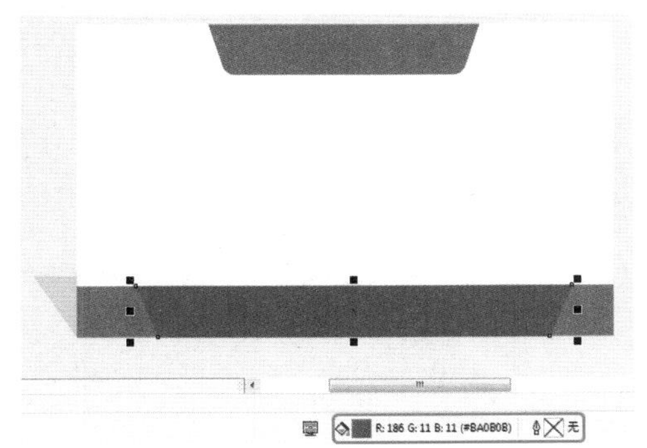

图 3-202 绘制图形并设置参数

30 使用【钢笔工具】绘制图形，将【填充颜色】的 CMYK 值设置为 85、75、75、50，【轮廓颜色】设置为无，如图 3-203 所示。

31 使用【文本工具】输入文本，将【字体】设置为【方正兰亭粗黑简体】，【字体大小】设置为 6pt，【填充颜色】设置为白色，如图 3-204 所示。

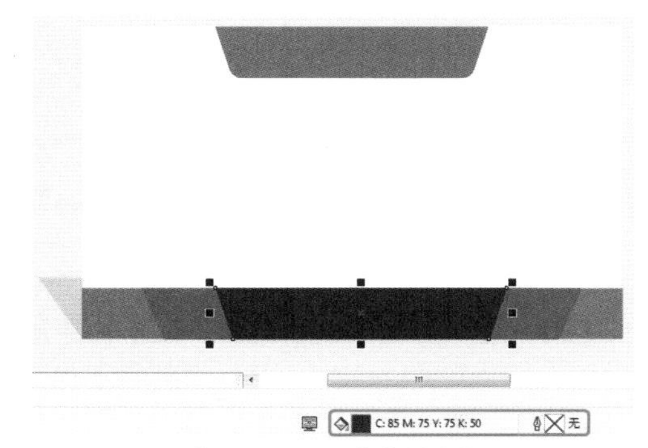

图 3-203 设置图形参数

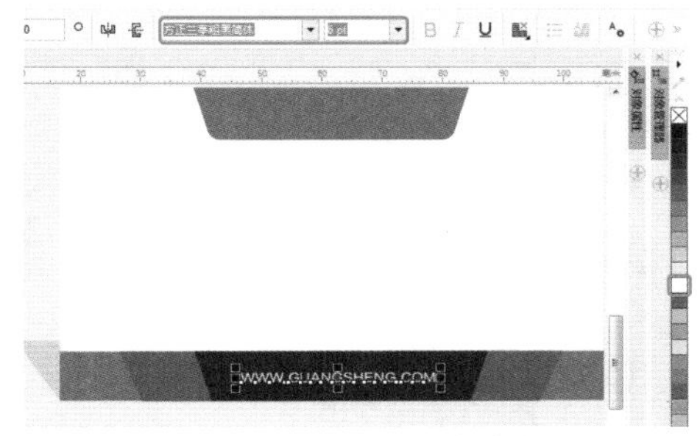


图 3-204 设置文本参数

32 将前面绘制的 Logo 进行复制，然后填充颜色，效果如图 3-205 所示。

图 3-205 制作完成后的效果

## 3.5 习题与训练

1. 删除节点有哪几种方法?

2. 在 CorelDRAW 中提供了哪几种绘制特殊线型的工具?

# 第章 海报设计——颜色应用与填充

海报是一种常见的宣传方式，大多用于影视剧、新品和商业等宣传中，主要是将图片、文字、色彩、空间等要素进行整合，以恰当的形式向人们展示宣传信息。本章将通过效果与滤镜来制作海报，在 CorelDRAW 中，滤镜不但可以为图像的外观添加一些特殊效果，还可以模拟素描、水彩和油画等绘画效果。通过为某个对象、组或图层添加滤镜，能够创作出炫酷的图像作品。

**基础知识**

- 使用默认调色板填充对象
- 创建与编辑自定义调色板

**重点知识**

- 均匀填充
- 渐变填充

**提高知识**

- 交互式填充工具
- 颜色滴管工具

在创作设计的过程中，选择颜色与填充颜色是设计工作者经常做的工作，因此需要我们熟练掌握颜色的选择与应用。本章将介绍选择颜色的几种方法并为图形填充颜色。

## 4.1 制作护肤品海报——应用调色板

护肤品已成为每个女性必备的法宝，精美的妆容能使女性焕发活力，增强自信心。随着消费者自我意识的日渐提升，护肤市场得以迅速发展，然而随着社会发展的加快，人们对于护肤品的消费渐渐从商超走向网购，因此，众多化妆品销售部门都专门建立了相应的宣传网站进行宣传。本节介绍如何制作护肤品网页宣传图，效果如图 4-1 所示。

图 4-1 护肤品海报

| 素材 | 素材 \Cha04\ 护肤品背景 .jpg |
|---|---|
| 场景 | 场景 \Cha04\ 制作护肤品海报——应用调色板 .cdr |
| 视频 | 视频教学 \Cha04\4.1 制作护肤品海报——应用调色板 .mp4 |

01 按 Ctrl+N 组合键，弹出【创建新文档】对话框，将【单位】设置为毫米，【宽度】和【高度】分别设置为 137mm、195mm，【原色模式】设置为 CMYK，【渲染分辨率】设置为 300dpi，单击【确定】按钮，如图 4-2 所示。

02 按 Ctrl+I 组合键，弹出【导入】对话框，选择“素材 \Cha04\ 护肤品背景 .jpg”素材文件，单击【导入】按钮，如图 4-3 所示。

03 导入图片后，在工具属性栏中将【宽度】、【高度】分别设置为 137mm、195mm，调整素材文件的位置，效果如图 4-4 所示。

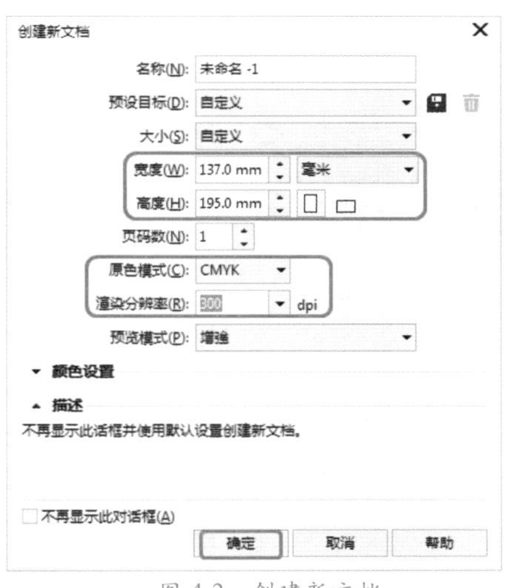


图 4-2 创建新文档

图 4-3 选择导入的素材文件

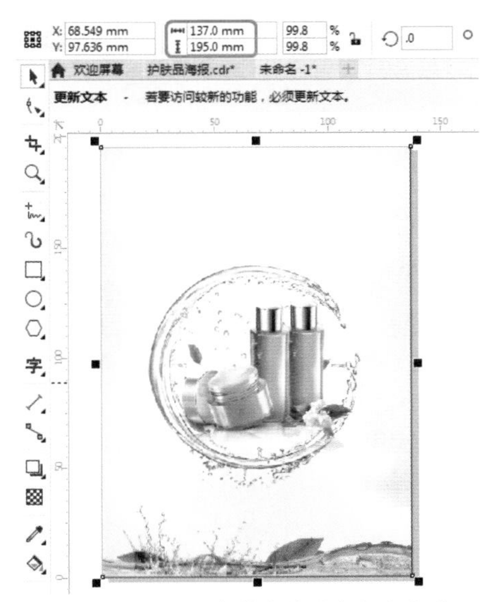


图 4-4 设置素材文件的大小和位置

04 单击【2点线工具】按钮，绘制两条线段，将【宽度】设置为20mm，如图4-5所示。

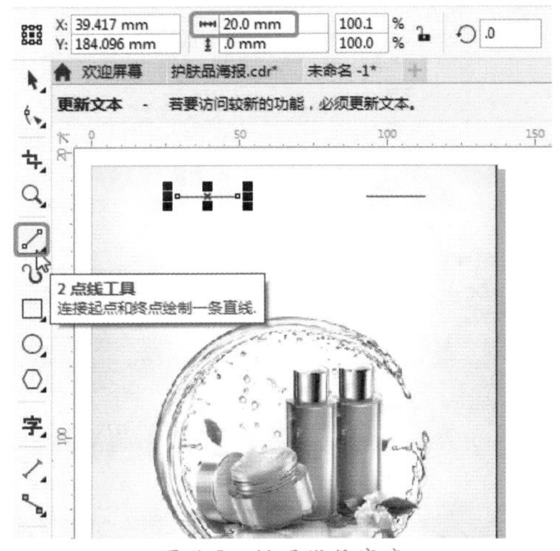

图4-5 设置线段宽度

05 选择绘制的两条线段，在【对象属性】泊坞窗中将【轮廓宽度】设置为0.4mm，设置线段样式，效果如图4-6所示。

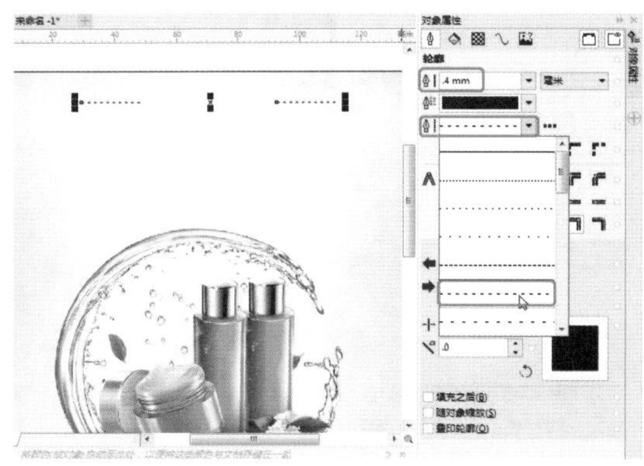
图4-6 设置对象属性

**疑难解答 如何打开【对象属性】泊坞窗?**

在菜单栏中选择【窗口】|【泊坞窗】|【对象属性】命令，即可打开【对象属性】泊坞窗，如图4-7所示。

06 选择设置完成后的两条虚线，在默认调色板中右键单击☒色块，设置轮廓颜色后效果如图4-8所示。

07 使用【椭圆形工具】绘制两个【宽度】、【高度】均为2mm的圆形，在默认调色板中单击☒色块，为椭圆填充颜色，在☒色块上单击鼠标右键，将椭圆轮廓颜色设置为无，如图4-9所示。

图4-7 选择【窗口】|【泊坞窗】|【对象属性】命令

图4-8 设置线段轮廓

图4-9 设置椭圆参数

08 使用【文本工具】输入文本，将【字体】设置为【汉仪粗宋简】，【字体大小】设置为16pt，如图4-10所示。

09 按Shift+F11组合键，弹出【编辑填充】对话框，将CMYK值设置为82、31、4、

0，单击【确定】按钮，如图 4-11 所示。

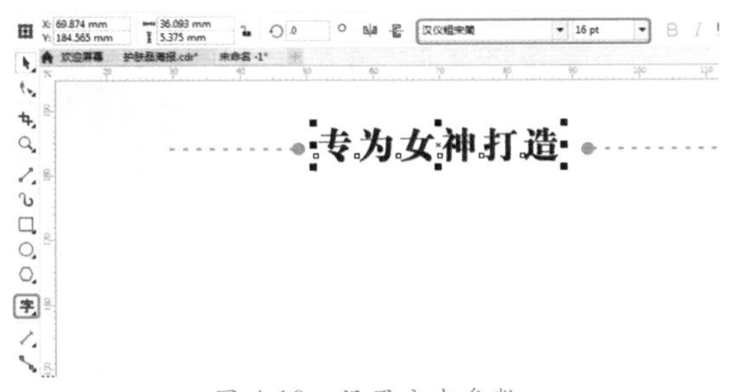

图 4-10 设置文本参数

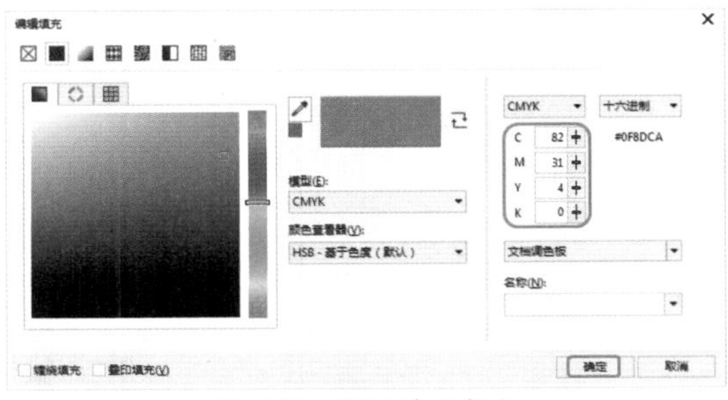

图 4-11 设置填充颜色

10 使用【文本工具】输入文本，将【字体】设置为【创意简黑体】，【字体大小】设置为 10pt，在默认调色板中单击☒色块，如图 4-12 所示。

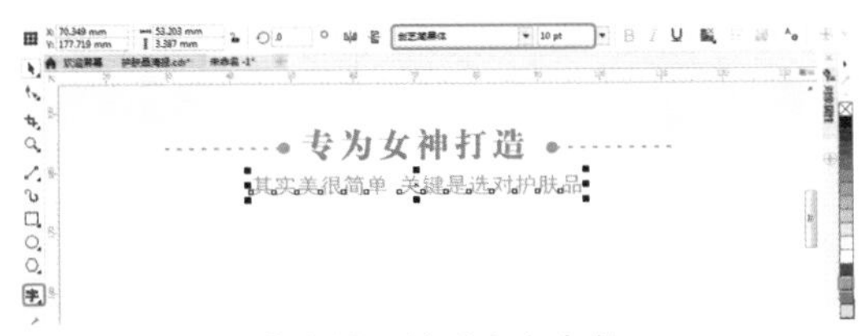

图 4-12 设置文本参数

11 使用【文本工具】输入文本，将【字体】设置为【汉仪大宋简】，【字体大小】设置为 55pt，将【填充颜色】的 CMYK 值设置为 40、0、0、0，如图 4-13 所示。

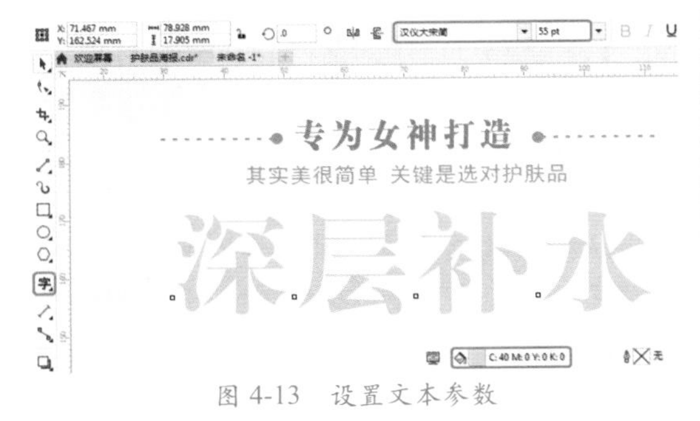

图 4-13 设置文本参数

12 使用【文本工具】输入文本，将【字体】设置为【汉仪大宋简】，【字体大小】设置为 55pt，在默认调色板中单击☒色块，如图 4-14 所示。

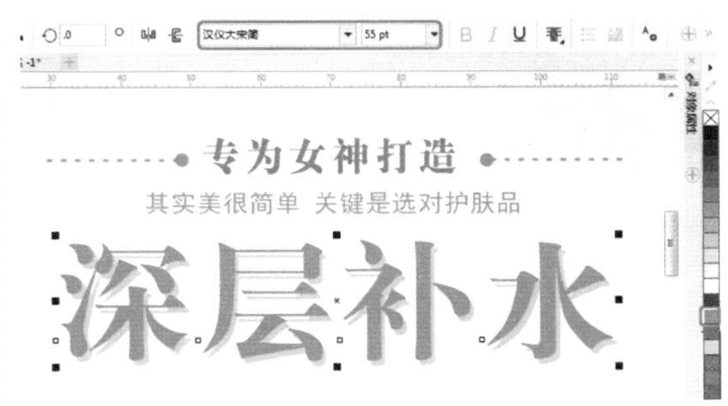

图 4-14 设置文本参数

13 使用【文本工具】输入文本，将【字体】设置为【微软雅黑】，【字体大小】设置为 11pt，单击【粗体】按钮B，如图 4-15 所示。

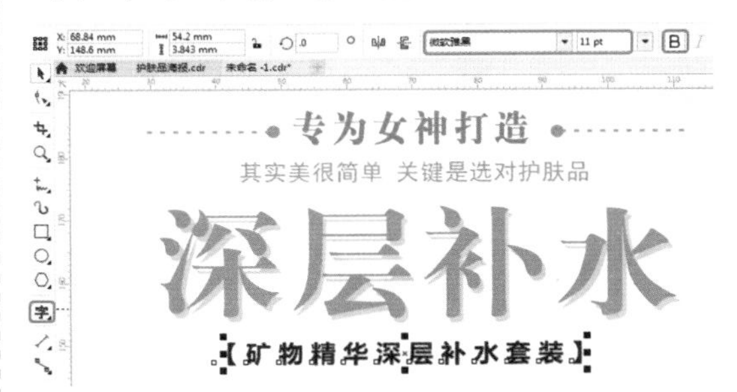

图 4-15 设置文本参数

14 使用【文本工具】输入文本，将【字体】设置为【创意简黑体】，【字体大小】设置为 7.5pt，如图 4-16 所示。

图 4-16 设置文本参数

15 选择输入的两个文本对象，按 Shift+F11 组合键，弹出【编辑填充】对话框，将 CMYK 值设置为 82、31、4、0，单击【确定】按钮，如图 4-17 所示。

图 4-17　设置文本颜色

16 使用【文本工具】输入如图 4-18 所示的文本内容，并设置颜色。

图 4-18　设置完成后的效果

### 4.1.1 使用默认调色板填充对象

使用默认调色板选择颜色有 3 种不同的情况，下面简单进行介绍。

- 在画面中若已经选择了一个或多个矢量对象，那么直接在默认的调色板中单击某个颜色块，则选择的对象将填充为通过单击选择的颜色。如果直接在默认的调色板中右击某个颜色块，则会将该对象的轮廓色设置为通过右击选择的颜色。
- 若在画面中没有选择任何对象，那么直接在默认调色板中单击某颜色，会弹出如图 4-19 所示的【更改文档默认值】对话框，用户可根据需要选择所需的选项，选择完成后单击【确定】按钮，即可将所有新绘制的对象的填充颜色设置为所单击的颜色。如果用户直接在默认的调色板中右击某个颜色，也会弹出如图 4-19 所示的【更改文档默认值】对话框，用户可根据需要选择选项，选择完成后单击【确定】按钮，即可将所有新绘制的对象的轮廓色设置为右击的颜色。

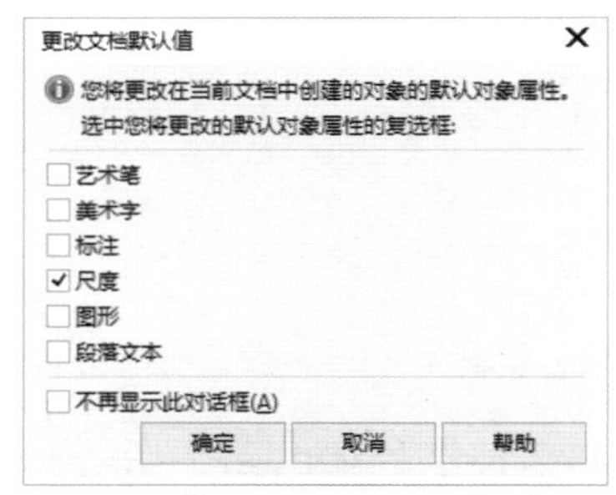

图 4-19　【更改文档默认值】对话框

- 如果用户需要选择与默认调色板中颜色相似的颜色块，则需要在默认的调色板中按住该颜色块，将弹出与所选颜色相似的颜色，如图 4-20 所示，然后松开鼠标左键，将光标移至所需的颜色上单击或右击，即可将单击或右击的颜色设置为对象的填充颜色或轮廓颜色。

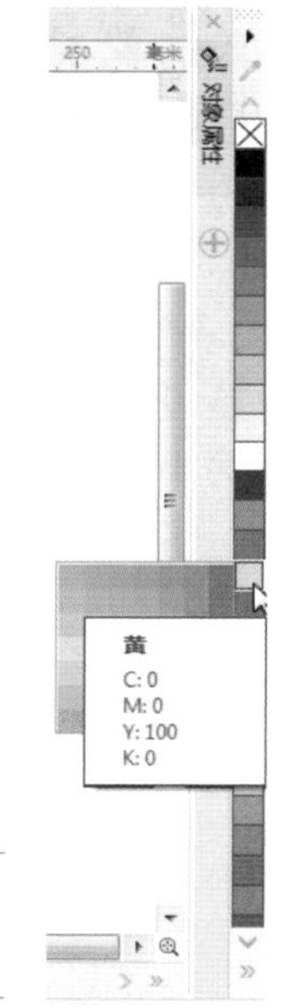

图 4-20　弹出的相似颜色

### 4.1.2 创建与编辑自定义调色板

在 CorelDRAW 2018 中，可以使用【调色板编辑器】对话框来创建自定义的调色板。选择菜单栏中的【窗口】|【调色板】|【调色板编辑器】命令，弹出【调色板编辑器】对话框，如图 4-21 所示。

#### 1. 创建自定义调色板

在【调色板编辑器】对话框中单击【新建调色板】按钮，弹出【新建调色板】对话框，设置调色板的文件名，如图 4-22 所示。单击【保存】按钮，在【调色板编辑器】对话框中即可看到创建的调色板，如图 4-23 所示。

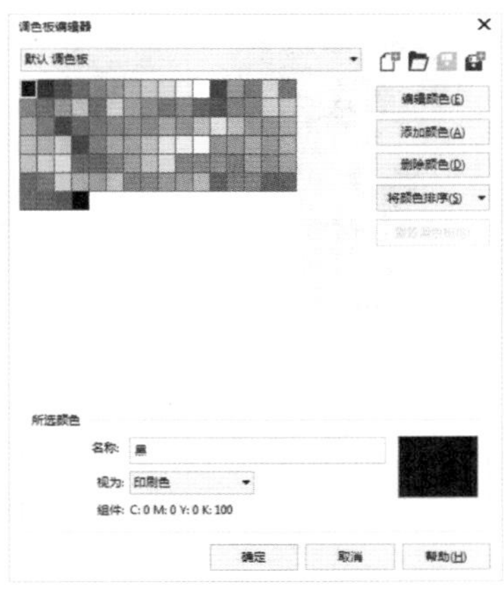
图 4-21 【调色板编辑器】对话框

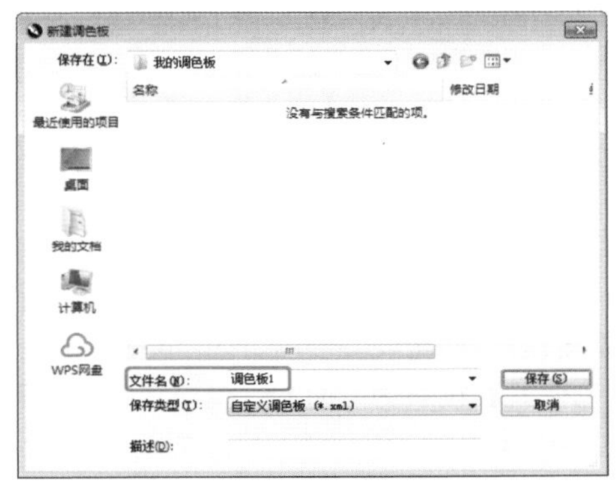
图 4-22 【新建调色板】对话框

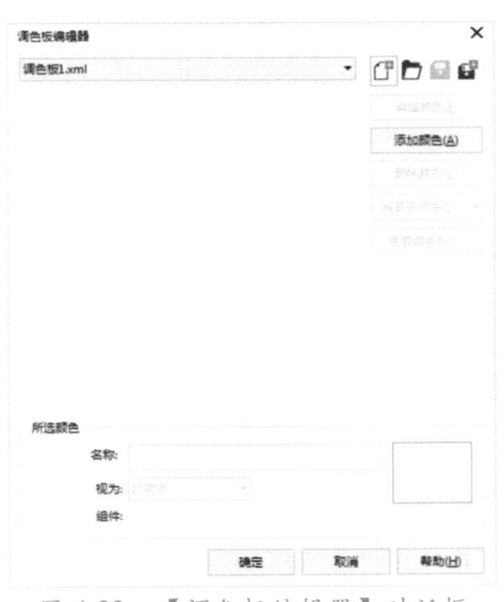
图 4-23 【调色板编辑器】对话框

### 2. 编辑自定义调色板

创建自定义调色板后，可以对调色板进行编辑。下面讲解【调色板编辑器】对话框中各选项的使用方法。

- 【添加颜色】按钮：单击该按钮，在弹出的【选择颜色】对话框中自定义一种颜色，然后单击【确定】按钮，如图 4-24 所示。添加后的效果如图 4-25 所示。

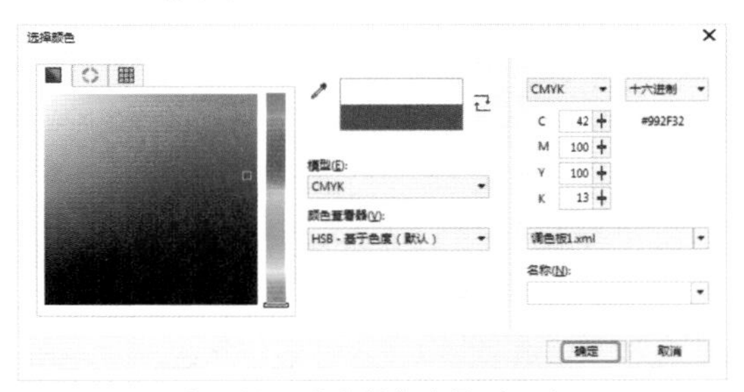
图 4-24 【选择颜色】对话框

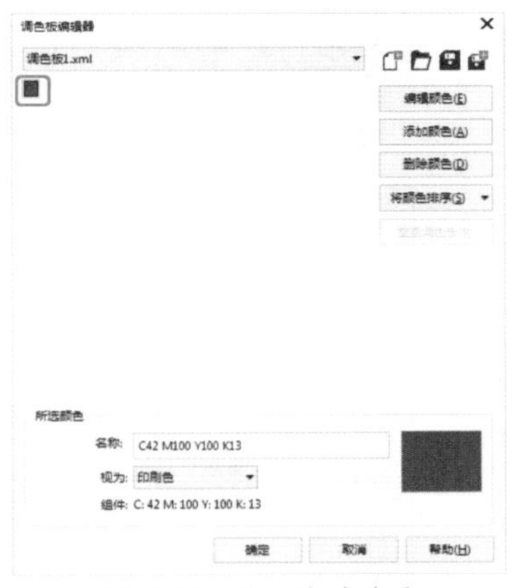
图 4-25 添加后的效果

- 【编辑颜色】按钮：在【调色板编辑器】对话框的颜色列表框中选择要更改的颜色，然后单击【编辑颜色】按钮，在【选择颜色】对话框中自定义一种颜色，如图 4-26 所示。单击【确定】按钮，即可完成编辑，如图 4-27 所示。

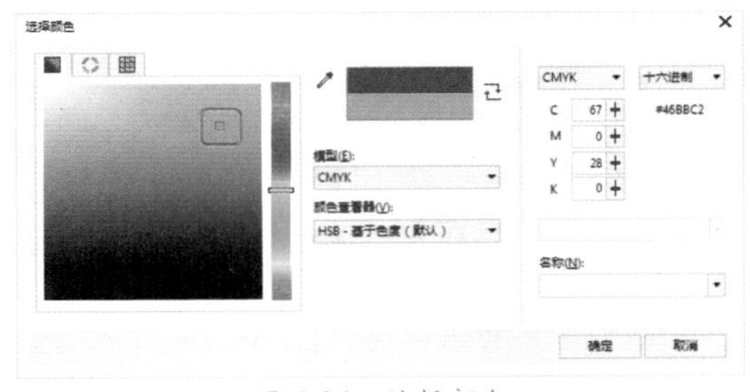
图 4-26 编辑颜色

- 【删除颜色】按钮：在颜色列表框中选择要删除的颜色，然后单击【删除颜色】按钮即可。

图 4-27　设置完成后的效果

**提　示**

单击【删除颜色】按钮，将弹出如图 4-28 所示的对话框，单击【是】按钮，即可删除所选颜色。取消选中【不再显示此消息】复选框，可取消该提示对话框的再次显示。

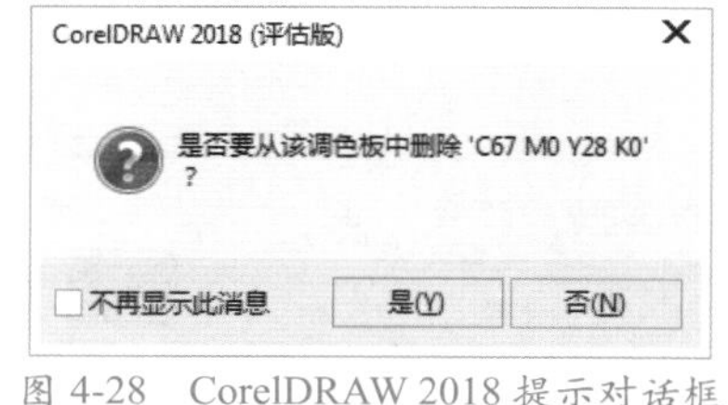


图 4-28　CorelDRAW 2018 提示对话框

- 【将颜色排序】按钮：单击该按钮，在展开的下拉列表中可选择所需的排序方式，使颜色选择区域中的颜色按指定的方式重新排序。
- 【重置调色板】按钮：单击该按钮，可以重置调色板所有的颜色。
- 【名称】文本框：用于显示所选颜色的数值。

## 4.2 制作美甲海报——特殊填充

美甲是一种对指（趾）甲进行装饰美化的工作，又称甲艺设计，具有表现形式多样化的特点。美甲是根据客人的手形、甲形、肤质、服装的色彩和要求，对指（趾）甲进行消毒、清洁、护理、保养、修饰美化的过程。本案例来介绍如何制作美甲海报，效果如图 4-29 所示。

图 4-29　美甲海报

| 素材 | 素材 \Cha04\ 美甲背景 .jpg、美甲素材 1.jpg~ 美甲素材 4.jpg |
|---|---|
| 场景 | 场景 \Cha04\ 制作美甲海报——特殊填充 .cdr |
| 视频 | 视频教学 \Cha04\4.2　制作美甲海报——特殊填充 .mp4 |

01 按 Ctrl+N 组合键，弹出【创建新文档】对话框，将【单位】设置为毫米，【宽度】和【高度】分别设置为 121.8mm、182.7mm，【原色模式】设置为 CMYK，【渲染分辨率】设置为 300dpi，单击【确定】按钮，如图 4-30 所示。

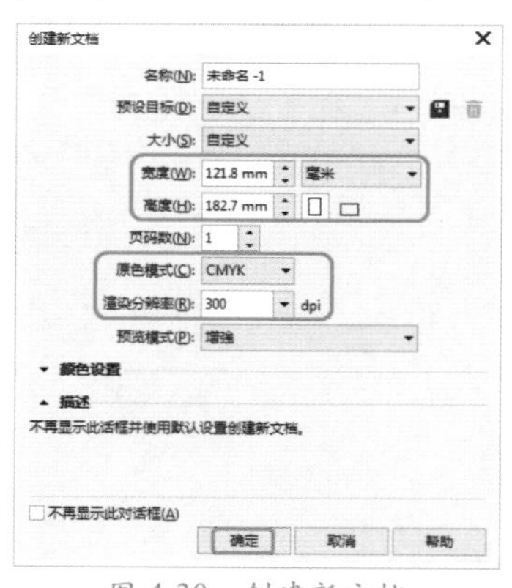

图 4-30　创建新文档

02 按 Ctrl+I 组合键，弹出【导入】对话框，选择“素材 \Cha04\ 美甲背景 .jpg”素材文件，单击【导入】按钮，如图 4-31 所示。

03 将素材文件置入当前文档中，调整图片大小与文档边缘一致，如图 4-32 所示。

04 按 Ctrl+I 组合键，弹出【导入】对话框，选择“素材 \Cha04\ 美甲素材 1.jpg”素材文件，单击【导入】按钮，如图 4-33 所示。

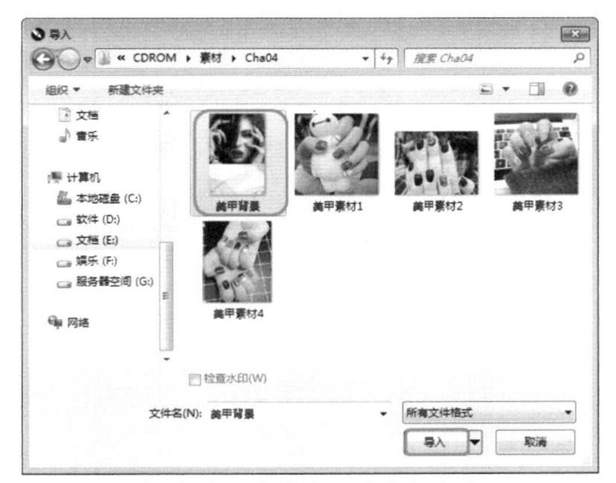


图 4-31　选择导入的素材文件

图 4-32　置入素材文件并调整位置

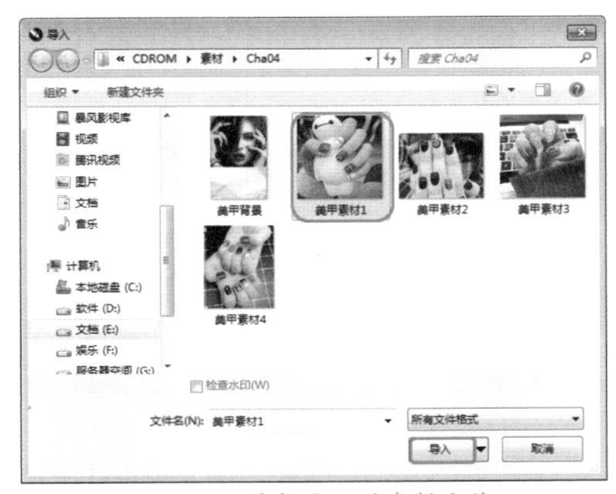


图 4-33　选择导入的素材文件

05 置入素材文件后，在工具属性栏中将【宽度】、【高度】分别设置为 21.372mm、21.429mm，调整素材文件的位置，如图 4-34 所示。

06 在工具箱中单击【椭圆形工具】按钮◯，绘制【宽度】、【高度】均为 20mm 的正圆形，如图 4-35 所示。

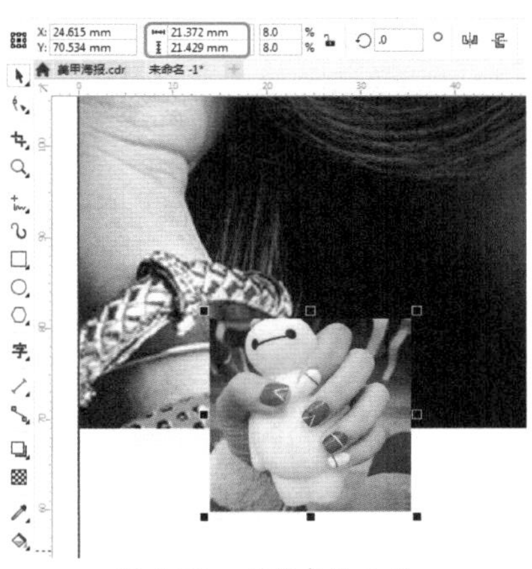


图 4-34　调整素材文件

图 4-35　绘制正圆形

**提　示**

按住 Ctrl 键拖动鼠标可快速绘制正圆形。

07 确认选中绘制的正圆形，在默认调色板中右键单击☒色块，设置轮廓颜色后如图 4-36 所示。

图 4-36　设置正圆形的轮廓颜色

08 选择导入的素材图片，单击鼠标右键，在弹出的快捷菜单中选择【PowerClip 内部】命令，如图 4-37 所示。

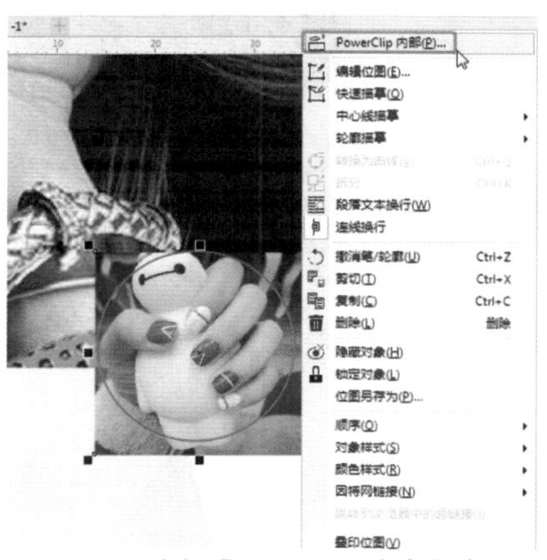

图 4-37　选择【PowerClip 内部】命令

09 在如图 4-38 所示的正圆形上单击鼠标左键。

图 4-38　在正圆形上单击鼠标左键

10 使用同样的方法，置入其他的素材文件，并为其执行【PowerClip 内部】命令，效果如图 4-39 所示。

图 4-39　制作完成后的效果

11 使用【文本工具】输入文本，将【字体】设置为【汉仪超粗宋简】，【字体大小】设置为 48pt，如图 4-40 所示。

12 选中【指尖】文本，按 Shift+F11 组合键，弹出【编辑填充】对话框，将 CMYK 值设置为 34、100、98、1，单击【确定】按钮，如图 4-41 所示。

图 4-40　输入文本

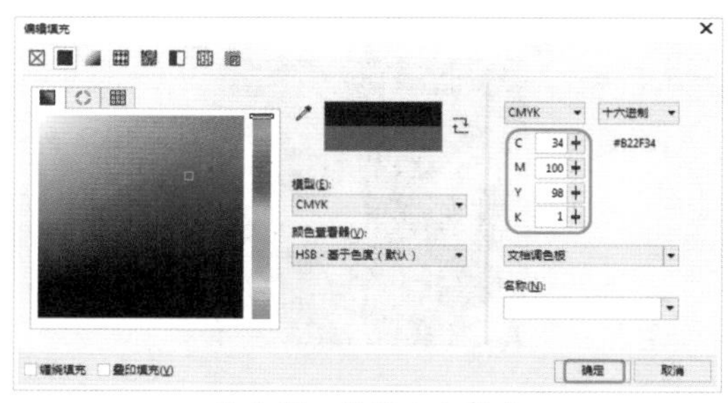

图 4-41　设置文本颜色

13 选中【诱惑】文本，按 Shift+F11 组合键，弹出【编辑填充】对话框，将 CMYK 值设置为 100、75、38、2，单击【确定】按钮，如图 4-42 所示。

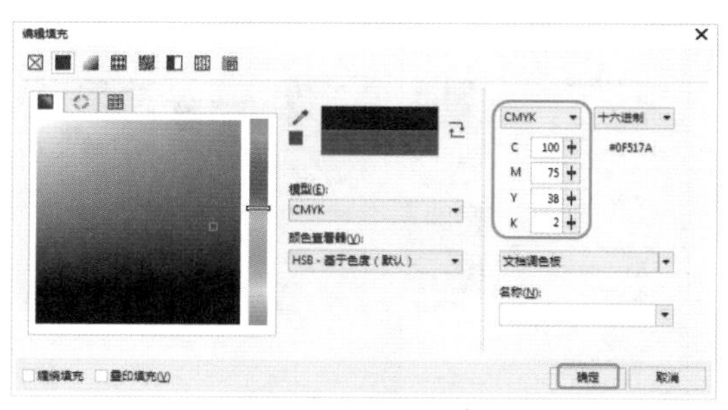

图 4-42　设置文本颜色

14 更改文本颜色后的效果如图 4-43 所示。

图 4-43　更改文本颜色

## 知识链接：海报的用途

- 广告宣传海报：可以传播到社会中，主要为提高企业或个人的知名度。
- 现代社会海报：较为普遍的社会现象，为大多数人所接纳，提供现代生活的重要信息。
- 企业海报：为企业部门所认可，可以引发员工思考。
- 文化宣传海报：所谓文化是当今社会必不可少的，无论是多么偏僻的角落，多么寂静的山林，都存在文化宣传海报。
- 影视剧海报：比较常见的宣传方式，通过了解影视剧的人物线索和主题，来制作海报达到宣传的目的。

15 使用【钢笔工具】绘制线段，在工具属性栏中将【轮廓宽度】设置为0.3mm，如图4-44所示。

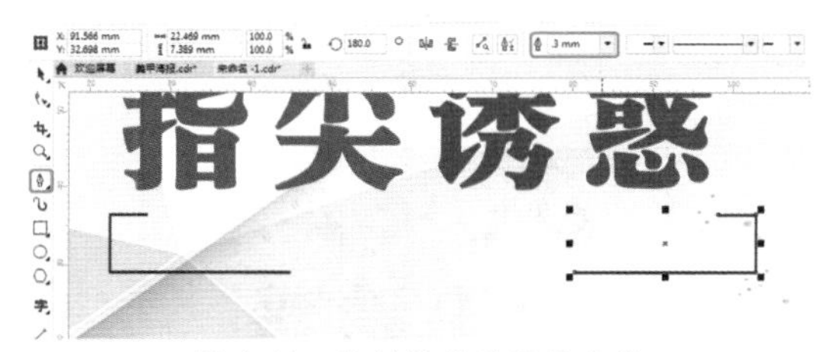


图 4-44 绘制线段并设置参数

16 在工具箱中单击【轮廓笔】按钮，在弹出的快捷菜单中选择【轮廓笔】命令，弹出【轮廓笔】对话框，将【颜色】的CMYK值设置为34、100、98、1，单击【确定】按钮，如图4-45所示。

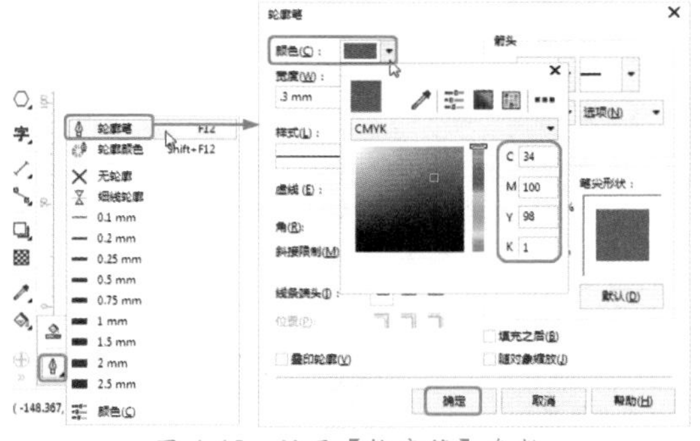

图 4-45 设置【轮廓笔】参数

**疑难解答** 在操作过程中，如何快速打开【轮廓笔】对话框？

按F12键可快速打开【轮廓笔】对话框。

17 使用【矩形工具】绘制两个【宽度】、【高度】分别为3.7mm、2.8mm的矩形，将【填充颜色】的CMYK值设置为34、97、96、4，【轮廓颜色】设置为无，如图4-46所示。

图 4-46 绘制矩形并设置参数

18 使用【文本工具】输入文本，将【字体】设置为【汉仪粗宋简】，【字体大小】设置为16pt，将【填充颜色】的CMYK值设置为34、97、96、4，如图4-47所示。

图 4-47 输入文本并设置参数

19 使用【文本工具】输入文本，将【字体】设置为【汉仪粗宋简】，【字体大小】设置为7.5pt，将【填充颜色】的CMYK值设置为34、97、96、4，如图4-48所示。

图 4-48 设置文本参数

20 使用【椭圆形工具】绘制【宽度】、【高度】均为13mm的正圆形，将【填充颜色】设置为无，【轮廓颜色】的CMYK值设置为34、100、98、1，【轮廓宽度】设置为0.2mm，如图4-49所示。

图 4-49　设置正圆形参数

21 按F12键，弹出【轮廓笔】对话框，设置如图4-50所示的轮廓样式，单击【确定】按钮。

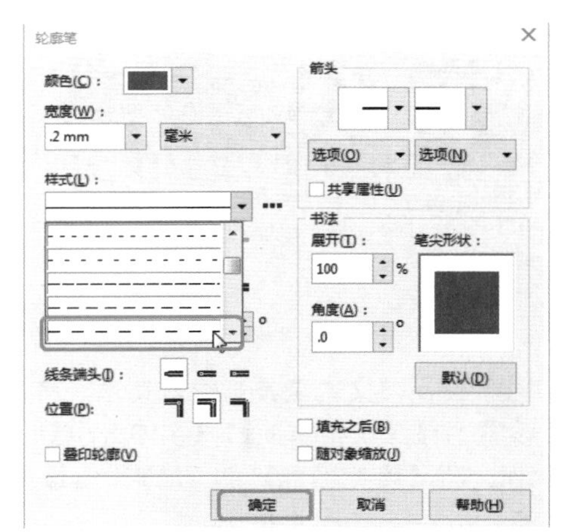

图 4-50　设置轮廓样式

22 使用【文本工具】输入文本，将【字体】设置为【创意简黑体】，【字体大小】设置为9.3pt，【填充颜色】的CMYK值设置为34、97、96、4，如图4-51所示。

23 使用同样的方法，制作其他内容，效果如图4-52所示。

24 使用【矩形工具】绘制两条【宽度】、【高度】分别为70mm、0.3mm的矩形，如图4-53所示。

25 选择绘制的两个矩形，按Shift+F11组合键，弹出【编辑填充】对话框，将0位置处的CMYK值设置为0、0、0、0，将40%位置处的CMYK值设置为34、97、96、4，将70%位置处的CMYK值设置为34、97、96、4，将100%位置处的CMYK值设置为0、0、0、0，单击【确定】按钮，如图4-54所示。

图 4-51　设置文本参数

图 4-52　输入其他文本

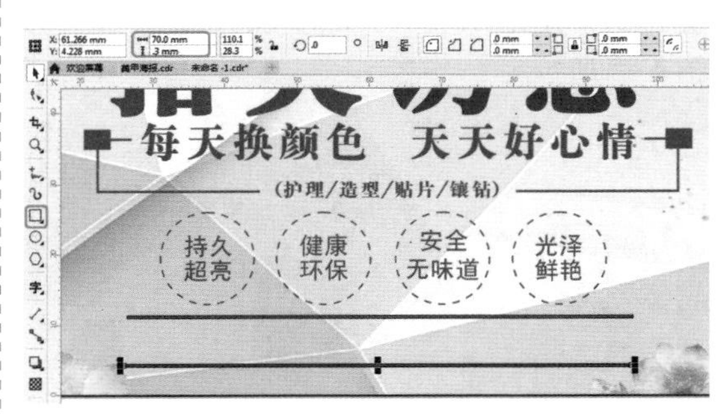

图 4-53　绘制矩形

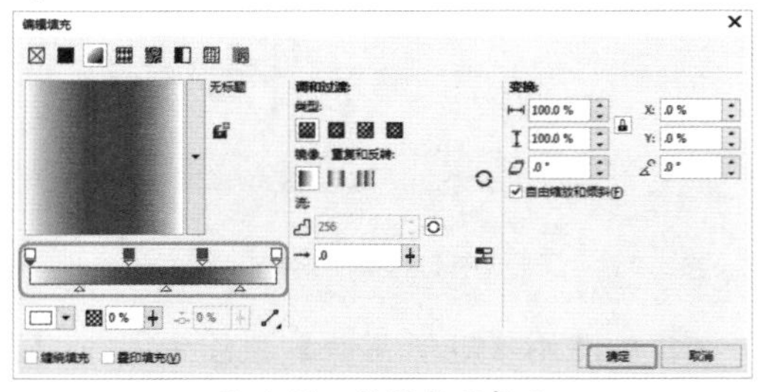

图 4-54　设置渐变颜色

26 在默认调色板中右键单击☒按钮，将矩形轮廓颜色设置为无，使用【文本工具】输入文本，将【字体】设置为【微软雅黑】，【字体大小】设置为11.5pt，【填充颜色】的CMYK值设置为34、100、98、1，如图4-55所示。

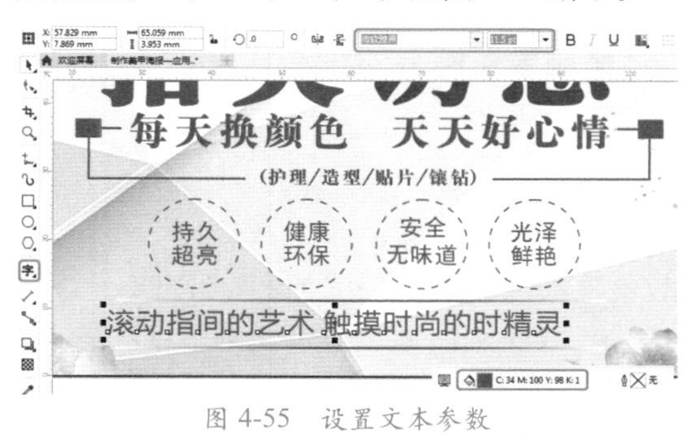


图4-55 设置文本参数

## 4.2.1 均匀填充

均匀填充是使用颜色模型和调色板来选择或创建的。通过调色板为对象填充颜色是一种标准填充方式，另一种填充方式是通过【编辑填充】对话框为对象填充颜色。与调色板不同的是，在【编辑填充】对话框中可以精确设置颜色的数值。

按Shift+F11组合键，可打开【编辑填充】对话框。

### 1. 使用【模型】选项卡

使用【模型】选项卡设置颜色的方法如下。

01 在【编辑填充】对话框中选择【模型】选项卡，单击【模型】下拉列表框，从弹出的下拉列表中选择一种色彩模式，如图4-56所示。

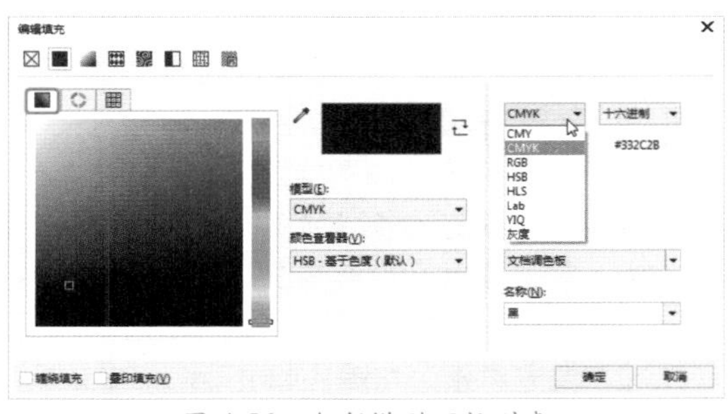


图4-56 色彩模型下拉列表

02 选择色彩模式后，即可直接在颜色窗口中选择颜色，此时在对话框中可以显示所选择的颜色，也可以在右侧对其参数进行调整，从而得到所需的颜色。

03 设置完颜色后，单击【确定】按钮，即可将设置的颜色填充到所选的对象中。

### 2. 使用【混合器】选项卡

使用【混合器】选项卡设置颜色的方法如下。

01 在【编辑填充】对话框中选择【混合器】选项卡，如图4-57所示。

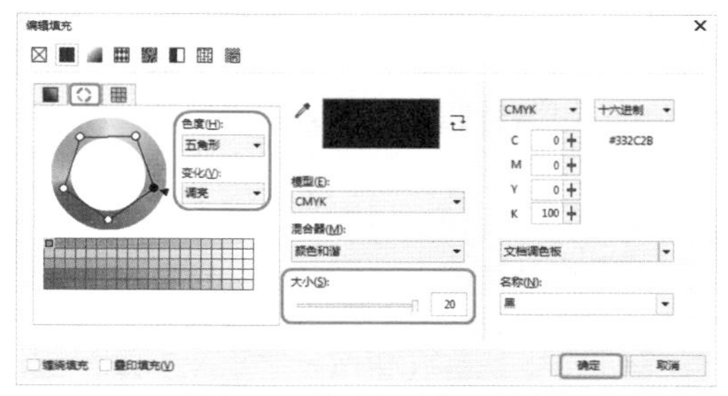


图4-57 【混合器】选项卡

02 在【色度】下拉列表框中选择一种色相；在【变化】下拉列表框中选择颜色变化的趋向；通过调节【大小】滑块，可以控制颜色块的显示数量。

03 设置完成后，单击【确定】按钮，即可将设置的颜色填充到所选的对象中。

### 3. 使用【调色板】选项卡

在【编辑填充】对话框中选择【调色板】选项卡，如图4-58所示。在【调色板】下拉列表框中可以选择印刷工业中常用的各种标准调色板。

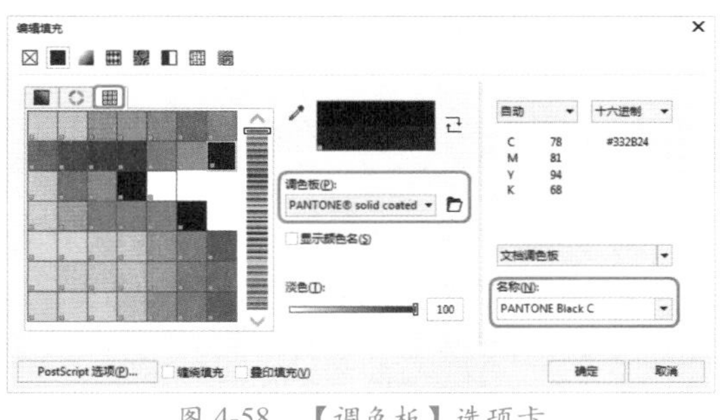


图4-58 【调色板】选项卡

## 4.2.2 渐变填充

渐变填充有4种类型：线性渐变填充、椭圆形渐变填充、圆锥形渐变填充和矩形渐变填充。按F11键，弹出【渐变填充】对话框，如

图 4-59 所示。

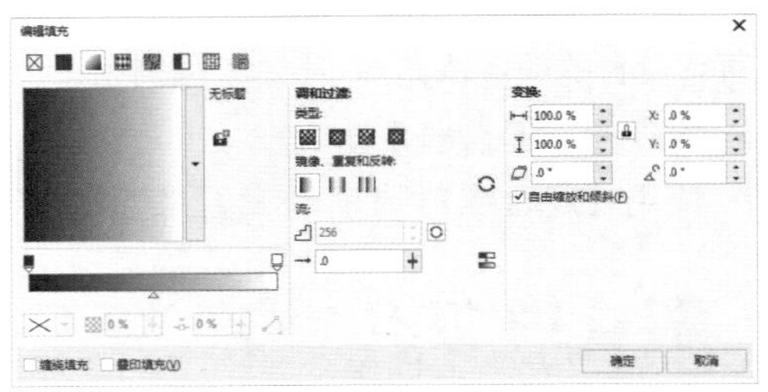

图 4-59 【渐变填充】对话框

应用渐变填充时，可以指定所选填充类型的属性，如填充的颜色和方向、填充的角度、中心点等。还可以通过指定渐变步长值来调整渐变填充的打印和显示质量。默认情况下，渐变步长值的设置处于锁定状态，因此渐变填充的打印质量由打印设置中的指定值决定，而显示质量由设定的默认值决定。但是，在应用渐变填充时，可以解除锁定渐变步长值设置，并指定一个适用于打印与显示质量的填充值。

在【类型】选项中选择所需的渐变类型，如线性渐变填充、椭圆形渐变填充、圆锥形渐变填充和矩形渐变填充，如图 4-60 所示。

图 4-60 渐变填充的类型

### 4.2.3 向量图样填充

向量图样填充（又称为“矢量图样”）是比较复杂的，可以用线条和填充组成。

向量图样填充的各选项功能如下。

- 单击【填充挑选器】下三角按钮，可以从个人或公共库中选择向量图案来填充对象，如图 4-61 所示。
- 水平 / 垂直镜像平铺 ：可以在平铺时以水平 / 垂直方向相互反射。

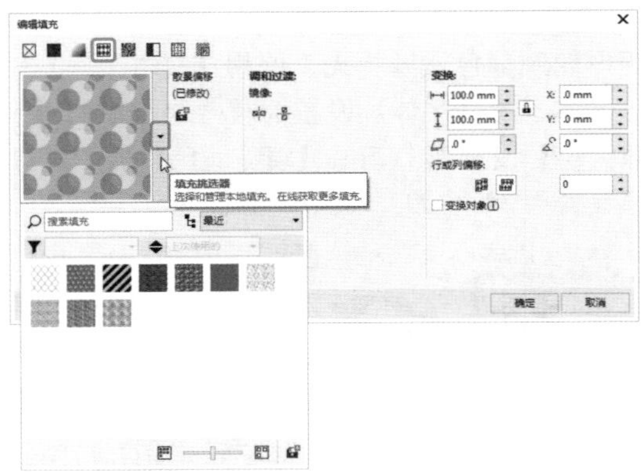

图 4-61 选择【向量图样填充】选项

- 【变换】：在右侧从上到下依次是【填充宽度】、【填充高度】、【倾斜】、【水平位置】、【垂直位置】、【旋转】、【行或列偏移】和【变换对象】。

  【填充宽度】和【填充高度】可以设置用于填充图案的单元图案的大小；【水平位置】和【垂直位置】的设置可以使图案进行填充后相对于图形的位置发生变化；【倾斜】和【旋转】可以使单元图案产生相应的倾斜和旋转效果；【列偏移】将列偏移指定为平铺宽度的百分比；【行偏移】将行偏移指定为平铺高度的百分比；选中【变换对象】复选框后，在对图形对象进行缩放、倾斜、旋转等变换操作时，用于填充的图案也会随之发生变换，反之则保持不变。

### 4.2.4 位图图样填充

位图图样填充是将预先设置好的规则的彩色图片填充到对象里去，这种图案和位图图像一样，有着丰富的色彩。本节将详解 CorelDRAW 软件的位图图样填充。

位图图样填充的各选项功能如下。

- 单击【填充挑选器】下三角按钮，可以从个人或公共库中选择位图图案来填充对象，如图 4-62 所示。
- 调和过渡包括【水平镜像平铺】、【垂直镜像平铺】、【径向调和】、【线性调和】、【边缘匹配】、【亮度】、【灰阶对比度】和【颜色】的修改。

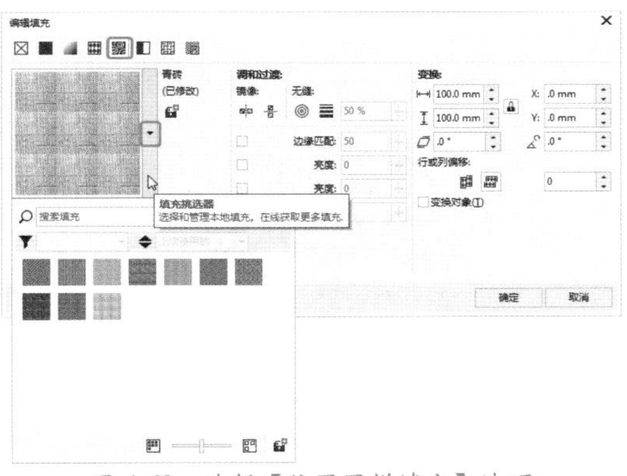

图 4-62　选择【位图图样填充】选项

- ◆ 【径向调和】：在每个图样平铺中以对角线方向调和图像。
- ◆ 【线性调和】：调和图样平铺边缘和相对边缘。
- ◆ 【边缘匹配】：使图样平铺边缘的颜色过渡平滑。
- ◆ 【亮度】：增加或降低图样的亮度。
- ◆ 【亮度】：增加或降低图样的灰阶对比度。
- ◆ 【颜色】：增加或降低图样的颜色对比度。

## 4.2.5 双色图样填充

双色图样填充只有两种颜色，虽然没有丰富的颜色，但刷新和打印速度较快，是用户非常喜爱的一种填充方式。本节将详解 CorelDRAW 软件的双色图样填充。

双色图样填充的各选项功能如下。

- 第一种填充色或图案：单击图案右侧的下拉按钮可以弹出多种图案供选择，如图 4-63 所示。

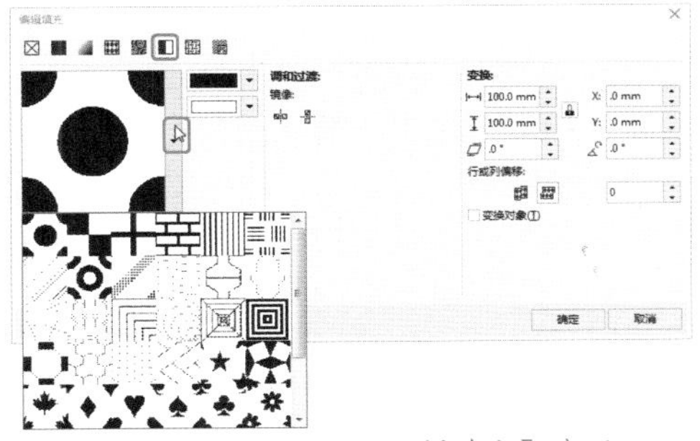

图 4-63　选择【双色图样填充】选项

- 【前景颜色】和【背景颜色】：可以在下拉列表框中选择各种颜色。

## 4.2.6 底纹填充

使用底纹填充可以赋予对象自然的外观。在 CorelDRAW 中提供了许多预设的底纹填充，而且每种底纹均有一组可以更改的选项。用户可以在【底纹填充】对话框中使用任意颜色或调色板中的颜色来自定义底纹，但底纹填充只能使用 RGB 颜色。

选择【底纹填充】选项，在【底纹库】下拉列表框中可以选择不同的底纹，在【底纹列表】列表框中选择底纹样式，并可根据所选的底纹样式设置底纹的亮度以及密度等参数，以产生各种不同的底纹图案，如图 4-64 所示。

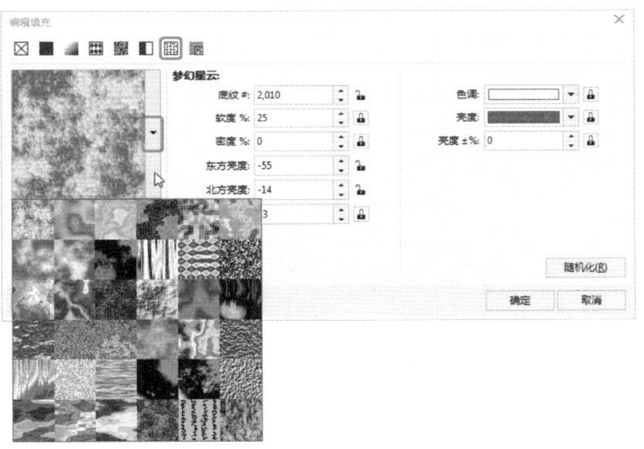

图 4-64　选择【底纹填充】选项

在【底纹填充】对话框中选择并设置完底纹样式后，单击【选项】按钮，弹出【底纹选项】对话框，如图 4-65 所示。在【位图分辨率】下拉列表框中可选择所需的分辨率，也可直接输入数值改变位图的分辨率。

设置完成后，单击【确定】按钮，即可将所设置的底纹填充到选择的对象中。

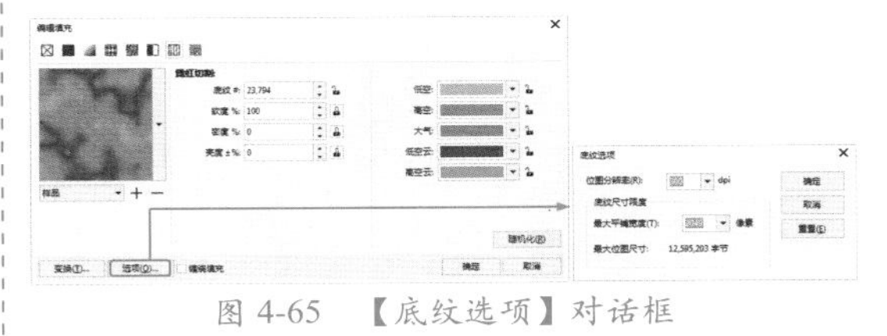

图 4-65　【底纹选项】对话框

## 4.2.7 PostScript 填充

PostScript 填充是使用 PostScript 语言创建

的。包含 PostScript 底纹填充的比较大的对象，在打印或屏幕更新时需要较长时间。

按 Shift+F11 组合键，打开【编辑填充】对话框，选择【PostScript 填充】选项，在【样本列表框】中选择样本，在【参数】栏中设置相应的参数，如图 4-66 所示。

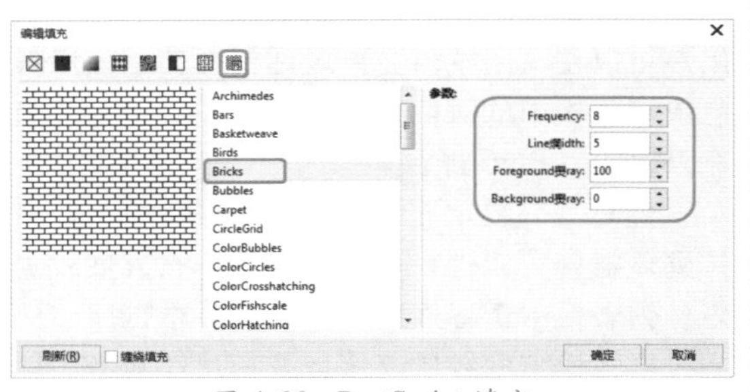

图 4-66 PostScript 填充

**提 示**

在应用 PostScript 底纹填充时，可以更改底纹的大小、线宽，以及底纹的前景或背景中出现的灰色量等参数。选择不同的底纹样式时，右侧的参数设置也会相应地发生改变。

### 4.2.8 使用交互式填充工具

使用【交互式填充工具】可以为对象设置无填充、均匀填充、渐变填充、向量图样填充、位图图样填充、双色图样填充、底纹填充和 PostScript 填充等。

下面以实例的形式对【交互式填充工具】进行讲解。

01 打开“素材 \Cha04\ 交互式文本 .cdr”素材文件，如图 4-67 所示。

图 4-67 素材文件

02 在工具箱中单击【选择工具】按钮，选择 520 文字，如图 4-68 所示。

图 4-68 选择文字

03 在工具箱中单击【交互式填充工具】按钮，在工具属性栏中单击【渐变填充】按钮，将第一个颜色块的颜色设置为 0、86、62、0，将第二个颜色块的颜色设置为 0、93、19、0，然后在画面中调整渐变的范围，如图 4-69 所示。

图 4-69 调整渐变的范围

### 4.2.9 为对象设置网状填充

在 CorelDRAW 中可以为对象设置网状填充，从而产生立体三维效果，即各种颜色混合后得到的独特效果。例如，可以创建任意方向的平滑的颜色过渡，而无须创建调和或轮廓图。应用网状填充时，可以指定网格的列数和行数，而且可以指定网格的交叉点。创建网状对象之后，可以通过添加和移除节点或交叉点来编辑网状填充网格，也可以移除网状。

使用【网状填充工具】可以生成一种比较细腻的渐变效果，通过设置网状节点的颜色，实现不同颜色之间的自然融合，更好地对图形进行变形和多样填色处理，从而可增强软件在色彩渲染上的能力。

【网状填充工具】的属性栏如图 4-70 所示。

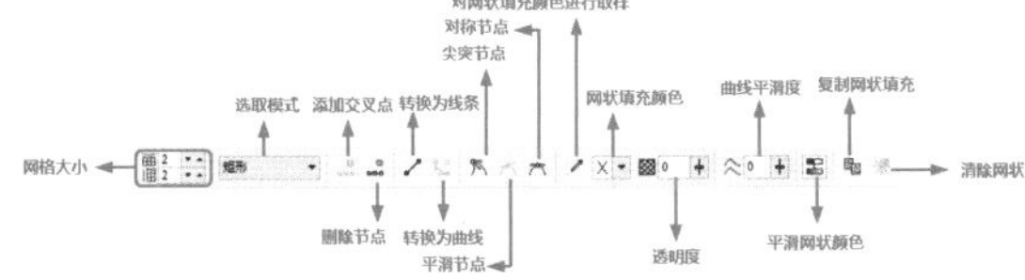


图 4-70 【网状填充工具】属性栏

- 【网格大小】：设置网状填充网格的行数和列数。
- 【选取模式】：在矩形和手绘选取框之间进行切换。
- 【添加交叉点】：在网状填充网格中添加一个交叉点，如图 4-71 所示。

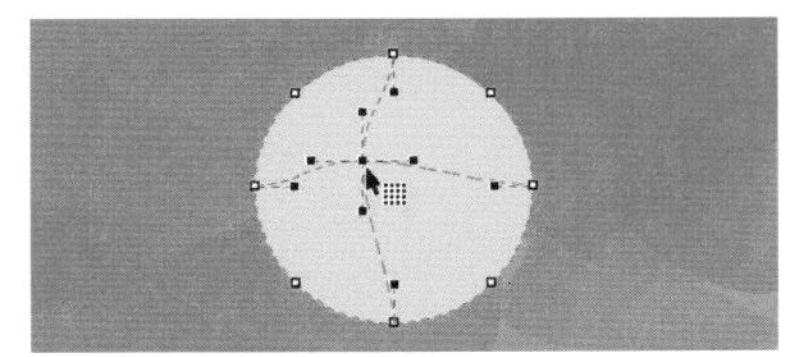

图 4-71 添加交叉点

- 【删除节点】：删除节点，改变曲线对象的形状。
- 【转换为线条】：将曲线段转换为直线，如图 4-72 所示。

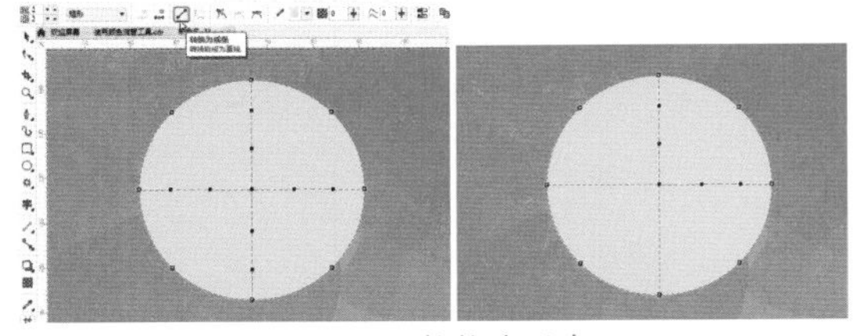

图 4-72 转换为线条

- 【转换为曲线】：将线段转换为曲线，可通过控制柄更改曲线形状，如图 4-73 所示。
- 【尖突节点】：通过将节点转换为尖突节点，在曲线中创建一个锐角。
- 【平滑节点】：通过将节点转换为平滑节点，来提高曲线的圆滑度。
- 【对称节点】：将同一曲线形状应用到节点的两侧。

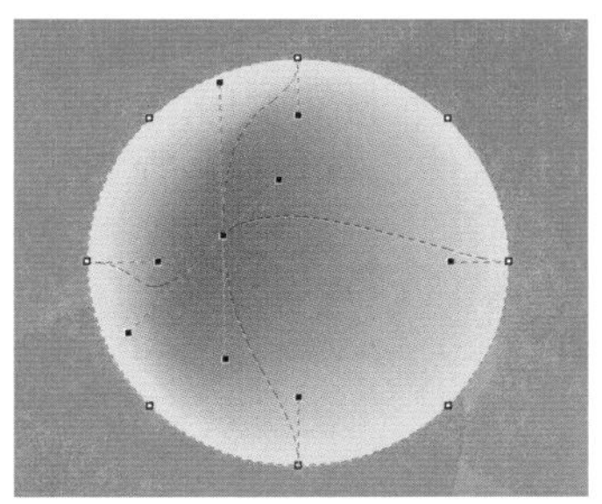

图 4-73 转换为曲线

- 【对网状填充颜色进行取样】：可以在计算机屏幕的任何位置对要应用于选定节点的颜色进行取样。
- 【网状填充颜色】：选择要应用于选定节点的颜色，如图 4-74 所示。

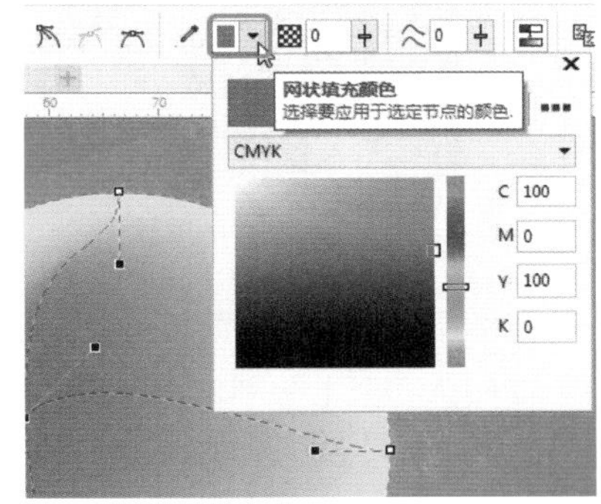


图 4-74 网状填充颜色

- 【透明度】：显示所选节点区域下层的对象。
- 【曲线平滑度】：通过更改节点数量调整曲线的平滑度。
- 【平滑网状颜色】：减少网状填充中的硬边缘。
- 【复制网状填充】：将文档中另一个对象的网状填充属性应用到所选对象。
- 【清除网状】：移除对象中的网状填充。

> **提 示**
>
> 网状填充只能应用于闭合对象或单条路径。

### 4.2.10 使用颜色滴管工具

要用滴管工具吸取颜色，可单击工具箱中的【颜色滴管工具】按钮，将鼠标指针移至工作区中，此时鼠标指针显示为形状，在需要吸取颜色的对象上单击鼠标左键即可。下面通过实例来讲解如何使用【颜色滴管工具】。

01 打开“素材\Cha04\使用颜色滴管工具.cdr”素材文件，如图4-75所示。

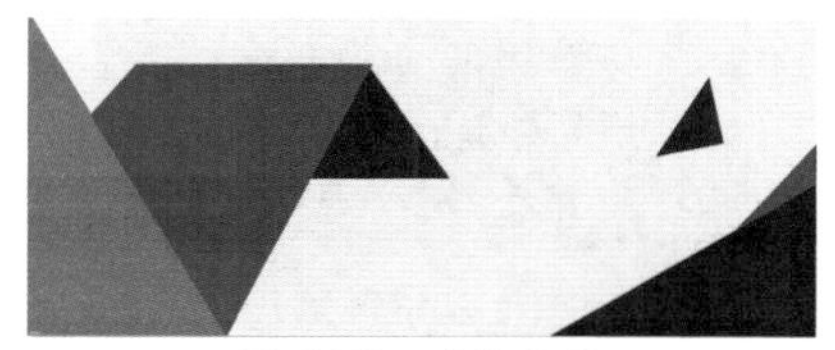

图4-75 素材文件

02 使用【颜色滴管工具】，在如图4-76所示的颜色上单击鼠标。

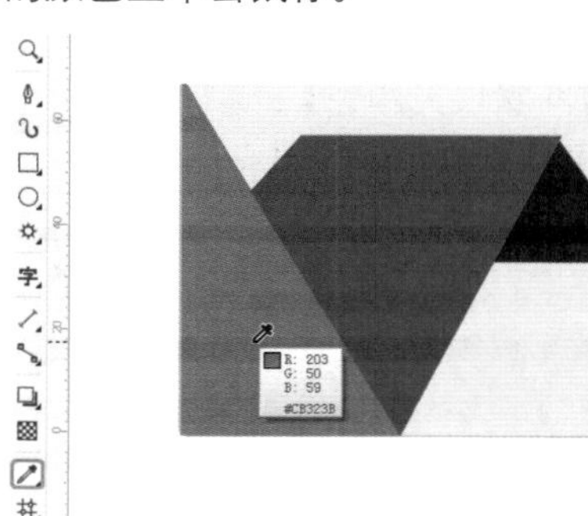


图4-76 单击鼠标吸取颜色

03 在黑色图形上分别单击鼠标，即可更改对象的颜色，如图4-77所示。

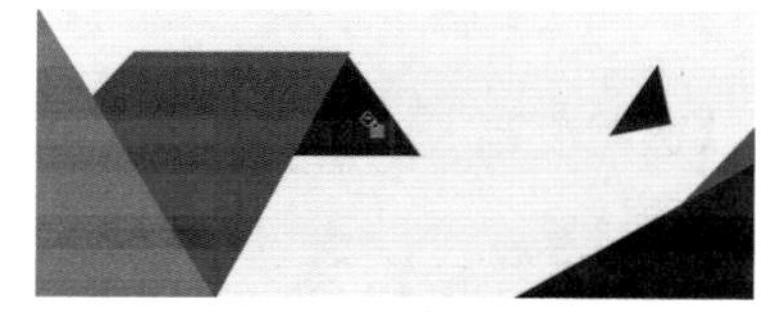

图4-77 分别单击黑色图形

04 更改颜色后的效果如图4-78所示。

图4-78 更改颜色后的效果

## 4.3 上机练习

下面通过制作招聘海报和面膜海报来巩固前面所学习的知识。

### 4.3.1 制作招聘海报

随着经济的发展、社会的进步，人才流动现象越来越普遍，越来越活跃。为了适应这种需求，不少公司通过制作招聘海报来吸引求职者的注意，一个好的招聘海报，不仅要吸引眼球，还要很好地传达主要信息，效果如图4-79所示。

图4-79 招聘海报

| 素材 | 无 |
| --- | --- |
| 场景 | 场景\Cha04\制作招聘海报.cdr |
| 视频 | 视频教学\Cha04\4.3.1 制作招聘海报.mp4 |

01 按Ctrl+N组合键，弹出【创建新文档】对话框，将【单位】设置为毫米，【宽度】和【高度】分别设置为137mm、195 mm，【原色模式】设置为CMYK，【渲染分辨率】设置为300dpi，单击【确定】按钮，如图4-80所示。

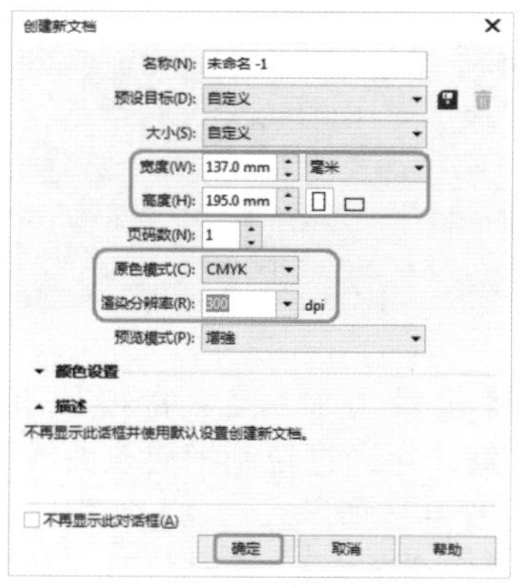


图4-80 创建新文档

02 使用【矩形工具】绘制【宽度】、【高度】分别为137mm、195mm的矩形，打开【对象属性】泊坞窗，单击【填充】按钮，在【填充】选项组中单击【均匀填充】按钮，将CMYK值设置为0、0、0、5，在默认调色板中右键单击☒按钮，如图 4-81 所示。

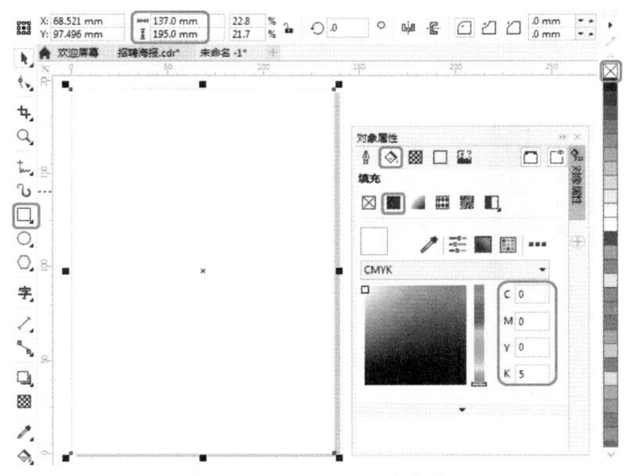

图 4-81　设置矩形参数

03 使用【矩形工具】绘制【宽度】、【高度】分别为 137mm、1.4mm 的矩形，打开【对象属性】泊坞窗，单击【填充】按钮◈，在【填充】选项组中单击【均匀填充】按钮■，将 CMYK 值设置为 20、100、100、0，在默认调色板中右键单击☒按钮，如图 4-82 所示。

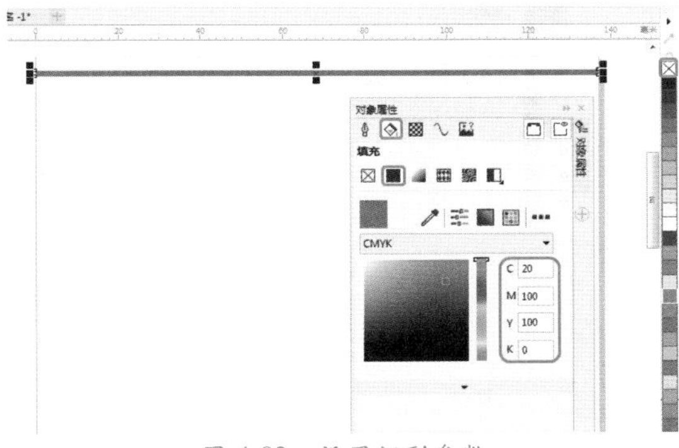

图 4-82　设置矩形参数

04 使用【钢笔工具】绘制如图 4-83 所示的图形。

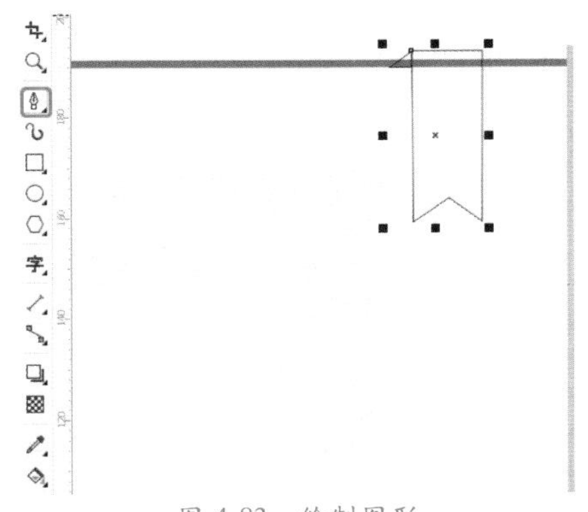

图 4-83　绘制图形

## 知识链接：填充开放曲线

默认状态下，CorelDRAW 只能为封闭的曲线填充颜色。如果要为开放的曲线填充颜色，就必须更改工具选项的设置。

在菜单栏中选择【布局】|【页面设置】命令，弹出【选项】对话框，在左侧列表框中选择【常规】选项，在右侧选中【填充开放式曲线】复选框，如图 4-84 所示，然后单击【确定】按钮，即可为开放曲线填充颜色，如图 4-85 所示。

图 4-84　【常规】选项设置

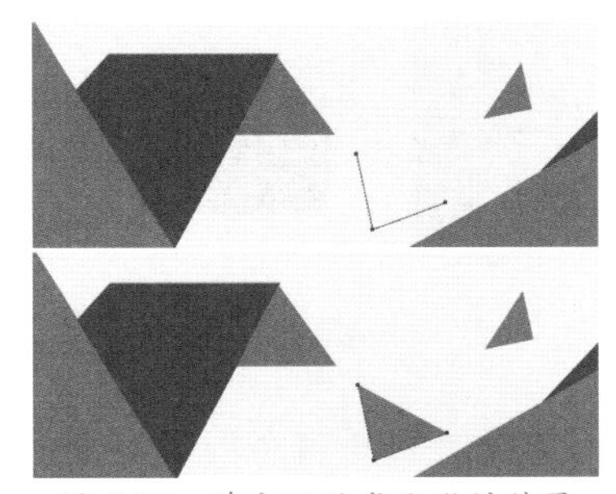

图 4-85　填充开放式曲线的效果

05 在工具箱中单击【颜色滴管工具】按钮，此时鼠标指针变成形状，在如图 4-86 所示的位置处单击鼠标，拾取颜色。

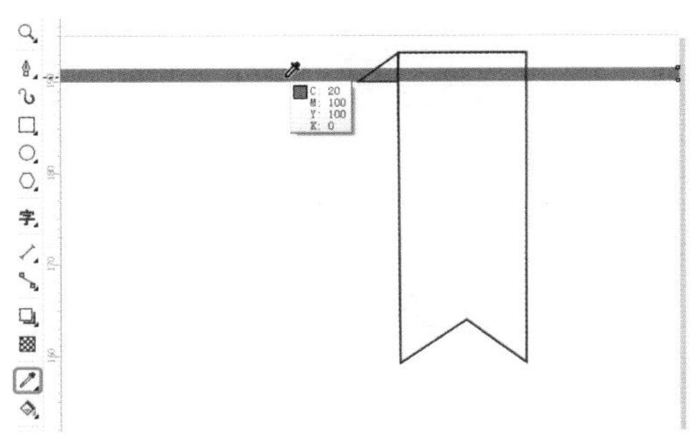

图 4-86　拾取颜色

06 在如图 4-87 所示的位置单击鼠标填充颜色。

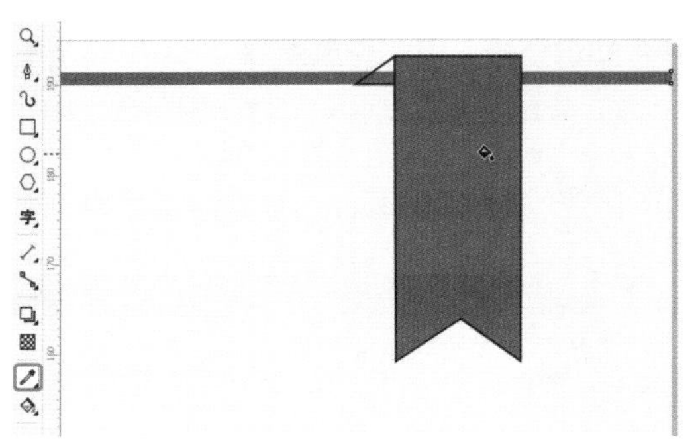

图 4-87　填充颜色

07 选择绘制的三角形，打开【对象属性】泊坞窗，单击【填充】按钮，在【填充】选项组中单击【均匀填充】按钮，将 CMYK 值设置为 42、100、100、9，如图 4-88 所示。

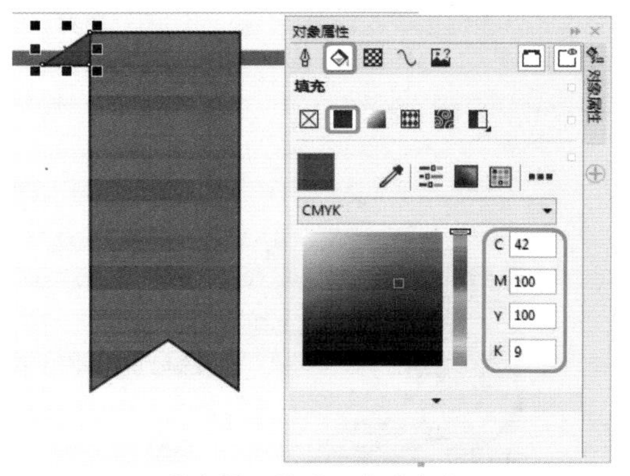


图 4-88　设置三角形颜色

08 选择绘制的两个图形对象，在默认调色板中右键单击☒按钮，将轮廓颜色设置为无，如图 4-89 所示。

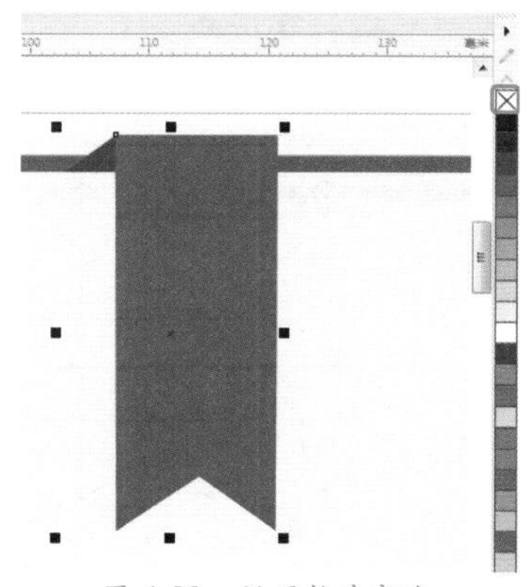

图 4-89　设置轮廓颜色

09 使用【钢笔工具】绘制图形，将【填充颜色】的 CMYK 值设置为 0、0、0、90，【轮廓颜色】设置为无，如图 4-90 所示。

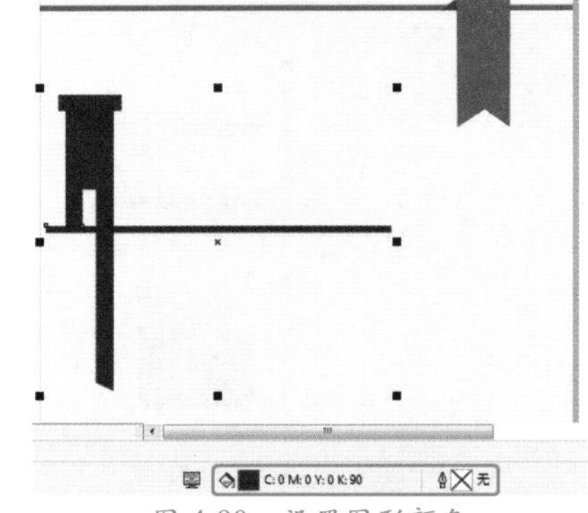

图 4-90　设置图形颜色

10 使用【钢笔工具】绘制图形，将【填充颜色】的 CMYK 值设置为 0、100、100、0，【轮廓颜色】设置为无，如图 4-91 所示。

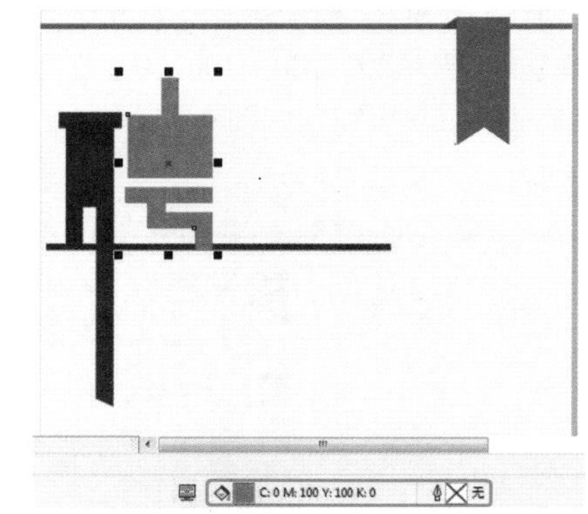

图 4-91　设置图形颜色

11 使用【矩形工具】绘制两个【宽度】、【高度】分别为 3.4mm、6.3mm 的矩形，将【填充颜色】的 CMYK 值设置为 0、0、0、90，【轮廓颜色】设置为无，如图 4-92 所示。

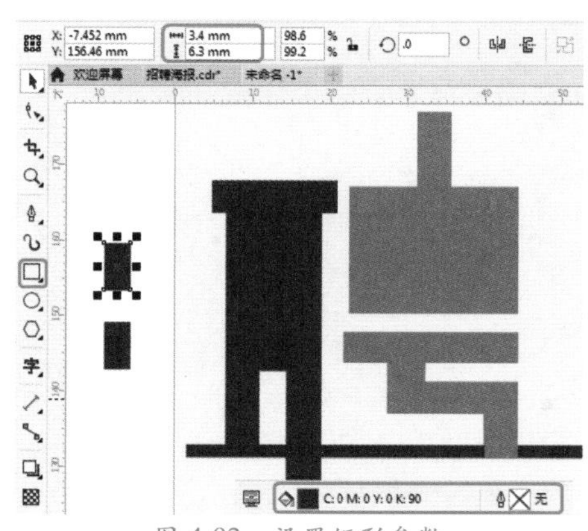

图 4-92　设置矩形参数

12 调整两个矩形的位置，选择左侧的图形和绘制的两个矩形对象，按Ctrl+J组合键，将对象合并，如图4-93所示。

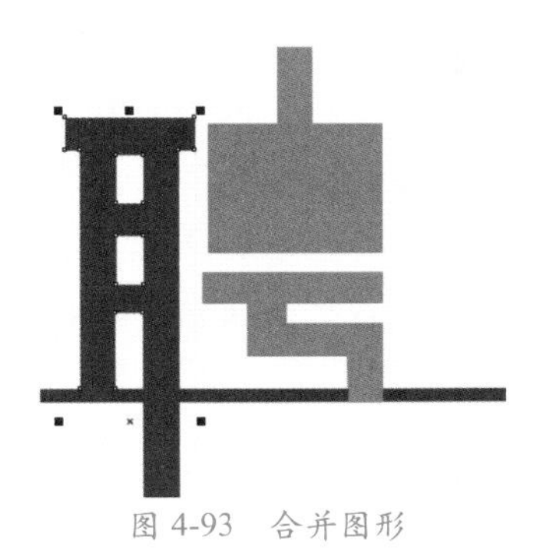

图4-93 合并图形

**提 示**

合并对象：将对象合并为有相同属性的单一对象。

13 使用同样的方法，绘制四个矩形，将右侧的图形进行合并，效果如图4-94所示。

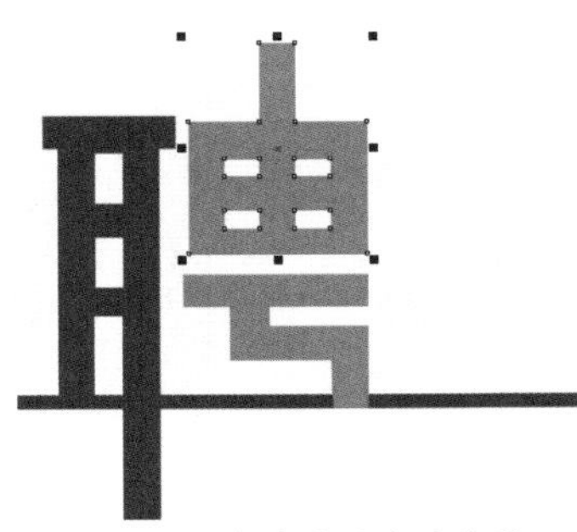

图4-94 合并图形后的效果

14 使用【文本工具】输入文本，将【字体】设置为【汉仪大黑简】，【字体大小】设置为50pt，【填充颜色】设置为0、0、0、90，如图4-95所示。

图4-95 设置文本参数

15 使用【文本工具】输入文本，将【字体】设置为【创艺简老宋】，【字体大小】设置为21pt，如图4-96所示。

图4-96 设置文本参数

16 使用【钢笔工具】、【椭圆形工具】绘制如图4-97所示的图形，并设置其填充及轮廓颜色。

图4-97 设置完成后的效果

17 使用【文本工具】输入文本，将【字体】设置为【方正兰亭粗黑简体】，【字体大小】设置为53pt，如图4-98所示。

图4-98 设置文本参数

18 使用【文本工具】输入文本，将【字

体】设置为【方正兰亭粗黑简体】,【字体大小】设置为15pt，如图4-99所示。

图4-99 设置文本参数

19 使用【文本工具】输入文本，将【字体】设置为【方正兰亭粗黑简体】,【字体大小】设置为5.4pt，如图4-100所示。

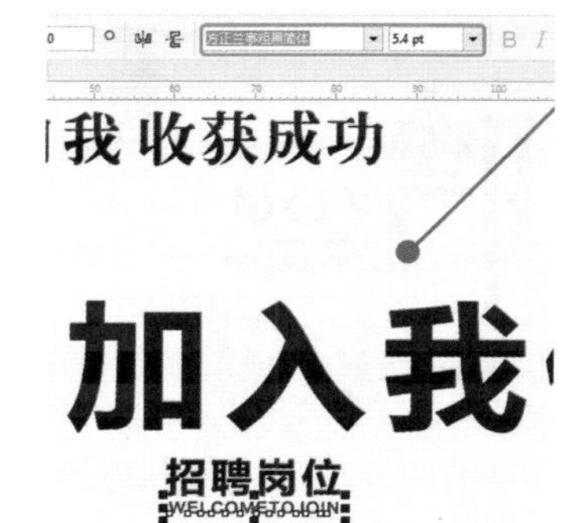

图4-100 设置文本参数

20 选择输入的三个文本对象，按Shift+F11组合键，弹出【编辑填充】对话框，将CMYK值设置为20、100、100、0，单击【确定】按钮，如图4-101所示。

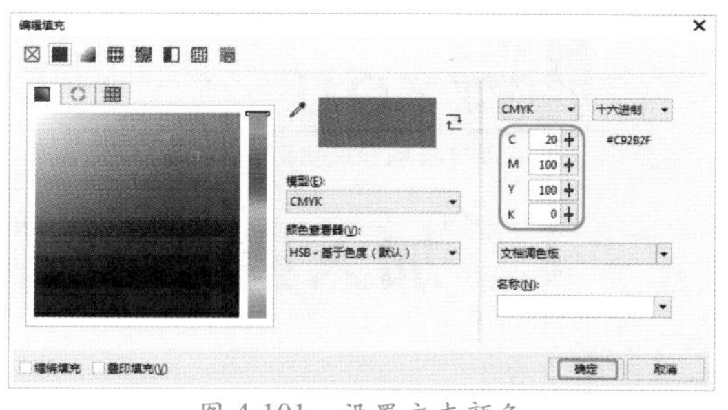

图4-101 设置文本颜色

21 使用【钢笔工具】绘制如图4-102所示的图形，并设置相应的颜色。

图4-102 设置图形颜色

22 使用同样的方法制作如图4-103所示的内容。

图4-103 制作完成后的效果

**疑难解答** InDesign、Illustrator和CorelDRAW之间有什么区别?

InDesign主要用于书籍的专业排版，但它的文字设计功能没有CorelDRAW强大；Illustrator的文字设计功能比较强大，但是基本不用该软件进行排版；CorelDRAW集合了前两大软件的优势，既能排版，又能在排版过程中设计特殊的文字效果。

### 4.3.2 制作面膜海报

面膜是护肤品中的一个类别，敷在脸上用于美容，有补水保湿、美白、抗衰老、平衡油脂等功效，效果如图4-104所示。

图4-104 面膜海报

| 素材 | 素材 \Cha04\ 面膜背景 .jpg |
| --- | --- |
| 场景 | 场景 \Cha04\ 制作面膜海报 .cdr |
| 视频 | 视频教学 \Cha04\4.3.2 制作面膜海报 .mp4 |

01 按 Ctrl+N 组合键，弹出【创建新文档】对话框，将【单位】设置为毫米，【宽度】和【高度】分别设置为 105mm、144 mm，【原色模式】设置为 CMYK，【渲染分辨率】设置为 300dpi，单击【确定】按钮，如图 4-105 所示。

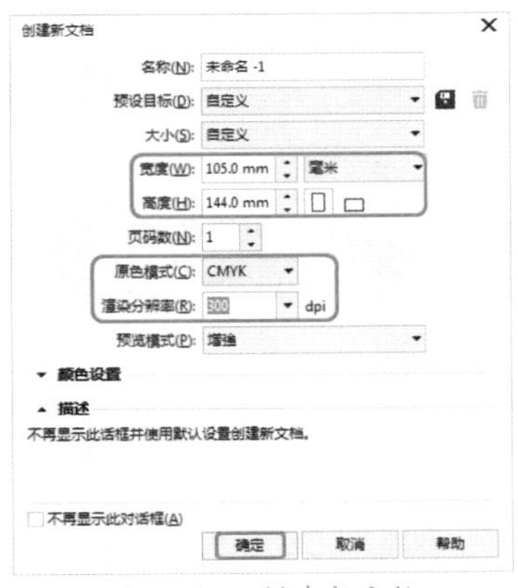
图 4-105 创建新文档

02 按 Ctrl+I 组合键，弹出【导入】对话框，选择“素材 \Cha04\ 面膜背景 .jpg”素材文件，单击【导入】按钮，如图 4-106 所示。

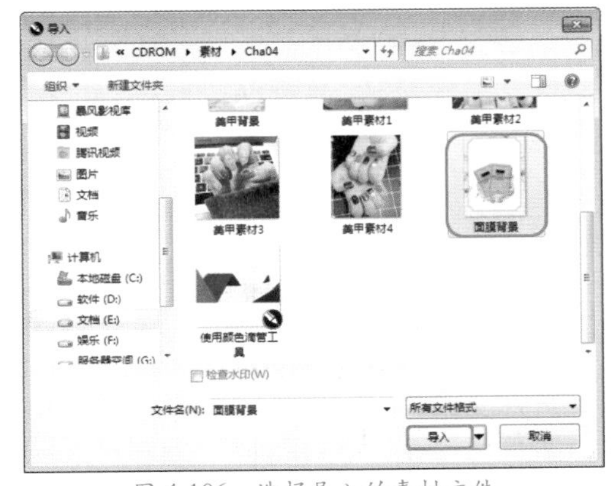
图 4-106 选择导入的素材文件

03 调整素材文件的位置及大小，使用【钢笔工具】和【矩形工具】绘制如图 4-107 所示的图形。

04 选择绘制的图形对象，按 Shift+F11 组合键，弹出【编辑填充】对话框，将 RGB 值设置为 254、58、106，单击【确定】按钮，如图 4-108 所示。

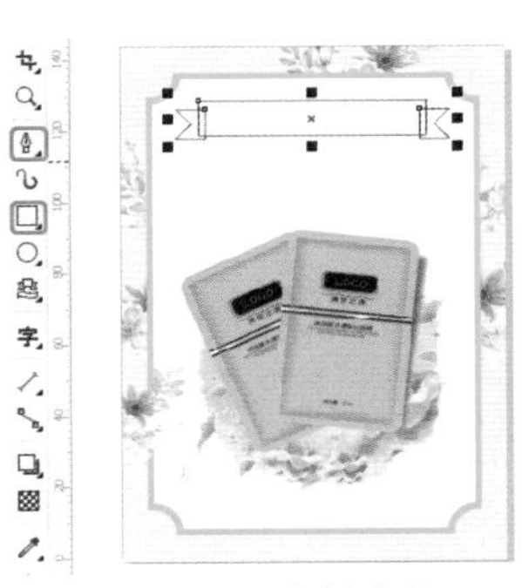
图 4-107 绘制图形

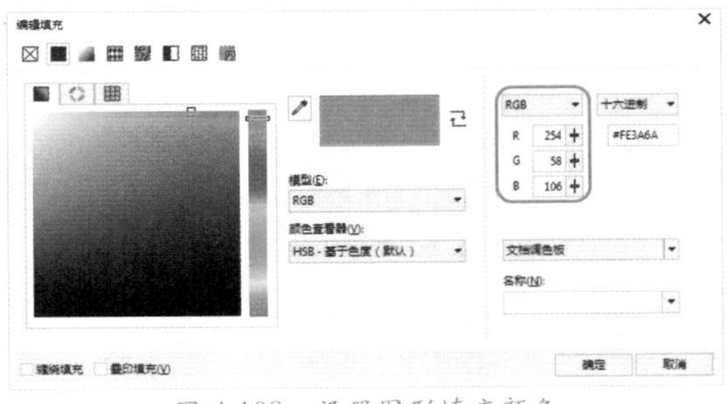
图 4-108 设置图形填充颜色

05 继续选中图形对象，在默认调色板中右键单击☒按钮，如图 4-109 所示。

图 4-109 设置图形轮廓颜色

06 使用【钢笔工具】绘制图形，在工具属性栏中将【轮廓宽度】设置为 0.3mm，【轮廓颜色】设置为白色，如图 4-110 所示。

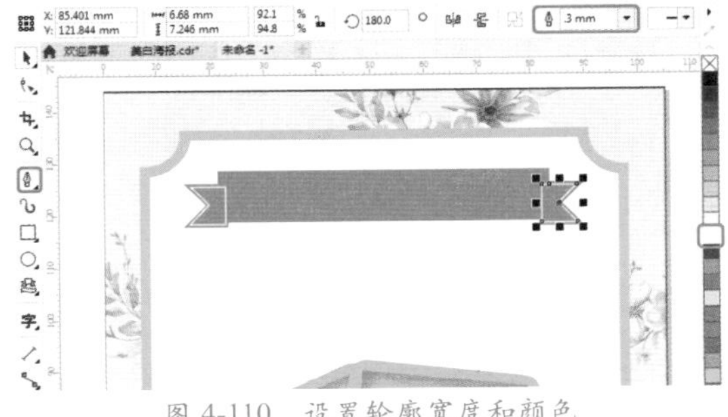
图 4-110 设置轮廓宽度和颜色

**疑难解答** 在操作过程中，如果出现失误怎么办？

如果操作出现失误，或者对调整的结果不满意，可以进行撤销操作，或者将图像恢复至最近保存过的状态。在菜单栏中选择【编辑】|【撤销】命令，或者按Ctrl+Z组合键，可以撤销所做的最后一次的修改，将其还原至上一步操作的状态，如果需要取消还原，可以按Ctrl+Shift+ Z组合键。

07 使用【矩形工具】□绘制【宽度】、【高度】分别为60mm、8.7mm的矩形，将【填充颜色】的RGB值设置为254、58、106，【轮廓颜色】设置为白色，【轮廓宽度】设置为0.5mm，如图4-111所示。

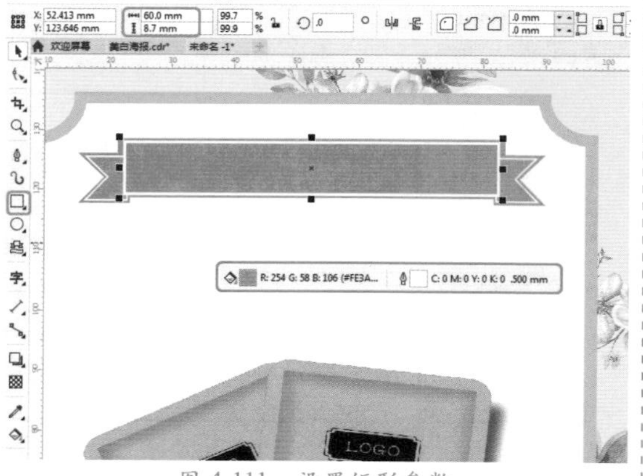

图 4-111 设置矩形参数

08 使用【文本工具】输入文本，将【字体】设置为【方正兰亭粗黑简体】，【字体大小】设置为20pt，【填充颜色】设置为白色，如图4-112所示。

图 4-112 设置文本参数

09 使用【文本工具】输入文本，将【字体】设置为【方正粗倩简体】，【字体大小】设置为16pt，【填充颜色】的RGB值设置为254、58、106，如图4-113所示。

图 4-113 设置文本参数

10 使用【文本工具】输入文本，将【字体】设置为【汉仪大宋简】，【字体大小】设置为10pt，【填充颜色】的RGB值设置为254、58、106，如图4-114所示。

图 4-114 设置文本参数

11 使用【2点线工具】⤢绘制两条水平线段，将【宽度】设置为15mm，【轮廓宽度】设置为0.25mm，【填充颜色】设置为无，【轮廓颜色】的RGB值设置为254、58、106，如图4-115所示。

12 使用【文本工具】输入文本，将【字体】设置为【汉仪粗宋简】，【字体大小】设置为11.3pt，【填充颜色】的RGB值设置为254、58、106，如图4-116所示。

图 4-115 设置线段参数

图 4-116 设置文本参数

13 使用【矩形工具】和【文本工具】制作如图 4-117 所示的内容，并设置对象的颜色。

图 4-117 设置效果

14 使用【文本工具】输入文本，将【字体】设置为【微软雅黑】，【字体大小】设置为 8.5pt，如图 4-118 所示。

15 使用【文本工具】输入文本，将【字体】设置为【微软雅黑】，【字体大小】设置为 4.3pt，如图 4-119 所示。

图 4-118 设置文本参数

图 4-119 设置文本参数

16 选择输入的文本，在默认调色板中单击■按钮，设置文本的颜色，效果如图 4-120 所示。

图 4-120 设置文本颜色

## 4.4 习题与训练

1. 渐变填充有几种类型？分别是什么？
2. 简述【网状填充工具】的作用。
3. 如何使用交互式【颜色滴管工具】对图形对象进行填充？

# 第 5 章 广告设计——文本的编辑与处理

广告设计是一种职业，是在计算机平面设计技术应用的基础上，随着广告行业的发展所出现的一种新职业。所谓广告设计，是指从创意到制作的中间过程。广告设计是广告的主题、创意、语言文字、形象、衬托五个要素的组合安排。广告设计的最终目的就是通过广告吸引人们的眼球。

**基础知识**

- 创建美术字文本
- 创建段落文本

**重点知识**

- 设置字体、字号和颜色
- 链接段落文本

**提高知识**

- 查找与替换文本
- 将文本转换为曲线

广告设计是广告活动中不可缺少的重要环节，是广告策划的深化和视觉化表现。广告的终极目的在于追求广告效果，而广告效果的优劣，关键在于广告设计的成败。现代广告设计的任务是根据企业营销目标和广告战略的要求，通过引人入胜的艺术表现，清晰准确地传递商品或服务信息，树立有助于销售的品牌形象与企业形象。

## 5.1 制作汽车报纸广告——创建文本

很多汽车销售部门为了进行宣传，都会制作汽车报纸广告。在制作汽车报纸广告时，需要注意建立广告与汽车产品本身的紧密联系，突出产品的专业化与个性化特点。本节将介绍如何制作汽车报纸广告，效果如图 5-1 所示。

图 5-1　汽车报纸广告

| 素材 | 素材 \Cha05\ 汽车海报 .cdr、logo.png |
| --- | --- |
| 场景 | 场景 \Cha05\ 制作汽车报纸广告——创建文本 .cdr |
| 视频 | 视频教学 \Cha05\5.1 制作汽车报纸广告——创建文本 .mp4 |

01 按 Ctrl+O 组合键，打开“素材 \Cha05\ 汽车海报 .cdr”素材文件，如图 5-2 所示。

图 5-2　素材文件

02 按 Ctrl+I 组合键，弹出【导入】对话框，导入“素材 \Cha05\logo.png”素材文件，如图 5-3 所示。

03 调整导入的 logo.png 素材文件的大小及位置，效果如图 5-4 所示。

04 在工具箱中选择【文本工具】，在工作区中输入文字“旗舰级豪华 GT 超跑 新雷克萨斯 LC”，如图 5-5 所示。

图 5-3　导入 logo.png 素材文件

图 5-4　调整素材大小

图 5-5　输入文字

05 利用【选择工具】选择输入的文字，在【对象属性】泊坞窗中切换到【字符】选项卡，将【字体】设置为【长城新艺体】，将【字体大小】设置为 24pt，如图 5-6 所示。

图 5-6　设置【字符】属性

06 继续在【对象属性】泊坞窗中切换到【段落】选项卡，将【行间距】设置为 150%，调整文字的位置，如图 5-7 所示。

图 5-7 设置【段落】属性

07 利用【选择工具】选择输入的文字，按F11键打开【编辑填充】对话框，在【编辑填充】对话框中单击【渐变填充】按钮，分别在0、24%、62%、100%位置处将色标的颜色值设置为0、43、97、0，分别在7%、41%、79%位置处将色标的颜色设置为白色，在【变换】区域下将【填充宽度】、【填充高度】均设置为102.53%，将【倾斜】设置为-2.8°，将【水平偏移】设置为1.3%，将【垂直偏移】设置为6.3%，将旋转设置为136°，如图5-8所示。

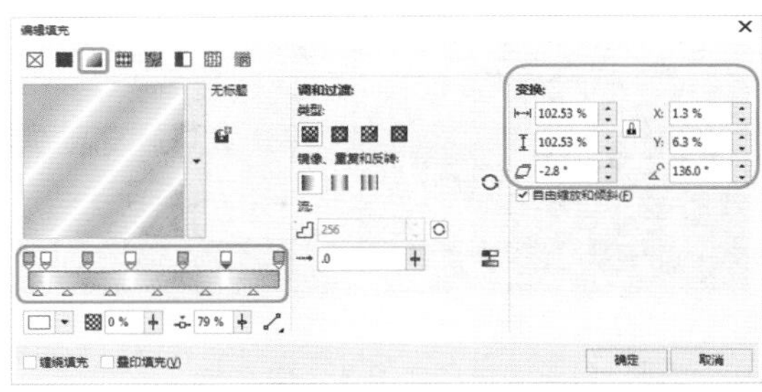

图 5-8 【编辑填充】对话框

08 单击【确定】按钮，调整后的效果如图5-9所示。

图 5-9 填充渐变后的效果

09 在工具箱中选择【立体化工具】，在渐变文字上向右下方拖曳鼠标，如图5-10所示。

图 5-10 在文字上拖曳鼠标

10 松开鼠标后，在工具属性栏中将【深度】设置为1，如图5-11所示。

图 5-11 设置参数

11 在工具箱中选择【阴影工具】，在渐变文字上拖曳鼠标绘制阴影，如图5-12所示。

**疑难解答** 在绘制阴影时达不到想要的效果怎么办？

在绘制阴影的时候如果达不到自己想要的效果，可以在工具属性栏中更改相应的参数，例如将【阴影角度】设置为85°。

图 5-12 绘制阴影

12 打开【对象管理器】泊坞窗，单击【光晕】图层前面的图标，将【光晕】图层显示出来，对其进行调整，效果如图5-13所示。

13 在工具箱中选择【矩形工具】，在工作区绘制一个矩形，并在工具属性栏中将【对象位置】的X、Y值分别设置为99.889mm、8.611mm，将【对象大小】分别设置为197.843mm、17.459mm，并在【对象属性】泊坞窗中将【均匀填充】的颜色值分别设置为0、0、0、100，去除边框，如图5-14所示。

图 5-13 显示图层

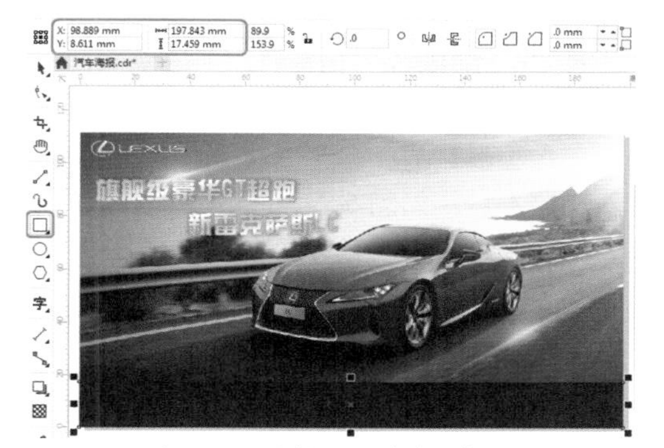

图 5-14 绘制矩形并填充颜色

14 继续选择该矩形，在工具箱中选择【透明度工具】，并在工具属性栏中选择【均匀透明度】，将【透明度】设置为60，如图5-15所示。

图 5-15 调整矩形透明度

15 在工具箱中选择【2点线工具】，在【对象属性】泊坞窗中将【轮廓色】颜色值设置为15、44、97、0，并在工具属性栏中将【对象位置】的X、Y值分别设置为99.282 mm、14.74 mm，将【对象大小】分别设置为190.853 mm、0，如图5-16所示。

16 选择该条直线，按Ctrl+C组合键将其复制，按Ctrl+V组合键将其粘贴，并向下移动至合适的位置，如图5-17所示。

图 5-16 绘制直线并修改颜色

图 5-17 复制直线并调整位置

17 用同样的方法在工作区中绘制一条竖线，在【对象属性】泊坞窗中将【轮廓色】颜色值设置为15、44、97、0，并在工具属性栏中将【对象位置】的X、Y值分别设置为75.037 mm、8.835 mm，将【对象大小】分别设置为0.035 mm、9.593 mm，如图5-18所示。

图 5-18 绘制一条竖线并设置参数

18 按Ctrl+I组合键，弹出【导入】对话框，导入“素材\Cha05\电话.png”素材文件，调整其大小和位置，如图5-19所示。

19 在工具箱中选择【文本工具】，在工作区中输入文字“咨询电话：111-2222”，并在【对象属性】泊坞窗中将【字体】设置为【微软雅黑】，将【字体大小】设置为 15pt，将【文本颜色】设置为白色，如图 5-20 所示。

图 5-19 导入素材

图 5-20 输入文字并设置参数

20 按 Ctrl+I 组合键，弹出【导入】对话框，导入“素材\Cha05\QQ.png”素材文件，调整其大小和位置，如图 5-21 所示。

图 5-21 导入素材

21 在工具箱中选择【文本工具】，在工作区中输入文字 123456789，并在【对象属性】泊坞窗中将【字体】设置为 Arial，将【字体大小】设置为 8pt，将【文本颜色】设置为白色，如图 5-22 所示。

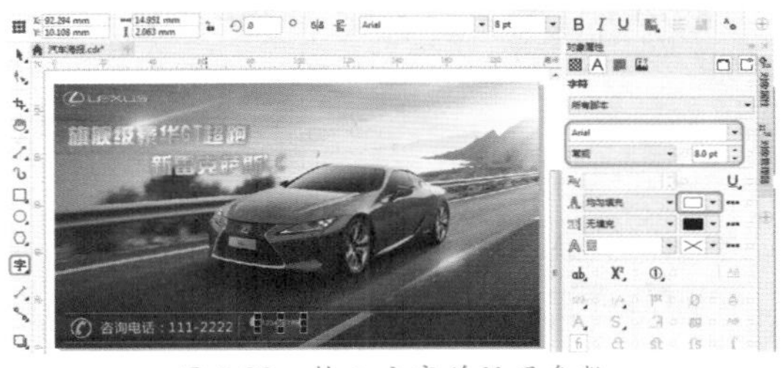

图 5-22 输入文字并设置参数

22 用同样的方法导入其他素材及输入其他文字，效果如图 5-23 所示。

图 5-23 效果图

## 5.1.1 创建美术字文本

在 CorelDRAW 2018 中，一般把美术字作为一个单独的对象来进行编辑。在工具箱中单击【文本工具】，在空白文档中单击鼠标左键创建插入点，如图 5-24 所示；然后输入文本即可，效果如图 5-25 所示。

图 5-24 创建插入点

图 5-25 输入文本

创建好文本后，选择文本对象，可以在属性栏中设置文本字体、字号等相关参数，如图 5-26 所示。

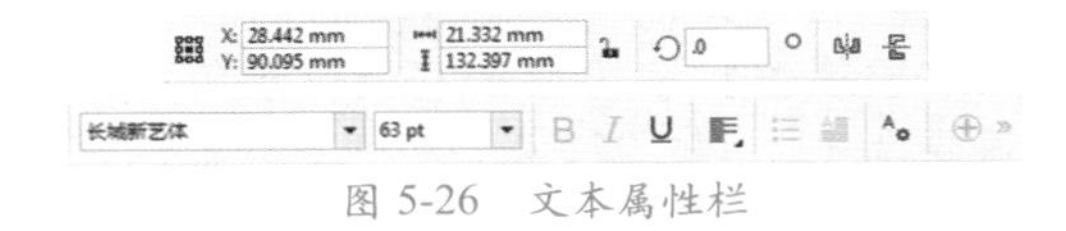


图 5-26 文本属性栏

## 5.1.2 创建段落文本

用【文本工具】除了可以创建美术字文本外，还可以创建段落文本，以便编辑多段文本。

### 1. 输入段落文本

在工具箱中单击【文本工具】字，在文档的空白位置处，单击鼠标左键并拖曳，松开鼠标后即生成文本框，如图 5-27 所示。在文本框中输入文本，当第一行排满后将自动换行输入，如图 5-28 所示。

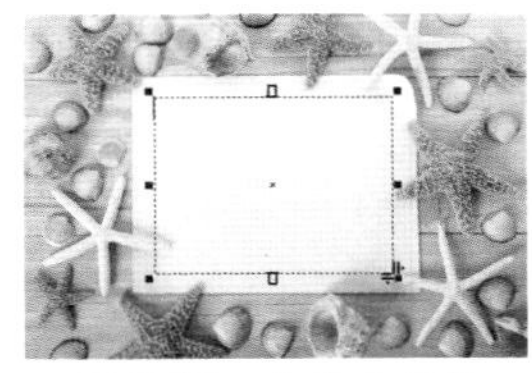
图 5-27 生成文本框

图 5-28 输入文本效果

### 2. 调整段落文本框

段落文本只能在文本框内显示，当文本对象超出文本框范围时，在文本框下方将会出现一个黑色三角箭头▣，用鼠标向下拖曳▣箭头，可扩大文本框，将隐藏的文本显示出来，如图 5-29 和图 5-30 所示。

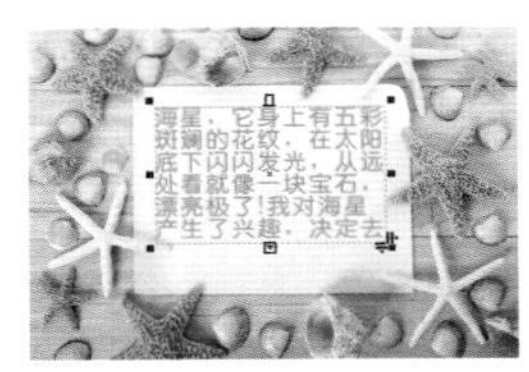
图 5-29 未显示全部文本

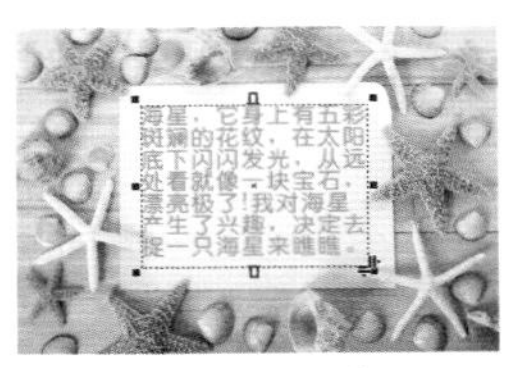
图 5-30 显示全部文本

**提 示**

如果要加宽文本框，向外拖动文本框左、右两边的中间控制点；如果要减少文本框的宽度，向内拖动文本框左、右两边的中间控制点；如果要加高文本框，向外拖动文本框上、下两边的中间控制点；如果要缩小文本框的高度，向内拖动文本框上、下两边的中间控制点；如果要等比例放大或缩小文本框，配合 Shift 键拖动文本框四角的控制点。

### 5.1.3 美术字文本与段落文本的相互转换

输入美术文本后，在对美术文本进行编辑时，可以将美术文本转换为段落文本。

在工具箱中单击【选择工具】，在场景中选择美术文本，然后单击鼠标右键，在弹出的快捷菜单中选择【转换为段落文本】命令，如图 5-31 所示，即可将美术文本转换为段落文本，转换效果如图 5-32 所示。

图 5-31 选择【转换为段落文本】命令

图 5-32 转换为段落文本

**提 示**

要将美术文本转换为段落文本，除了可以使用鼠标右键菜单之外，还可以通过以下两种方法进行转换，第一种是在菜单栏中选择【文本】|【转换为段落文本】命令，第二种是按 Ctrl+F8 组合键。

## 5.2 制作旅游广告——设置文本格式

旅游广告是指旅游部门或旅游企业通过一定形式的媒介，公开而广泛地向旅游者介绍旅游产品、提升旅游品牌的一种宣传手段。它能广泛地宣传和推广旅游产品，有效地推动旅游产品的销售，从而帮助旅游企业获得经济利益以及品牌价值。本节将介绍如何制作旅游广告，效果如图 5-33 所示。

图 5-33 旅游广告

| | |
|---|---|
| 素材 | 素材\Cha05\旅游海报.cdr、太阳.png、皮球1.png、西瓜.png、海星.png、遮阳伞.png、潜水镜.png、海星1.png、螃蟹.png、游泳圈.png、皮球.png、小孩子.png、小孩子1.png、小岛.png、海鸥.png、游泳圈1.png、女生.png、帽子.png、海螺.png、海星2.png |
| 场景 | 场景\Cha05\制作旅游广告——设置文本格式.cdr |
| 视频 | 视频教学\Cha05\5.2 制作旅游广告——设置文本格式.mp4 |

01 按Ctrl+O组合键，打开“素材\Cha05\旅游海报.cdr”素材文件，如图5-34所示。

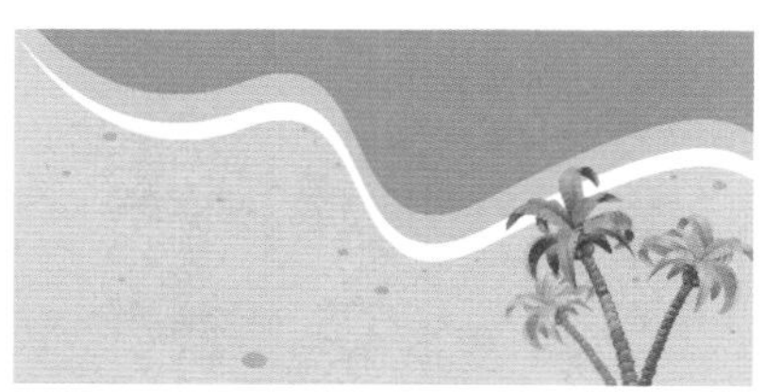

图5-34 素材文件

02 在工具箱中选择【文本工具】字，在工作区中输入文字“暑”，选择输入的文字，在【对象属性】泊坞窗中将【字体】设置为【汉仪新蒂童刻体】，将【字体大小】设置为178pt，将【文字颜色】的颜色值设置为0、100、100、0，并在工作区中调整文字的位置，如图5-35所示。

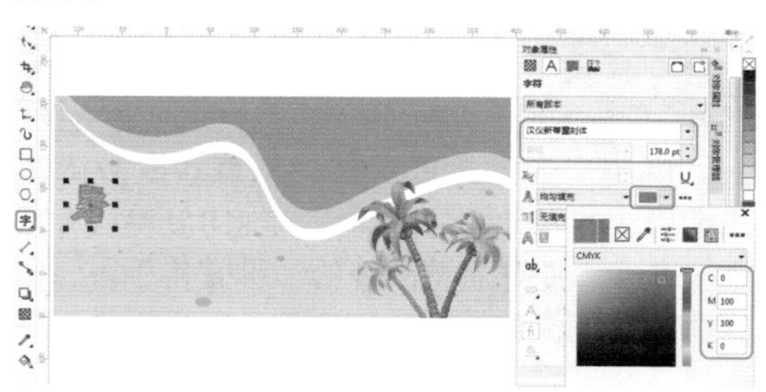

图5-35 输入文字并设置参数

03 在工具箱中选择【文本工具】字，在工作区中输入文字“你”，选择输入的文字，在【对象属性】泊坞窗中将【字体】设置为【汉仪新蒂童刻体】，将【字体大小】设置为178pt，将【文字颜色】的颜色值设置为0、45、99、0，并在工作区中调整文字的位置，如图5-36所示。

04 在工具箱中选择【文本工具】字，在工作区中输入文字“会”，选择输入的文字，在【对象属性】泊坞窗中将【字体】设置为【汉仪新蒂童刻体】，将【字体大小】设置为178pt，将【文字颜色】的颜色值设置为60、0、100、0，并在工作区中调整文字的位置，如图5-37所示。

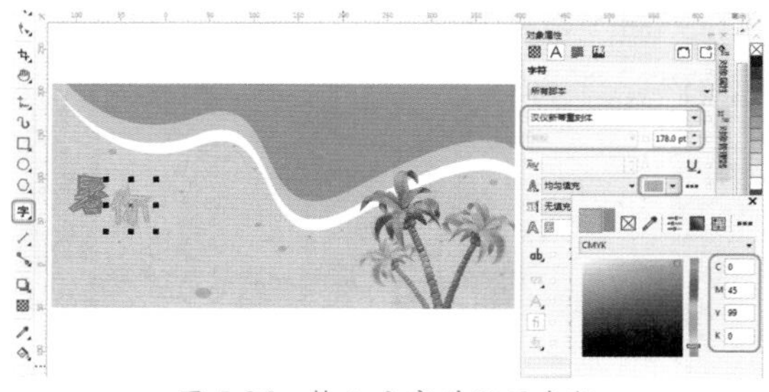

图5-36 输入文字并设置参数

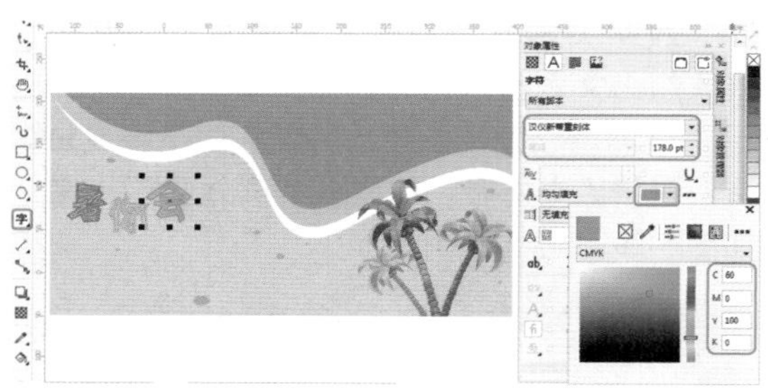

图5-37 输入文字并设置参数

05 在工具箱中选择【文本工具】字，在工作区中输入文字“玩”，选择输入的文字，在【对象属性】泊坞窗中将【字体】设置为【汉仪新蒂童刻体】，将【字体大小】设置为190pt，将【文字颜色】的颜色值设置为72、25、0、0，并在工作区中调整文字的位置，对其进行旋转，如图5-38所示。

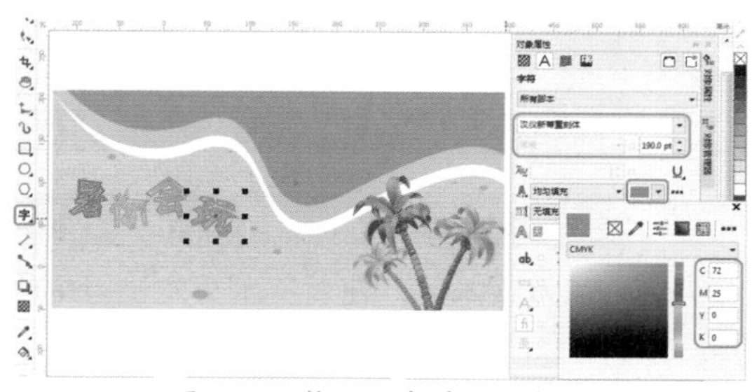

图5-38 输入文字并设置参数

06 按Ctrl+I组合键，弹出【导入】对话框，选择“素材\Cha05\太阳.png”素材文件，如图5-39所示。

07 单击【导入】按钮，按空格键将其

导入，并在工作区中调整素材图像的位置，如图 5-40 所示。

图 5-39 【导入】对话框

图 5-40 调整素材的位置

**提 示**

导入多个素材的时候，逐个素材导入很烦琐，可以在【导入】对话框中选择多个需要导入的素材，单击【导入】按钮，然后再多次按空格键对其进行导入，这样就省去了多次导入素材的时间。

08 用同样的方法，导入“素材\Cha05\皮球 1.png、西瓜 .png、海星 .png、遮阳伞 .png、潜水镜 .png”素材文件，如图 5-41 所示。

图 5-41 导入其他素材

09 在工具箱中选择【矩形工具】，在画布中绘制一个矩形，并在工具属性栏中将【对象位置】的 X、Y 值分别设置为 -15.174 mm、25.327 mm，将【对象大小】的值分别设置为 171.907 mm、11.946 mm，如图 5-42 所示。

10 在工具属性栏中单击【同时编辑所有角】按钮，将该按钮左边的【圆角半径】的数值设置为 6.0 mm、0，将该按钮右边的【圆角半径】的数值设置为 0、6.0mm，如图 5-43 所示。

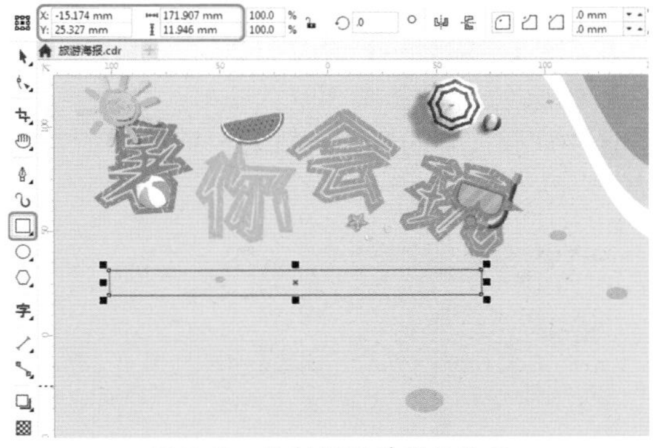

图 5-42 绘制矩形并调整位置

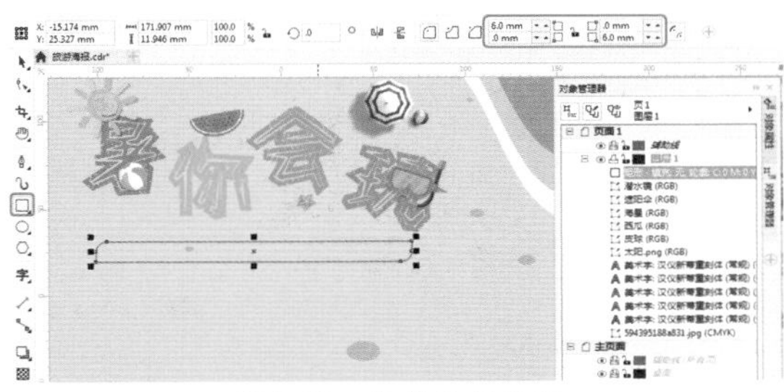

图 5-43 设置圆角半径

11 选择该矩形，在【对象属性】泊坞窗中，将【均匀填充】的【颜色模型】设置为 RGB，将颜色值设置为 255、81、0，并去除边框，如图 5-44 所示。

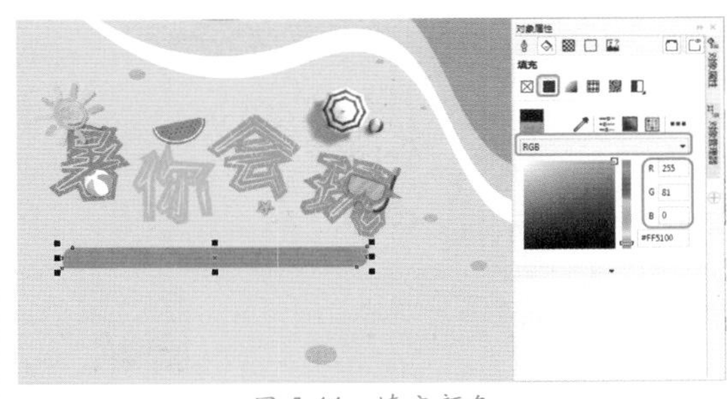

图 5-44 填充颜色

12 在工具箱中选择【文本工具】，在工作区中输入文字“想怎么玩就怎么玩　天天出团　天天特价”，选择输入的文字，在【对象属性】泊坞窗中将【字体】设置为【方正粗圆简体】，将【字体大小】设置为 26pt，将【文字颜色】的颜色值设置为白色，并在工作区中调整文字的位置，如图 5-45 所示。

13 在工具箱中选择【文本工具】，在

工作区中输入文字“想去哪？就去哪特价经典线路等你游”，选择输入的文字，在【对象属性】泊坞窗中将【字体】设置为【方正黑体简体】，将【字体大小】设置为20pt，将【文字颜色】的颜色值设置为100、60、0、0，并在工作区中调整文字的位置，如图5-46所示。

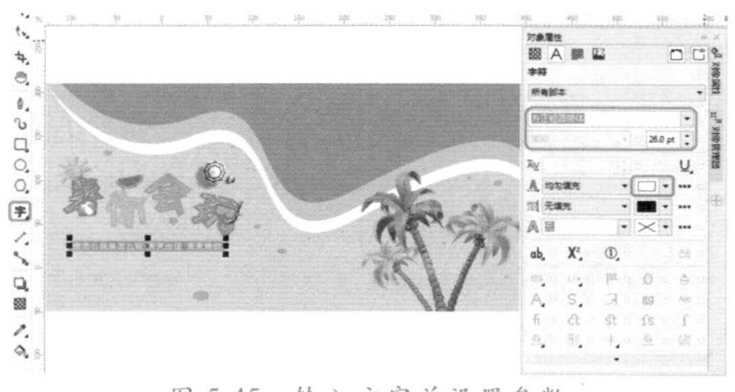

图5-45　输入文字并设置参数

图5-46　输入文字并设置参数

14 用同样的方法输入文字“海边三日游99元/位，心动不如行动，快来加入吧”，如图5-47所示。

图5-47　输入文字并设置参数

15 在工具箱中选择【2点线工具】，在工作区中绘制一条直线，并在工具属性栏中将【对象位置】的X、Y值分别设置为-13.711 mm、-8.309 mm，将【对象大小】的值分别设置为134.408 mm、0，如图5-48所示。

16 在【对象属性】泊坞窗中，在【轮廓】区域下将【轮廓色】的RGB颜色值设置为255、81、0，如图5-49所示。

图5-48　绘制直线并设置参数

图5-49　设置直线颜色

17 选择绘制的直线，按Ctrl+C组合键将其复制，按Ctrl+V组合键将其粘贴，并在工具属性栏中将【对象位置】的X、Y值分别设置为-13.711mm、-18.171mm，将【对象大小】的值分别设置为134.408mm、0，如图5-50所示。

图5-50　复制直线并调整位置

18 在工具箱中选择【文本工具】，在工作区中输入文字“地址：山东省烟台市龙口市桑岛旅游度假村”，选择输入的文字，在【对象属性】泊坞窗中将【字体】设置为【方正黑体简体】，将【字体大小】设置为 20pt，将【文字颜色】的 RGB 颜色值设置为 255、81、0，并在工作区中调整文字的位置，如图 5-51 所示。

图 5-51 输入文字并设置参数

19 按 Ctrl+I 组合键，导入“素材 \Cha05\ 海星 1.png、螃蟹 .png”素材文件，如图 5-52 所示。

图 5-52 导入素材

20 在工具箱中选择【文本工具】，在工作区中输入文字“暑 / 假 / 旅 / 游　　说 / 走 / 就 / 走”，选择输入的文字，在【对象属性】泊坞窗中将【字体】设置为【宋体】，将【字体大小】设置为 24pt，将【文字颜色】的 RGB 颜色值设置为白色，并在工作区中调整文字的位置，如图 5-53 所示。

图 5-53 输入文字并设置参数

21 按 Ctrl+I 组合键，导入“素材 \Cha05\ 游泳圈 .png、皮球 .png、小孩子 .png、小孩子 1.png、小岛 .png、海鸥 .png”素材文件，如图 5-54 所示。

图 5-54 导入素材

22 在工具箱中选择【文本工具】，在工作区中输入文字“暑 / 假 / 旅 / 游　　说 / 走 / 就 / 走”，选择输入的文字，在【对象属性】泊坞窗中将【字体】设置为【宋体】，将【字体大小】设置为 24pt，将【文字颜色】的 CMYK 颜色值设置为 100、0、0、0，并在工作区中调整文字的位置，如图 5-55 所示。

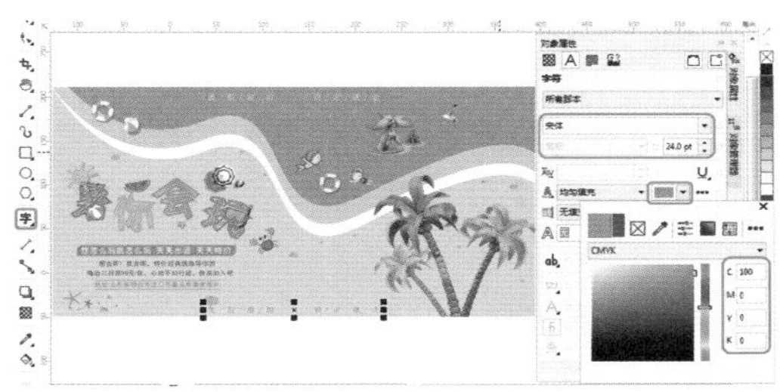

图 5-55 输入文字并设置参数

23 按 Ctrl+I 组合键，导入“素材 \Cha05\ 游泳圈 1.png、女生 .png、帽子 .png、海螺 .png、海星 2.png、海鸥 .png”素材文件，最终效果如图 5-56 所示。

图 5-56 效果图

## 5.2.1 设置字体、字号和颜色

创建好的文本，可以对其字体、字号和颜色重新进行设置，具体操作步骤如下。

01 按 Ctrl+O 组合键，打开“素材 \Cha05\ 5.2.1 设置字体、字号和颜色 .cdr”素材文件，然后在工具箱中单击【文本工具】，在场景中的合适位置按住鼠标左键拖曳创建文本框，效果如图 5-57 所示。

02 在文本框中输入需要的文本并将其选中，如图 5-58 所示。

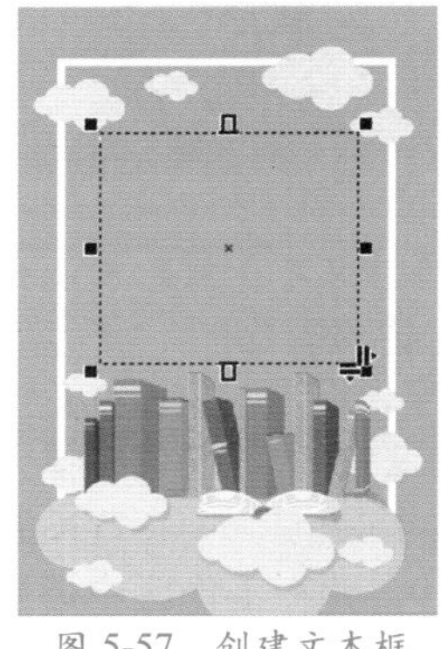

图 5-57　创建文本框

图 5-58　输入文字并选中

03 按 Ctrl+T 组合键，开启【文本属性】泊坞窗，切换到【字符】选项卡，将【字体】设置为【方正粗圆简体】，将【字体大小】设置为 24pt，将【文本颜色】设置为白色，如图 5-59 所示。

04 设置完成后的显示效果如图 5-60 所示。

图 5-59　设置文本参数

图 5-60　完成效果

## 5.2.2　设置文本对齐方式

在 CorelDRAW 2018 中，用户可以设置段落文本在水平和垂直方向上的对齐方式。

下面将通过实例讲解如何制作青春寄语手册，具体操作步骤如下。

01 按 Ctrl+O 组合键，打开“素材 \Cha05\5.2.2 设置文本对齐方式 .cdr”素材文件，在工具箱中单击【文本工具】，在绘图区中按住鼠标左键拖动来创建文本框，如图 5-61 所示。

02 在文本框中输入文本并选中，如图 5-62 所示。

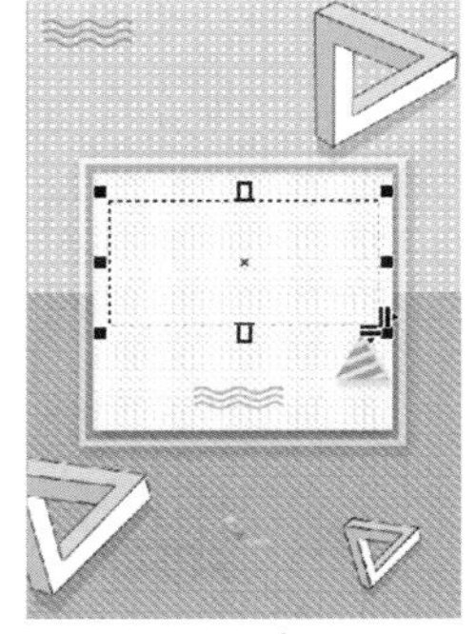
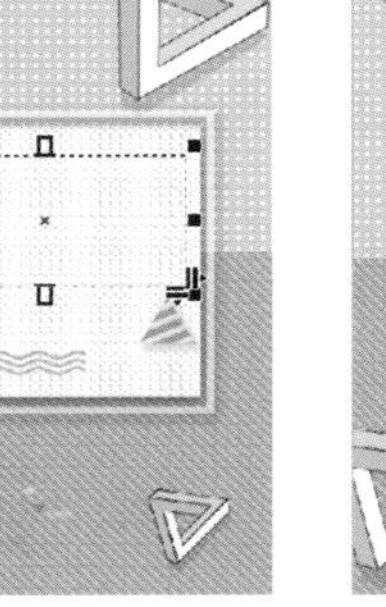

图 5-61　创建文本框

图 5-62　输入文本并选中

03 在菜单栏中选择【文本】|【文本属性】命令，如图 5-63 所示。

04 开启【文本属性】泊坞窗，在该泊坞窗的【字符】选项卡中将【字体】设置为【汉仪太极体简】，将【字体大小】设置为 14pt，将【文本颜色】的 RGB 值设置为 236、135、165，如图 5-64 所示。

05 在【文本属性】泊坞窗中切换到【段落】选项卡，然后单击【居中】按钮，效果如图 5-65 所示。

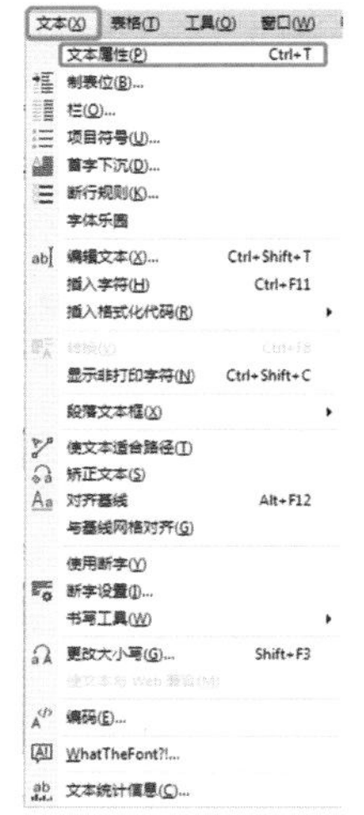

图 5-63　选择【文本属性】命令

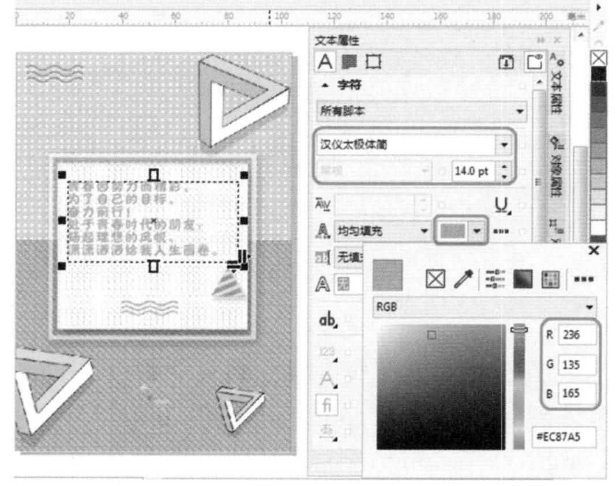

图 5-64　设置文本参数

图 5-65 完成后的效果

### 5.2.3 设置文本间距

为了使场景构图达到视觉上的美观效果，用户可以对文本进行相应的编辑。在 CorelDRAW 2018 中，提供了两种调整文本间距的方法，分别是使用【形状工具】调整和精确调整，下面进行详细讲解。

#### 1. 使用【形状工具】调整文本间距

调整文本间距的操作方法如下。

01 按 Ctrl+O 组合键，打开“素材\Cha05\调整文本间距.cdr”素材文件，在工具箱中单击【文本工具】，选中如图 5-66 所示的文本。

02 在【对象属性】泊坞窗中将【字体】设置为【迷你简铁筋隶书】，将【字体大小】设置为 24pt，将【文本颜色】的 CMYK 颜色值设置为 100、78、57、25，然后在工具箱中单击【形状工具】，文本显示状态如图 5-67 所示。

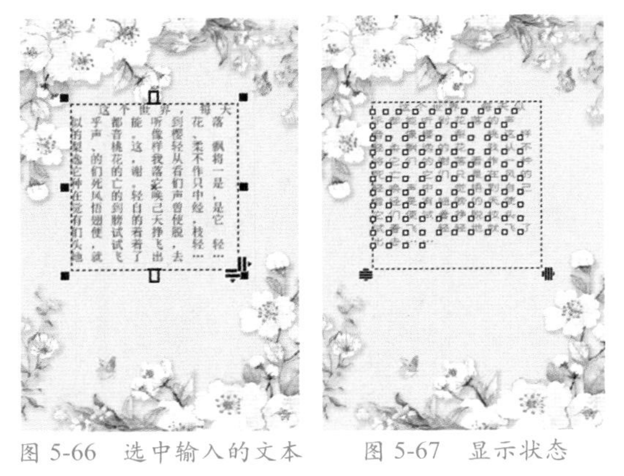

图 5-66 选中输入的文本　图 5-67 显示状态

03 在文本框右边的控制符号上按住鼠标左键，拖动鼠标到适当的位置后释放，即可调整文本的字符间距，如图 5-68 所示。

04 按住鼠标左键并拖曳文本框下面的控制符号到适当的位置，然后释放鼠标，即可调整文本的行距，如图 5-69 所示。

图 5-68 调整字符间距　图 5-69 调整字符行距

#### 2. 精确调整文本间距

使用【形状工具】只能大致调整文本的间距，要想精确地确定文本间距，可通过【文本属性】泊坞窗来完成，具体操作步骤如下。

01 按 Ctrl+O 组合键，打开“素材\Cha05\调整文本间距.cdr”素材文件，在工具箱中单击【文本工具】，选中如图 5-70 所示的文本。

02 在菜单栏中选择【文本】|【文本属性】命令，如图 5-71 所示。

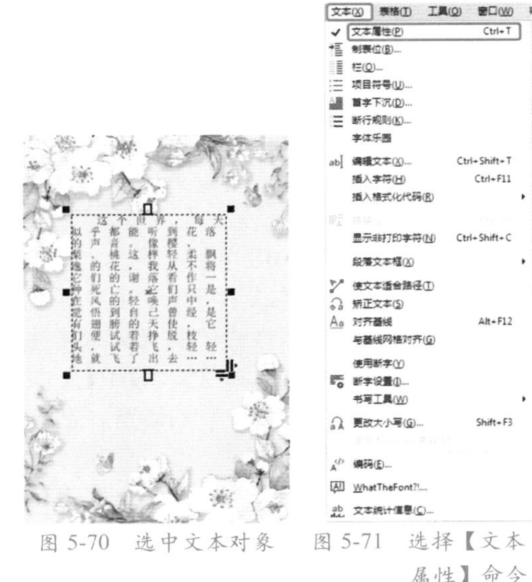


图 5-70 选中文本对象　图 5-71 选择【文本属性】命令

03 打开【文本属性】泊坞窗，在【字

符】选项卡中将【字体】设置为【迷你简铁筋隶书】，将【字体大小】设置为24pt，将【文本颜色】的CMYK颜色值设置为100、78、57、25，在【段落】选项卡中将行距设置为180%，将字符间距设置为80%，如图5-72所示。在工作区中调整文本框的位置。

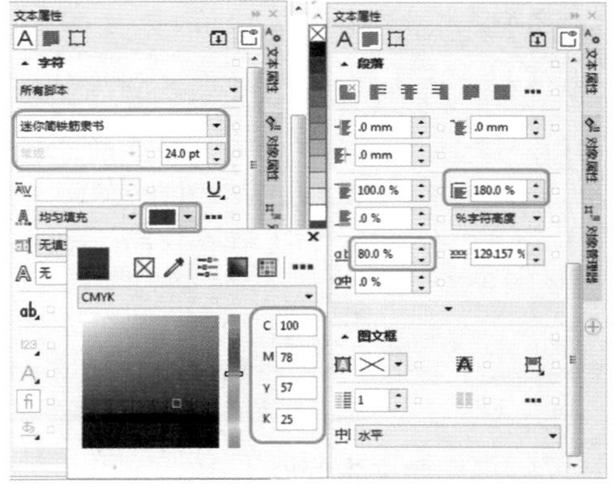

图5-72　设置文本参数

04 设置完成后的显示效果如图5-73所示。

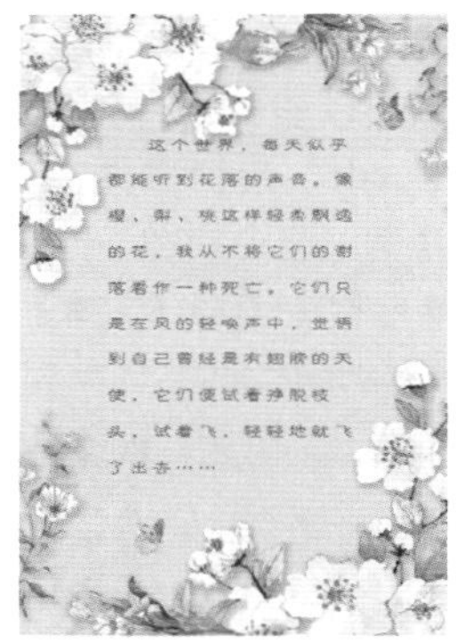

图5-73　完成后的效果

## 5.2.4　设置字符

在CorelDRAW 2018中可以更改文本的字符属性，还可以插入特殊字符等。用户可以通过单击【文本工具】属性栏中的【文本属性】按钮或者在菜单栏中选择【文本】|【文本属性】命令，开启【文本属性】泊坞窗，在该泊坞窗中设置需要的字符。

在菜单栏中选择【文本】|【插入字符】命令，开启【插入字符】泊坞窗，在该泊坞窗中用户可以添加作为文本对象的特殊符号或作为图形对象的特殊字符。下面分别介绍它们的操作方法。

### 1. 添加作为文本对象的特殊字符

插入特殊字符的具体操作步骤如下。

01 按Ctrl+O组合键，打开"素材\Cha05\添加作为文本对象的特殊字符.cdr"素材文件，在工具箱中单击【文本工具】，在文本中需要添加特殊字符的位置单击，如图5-74所示。

02 在菜单栏中选择【文本】|【插入字符】命令，如图5-75所示。

图5-74　选择位置

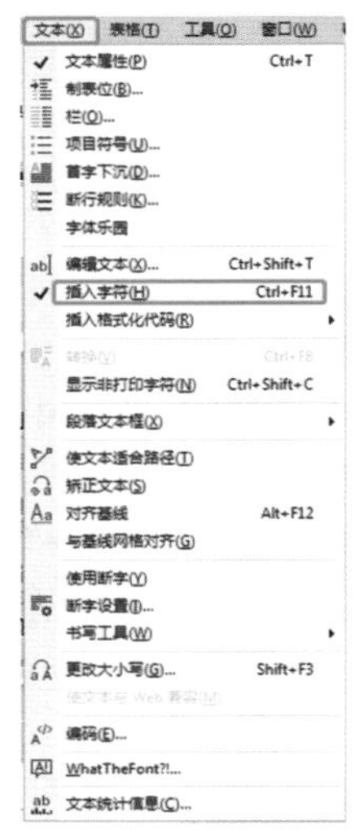

图5-75　选择【插入字符】命令

03 开启【插入字符】泊坞窗，在该泊坞窗中选择需要的字符，然后单击【复制】按钮，如图5-76所示。

图5-76　选择字符

04 在文本框中按Ctrl+V组合键，插入字符后的显示效果如图5-77所示。

05 使用相同的方法插入其他字符，最终

显示效果如图 5-78 所示。

图 5-77 插入字符效果　图 5-78 完成后的效果

2. 添加作为图形对象的特殊字符

在菜单栏中选择【文本】|【插入字符】命令，开启【插入字符】泊坞窗，从中选择所需的符号并设置字符大小，然后单击【插入】按钮或者双击选取的符号，即可插入作为图形对象的特殊字符。

**提 示**

与添加作为文本对象的特殊字符不同的是，添加作为图形对象的特殊字符时可以对字符的大小进行设置，而作为文本对象的字符大小由文本的字体大小决定。

## 5.2.5 设置段落文本的其他格式

在 CorelDRAW 2018 中，用户可以对大段的文本进行设置，以使版面更加美观。

1. 设置首行缩进

首行缩进主要用来设置段落文本的首行相对于文本框左侧边框的缩进距离。首行缩进的范围为 0～25400mm。

下面将通过实例讲解如何设置首行缩进，具体操作步骤如下。

01 按 Ctrl+O 组合键，打开“素材\Cha05\设置首行缩进.cdr”素材文件，在工具箱中单击【文本工具】，然后选择所有的文本对象，如图 5-79 所示。

02 按 Ctrl+T 组合键，开启【文本属性】泊坞窗，在该泊坞窗中展开【段落】卷展栏，将首行缩进设置为 10mm，如图 5-80 所示。

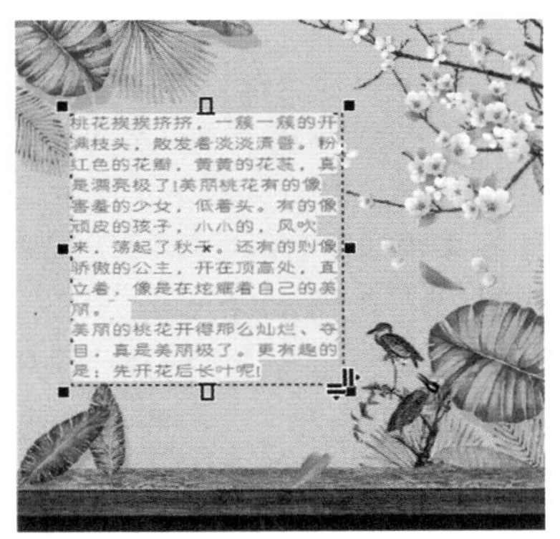

图 5-79 选择文本对象

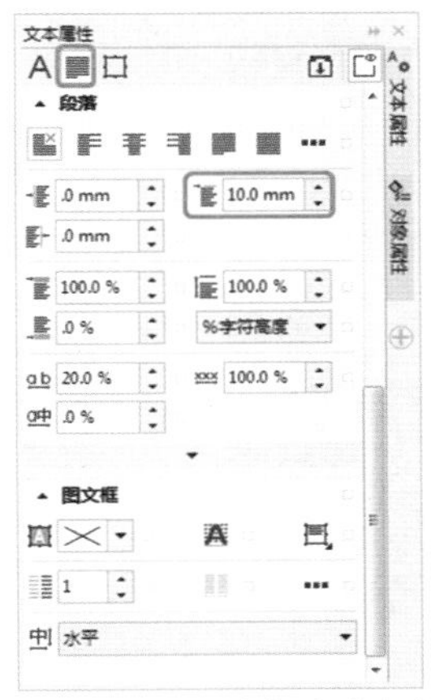


图 5-80 设置首行缩进参数

03 即可为选中的文字设置首行缩进，效果如图 5-81 所示。

图 5-81 完成效果

2. 设置首字下沉

首字下沉就是将段落文本中的第一个字或字母进行放大显示。用户可以通过【首字下沉】对话框自定义首字下沉格式。

下面将通过实例讲解如何设置首字下沉，

具体操作步骤如下。

01 按 Ctrl+O 组合键，打开“素材\Cha05\设置首字下沉.cdr”素材文件，然后在第一段文本的末端单击鼠标左键，如图 5-82 所示。

02 在菜单栏中选择【文本】|【首字下沉】命令，如图 5-83 所示。

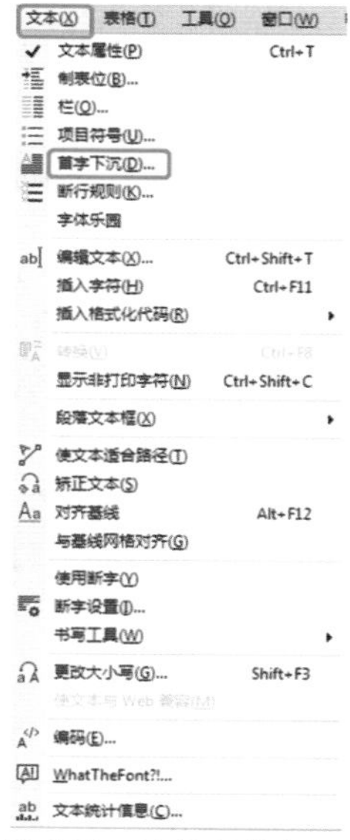

图 5-82　将鼠标指针置于第一个段落的结尾处　　图 5-83　选择【首字下沉】命令

03 弹出【首字下沉】对话框，在该对话框中选中【使用首字下沉】复选框，将【下沉行数】设置为 3，如图 5-84 所示。

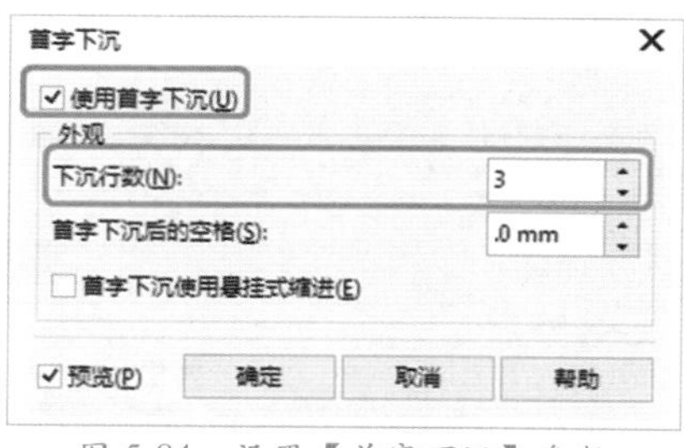

图 5-84　设置【首字下沉】参数

04 设置完成后，单击【确定】按钮，即可设置首字下沉，效果如图 5-85 所示。

### 3. 为段落文本添加项目符号

在 CorelDRAW 2018 中，用户可以在段落文本中添加项目符号，将一些没有顺序的段落文本内容编排成统一的风格，使版面井然有序。

在 CorelDRAW 2018 中使用项目符号来编排信息格式，可以将文本环绕在项目符号周围，也可以使项目符号与文本之间产生距离，形成悬挂式缩进。用户可以通过更改项目符号的大小、位置以及与文本的距离来自定义项目符号，还可以更改项目符号的间距。

下面将通过实例讲解如何为段落文本添加项目符号，具体操作步骤如下。

01 按 Ctrl+O 组合键，打开“素材\Cha05\为段落文本添加项目符号.cdr”素材文件，在文本对象中选择标题下方的文字对象，如图 5-86 所示。

图 5-85　首字下沉效果　　图 5-86　选择文字对象

02 在菜单栏中选择【文本】|【项目符号】命令，如图 5-87 所示。

03 弹出【项目符号】对话框，在该对话框中选中【使用项目符号】复选框，在【外观】选项组中将【字体】设置为【黑体】，在【符号】下拉列表框中选择一种项目符号，将【大小】设置为 50pt，如图 5-88 所示。

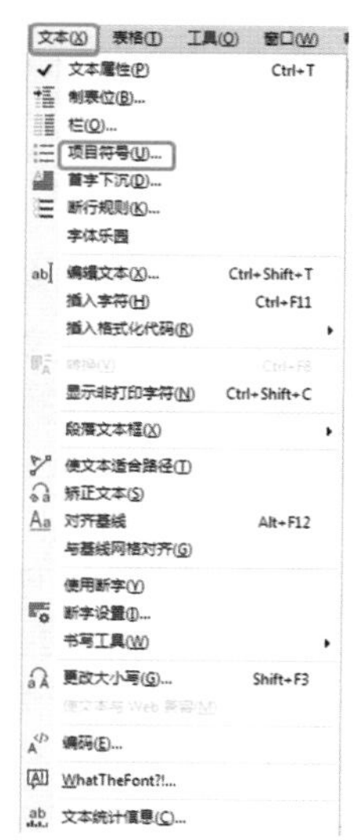

图 5-87　选择【项目符号】命令

04 设置完成后，单击【确定】按钮，即可为选中的文字添加项目符号，添加项目符号的效果如图 5-89 所示。

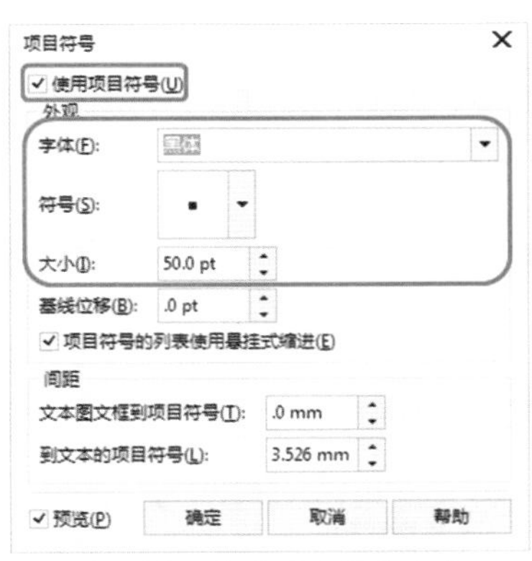


图 5-88 设置项目符号参数

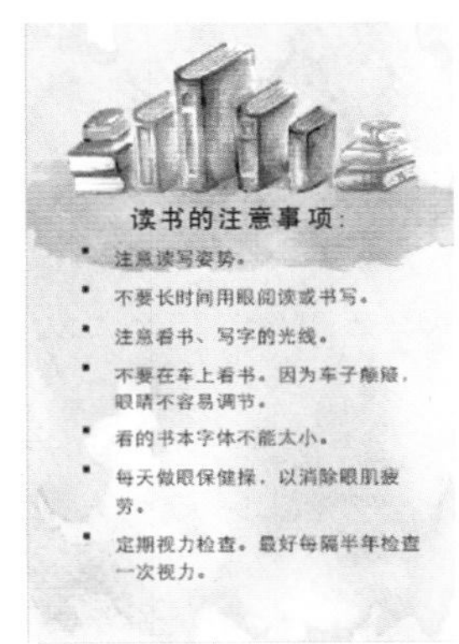


图 5-89 完成后的效果

## 5.2.6 链接段落文本

如果在当前工作页面中输入了大量的文本，可以将其分为不同的部分进行显示，还可以为其添加文本链接效果。链接文本框会将一个文本框中的溢出文本排列到另一个文本框中。如果调整链接文本框的大小，或改变文本的大小，则会自动调整下一个文本框中的文本量。可以在输入文本之前或之后链接文本框。

### 1. 创建框架之间的链接

在 CorelDRAW 2018 中，用户可以将一个框架中隐藏的段落文本放到另一个框架中。

下面将通过实例讲解如何创建框架之间的链接，具体操作步骤如下。

01 按 Ctrl+O 组合键，打开“素材 \Cha05\创建框架之间的链接 .cdr”素材文件，如图 5-90 所示。

02 在工具箱中选择【文本工具】，在工作区中绘制一个文本框，如图 5-91 所示。

图 5-90 打开的素材文件

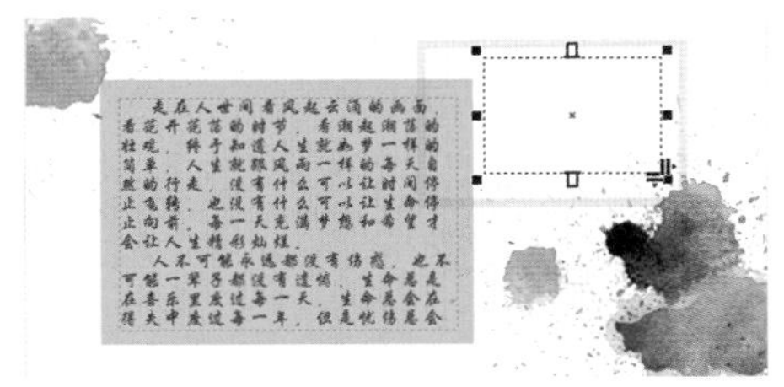

图 5-91 绘制文本框

03 使用【选择工具】，选中左侧文本框，然后使用鼠标单击文本框下方的黑色三角箭头，鼠标指针变为形状，拖动鼠标指针至新文本框的位置并单击，在新文本框中将显示在前一个文本框中被隐藏的文字，如图 5-92 所示。

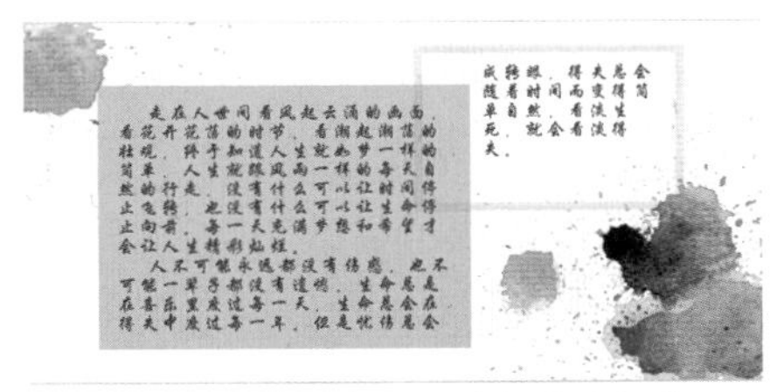

图 5-92 将文字移至其他文本框中

### 2. 创建文本框架和图形的链接

文本对象的链接不只限于段落文本框之间，段落文本框和图形对象之间也可以进行链接。当段落文本框的文本与未闭合路径的图形对象链接时，文本对象将会沿路径进行链接；当段落文本框中的文本内容与闭合路径的图形对象链接时，则会将图形对象作为文本框使用。

创建文本框架和图形链接的具体操作步骤如下。

01 按 Ctrl+O 组合键，打开“素材 \Cha05\创建文本框架和图形的链接 .cdr”素材文件，效果如图 5-93 所示。

02 在文本对象中选中第二段落的“晚安喔!”，将其字体大小设置为 45pt。然后在工具箱中单击【标注形状工具】，在场景中的合适位置创建对象，并将其填充为白色，如图 5-94 所示。

图 5-93　素材文件

图 5-94　绘制形状

03 在工具箱中单击【选择工具】，选择文本框然后单击文本框下方的三角按钮，将鼠标指针拖曳至创建的形状位置，如图 5-95 所示。

图 5-95　指针拖曳至创建的形状

04 当鼠标指针变为箭头时，单击鼠标左键，即可在文本与图形之间创建链接，创建链接后的效果如图 5-96 所示。

图 5-96　完成后的效果

### 3. 解除对象之间的链接

在 CorelDRAW 2018 中，不仅可以将文本对象进行链接，同样也可以解除对象之间的链接。

解除对象之间链接的具体操作步骤如下。

01 继续上个实例的操作，在场景中选择文本框对象，如图 5-97 所示。

图 5-97　选择文本框

02 在菜单栏中选择【对象】|【拆分段落文本】命令，如图 5-98 所示。

图 5-98　选择【拆分段落文本】命令

03 执行该操作后，即可解除链接，解除链接后的效果如图 5-99 所示。

图 5-99　解除链接后的显示效果

## 5.3 制作影院广告——文本的特殊操作

在实际创作中，仅仅依靠系统提供的字体进行设计创作会非常受限；即使安装大量的字体，也不一定能找到需要的字体效果。在这种情况下，设计师往往会在现有字体基础上，对文字进行创意性编辑。本案例将介绍如何制作影院广告，效果如图 5-100 所示。

图 5-100 电影节宣传海报

| 素材 | 素材 \Cha05\ 电影素材 01.png~ 电影素材 05.png |
|---|---|
| 场景 | 场景 \Cha05\ 制作影院广告——文本的特殊操作 .cdr |
| 视频 | 视频教学 \Cha05\5.3 制作影院广告——文本的特殊操作 .mp4 |

01 启动软件，按 Ctrl+N 组合键，在弹出的对话框中将【宽度】、【高度】分别设置为 908mm、454mm，将【渲染分辨率】设置为 300dpi，如图 5-101 所示。

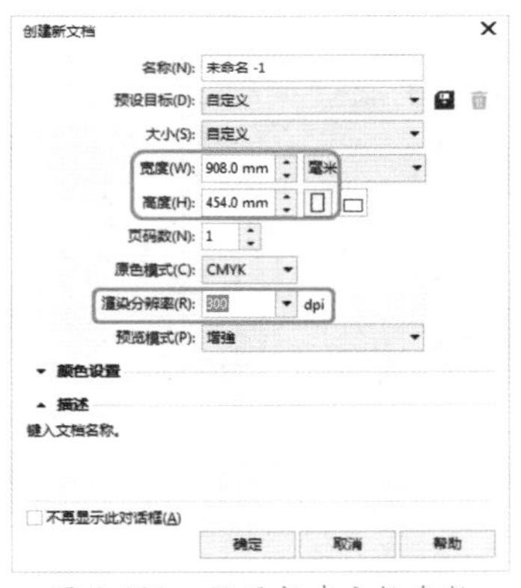

图 5-101 设置新建文档参数

02 单击【确定】按钮，在工具箱中单击【矩形工具】□，在工作区中绘制一个矩形，选中绘制的矩形，将【宽度】、【高度】分别设置为 908mm、454mm，如图 5-102 所示。

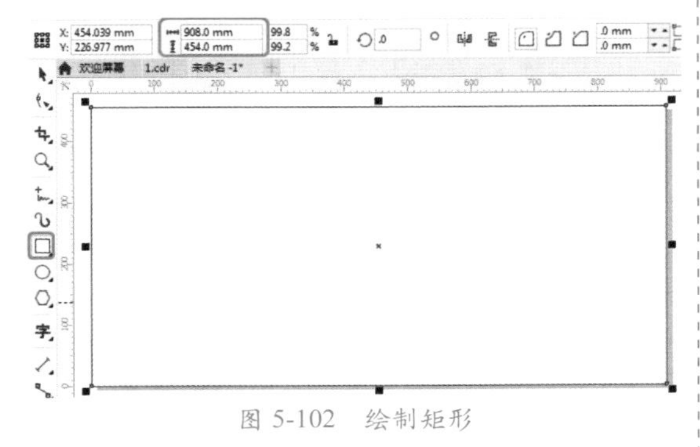

图 5-102 绘制矩形

03 选择绘制的矩形，按 Shift+F11 组合键，在弹出的对话框中将 CMYK 值设置为 0、85、18、0，如图 5-103 所示。

图 5-103 设置填充颜色

04 设置完成后，单击【确定】按钮，并在默认调色板上右键单击☒色块，取消轮廓线的填充，在工具箱中单击【钢笔工具】🖋，在工作区中绘制一个如图 5-104 所示的图形。

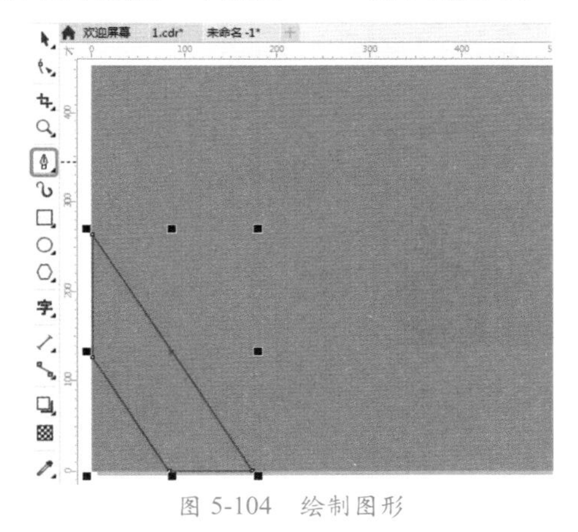

图 5-104 绘制图形

05 选中绘制的图形，按 Shift+F11 组合键，在弹出的对话框中将 CMYK 值设置为 29、100、25、0，如图 5-105 所示。

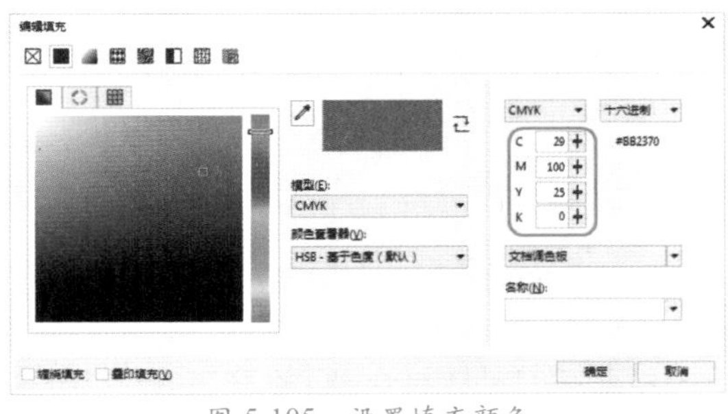

图 5-105 设置填充颜色

06 设置完成后，单击【确定】按钮，并在默认调色板上右键单击☒色块，取消轮廓线的填充，在工具箱中单击【钢笔工具】🖋，在工作区中绘制一个如图 5-106 所示的图形。

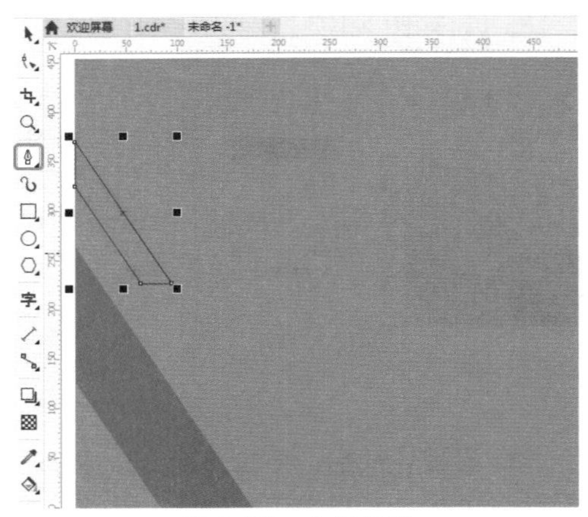

图 5-106　绘制图形

07 选中绘制的图形，按 Shift+F11 组合键，在弹出的对话框中将 CMYK 值设置为 8、100、100、0，如图 5-107 所示。

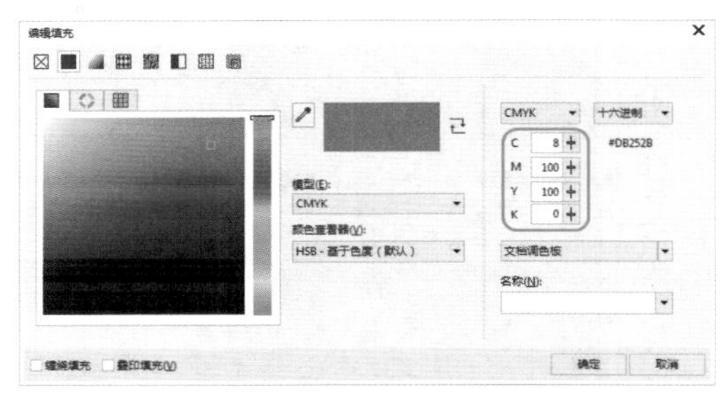

图 5-107　设置填充颜色

08 设置完成后，单击【确定】按钮，并在默认调色板上右键单击☒色块，取消轮廓线的填充。使用同样的方法在工作区中绘制其他图形，并对绘制的图形进行相应的设置，效果如图 5-108 所示。

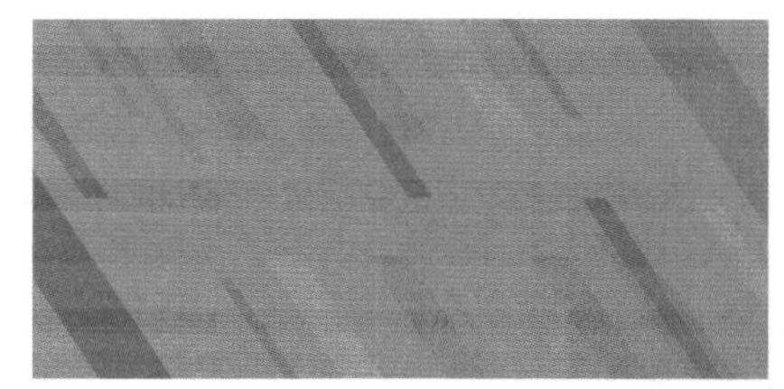

图 5-108　绘制其他图形后的效果

09 按 Ctrl+I 组合键，在弹出的对话框中选择“素材\Cha05\电影素材 01.png”素材文件，如图 5-109 所示。

10 单击【导入】按钮，在工作区中单击鼠标，将选中的素材文件导入文档中，并调整其位置与大小，效果如图 5-110 所示。

图 5-109　选择素材文件

图 5-110　导入素材文件并调整

11 使用同样的方法将“电影素材 02.png”“电影素材 03.png”素材文件导入文档中，并调整其位置与大小，效果如图 5-111 所示。

图 5-111　导入其他素材文件后的效果

12 在工具箱中单击【文本工具】字，在工作区中单击鼠标，输入文字，选中输入的文字，在【文本属性】泊坞窗中将【字体】设置为【汉真广标】，将【字体大小】设置为 390pt，将【文本颜色】设置为 0、0、0、0，如图 5-112 所示。

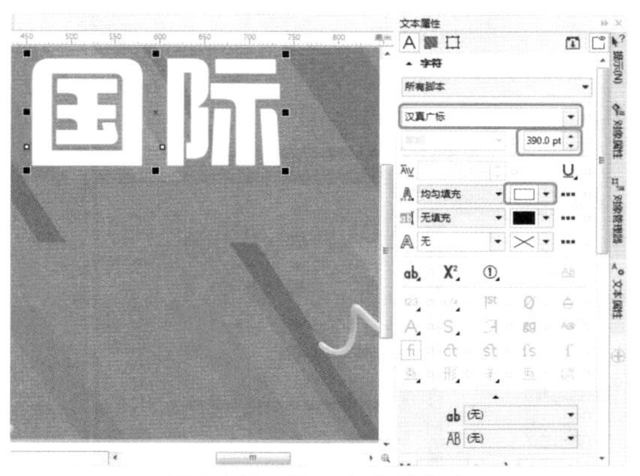

图 5-112 输入文字并设置

13 在【文本属性】泊坞窗中单击【段落】按钮，将【字符间距】设置为0，使用【选择工具】在工作区中选择文字对象，在工具属性栏中将【宽度】设置为317.28mm，效果如图5-113所示。

图 5-113 设置字符间距与文字宽度

14 使用同样的方法在其下方输入其他文字，并进行相应的设置，效果如图5-114所示。

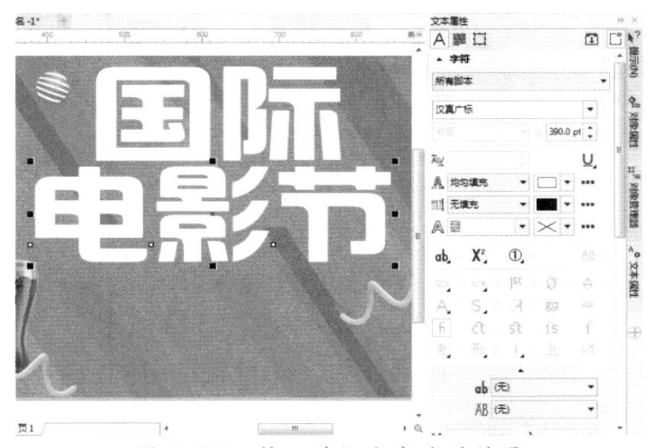

图 5-114 输入其他文字后的效果

15 使用【选择工具】在工作区中选择两个文字对象，右击鼠标，在弹出的快捷菜单中选择【转换为曲线】命令，如图5-115所示。

图 5-115 选择【转换为曲线】命令

**疑难解答** 将文字转换为曲线后还可以设置文字属性吗？

转换为曲线后的文字不能通过任何命令将其恢复成文本格式，所以在使用此命令前，一定要设置好所有文字的文本属性，或者最好在转换为曲线前对编辑好的文件进行备份。

16 在工具箱中单击【形状工具】，在工作区中对转换的曲线进行调整，调整后的效果如图5-116所示。

图 5-116 调整曲线后的效果

17 在工具箱中单击【选择工具】，在工作区中选择调整后的曲线对象，按Ctrl+G组合键将选中的对象进行编组，按F12键，在弹出的对话框中将【宽度】设置为8.9mm，单击【圆角】按钮，勾选【填充之后】、【随对象缩放】复选框，如图5-117所示。

18 设置完成后，单击【确定】按钮，在工具箱中单击【椭圆形工具】，在工作区中绘制一个圆形，选中绘制的圆形，在工具属性栏中将【宽度】、【高度】均设置为29.5mm，并为其任意填充一种颜色，取消轮廓填充，效果如图5-118所示。

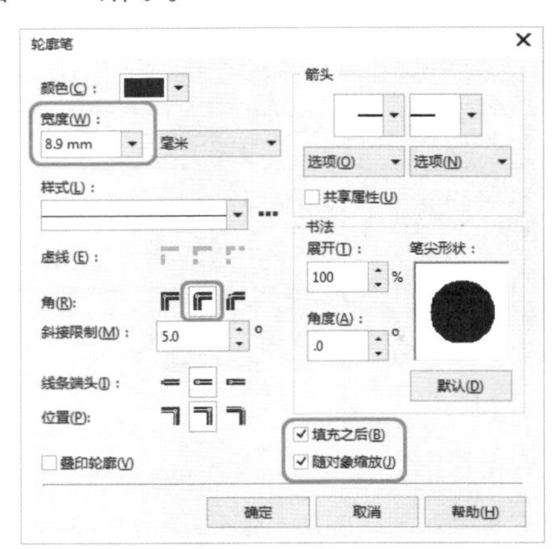


图5-117　设置轮廓笔参数

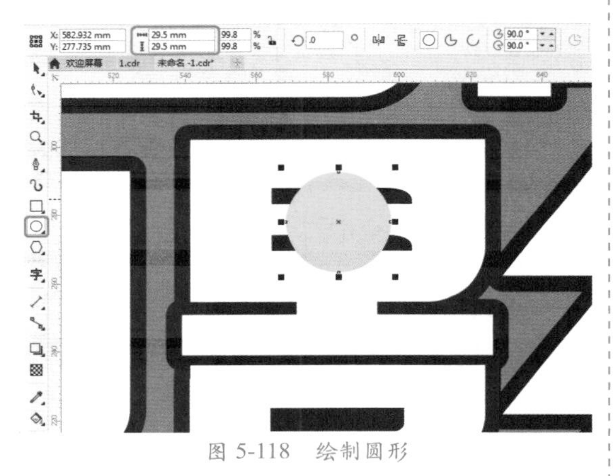

图5-118　绘制圆形

19 使用同样的方法在工作区中绘制其他圆形，效果如图5-119所示。

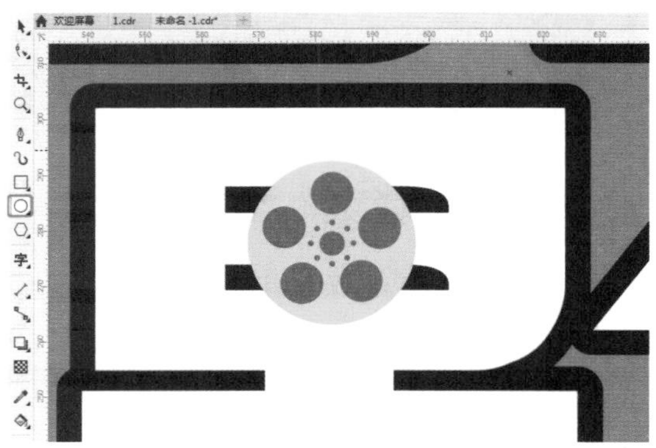

图5-119　绘制其他圆形后的效果

20 在工具箱中单击【选择工具】，在工作区中选择绘制的所有正圆形，右击鼠标，在弹出的快捷菜单中选择【合并】命令，如图5-120所示。

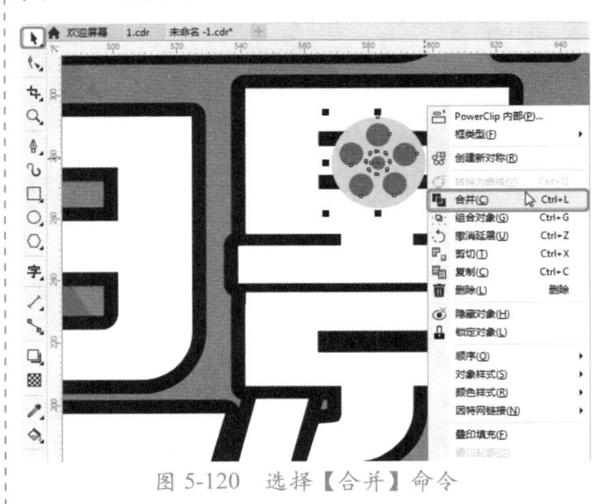


图5-120　选择【合并】命令

21 执行该操作后，即可将选中的对象进行合并，在工具箱中单击【椭圆形工具】，在工作区中绘制一个正圆形，选中绘制的正圆形，在工具属性栏中将【宽度】、【高度】均设置为33mm，将【填充颜色】设置为黑色，效果如图5-121所示。

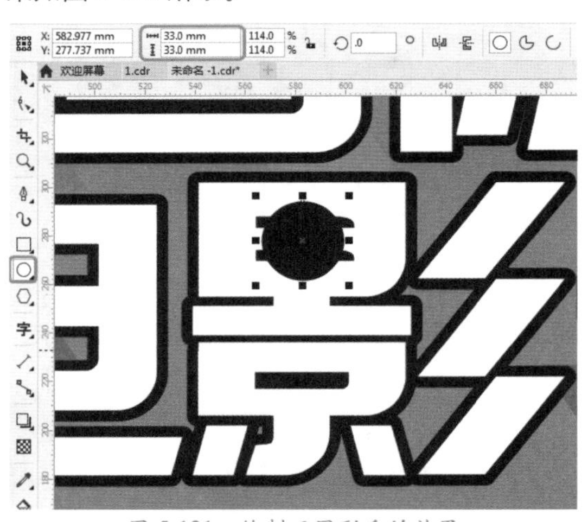

图5-121　绘制正圆形后的效果

22 使用【选择工具】选择绘制的正圆形，右击鼠标，在弹出的快捷菜单中选择【顺序】|【向后一层】命令，如图5-122所示。

23 执行该操作后，即可将选中的对象向后移一层，选中上面合并后的对象，将其填充设置为白色，如图5-123所示。

24 在工具箱中单击【文本工具】，在工作区中单击鼠标，输入文字，选中输入的文字，在【文本属性】泊坞窗中将【字体】设置为 Arial Black，将【字体样式】设置为【黑体】，将【字体大小】设置为 85pt，将【文本颜色】设置为 0、0、0、0，如图 5-124 所示。

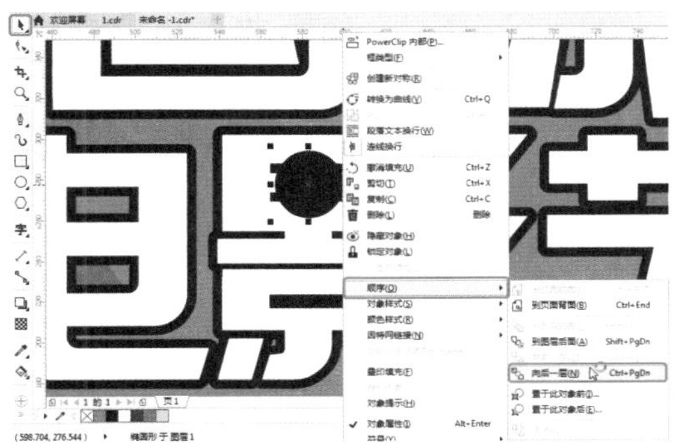

图 5-122　选择【向后一层】命令

图 5-123　改变填色后的效果

图 5-124　输入文字并进行设置

25 在【文本属性】泊坞窗中单击【段落】按钮，将【字符间距】设置为 -14%，将【字间距】设置为 66%，如图 5-125 所示。

26 按 F12 键打开【轮廓笔】对话框，将【宽度】设置为 8.9mm，单击【圆角】按钮，将【展开】设置为 80%，勾选【填充之后】、【随对象缩放】复选框，如图 5-126 所示。

27 设置完成后，单击【确定】按钮。使用前面介绍的方法绘制两个矩形，并对其进行相应的设置，调整其排放顺序，效果如图 5-127 所示。

图 5-125　设置段落参数

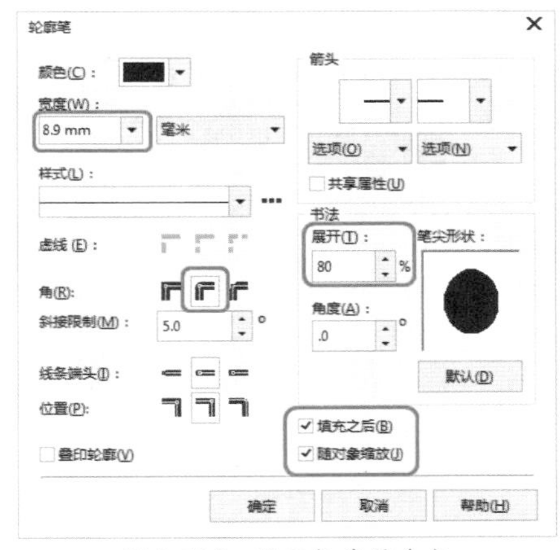


图 5-126　设置轮廓笔参数

图 5-127　绘制矩形并进行设置

28 在工作区中选择所有的文字对象与矩形，右击鼠标，在弹出的快捷菜单中选择【组合对象】命令，如图 5-128 所示。

29 选择组合后的对象，按小键盘上的 + 键，对其进行复制，选择复制的对象，将其填充颜色设置为黑色，并调整其大小，如图 5-129 所示。

图 5-128　选择【组合对象】命令

图 5-129　复制对象并调整

30 继续选中该对象，右击鼠标，在弹出的快捷菜单中选择【顺序】|【向后一层】命令，如图 5-130 所示。

图 5-130　选择【向后一层】命令

31 在工作区中选择所有的文字对象，在工具箱中单击【调和工具】，在【预设列表】中选择【直接 8 步长】，将【调和对象】设置为 40，如图 5-131 所示。

图 5-131　添加调和效果

32 使用前面介绍的方法输入其他文字，并创建其他图形，导入“电影素材 04.png”“电影素材 05.png”素材文件，效果如图 5-132 所示。

图 5-132　创建其他效果

## 5.3.1　检查文本的拼写、语法与同义词

在菜单栏中选择【文本】|【书写工具】|【拼写检查】命令，如图 5-133 所示，弹出【书写工具】对话框，在【检查】下拉列表框中选择【选定的文本】选项，然后单击【开始】按钮，即可对选定文本中的拼写错误或语法进行检查，如图 5-134 所示。

图 5-133　选择【拼写检查】命令

图 5-134 【书写工具】对话框

### 5.3.2 快速更正

【快速更正】命令可以自动更正拼写错误的单词和大写错误。使用【快速更正】命令的具体操作步骤如下。

01 在菜单栏中选择【文本】|【书写工具】|【快速更正】命令，如图 5-135 所示。

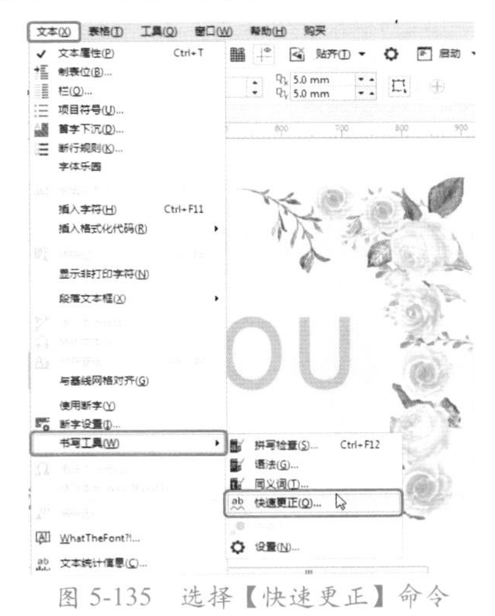

图 5-135 选择【快速更正】命令

02 弹出【选项】对话框，在该对话框中勾选【句首字母大写】复选框，如图 5-136 所示。

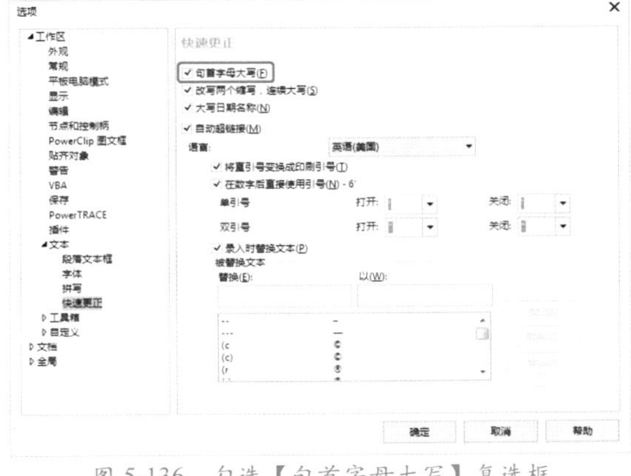

图 5-136 勾选【句首字母大写】复选框

03 设置完成后单击【确定】按钮，使用【文本工具】选择文本，然后再单击【选择工具】，即可将首字母大写，如图 5-137 所示。

图 5-137 文本对象的更正效果

### 5.3.3 查找与替换文本

CorelDRAW 2018 提供了查找与替换功能，以方便查找文本或将查找到的文本替换为所需的文本。

查找与替换文本的具体操作步骤如下。

01 按 Ctrl+O 组合键，在弹出的对话框中选择“素材\Cha05\缘定今生.cdr”素材文件，单击【打开】按钮，将其打开，如图 5-138 所示。

图 5-138 素材文件

02 在菜单栏中选择【编辑】|【查找并替换】|【替换文本】命令，如图 5-139 所示。

03 弹出【替换文本】对话框，在【查找】下拉列表框中输入“缘定”，然后单击【查找下一个】按钮，即可查找到输入的文字，如图 5-140 所示。

04 在【替换文本】对话框的【替换为】下拉列表框中输入用于替换的文本“情定”，如图 5-141 所示。

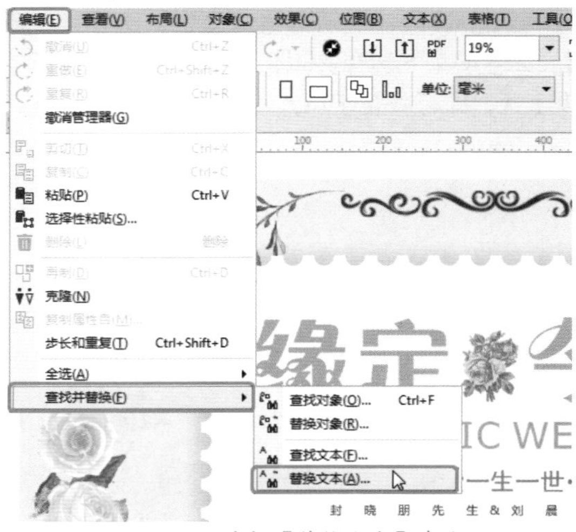

图 5-139　选择【替换文本】命令

图 5-140　输入文字并查找

图 5-141　输入替换文本

**提　示**

如果用户只查找文本，可以在菜单栏中选择【编辑】|【查找并替换】|【查找文本】命令，弹出【查找下一个】对话框，然后在【查找】下拉列表框中输入所要查找的文字，单击【查找下一个】按钮，即可查找到所需的文字。

05 单击【全部替换】按钮，弹出如图 5-142 所示的对话框，单击【确定】按钮，表示已经全部替换完成。

06 替换完成后，在【替换文本】对话框中单击【关闭】按钮，完成后的效果如图 5-143 所示。

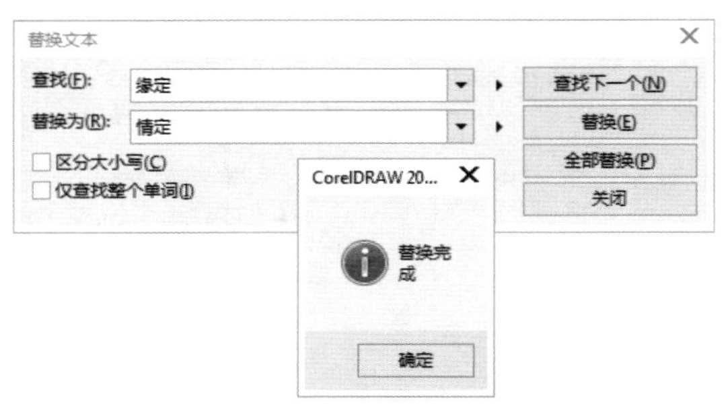

图 5-142　单击【确定】按钮

图 5-143　替换文本后的效果

### 5.3.4　将文本转换为曲线

在 CorelDRAW 2018 中可以将美术文本和段落文本转换为曲线，转换为曲线后的文字无法再进行编辑，具有图形的特性。

转换为曲线的文字，属于曲线图形对象，所以一般的设计工作中，在绘图方案定稿以后，通常需要对图形文档中的所有文字进行转曲处理，以保证在后续流程中打开文件时，不会出现因为缺少字体而不能显示出原本设计效果的问题。

要将文本对象转换为曲线，首先选择文本对象，然后单击鼠标右键，在弹出的快捷菜单中选择【转换为曲线】命令，即可将选中文本对象转换为曲线，如图 5-144 所示。转换为曲线后的文字可以用【形状工具】对其进行编辑，如图 5-145 所示。

**提　示**

除了上面讲解的方法外，用户还可以在菜单栏中选择【排列】|【转换为曲线】命令，或者按 Ctrl+Q 组合键。

图 5-144 选择【转换为曲线】命令

图 5-145 编辑效果

## 5.3.5 使文本适合路径

使用CorelDRAW中的文本适合路径功能，可以将文本对象嵌入不同类型的路径中，使文字具有更多变化的外观。此外，还可以设置文字排列的方式、文字的走向及位置等。

### 1. 直接将文字填入路径

直接将文字填入路径的具体操作步骤如下。

01 在工具箱中单击【基本形状工具】，在工具属性栏中选择心形形状，在工作区中绘制一个心形，如图 5-146 所示。

02 在工具箱中单击【文本工具】字，将鼠标指针移动到心形位置，当指针变为↳形状时单击鼠标左键，如图 5-147 所示。

03 输入文本，并对输入的文本进行相应的设置，输入文本后文字将沿着多边形的轮廓变化，如图 5-148 所示。

图 5-146 绘制心形



图 5-147 单击鼠标左键

图 5-148 文本显示效果

### 2. 用鼠标将文字填入路径

用鼠标将文字填入路径的具体操作步骤如下。

01 在工具箱中单击【基本形状工具】，在工具属性栏中选择水滴形状，在工作区中绘制一个水滴图形，如图 5-149 所示。

02 在工具箱中单击【文本工具】字，在文档中的合适位置输入文本对象，并对其进行相应的设置，输入效果如图 5-150 所示。

图 5-149　绘制水滴形状

图 5-150　输入文字并进行设置

03 在工具箱中单击【选择工具】，将鼠标指针移动到文字上，然后按住鼠标右键将其拖曳到曲线上，指针将变成如图 5-151 所示的形状。

图 5-151　移动文本对象

04 松开鼠标右键，在弹出的快捷菜单中选择【使文本适合路径】命令，如图 5-152 所示。

图 5-152　选择【使文本适合路径】命令

05 执行该操作后，即可将文本填入路径，效果如图 5-153 所示。

图 5-153　填入路径后的效果

### 3. 使用传统方式将文字填入路径

使用传统方式将文字填入路径的具体操作步骤如下。

01 在工具箱中单击【螺纹工具】，在工具属性栏中将【螺纹回圈】设置为 3，单击【对数螺纹】按钮，在工作区中绘制一个螺纹，如图 5-154 所示。

图 5-154　绘制螺纹

02 在工具箱中单击【文本工具】，在文档中的合适位置输入文本对象，并对其进行相应的设置，输入效果如图 5-155 所示。

图 5-155 输入文字

03 在工具箱中单击【选择工具】，选中输入的文本对象，在菜单栏中选择【文本】|【使文本适合路径】命令，如图 5-156 所示。

图 5-156 选择【使文本适合路径】命令

04 将鼠标指针移至螺纹路径上并单击鼠标左键，即可将文字沿螺纹路径放置，完成后的效果如图 5-157 所示。

图 5-157 移动至路径后的效果

## 5.3.6 文本绕图

文本绕图是指在图形外部沿着图形的外框形状排列文本。

下面将通过实例讲解如何将文本绕图，具体操作步骤如下。

01 按 Ctrl+O 组合键，在弹出的对话框中选择“素材 \Cha05\ 文本绕图 .cdr”素材文件，单击【打开】按钮，将其打开，如图 5-158 所示。

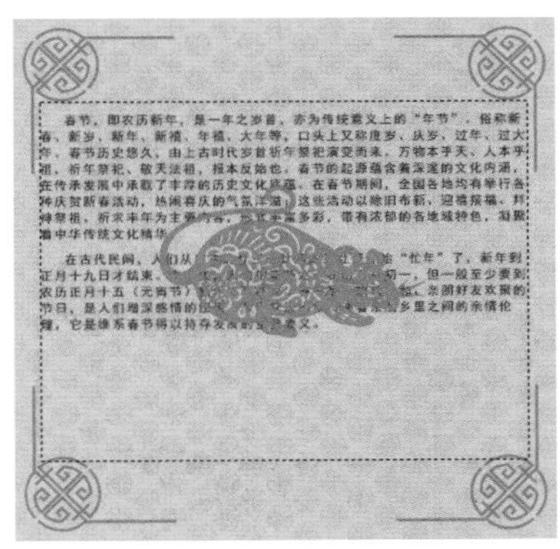

图 5-158 素材文件

02 在工作区中选择老鼠对象，右击鼠标，在弹出的快捷菜单中选择【段落文本换行】命令，如图 5-159 所示。

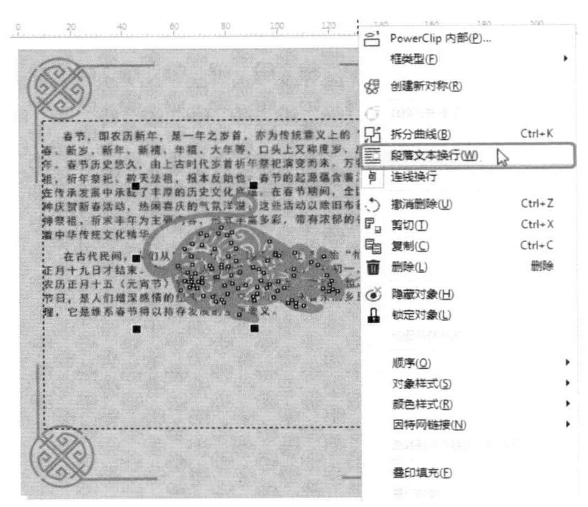

图 5-159 选择【段落文本换行】命令

03 段落文本换行后的显示效果如图 5-160 所示。

04 继续选中图片对象，在工具属性栏中单击【文本换行】按钮，在弹出的下拉菜单中选择文本换行的样式，如图 5-161 所示。

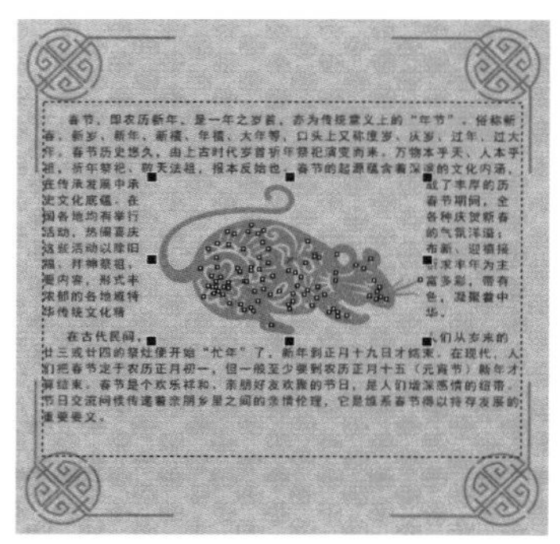
图 5-160　显示效果

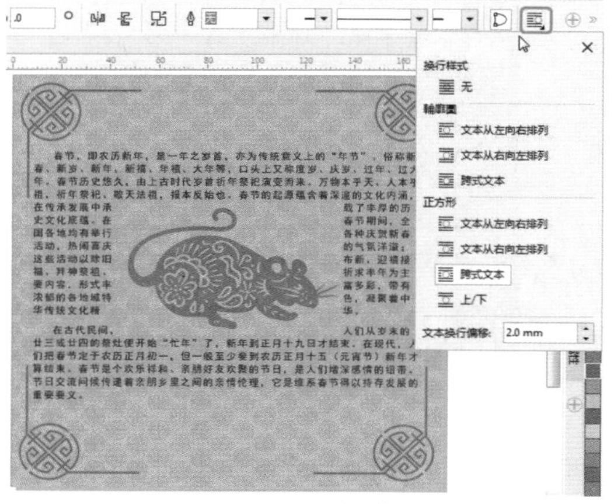
图 5-161　换行样式

05 在弹出的换行样式中可以对换行属性进行设置。如图 5-162 所示为分别选择轮廓图下的【文本从左向右排列】、【文本从右向左排列】和【跨式文本】选项后的排列效果。

图 5-162　换行样式显示效果

**提　示**

文本绕图功能不能应用于美术文本中。若要执行此项功能，必须先将美术文本转换为段落文本。

## 5.4 上机练习——制作促销宣传广告

促销就是商家开展的向消费者传递有关本企业及产品的各种信息，说服或吸引消费者购买其产品以扩大销售量的活动。常用的促销手段有广告、人员推销、网络营销、营业推广等。本节将介绍如何制作促销宣传广告，效果如图 5-163 所示。

图 5-163　促销宣传广告

| 素材 | 素材 \Cha05\ 促销素材 01.cdr~ 促销素材 06.cdr |
|---|---|
| 场景 | 场景 \Cha05\ 上机练习——制作促销宣传广告 .cdr |
| 视频 | 视频教学 \Cha05\5.4　上机练习——制作促销宣传广告 .mp4 |

01 启动软件，按 Ctrl+N 组合键，在弹出的对话框中将【宽度】、【高度】分别设置为 796mm、450mm，将【渲染分辨率】设置为 300dpi，如图 5-164 所示。

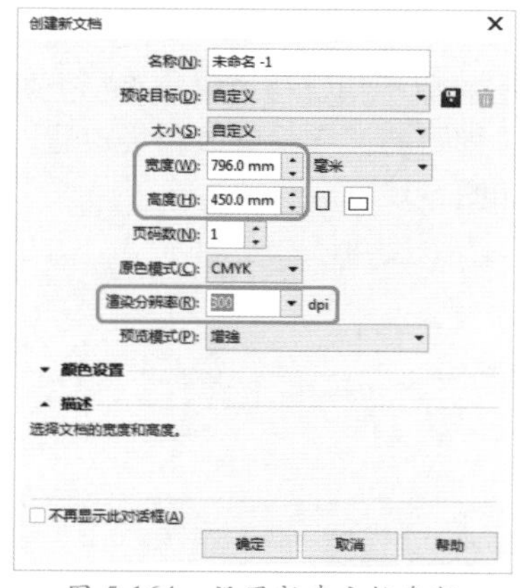

图 5-164　设置新建文档参数

02 设置完成后，单击【确定】按钮，在工具箱中单击【矩形工具】□，在工作区中绘制一个矩形，选中绘制的矩形，在工具属性栏中将【宽度】、【高度】分别设置为796mm、450mm，如图5-165所示。

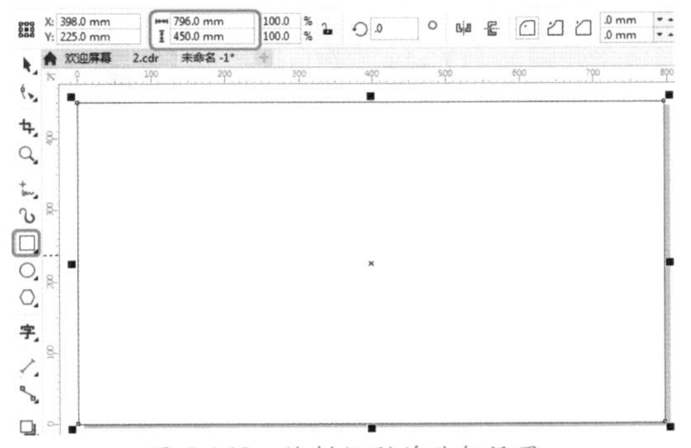

图 5-165 绘制矩形并进行设置

03 按Shift+F11组合键，在弹出的对话框中将CMYK值设置为24、0、0、0，如图5-166所示。

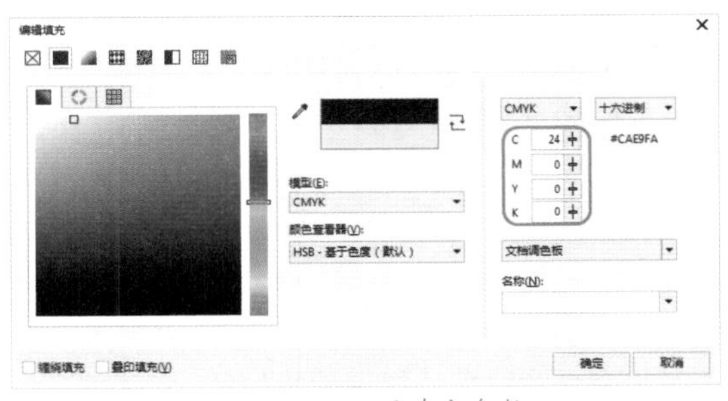

图 5-166 设置填充参数

04 设置完成后，单击【确定】按钮，并在默认调色板上右键单击☒色块，取消轮廓线的填充，按Ctrl+I组合键，在弹出的对话框中选择"素材\Cha05\促销素材01.cdr"素材文件，如图5-167所示。

05 单击【导入】按钮，在工作区中单击鼠标，将选中的素材文件导入文档中，并调整其位置与大小，效果如图5-168所示。

06 在工具箱中单击【矩形工具】□，在工作区中绘制一个矩形，选中绘制的矩形，在工具属性栏中将【宽度】、【高度】分别设置为597mm、337mm，如图5-169所示。

07 选中绘制的矩形，按Shift+F11组合键，在弹出的对话框中将CMYK值设置为47、14、0、0，如图5-170所示。

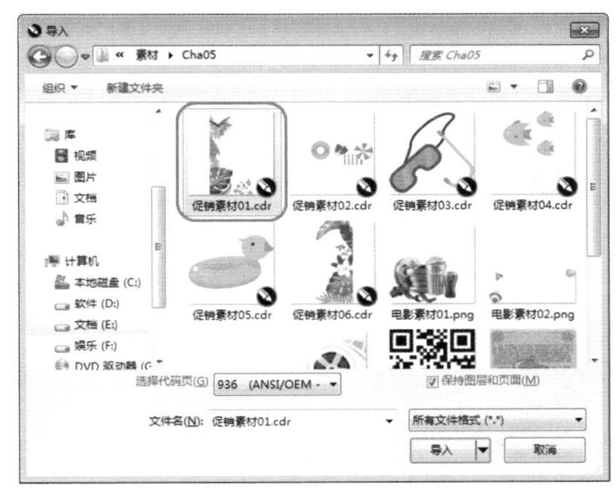

图 5-167 选择素材文件

图 5-168 导入素材文件

图 5-169 绘制矩形

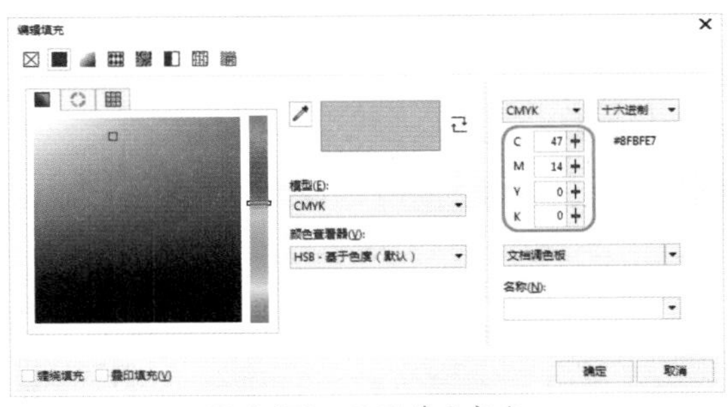

图 5-170 设置填充颜色

08 设置完成后，单击【确定】按钮，在默认调色板上右键单击☒色块，取消轮廓线的填充，在工具属性栏中将【旋转角度】设置为2.3°，如图5-171所示。

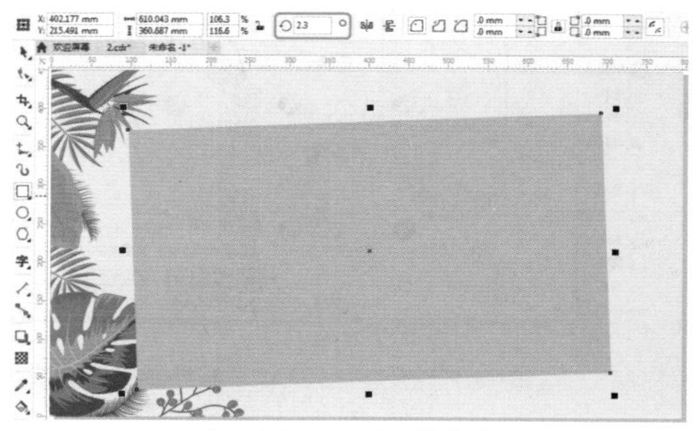

图5-171 设置旋转角度

09 继续选中该矩形，按小键盘上的+键，对其进行复制，在工具属性栏中将【旋转角度】设置为359°，并将其填充设置为白色，效果如图5-172所示。

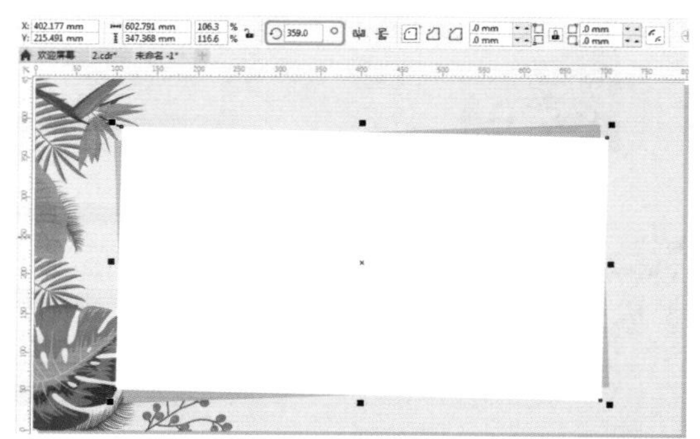

图5-172 复制图形并调整

10 根据前面介绍的方法将“促销素材02.cdr”素材文件导入文档中，并调整其位置与大小，效果如图5-173所示。

图5-173 导入素材文件

11 在工具箱中单击【文本工具】，在工作区中单击鼠标，输入文字，选中输入的文字，在【文本属性】泊坞窗中将【字体】设置为【黑体-繁】，将【字体大小】设置为280pt，如图5-174所示。

图5-174 输入文字并进行设置

12 使用同样的方法在工作区中输入其他文字，并对文字进行相应的旋转，效果如图5-175所示。

图5-175 输入其他文字并调整后的效果

13 在工具箱中单击【钢笔工具】，在工作区中绘制两个如图5-176所示的图形，并为其填充任意颜色，取消轮廓颜色。

图5-176 绘制图形

14 在工具箱中单击【选择工具】，在工作区中选择四个文字对象，右击鼠标，在弹出的快捷菜单中选择【转换为曲线】命令，如图5-177所示。

15 在工作区中选择“特”文字对象与绘制的两个图形，按Ctrl+L组合键将选中的对象进行合并，使用同样的方法在工作区中对其他文字进行调整，效果如图 5-178 所示。

图 5-177 选择【转换为曲线】命令

图 5-178 合并对象

16 在工作区中选择“特”“促”“销”三个曲线对象，按 Shift+F11 组合键，在弹出的对话框中将 CMYK 值设置为 63、14、0、0，如图 5-179 所示。

图 5-179 设置填充颜色

17 设置完成后，单击【确定】按钮，继续选中三个对象，按小键盘上的 + 键对其进行复制，将复制对象的颜色值更改为 29、0、0、0，右击鼠标，在弹出的快捷菜单中选择【顺序】|【置于此对象前】命令，如图 5-180 所示。

18 执行该操作后，当鼠标指针变为➧形状时，在黄色泳圈对象上单击鼠标，调整排放顺序，并在工作区中调整其位置，效果如图 5-181 所示。

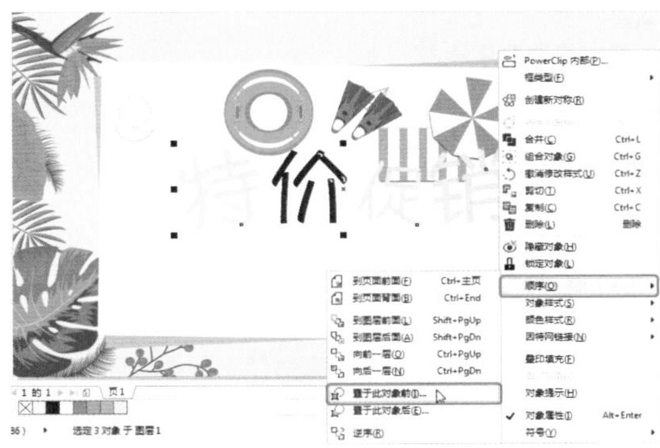

图 5-180 选择【置于此对象前】命令

图 5-181 调整顺序和位置后的效果

**疑难解答** 如何快速地调整排放顺序？

用户可以在工作区中选择要调整顺序的对象，然后在【对象管理器】泊坞窗中按住鼠标向上或向下进行拖动，在合适的位置释放鼠标，即可快速地调整对象的排放顺序。

19 在工具箱中单击【椭圆形工具】◯，在工作区中绘制一个圆形，选中绘制的圆形，在工具属性栏中将【宽度】、【高度】均设置为 114.3mm，效果如图 5-182 所示。

图 5-182 绘制圆形并进行设置

20 继续选中绘制的圆形，按 Shift+F11

组合键，在弹出的对话框中将 CMYK 值设置为 63、14、0、0，如图 5-183 所示。

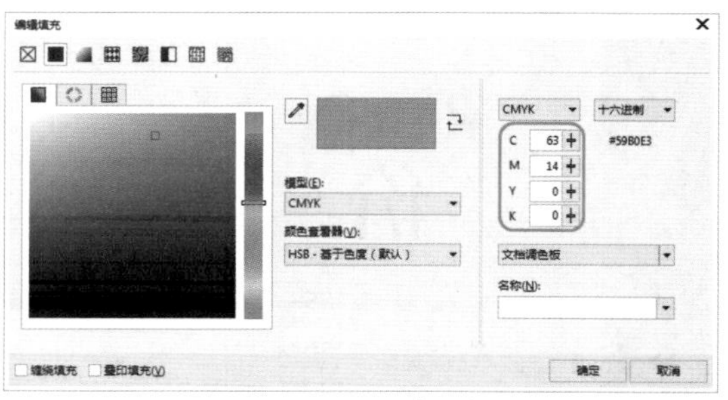


图 5-183　设置填充颜色

21 设置完成后，单击【确定】按钮，在默认调色板上右键单击☒色块，取消轮廓线的填充，并将该正圆形向后调整排放顺序。在工作区中选择“价”曲线对象，将其填充为白色，效果如图 5-184 所示。

图 5-184　调整排放顺序并调整对象颜色

22 在工作区中再次选择绘制的正圆形，按小键盘上的 + 键，对其进行复制，将其填充颜色设置为 29、0、0、0，并调整其排放顺序，效果如图 5-185 所示。

图 5-185　复制图形并进行调整

23 在工具箱中单击【选择工具】，在工作区中选择“特”“价”“促”“销”与前方的圆形对象，按小键盘上的 + 键对其进行复制，按 Ctrl+G 组合键将复制的对象进行编组，如图 5-186 所示。

24 继续选中编组后的对象，按 F12 键，在弹出的对话框将【宽度】设置为 40mm，将【颜色】设置为 63、14、0、0，单击【圆角】按钮，勾选【随对象缩放】复选框，如图 5-187 所示。

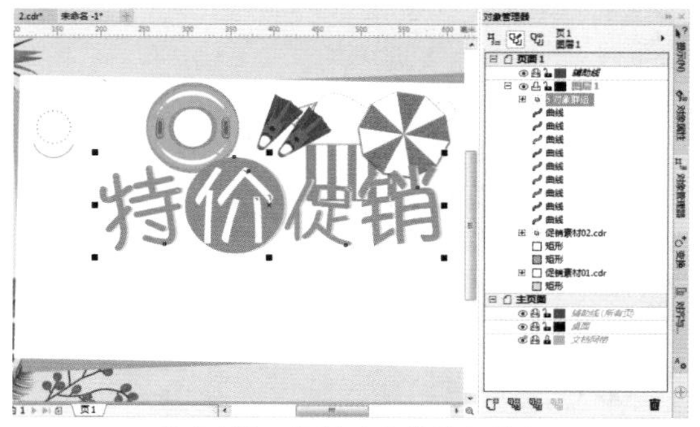


图 5-186　复制对象并进行编组

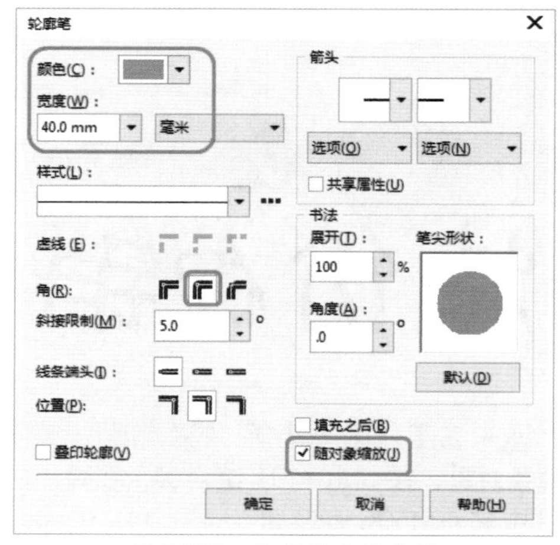


图 5-187　设置轮廓笔参数

25 设置完成后，单击【确定】按钮，在该对象上右击鼠标，在弹出的快捷菜单中选择【顺序】|【置于此对象前】命令，如图 5-188 所示。

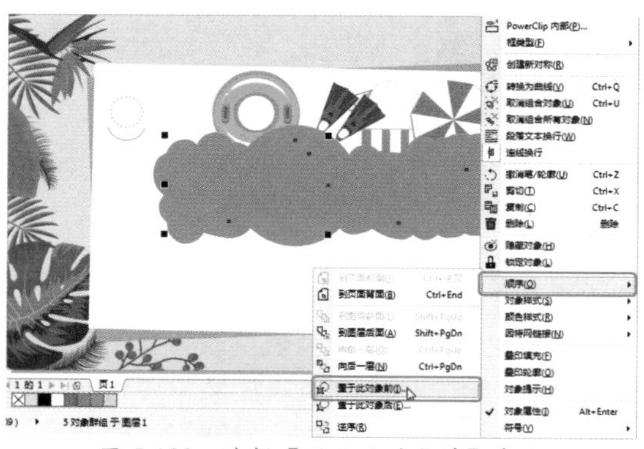

图 5-188　选择【置于此对象前】命令

26 执行该操作后，当鼠标指针变为➧形

状时，在黄色泳圈对象上单击鼠标，调整排放顺序。继续选中该对象，按小键盘上的 + 键，对其进行复制，选择复制的对象，按 F12 键，在弹出的对话框中将【颜色】设置为 0、0、0、0，将【宽度】设置为 35mm，如图 5-189 所示。

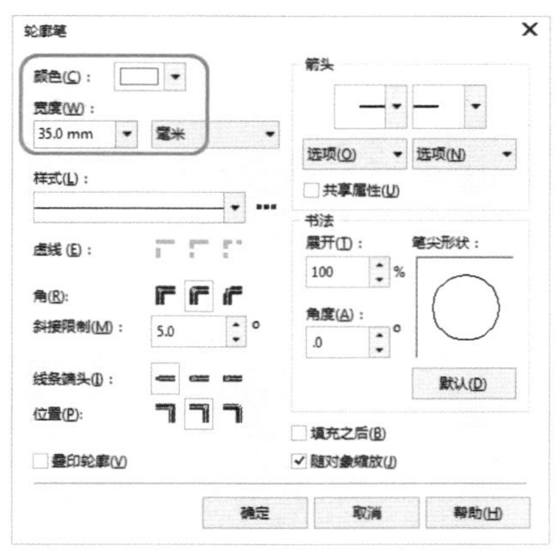

图 5-189　复制对象并调整轮廓笔参数

27 设置完成后，单击【确定】按钮，在工作区中选择如图 5-190 所示的对象。

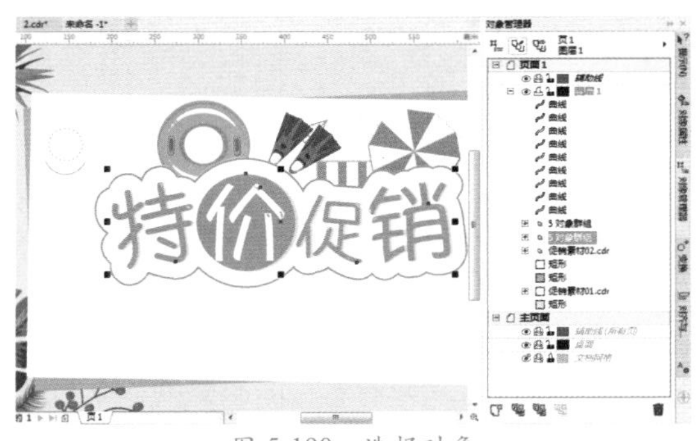

图 5-190　选择对象

28 按小键盘上的 + 键对选中对象进行复制，选中复制的对象，按 F12 键，在弹出的对话框中将【颜色】设置为 29、0、0、0，如图 5-191 所示。

29 设置完成后，单击【确定】按钮，根据前面介绍的方法调整该对象的排放顺序，并调整其位置，效果如图 5-192 所示。

30 在工具箱中单击【矩形工具】□，在工作区中绘制一个矩形，选中绘制的矩形，在工具属性栏中将【宽度】、【高度】分别设置为 23mm、120.5mm，如图 5-193 所示。

31 按 Shift+F11 组合键，在弹出的对话框中将 CMYK 值设置为 24、0、0、0，如图 5-194 所示。

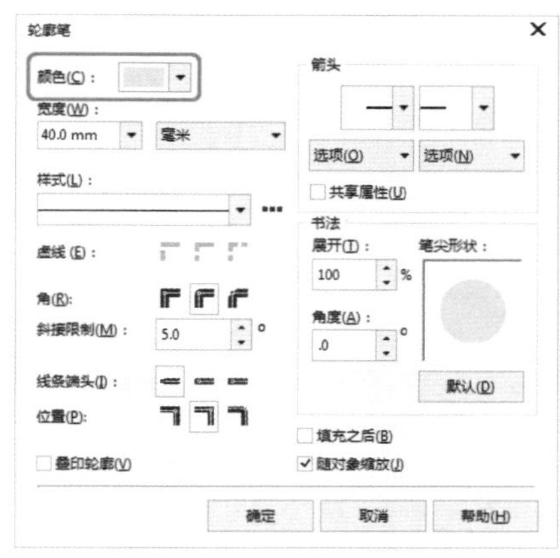

图 5-191　修改轮廓笔参数

图 5-192　调整对象后的效果

图 5-193　绘制矩形

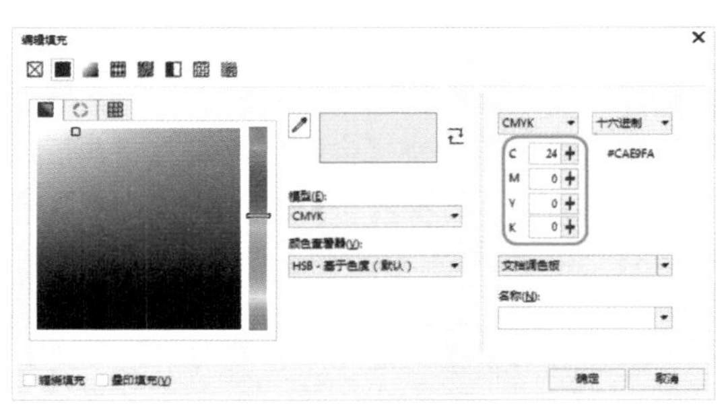

图 5-194　设置填充颜色

32 设置完成后，单击【确定】按钮，按F12键，在弹出的对话框中将【颜色】设置为58、18、0、0，将【宽度】设置为0.75mm，如图5-195所示。

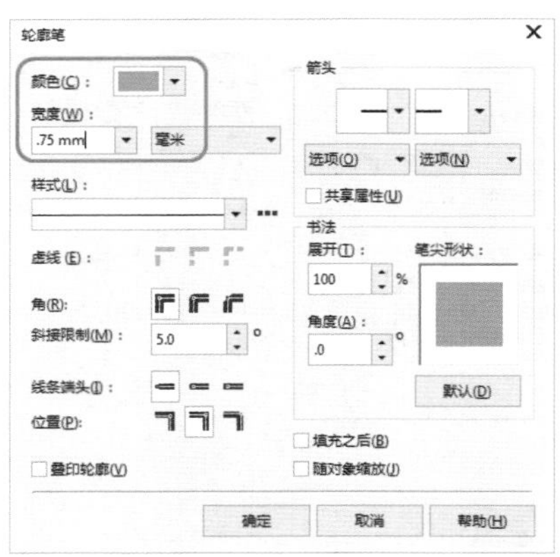

图 5-195 设置轮廓笔参数

33 设置完成后，单击【确定】按钮，选中该对象，按小键盘上的+键对其进行复制并调整位置，将其填充颜色设置为白色，按F12键，在弹出的对话框中将【宽度】设置为2mm，如图5-196所示。

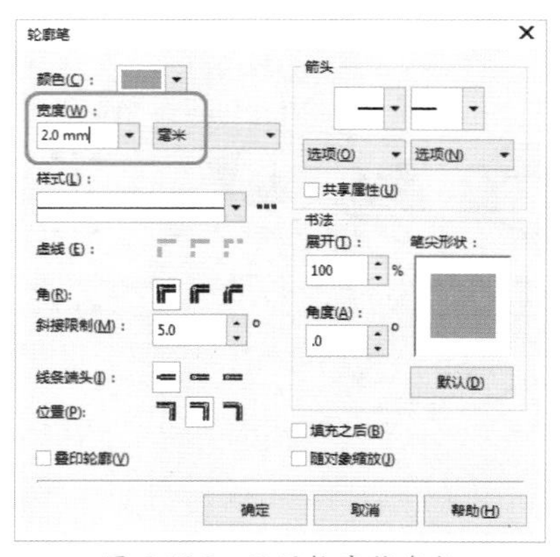

图 5-196 设置轮廓笔参数

34 设置完成后，单击【确定】按钮，在工具箱中单击【文本工具】，在工作区中单击鼠标，输入文字，选中输入的文字，在【文本属性】泊坞窗中将【字体】设置为【方正粗倩简体】，将【字体大小】设置为40.5pt，将【文本颜色】设置为58、18、0、0，如图5-197所示。

35 在【段落】选项卡中将【字符间距】设置为38.5%，在【图文框】选项卡中将【文本方向】设置为【垂直】，并在工作区中调整其位置，效果如图5-198所示。

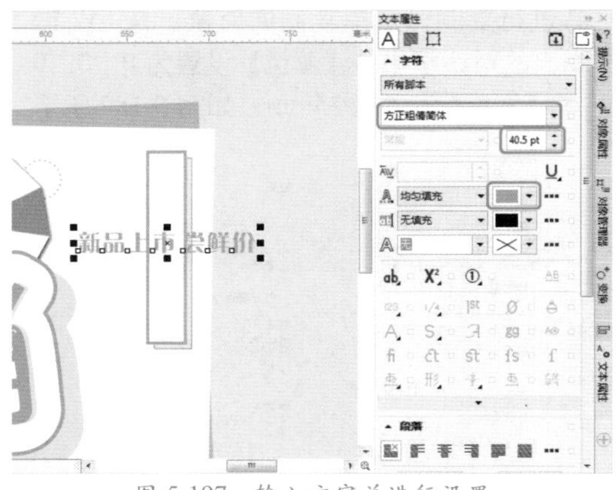

图 5-197 输入文字并进行设置

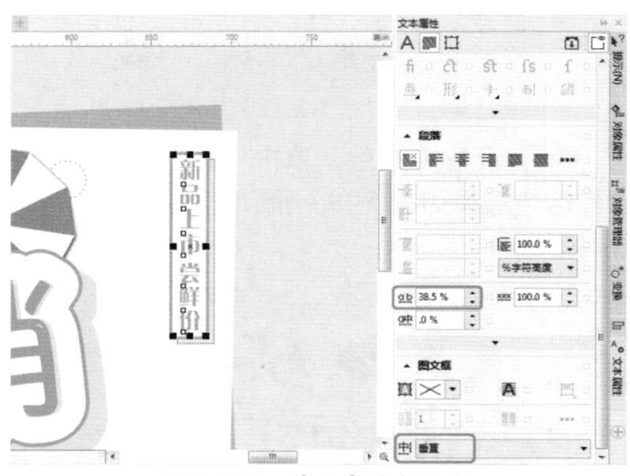

图 5-198 对文字进行调整

36 根据前面介绍的方法创建其他图形与文字，并进行相应的调整，然后将其他素材文件导入文档中，效果如图5-199所示。

图 5-199 创建其他对象后的效果

## 5.5 习题与训练

1. 如何输入段落文本？
2. 如何精确地调整文本间距？
3. 如何将文本转换为曲线对象？

# 第6章 宣传单设计——图形的高级编辑与处理

宣传单又称宣传单页，是商家用于宣传自己的一种印刷品，一般为单张双面印刷或单面印刷，单色或多色印刷，材质有传统的铜版纸和现在流行的餐巾纸。

**基础知识**

- 放置 PowerClip 图文框
- 编辑 PowerClip 的内容

**重点知识**

- 合并图标
- 移除前面对象

**提高知识**

- 橡皮擦工具
- 修剪图形

宣传单是一种常见的现代信息传播工具，它可以通过具体、生动的形式向对方传递信息，因此要求设计人员思路清晰，拥有丰富的创意，制作出风格独特的宣传单。

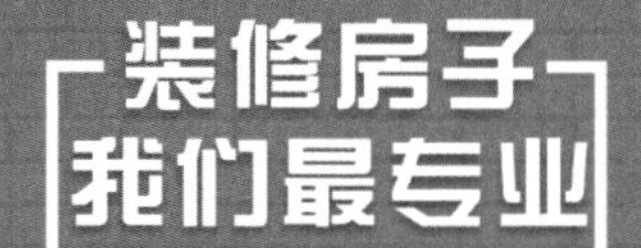

## 6.1 制作装修宣传单——裁剪图形

装修又称装潢或装饰，是指在一定区域和范围内进行的，包括水电施工、墙体、地板、天花板、景观等，依据一定设计理念和美观规则形成的一整套施工方案和设计方案，效果如图 6-1 所示。

图 6-1 装修宣传单

| 素材 | 素材 \Cha06\ 装修背景图 .jpg、装修 1.jpg~ 装修 4.jpg、二维码 .png |
|---|---|
| 场景 | 场景 \Cha06\ 制作装修宣传单——裁剪图形 .cdr |
| 视频 | 视频教学 \Cha06\6.1 制作装修宣传单——裁剪图形 .mp4 |

01 按 Ctrl+N 组合键，弹出【创建新文档】对话框，将【单位】设置为毫米，【宽度】和【高度】分别设置为 95mm、143mm，【原色模式】设置为 CMYK，【渲染分辨率】设置为 300dpi，单击【确定】按钮，如图 6-2 所示。

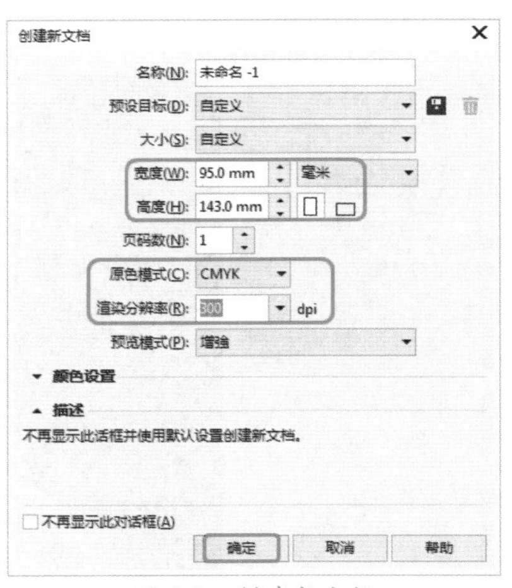


图 6-2 创建新文档

02 按 Ctrl+I 组合键，弹出【导入】对话框，选择“素材 \Cha06\ 装修背景图 .jpg”素材文件，单击【导入】按钮，如图 6-3 所示。

图 6-3 导入素材文件

03 选择素材文件，在工具属性栏中将【宽度】、【高度】分别设置为 95mm、143mm，如图 6-4 所示。

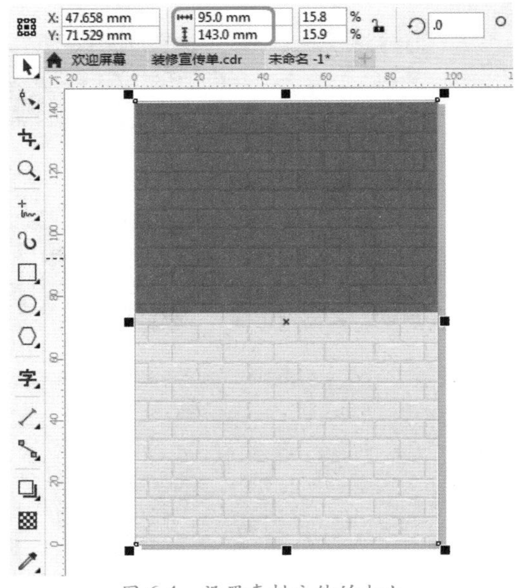


图 6-4 设置素材文件的大小

04 用【钢笔工具】绘制线段，将【轮廓宽度】设置为 1.7mm，【轮廓颜色】设置为白色，如图 6-5 所示。

05 使用【文本工具】输入文本，将【字体】设置为【方正综艺简体】，【字体大小】设置为 40pt，【填充颜色】设置为白色，如图 6-6 所示。

06 在工具箱中单击【阴影工具】按钮 ，在“装修房子”文本上拖动鼠标，在工具属性栏中将【阴影偏移】设置为 -0.026 mm、-0.882 mm，【透明度】设置为 90，【阴影羽化】设置为 20，【阴影颜色】的 CMYK 值设置为 66、58、55、4，【合并模式】设置为【底纹化】，如图 6-7 所示。

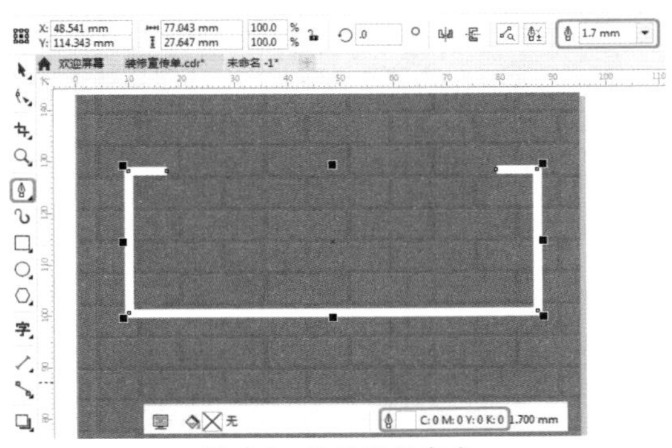

图 6-5 设置线段宽度

图 6-6 设置文本参数

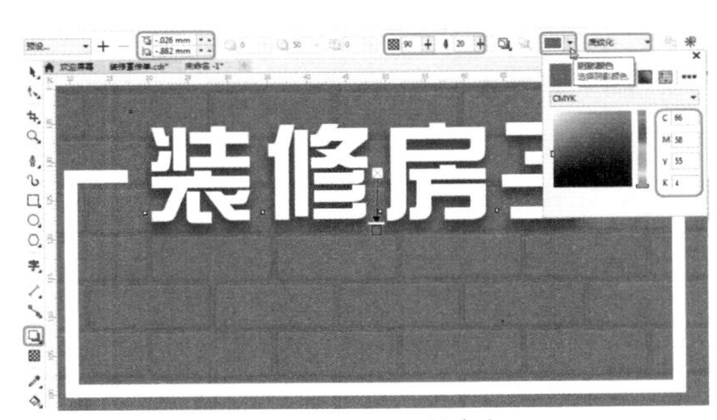

图 6-7 设置阴影参数

07 使用【文本工具】 输入文本，对文本进行相同的设置，效果如图 6-8 所示。

08 使用【文本工具】 输入文本，将【字体】设置为【微软雅黑】，【字体大小】设置为 11pt，在调色板中分别设置文本的颜色为白色和黄色，如图 6-9 所示。

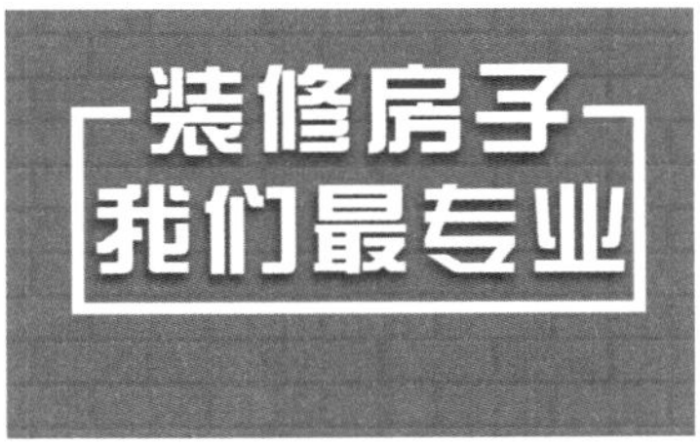

装修房子
我们最专业

图 6-8 制作完成后的效果

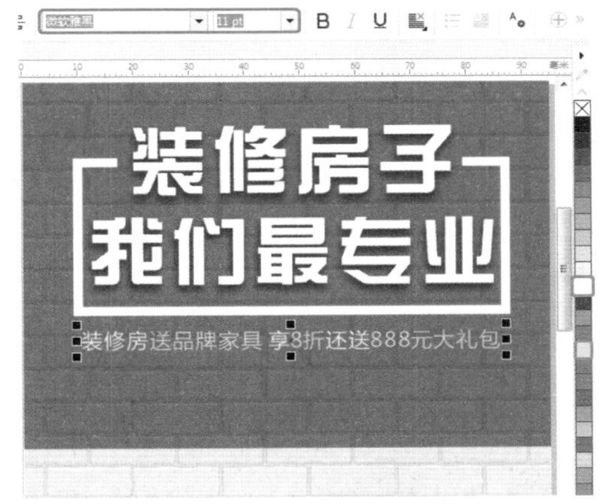


图 6-9 在调色板中设置文本颜色

09 使用【钢笔工具】 绘制线段，将【轮廓宽度】设置为 0.3mm，【轮廓色】设置为白色，如图 6-10 所示。

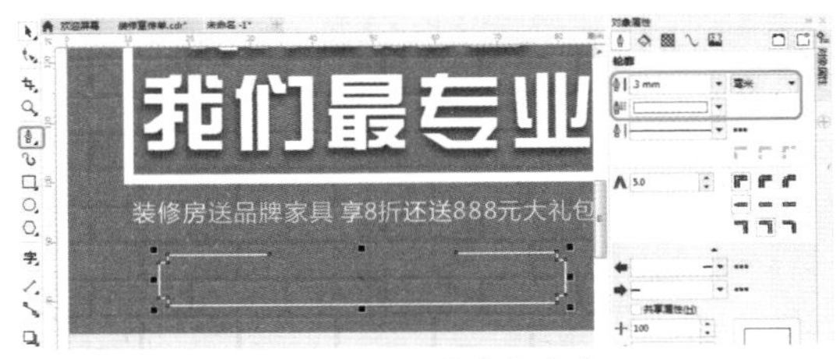


图 6-10 设置线段参数

10 使用【文本工具】 输入文本，将【字体】设置为【汉仪粗宋简】，【字体大小】设置为 15pt，【填充颜色】设置为白色，如图 6-11 所示。

图 6-11 设置文本参数

**疑难解答** 怎么使用调色板?

最直接的纯色均匀填充就是用调色板进行填充，默认情况下调色板位于窗口的右侧，在调色板中集合了多种常用的颜色，而且在 CorelDRAW 中提供了多个预设的调色板，执行【窗口】|【调色板】命令，在子菜单中可以选择其他调色板。

11 使用【文本工具】输入文本，将【字体】设置为【经典粗宋简】，【字体大小】设置为 12.5pt，【填充颜色】设置为白色，如图 6-12 所示。

图 6-12　设置文本参数

12 使用【矩形工具】□绘制矩形，将【宽度】、【高度】分别设置为 16mm、3.9mm，【圆角半径】设置为 0.45mm，如图 6-13 所示。

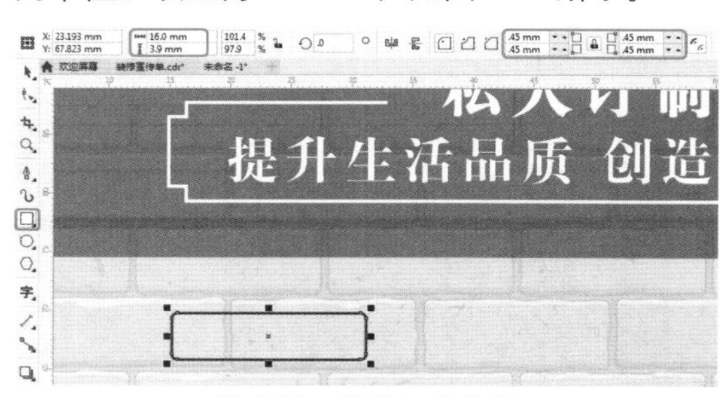


图 6-13　设置矩形参数

13 按 Shift+F11 组合键，弹出【编辑填充】对话框，将 CMYK 值设置为 0、100、60、0，单击【确定】按钮，如图 6-14 所示。

图 6-14　设置填充颜色

14 将【轮廓颜色】设置为白色，使用【文本工具】字输入文本，【字体】设置为【方正兰亭粗黑简体】，【字体大小】设置为 8.3pt，【填充颜色】设置为白色，如图 6-15 所示。

图 6-15　设置文本参数

15 使用同样的方法，制作其他内容，效果如图 6-16 所示。

图 6-16　制作完成后的效果

16 使用【矩形工具】□绘制矩形，将【宽度】、【高度】分别设置为 15.8mm、10.5mm，【圆角半径】设置为 2mm，如图 6-17 所示。

图 6-17　设置矩形参数

17 按 Ctrl+I 组合键，弹出【导入】对话框，选择“素材\Cha06\装修 1.jpg”素材文件，单击【导入】按钮，如图 6-18 所示。

18 选择素材文件，将【宽度】、【高度】分别设置为 18mm、11mm，如图 6-19 所示。

19 在素材图片上单击鼠标右键，在弹出的快捷菜单中选择【顺序】|【向后一层】命令，如图 6-20 所示。

图 6-18 导入素材文件

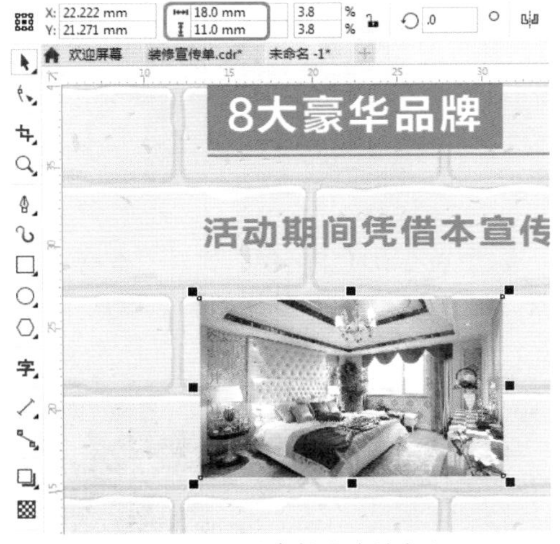


图 6-19 设置素材图片的大小

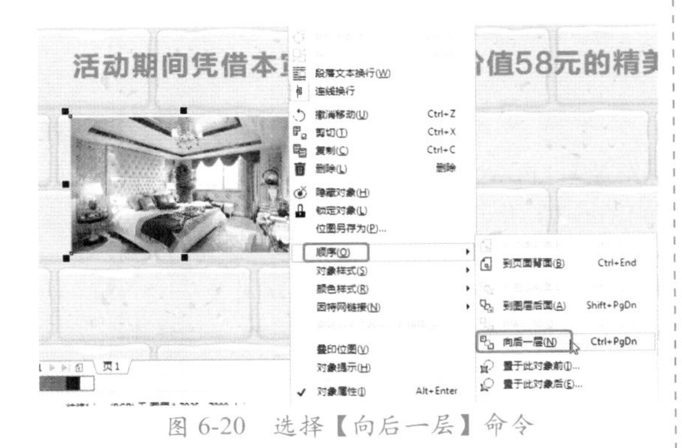


图 6-20 选择【向后一层】命令

20 在素材图片上单击鼠标右键，在弹出的快捷菜单中选择【PowerClip 内部】命令，如图 6-21 所示。

21 在绘制的圆角矩形上单击鼠标左键，在调色板中右键单击白色色块□，将圆角矩形的轮廓颜色设置为白色。使用同样的方法制作如图 6-22 所示的其他内容。

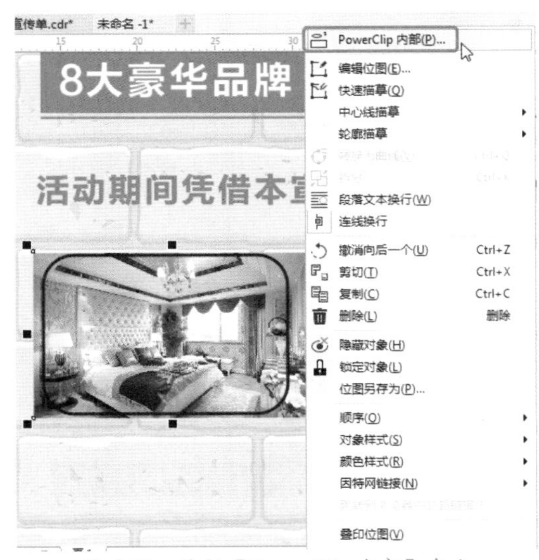


图 6-21 选择【PowerClip 内部】命令

图 6-22 制作完成后的效果

22 使用【文本工具】字输入文本，将【字体】设置为【方正兰亭粗黑简体】，【字体大小】设置为 6.5pt，如图 6-23 所示。

图 6-23 设置文本参数

23 按 Shift+F11 组合键，弹出【编辑填充】对话框，将 CMYK 值设置为 0、100、60、0，单击【确定】按钮，如图 6-24 所示。

24 使用同样的方法制作如图 6-25 所示的内容。

25 按 Ctrl+I 组合键，弹出【导入】对话框，选择“素材 \Cha06\ 二维码 .png”素材文件，单击【导入】按钮，如图 6-26 所示。

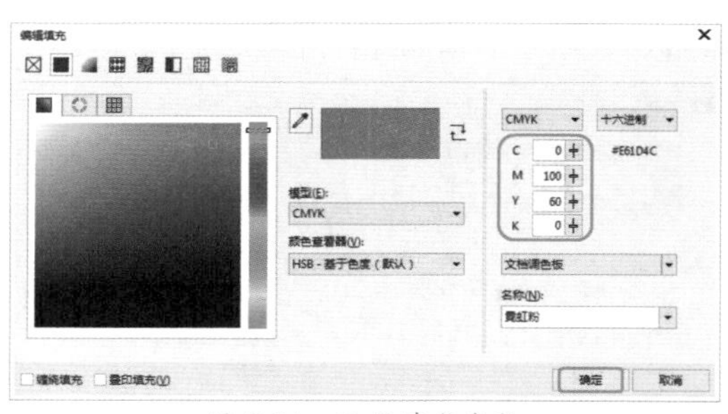
图 6-24　设置填充参数

图 6-25　制作完成后的效果

图 6-26　导入素材文件

26 选择素材文件，将【宽度】、【高度】均设置为 5mm，调整二维码的位置，效果如图 6-27 所示。

图 6-27　调整二维码的大小及位置

## 6.1.1　放置 PowerClip 图文框

在 CorelDRAW 2018 中可以将对象放置在图文框内部，具体操作步骤如下。

01 打开“素材\Cha06\素材 1.cdr”素材文件，在工具箱中单击【基本形状工具】按钮，在属性栏中单击【完美形状】按钮，在弹出的下拉列表中选择形状，然后创建形状，如图 6-28 所示。

图 6-28　创建图形对象

02 按 Ctrl+I 组合键，导入“素材\Cha06\鲜花.jpg”素材文件，效果如图 6-29 所示。

图 6-29　导入图片效果

03 选中导入的图片，在菜单栏中选择【对象】| PowerClip |【置于图文框内部】命令，如图 6-30 所示。

图 6-30　选择【置于图文框内部】命令

04 当鼠标指针变为黑色箭头状态时，单击创建的图形对象，如图 6-31 所示，即可将所选对象置于该图形中，如图 6-32 所示。

图 6-31　单击鼠标左键

图 6-32　放置效果

### 6.1.2 提取内容

提取内容功能就是提取嵌套图框精确剪裁中每一级的内容。提取内容的具体操作步骤如下。

01 打开“素材\Cha06\素材 2.cdr”素材文件，如图 6-33 所示。

图 6-33　打开素材文件

02 在菜单栏中选择【对象】| PowerClip |【提取内容】命令，如图 6-34 所示。

03 提取内容的显示效果如图 6-35 所示。

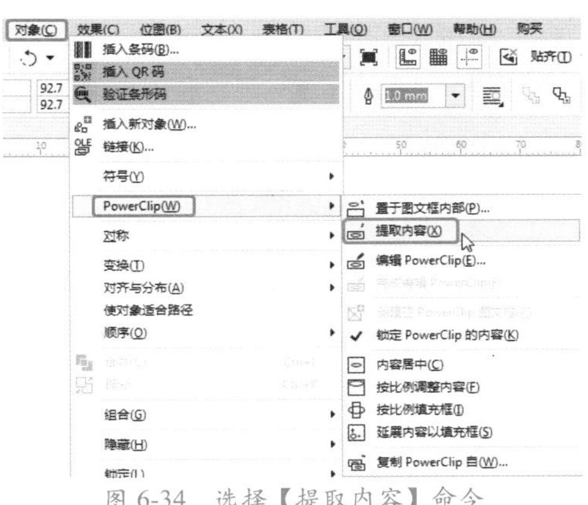


图 6-34　选择【提取内容】命令

图 6-35　完成效果

**提　示**

除了前面讲到的方法外，选择要提取内容的对象，单击鼠标右键，在弹出的快捷菜单中选择【提取内容】命令，也可将对象提取出来。

### 6.1.3 编辑 PowerClip 的内容

当用户将对象精确剪裁后，还可以对对象进行缩放、旋转和调整位置等。用户可以在菜单栏中选择【对象】| PowerClip 命令，在弹出的子菜单中选择合适的命令进行操作，如图 6-36 所示。还可以在对象下方的悬浮图标上进行选择操作，如图 6-37 所示。

图 6-36　PowerClip 子菜单

图 6-37　图标子菜单

编辑 PowerClip 内容的具体操作步骤如下。

01 打开“素材 \Cha06\ 素材 2.cdr”素材文件，使用【选择工具】选中素材对象，然后单击鼠标右键，在弹出的快捷菜单中选择【编辑 PowerClip】命令，如图 6-38 所示。

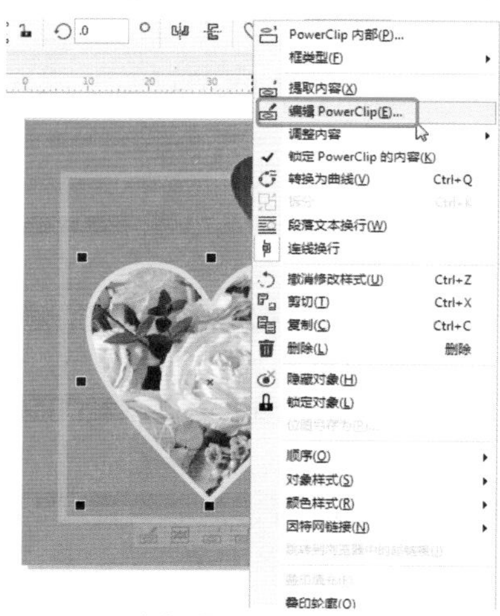


图 6-38　选择【编辑 PowerClip】命令

02 目标对象呈轮廓的形式显示，如图 6-39 所示。

图 6-39　显示轮廓

03 使用【选择工具】选中图片并调整大小和位置，效果如图 6-40 所示。

图 6-40　调整大小和位置

04 调整完成后，单击正下方的【完成编辑 PowerClip】按钮即可完成编辑，如图 6-41 所示。

图 6-41　完成效果

## 6.1.4　锁定 PowerClip 的内容

在 CorelDRAW 2018 中，用户不仅可以对【PowerClip 内部】对象的内容进行编辑，还可以通过单击鼠标右键，在弹出的快捷菜单中选择【锁定 PowerClip 的内容】命令，如图 6-42 所示，将选中的对象进行锁定。锁定对象后，变换图框精确剪裁对象时，只对图形对象进行变换，而锁定对象不会发生变化，如图 6-43 所示。

图 6-42　选择命令

图 6-43 移动效果

### 6.1.5 裁剪工具

使用裁剪工具可以裁剪对象或删除图像中不需要的部分。

在裁剪过程中，如果不选择对象，则裁剪后只保留裁剪框内的内容，裁剪框外的对象全部被裁剪掉；反之，则只对选择的对象进行裁剪，并且保留裁剪框内的内容。

01 按 Ctrl+O 组合键，打开“素材 \Cha06\素材 3.cdr”素材文件，如图 6-44 所示。

图 6-44 素材文件

02 在工具箱中单击【裁剪工具】按钮，在场景中拖曳出一个裁剪框，如图 6-45 所示。

图 6-45 拖曳裁剪框效果

03 用户可以在其中调整裁剪框，然后按 Enter 键确定即可将裁剪框外的内容裁剪掉，裁剪效果如图 6-46 所示。

图 6-46 裁剪完成后的效果

### 6.1.6 刻刀工具

刻刀工具可以将对象沿边缘拆分为两个或多个独立的对象。

单击工具箱中的【刻刀工具】按钮，其相应的属性栏如图 6-47 所示。

图 6-47 【刻刀工具】属性栏

下面通过简单的实例介绍刻刀工具的使用。

01 按 Ctrl+O 组合键，打开“素材 \Cha06\素材 4.cdr”素材文件，如图 6-48 所示。

图 6-48 素材文件

02 在工具箱中选择【刻刀工具】，在工具属性栏中单击【手绘模式】按钮，在场景中按住鼠标左键进行框选，如图 6-49 所示。

图 6-49 框选节点

03 使用【选择工具】移动刻出的部分，效果如图 6-50 所示。

图 6-50　移动对象

## 6.1.7　橡皮擦工具

橡皮擦工具主要用于擦除位图或矢量图中不需要的部分。CorelDRAW 2018 在擦除时，将自动闭合所有受影响的路径，并将对象转换为曲线。

### 1. 橡皮擦工具的属性设置

在工具箱中单击【橡皮擦工具】按钮，属性栏中就会显示相应的选项，如图 6-51 所示。

图 6-51　【橡皮擦工具】属性栏

属性栏中的各选项说明如下。

- 【橡皮擦形状】按钮：单击按钮，则橡皮擦笔头的形状变为圆形，单击按钮，可以将橡皮擦笔头的形状变为方形。
- 【橡皮擦厚度】：在该微调框中可以设置橡皮擦笔头的大小，数值越大，笔头越大。
- 【减少节点】按钮：单击该按钮，可以减少擦除区域的节点数。

### 2. 使用橡皮擦工具

使用橡皮擦工具的具体操作步骤如下。

01 打开“素材\Cha06\素材 5.cdr”素材文件，如图 6-52 所示。

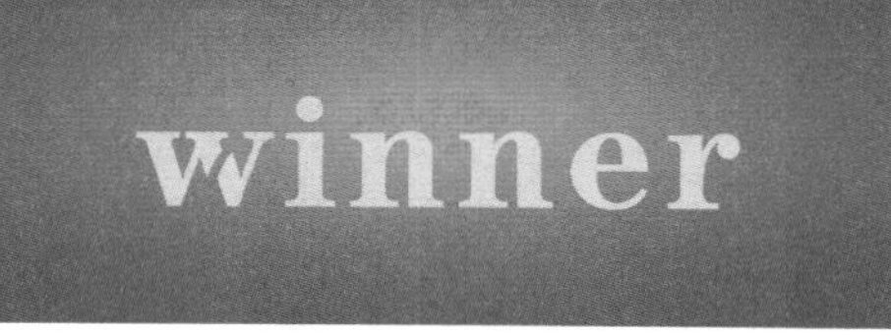


图 6-52　素材文件

02 选择文本对象，在工具箱中单击【橡皮擦工具】按钮，在其属性栏中将【橡皮擦厚度】设置为 1mm，并单击【减少节点】按钮，然后按住鼠标左键拖曳鼠标，如图 6-53 所示。

图 6-53　擦除对象

03 到所需的位置后松开鼠标，擦除效果如图 6-54 所示。

图 6-54　使用橡皮擦工具效果

04 用同样的方法，在场景中再次擦除部分对象，最终显示效果如图 6-55 所示。

图 6-55　最终效果

## 6.1.8　虚拟段删除工具

虚拟段删除工具主要用来移除对象中重叠和不需要的线段。

使用虚拟段删除工具可以将交点之间的虚拟段删除。在工具箱中单击【虚拟段删除工具】按钮，可直接在要删除的虚拟段上单击，也可以拖出一个虚框来框选要删除的多条虚拟段或对象。

01 打开“素材\Cha06\素材 6.cdr”素材文件，单击工具箱中的【椭圆形工具】，在绘图区中绘制一个如图 6-56 所示的椭圆。

图 6-56　绘制椭圆

02 在工具箱中选择【选择工具】，选

择椭圆，然后在椭圆的中心位置单击，使其处于旋转状态，如图 6-57 所示。

图 6-57 处于旋转状态

03 按 Ctrl+C 组合键将其复制，接着按 Ctrl+V 组合键将其粘贴，然后将其旋转，如图 6-58 所示。

图 6-58 旋转对象

04 使用同样的方法复制出另一椭圆并对其进行旋转，如图 6-59 所示。

图 6-59 复制并旋转对象

05 单击工具箱中的【虚拟段删除工具】按钮，在场景中框选要删除的虚拟段，如图 6-60 所示。

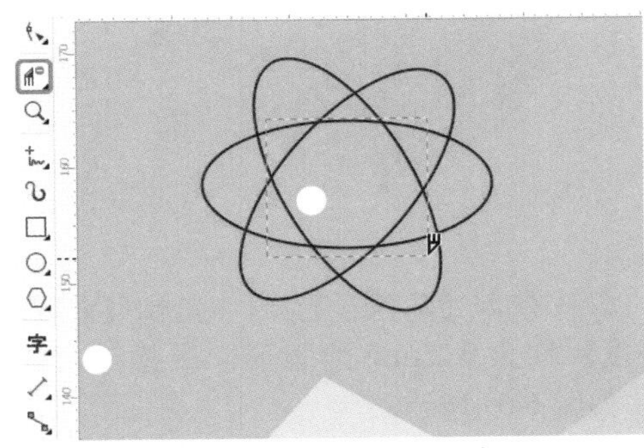
图 6-60 框选多余的线条

06 删除线段后的效果如图 6-61 所示。

图 6-61 删除后的效果

**提 示**

虚拟段删除工具对连接的群组无效。在删除多余线段后，图形将无法进行填充操作，删除线段后节点是断开的。当用户想要对其进行填充时，可以单击工具箱中的【形状工具】按钮，对节点进行连接闭合路径。

## 6.2 制作咖啡宣传单——图形的修饰与造型处理

咖啡是用经过烘焙的咖啡豆制作出来的饮料，与可可、茶同为流行于世界的主要饮品，咖啡宣传单如图 6-62 所示。

图 6-62 咖啡宣传单

| 素材 | 素材 \Cha06\ 咖啡宣传单素材 .jpg |
|---|---|
| 场景 | 场景 \Cha06\ 制作咖啡宣传单——图形的修饰与造型处理 .cdr |
| 视频 | 视频教学 \Cha06\6.2 制作咖啡宣传单——图形的修饰与造型处理 .mp4 |

01 按 Ctrl+N 组合键，弹出【创建新文档】对话框，将【单位】设置为毫米，【宽度】和【高度】分别设置为 105mm、132mm，【原色模式】设置为 CMYK，【渲染分辨率】设置为 300dpi，单击【确定】按钮，如图 6-63 所示。

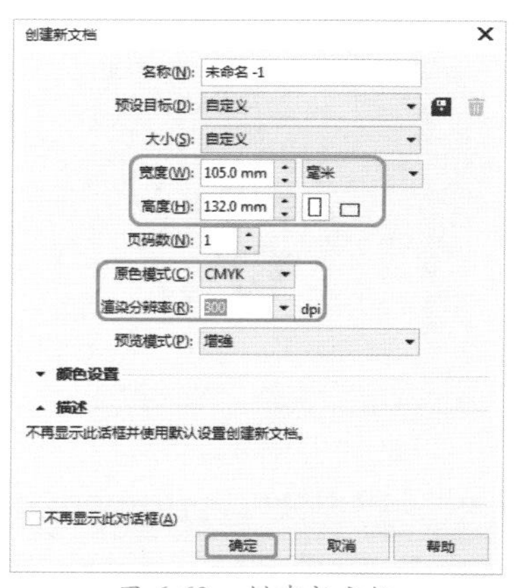
图 6-63　创建新文档

02 按 Ctrl+I 组合键，弹出【导入】对话框，选择“素材\Cha06\咖啡宣传单素材.jpg”素材文件，单击【导入】按钮，如图 6-64 所示。

图 6-64　导入素材文件

03 选择素材文件，将素材文件的【宽度】、【高度】分别设置为 105mm、132mm，调整对象的位置，如图 6-65 所示。

图 6-65　设置对象大小

04 使用【钢笔工具】绘制如图 6-66 所示的图形对象。

图 6-66　绘制图形对象

05 按 Shift+F11 组合键，弹出【编辑填充】对话框，将 CMYK 值设置为 0、60、100、0，单击【确定】按钮，如图 6-67 所示。

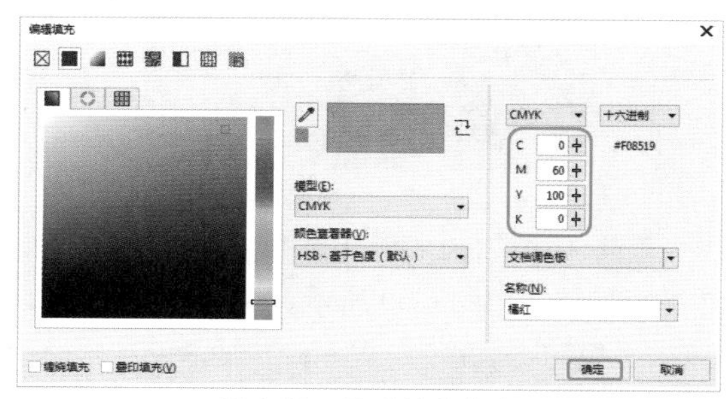
图 6-67　设置填充颜色

06 继续选中绘制的图形对象，在默认调色板中右键单击⊠按钮，如图 6-68 所示。

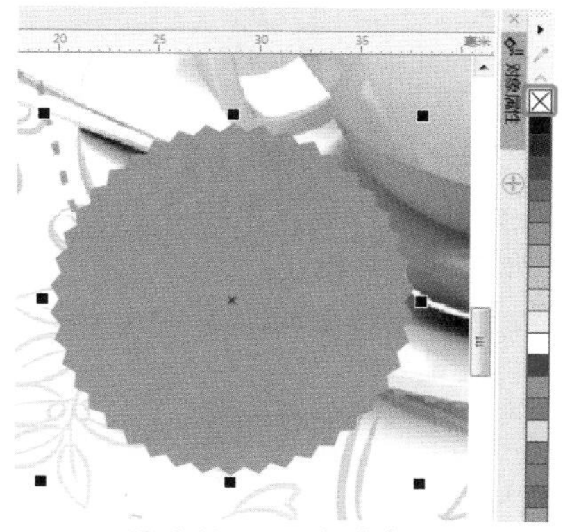
图 6-68　设置轮廓颜色

07 使用【椭圆形工具】绘制【宽度】、【高度】均为 0.75mm 的圆形，调整对象的位置，如图 6-69 所示。

08 选择绘制的两个图形，在菜单栏中选择【对象】|【造型】|【移除前面对象】命令，如图 6-70 所示。

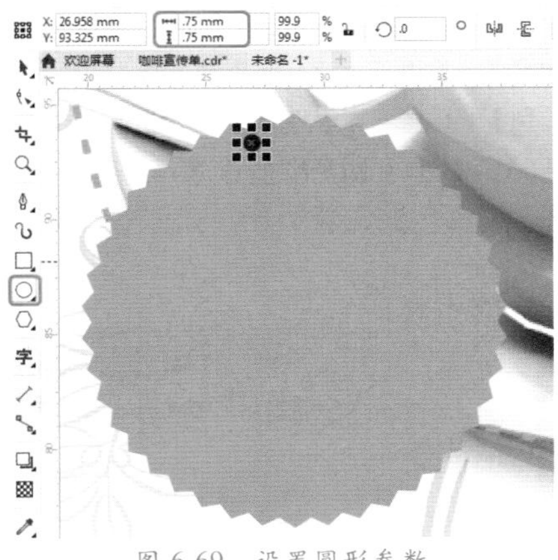
图 6-69 设置圆形参数

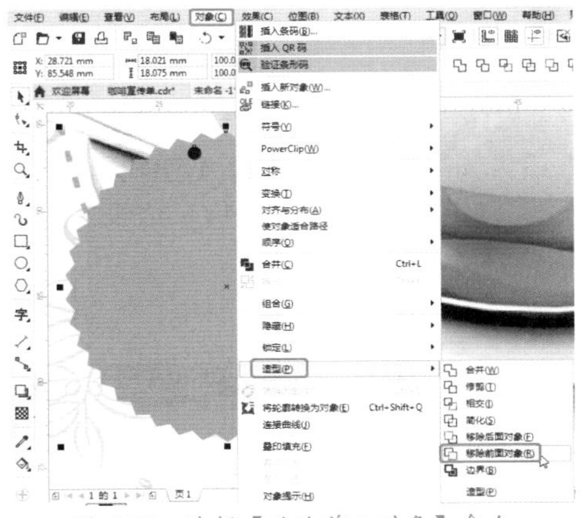
图 6-70 选择【移除前面对象】命令

09 使用【钢笔工具】绘制线段，按F12键，弹出【轮廓笔】对话框，将【颜色】的CMYK值设置为56、94、100、47，【宽度】设置为0.25mm，单击【确定】按钮，如图6-71所示。

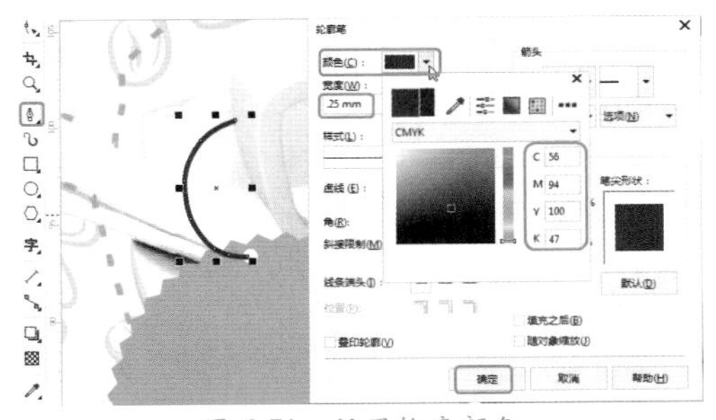
图 6-71 设置轮廓颜色

10 选择绘制的线段，在菜单栏中选择【对象】|【顺序】|【置于此对象后】命令，如图6-72所示。

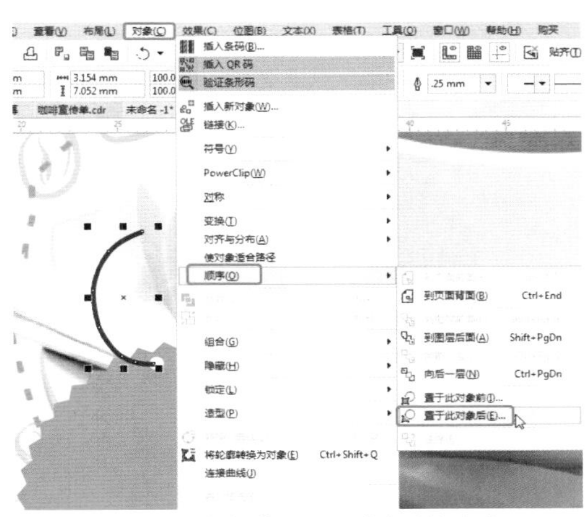
图 6-72 选择【置于此对象后】命令

11 当鼠标指针变为箭头形状时，在如图6-73所示的位置处单击，调整图形的排列顺序。

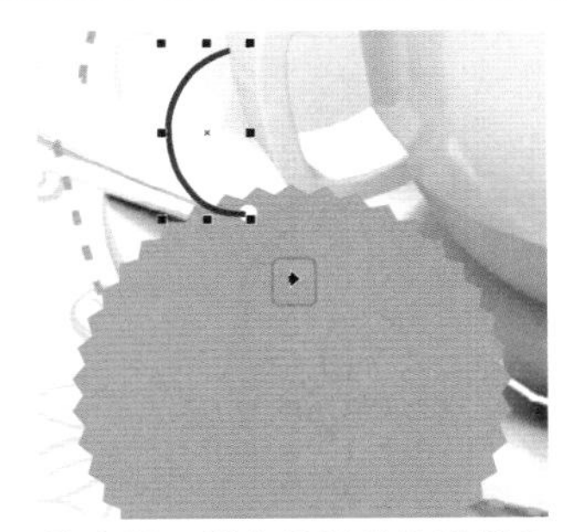
图 6-73 调整图形的排列顺序

12 使用【钢笔工具】绘制线段，将【轮廓颜色】的CMYK值设置为56、94、100、47，【轮廓宽度】设置为0.25mm，如图6-74所示。

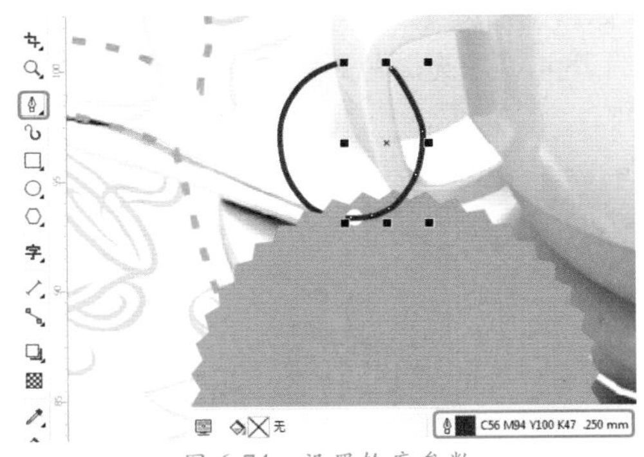
图 6-74 设置轮廓参数

13 使用【钢笔工具】和【椭圆形工具】绘制图形，将【轮廓颜色】的CMYK值设置为0、20、100、0，【轮廓宽度】设置为0.15mm，如图6-75所示。

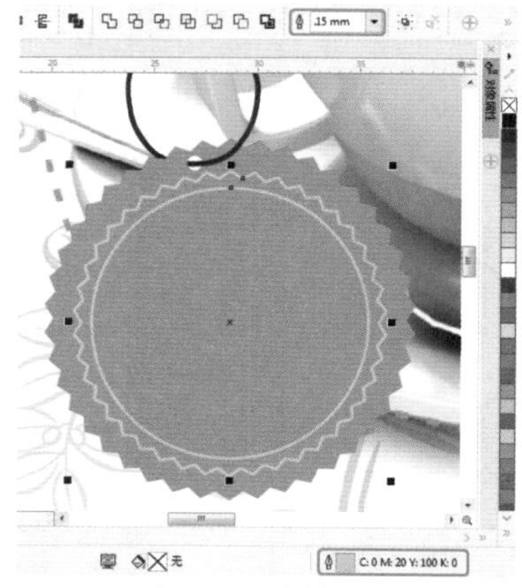

图 6-75 绘制图形

14 使用【文本工具】输入文本，将【字体】设置为【方正粗黑宋简体】，【字体大小】设置为7pt，【填充颜色】设置为白色，如图6-76所示。

图 6-76 设置文本参数

15 使用【文本工具】输入文本，将【字体】设置为【汉仪粗宋简】，【字体大小】设置为28pt，【填充颜色】设置为白色，如图6-77所示。

图 6-77 设置文本参数

16 使用【矩形工具】绘制【宽度】、【高度】分别为2.6mm、8.5mm的矩形，单击【圆角半径】中间的按钮，将圆角半径解锁，将【左上角】、【左下角】圆角半径设置为0mm，【右上角】、【右下角】圆角半径设置为0.5mm，【填充颜色】的CMYK值设置为52、83、99、28，【轮廓颜色】设置为无，如图6-78所示。

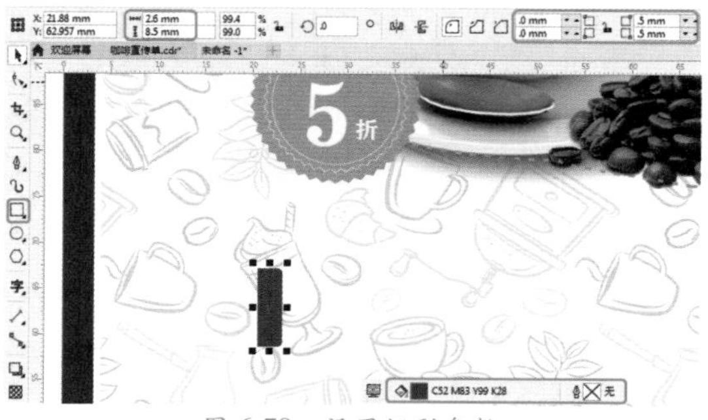


图 6-78 设置矩形参数

17 使用【文本工具】输入文本，将【字体】设置为【迷你霹雳体】，【字体大小】设置为14pt，【填充颜色】的CMYK值设置为52、83、99、28，如图6-79所示。

图 6-79 设置文本参数

18 使用【文本工具】输入文本，将【字体】设置为【迷你霹雳体】，【字体大小】设置为6.4pt，【填充颜色】的CMYK值设置为52、83、99、28，如图6-80所示。

19 使用【钢笔工具】绘制直线段，按F12键，弹出【轮廓笔】对话框，将【颜色】的CMYK值设置为52、83、99、28，【宽度】设置为0.4mm，单击【确定】按钮，如图6-81所示。

20 使用【椭圆形工具】绘制两个【宽度】、【高度】均为13mm的圆形，【填充颜色】的CMYK值设置为52、83、99、28，【轮廓颜色】设置为无，如图6-82所示。

图 6-80 设置文本参数

图 6-81 设置线段参数

图 6-82 设置圆参数

21 使用【文本工具】字输入文本，将【字体】设置为【汉仪粗宋简】，【字体大小】设置为30pt，【填充颜色】设置为白色，如图6-83所示。

图 6-83 设置文本参数

22 使用【文本工具】输入文本，将【字体】设置为【方正综艺简体】，【字体大小】设置为46pt，【填充颜色】的CMYK值设置为52、83、99、28，如图6-84所示。

图 6-84 设置文本参数

23 使用【矩形工具】□绘制【宽度】、【高度】分别为7mm、7.4mm的矩形，将【圆角半径】设置为0.5mm，如图6-85所示。

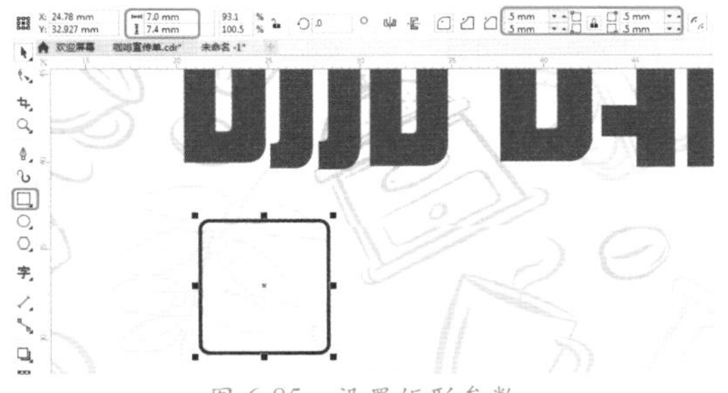
图 6-85 设置矩形参数

24 将【填充颜色】的CMYK值设置为52、83、99、28，【轮廓颜色】设置为无，如图6-86所示。

图 6-86 设置填充和描边颜色

25 使用【文本工具】字输入文本，将【字体】设置为【汉仪粗宋简】，【字体大小】设置为 20pt，【填充颜色】设置为白色，如图 6-87 所示。

图 6-87　设置文本参数

26 使用【文本工具】和【钢笔工具】制作如图 6-88 所示的内容。

图 6-88　制作完成后的效果

### 6.2.1 合并图形

【合并】命令可以将多个单一对象或组合的多个图形对象合并在一起。合并具有单一轮廓的独立对象时，新对象将沿用目标对象的填充和轮廓属性，所有对象之间的重叠线将消失。但【合并】命令不能应用于段落文本和位图图像。

> **提　示**
>
> 当用户框选对象进行合并时，合并后的对象属性将与所选对象中位于最下层的对象保持一致。如果用户使用【选择工具】并按住 Shift 键选择对象时，合并后的对象属性将与最后选择的对象属性一致。

使用【合并】命令的具体操作步骤如下。

01 打开“素材\Cha06\素材 7.cdr”素材文件，如图 6-89 所示。

图 6-89　素材文件

02 选择 O 形和心形图形对象，在菜单栏中选择【对象】|【造型】|【合并】命令，如图 6-90 所示。

图 6-90　选择【合并】命令

03 合并后的显示效果如图 6-91 所示。

图 6-91　显示效果

### 6.2.2 修剪图形

【修剪】命令可以将一个对象同一个或多个对象进行修剪，但原对象仍保持原有的填充和轮廓属性。【修剪】命令对文本、度量线不起作用，但将文本对象转换为曲线后可以对其进行修剪。

修剪对象时，可以移除和其他选定对象重叠的部分，这些部分被剪切后将创建出一个新的形状，所以修剪是快速创建不规则形状的好办法。

01 打开“素材\Cha06\素材 8.cdr”素材文件，如图 6-92 所示。

02 选择黄色心形图形对象，调整对象的位置，如图 6-93 所示。

图 6-92 素材文件

图 6-93 调整心形位置

03 选择O形和心形图形对象，在菜单栏中选择【对象】|【造型】|【修剪】命令，如图6-94所示。

图 6-94 选择【修剪】命令

04 选择黄色心形，按Delete键删除，修剪效果如图6-95所示。

图 6-95 修剪效果

### 6.2.3 相交图形

【相交】命令可在两个或多个对象重叠区域创建新的独立对象。

选择需要相交的图形对象，在菜单栏中选择【对象】|【造型】|【相交】命令，即可将图形的重叠部分创建为一个新的图形对象。

下面将通过实例讲解如何制作剪贴画，具体操作步骤如下。

01 打开“素材\Cha06\素材9.cdr”素材文件，如图6-96所示。

02 在工具箱中单击【矩形工具】按钮□，创建矩形对象并将其轮廓色和填充颜色设置为红色，如图6-97所示。

图 6-96 素材文件

图 6-97 创建矩形对象

03 选择创建的矩形，然后单击鼠标右键，在弹出的快捷菜单中选择【顺序】|【到页面背面】命令，如图6-98所示。

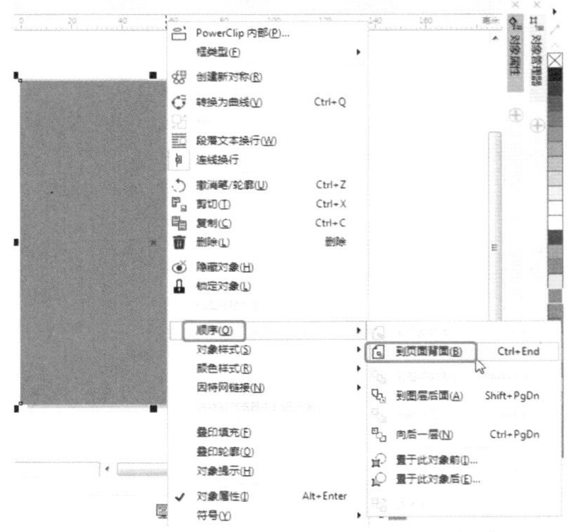
图 6-98 选择【顺序】|【到页面背面】命令

04 选择绘制的矩形和素材文件，在菜单栏中选择【对象】|【造型】|【相交】命令，然后将创建的矩形和原素材删除，最终显示效果如图6-99所示。

图 6-99　最终效果

## 6.2.4 简化图形

【简化】命令可以剪掉相交区域的重合部分。

选择将要进行简化的对象，如图 6-100 所示，在菜单栏中选择【对象】|【造型】|【简化】命令，简化后的相交区域即可被修剪掉，如图 6-101 所示。

图 6-100　选择对象

图 6-101　简化后的效果

## 6.2.5 移除部分图形对象

移除对象一般分为两种情况：一种是【移除前面对象】，即前面对象减去底层对象；另一种是【移除后面对象】，即后面对象减去顶层对象。

首先选择图形对象，如图 6-102 所示，在菜单栏中选择【对象】|【造型】|【移除后面对象】命令，如图 6-103 所示，显示效果如图 6-104 所示，选择【移除前面对象】命令时的显示效果如图 6-105 所示。

图 6-102　选择图形对象

图 6-103　选择【移除后面对象】命令

图 6-104　选择【移除后面对象】命令后的显示效果

图 6-105　选择【移除前面对象】命令后的显示效果

## 6.2.6 创建边界

【边界】命令主要是将选择的对象的轮廓以线描方式显示。

选择需要进行边界处理的对象，如图 6-106 所示。在菜单栏中选择【对象】|【造型】|【边

界】命令，如图 6-107 所示。执行操作后，即可为选中的对象创建一个轮廓，如图 6-108 所示。

图 6-106　选择对象

图 6-107　选择【边界】命令

图 6-108　显示边界效果

## 6.2.7　转动对象

首先选择要转动的线段，在工具箱中单击【转动工具】按钮，将鼠标指针放置在线段上，如图 6-109 所示。按住鼠标左键，在光标范围内会出现转动的预览效果，如图 6-110 所示。

当转动程度达到用户需要的效果时，松开鼠标左键即可完成编辑，如图 6-111 所示。

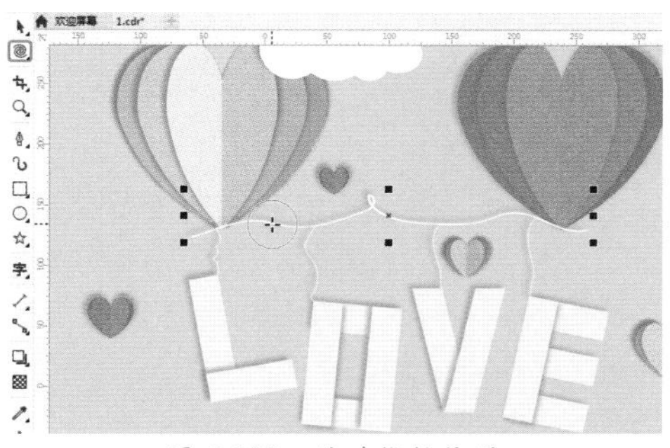

图 6-109　移动指针位置

图 6-110　预览转动效果

图 6-111　完成转动

**提　示**

使用【转动工具】时，转动的圈数将根据按住鼠标左键的时间长短来决定。按的时间越长圈数越多，反之则圈数越少。如图 6-112 所示为不同时间的对比效果。

图 6-112　对比效果

## 6.2.8　吸引与排斥对象

【吸引工具】可以在对象内部或外部边缘产生回缩涂抹效果，对群组同样也可以进行涂抹操作。而【排斥工具】正好相反，它可以在对象内部或外部边缘产生推挤涂抹效果。

### 1. 吸引工具

选择对象，在工具箱中单击【吸引工具】按钮，将鼠标指针放置在图形对象的边缘线上，如图 6-113 所示，长时间按住鼠标左键进行吸引，显示效果如图 6-114 所示。

图 6-113 放置鼠标指针位置

图 6-114 吸引效果

**提 示**

使用【吸引工具】时，所选对象的轮廓只有在笔触的范围内，才能够显示涂抹效果。

### 2. 排斥工具

首先选择图形对象，在工具箱中单击【排斥工具】按钮，将鼠标指针放置在将要排斥的位置处，如图 6-115 所示。长按鼠标左键，松开后即可完成排斥操作，完成效果如图 6-116 所示。

图 6-115 放置鼠标指针位置

图 6-116 排斥效果

## 6.3 上机练习——制作刀削面宣传单

刀削面，是山西的特色传统面食，为“中国十大面条”之一，流行于山西及其周边。本例将制作刀削面宣传单，效果如图 6-117 所示。

图 6-117 刀削面宣传单

| | |
|---|---|
| 素材 | 素材 \Cha06\ 刀削面背景图 .jpg、二维码 .png、文字 .png |
| 场景 | 场景 \Cha06\ 上机练习——制作刀削面宣传单 .cdr |
| 视频 | 视频教学 \Cha06\6.3 上机练习——制作刀削面宣传单 .mp4 |

01 按 Ctrl+N 组合键，弹出【创建新文档】对话框，将【单位】设置为毫米，【宽度】和【高度】分别设置为 93mm、140mm，【原色模式】设置为 CMYK，【渲染分辨率】设置为 300dpi，单击【确定】按钮，如图 6-118 所示。

02 按 Ctrl+I 组合键，弹出【导入】对话框，选择“素材 \Cha06\ 刀削面背景图 .jpg”素材文件，单击【导入】按钮，如图 6-119 所示。

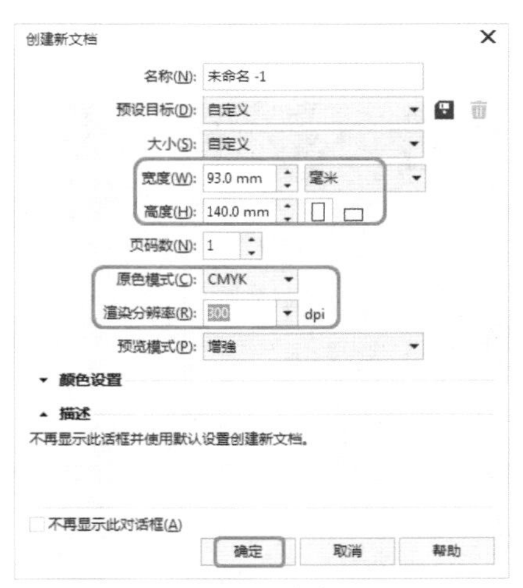


图 6-118　创建新文档

图 6-119　导入素材文件

03 选择素材文件，在工具属性栏中将【宽度】、【高度】分别设置为 93mm、140mm，如图 6-120 所示。

图 6-120　设置图片大小

04 使用【文本工具】字输入文本，将【字体】设置为【方正行楷简体】，【字体大小】设置为 85pt，【填充颜色】设置为白色，如图 6-121 所示。

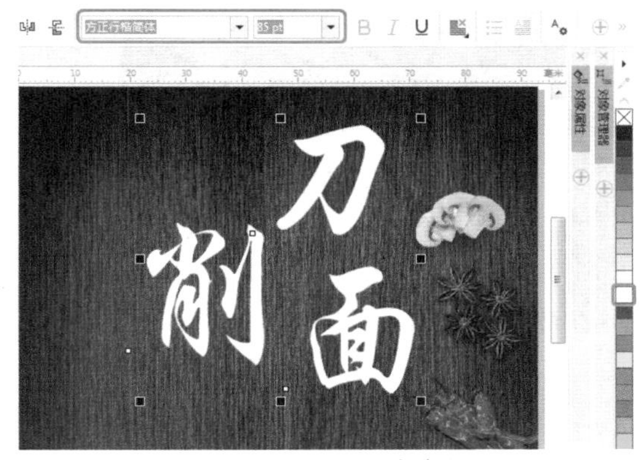


图 6-121　设置文本参数

05 使用【文本工具】输入文本，将【字体】设置为【经典繁印篆】，【字体大小】设置为 12pt，【填充颜色】设置为白色，如图 6-122 所示。

图 6-122　设置文本参数

06 使用【文本工具】，在工作区中拖动鼠标绘制文本框，然后输入文本，将【字体】设置为【微软雅黑】，【字体大小】设置为 3pt，【填充颜色】设置为白色，如图 6-123 所示。

07 使用【文本工具】输入文本，将【字体】设置为【方正行楷简体】，【字体大小】设置为 22pt，【填充颜色】设置为白色，如图 6-124 所示。

08 使用【钢笔工具】绘制图形，将【填充颜色】的 CMYK 值设置为 15、100、95、0，

【轮廓颜色】设置为无，如图 6-125 所示。

图 6-123 设置段落文本参数

图 6-124 设置文本参数

图 6-125 设置图形参数

09 使用【文本工具】输入文本，将【字体】设置为【方正行楷简体】，【字体大小】设置为15pt，【填充颜色】设置为白色，如图 6-126 所示。

图 6-126 设置文本参数

10 使用【钢笔工具】绘制图形，将【填充颜色】的 CMYK 值设置为 41、100、100、8，【轮廓颜色】设置为无，如图 6-127 所示。

图 6-127 设置图形参数

**疑难解答** 使用【钢笔工具】绘制图形时节点位置错了，但是已经拉动控制线了，怎么办？

按住 Alt 键不放，将节点移动到需要的位置，这种方法适用于编辑过程中的节点位移，也可以在编辑完成后按空格键结束，配合【形状工具】进行位移节点修正。

11 使用【文本工具】输入文本，将【字体】设置为【汉真广标】，【字体大小】设置为23pt，【填充颜色】设置为白色，如图 6-128 所示。

图 6-128 设置文本参数

12 按 Ctrl+I 组合键，弹出【导入】对话框，选择“素材\Cha06\二维码.png”素材文件，单击【导入】按钮，如图 6-129 所示。

图 6-129 导入素材文件

13 调整素材对象的位置，将【宽度】、【高度】均设置为 13.8mm，如图 6-130 所示。

图 6-130 设置二维码大小

14 使用【矩形工具】□绘制矩形，将【宽度】、【高度】均设置为 13.8mm，【圆角半径】设置为 2mm，调整圆角矩形的位置，在默认调色板中，右键单击□按钮，为矩形设置轮廓颜色，如图 6-131 所示。

图 6-131 设置矩形参数

15 在二维码素材文件上单击鼠标右键，在弹出的快捷菜单中选择【PowerClip 内部】命令，如图 6-132 所示。

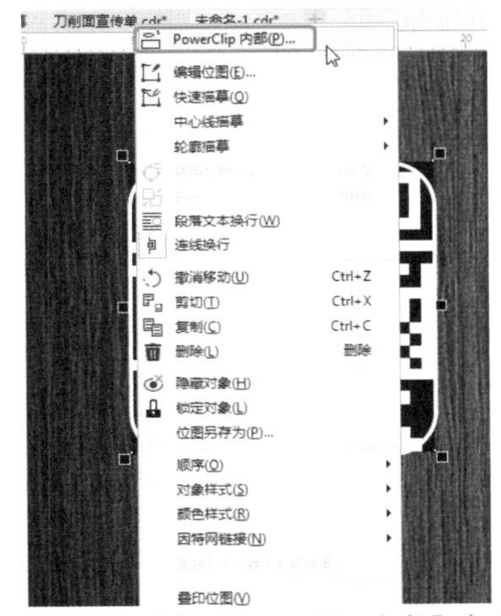

图 6-132 选择【PowerClip 内部】命令

16 在绘制的矩形上单击鼠标，执行【PowerClip 内部】命令后的效果如图 6-133 所示。

图 6-133 执行【PowerClip 内部】命令后的效果

17 按 Ctrl+I 组合键，弹出【导入】对话框，选择“素材\Cha06\文字.png”素材文件，单击【导入】按钮，如图 6-134 所示。

图 6-134　导入素材文件

18 选择导入的文字，调整大小及位置，效果如图 6-135 所示。

图 6-135　导入文字后的效果

## 6.4 习题与训练

1. CorelDRAW 2018 中提供了哪几种剪裁工具？

2.【简化】和【修剪】命令有什么不同？

# 第7章 画册设计——图层、位图与特殊效果

画册是一个展示平台，是企业对外宣传自身文化、理念、产品特点的广告媒介之一。一本优秀的画册不仅要富有创意、有可观赏性，还要涵盖企业文化、核心理念以及产品等。

01 团队介绍

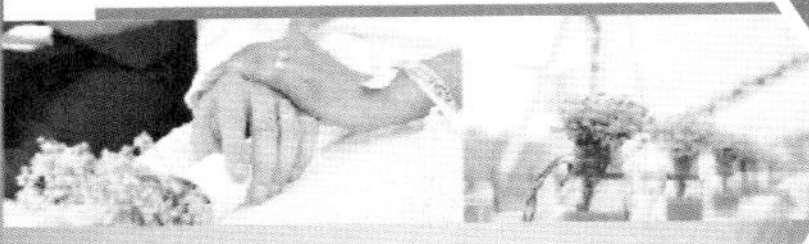

**基础知识**

- 认识图层
- 创建与编辑位图

**重点知识**

- 调整位图颜色
- 调和效果

**提高知识**

- 轮廓图
- 阴影工具

在现代商务活动中，画册在企业形象推广和产品营销中的作用越来越重要。在商业运作中，画册起着沟通桥梁的作用。

## 7.1 制作影楼画册内页——图层与位图

相对于单一的文字或图册，画册有着绝对优势，因为画册够醒目，能让人一目了然，而且有相对精简的文字说明。本节将介绍如何制作影楼画册内页，效果如图 7-1 所示。

图 7-1　影楼画册内页

| 素材 | 素材 \Cha07\ 影楼素材 01.jpg~ 影楼素材 06.jpg |
|---|---|
| 场景 | 场景 \Cha07\ 制作影楼画册内页——图层与位图 .cdr |
| 视频 | 视频教学 \Cha07\7.1　制作影楼画册内页——图层与位图 .mp4 |

01 启动软件，按 Ctrl+N 组合键，在弹出的对话框中将【宽度】、【高度】分别设置为 420mm、297mm，将【渲染分辨率】设置为 300dpi，如图 7-2 所示。

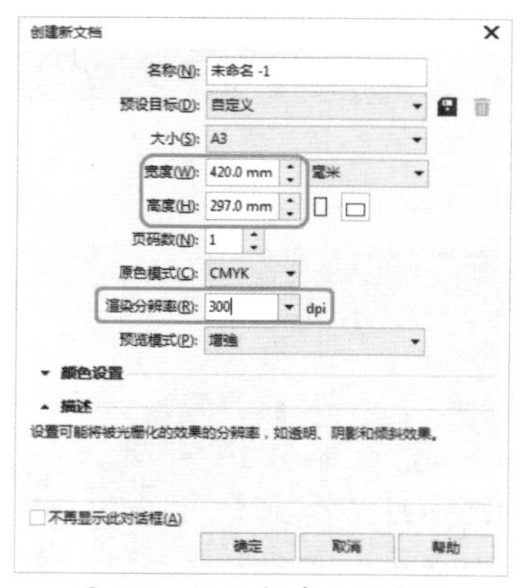


图 7-2　设置新建文档参数

02 设置完成后，单击【确定】按钮，按 Ctrl+I 组合键，在弹出的对话框中选择“素材 \Cha07\影楼素材 01.jpg”素材文件，如图 7-3 所示。

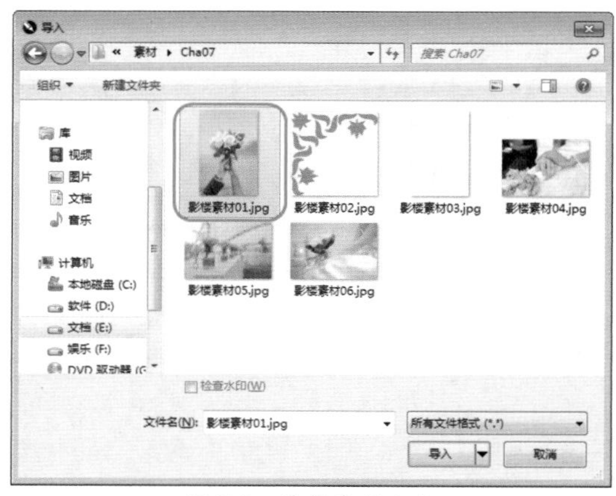


图 7-3　选择素材文件

03 单击【导入】按钮，在工作区中单击鼠标，将选中的素材文件导入文档中。选中导入的素材，在工具属性栏中将【宽度】、【高度】分别设置为 210mm、315mm，并在工作区中调整其位置，效果如图 7-4 所示。

图 7-4　添加素材文件

04 在工具箱中单击【矩形工具】□，在工作区中绘制一个矩形，选中绘制的矩形，在工具属性栏中将【宽度】、【高度】分别设置为 210mm、297mm，并在工作区中调整其位置，效果如图 7-5 所示。

05 在工具箱中单击【选择工具】，在工作区中选择前面导入的素材，右击鼠标，在弹出的快捷菜单中选择【PowerClip 内部】命令，如图 7-6 所示。

图 7-5 绘制矩形

图 7-6 选择【PowerClip 内部】命令

06 在绘制的矩形上单击鼠标，将选中的素材置入矩形中。在【对象管理器】泊坞窗中选择【图层 1】，右击鼠标，在弹出的快捷菜单中选择【重命名】命令，如图 7-7 所示。

07 将【图层 1】重命名为“画册内页 1”，在工具箱中单击【矩形工具】□，在工作区绘制一个矩形，选中绘制的矩形，在工具属性栏中将【宽度】、【高度】分别设置为 143mm、152mm，如图 7-8 所示。

08 选中绘制的矩形，按 F12 键，在弹出的对话框中将【颜色】的 CMYK 值设置为 0、0、0、0，将【宽度】设置为 2.5mm，如图 7-9 所示。

图 7-7 选择【重命名】命令

图 7-8 绘制矩形并进行设置

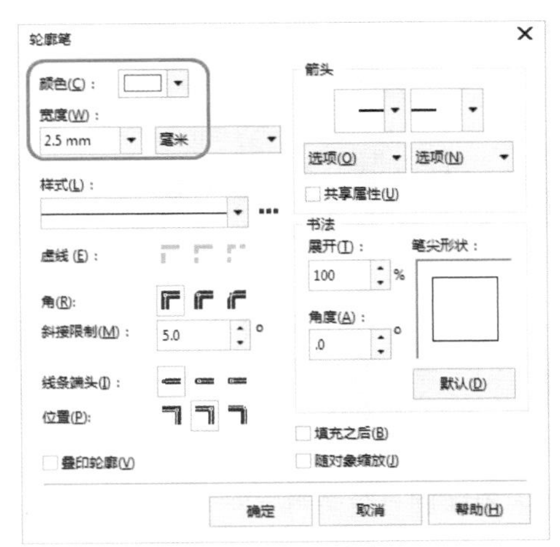


图 7-9 设置轮廓参数

09 设置完成后，单击【确定】按钮，选中设置后的矩形，按小键盘上的 + 键，选中复制的矩形，在工作区中调整其位置，在工具属性栏中将【宽度】、【高度】都设置为41mm，如图7-10所示。

图 7-10　复制矩形并进行调整

10 继续选中调整后的矩形，在工具箱中单击【透明度工具】▩，在工具属性栏中单击【均匀透明度】按钮，将【透明度】设置为41，如图7-11所示。

图 7-11　设置透明度

11 选择添加透明度效果的矩形，按小键盘上的+键，对其进行复制，选中复制的对象，在工作区中调整其位置，如图7-12所示。

12 在工具箱中单击【矩形工具】□，在工作区中绘制一个矩形，选中绘制的矩形，在工具属性栏中将【宽度】、【高度】分别设置为177mm、27mm，并在工作区中调整其位置，效果如图7-13所示。

图 7-12　复制矩形并调整其位置

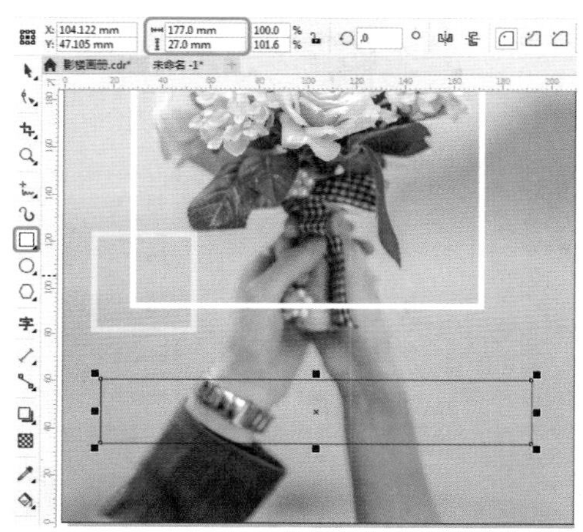
图 7-13　绘制矩形并设置

13 选中绘制的矩形，按Shift+F11组合键，在弹出的对话框中将颜色【模型】设置为CMYK，将CMYK值设置为0、0、0、0，如图7-14所示。

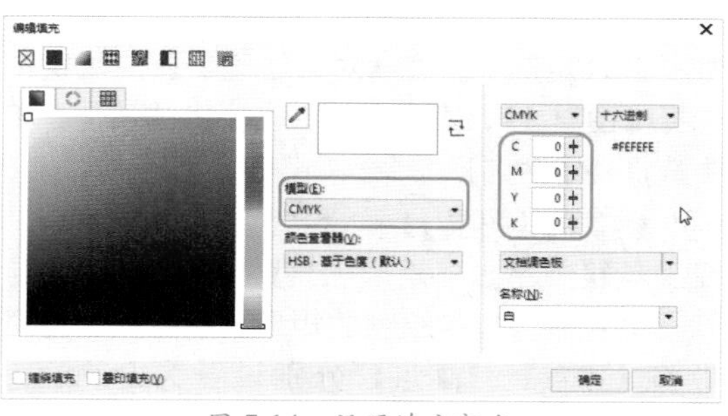
图 7-14　设置填充颜色

14 设置完成后，单击【确定】按钮，并在默认调色板上右键单击☒色块，取消轮廓线的填充，在工具箱中单击【透明度工具】，在工具属性栏中单击【均匀透明度】按钮，将【透明度】设置为34，如图7-15所示。

图 7-15 添加透明度效果

15 在工具箱中单击【文本工具】，在工作区中单击鼠标，输入文字。选中输入的文字，在【文本属性】泊坞窗中将【字体】设置为Tekton Pro，将【字体样式】设置为【粗体】，将【字体大小】设置为80pt，将【文本颜色】设置为0、100、0、0，并在工作区中调整其位置，效果如图7-16所示。

图 7-16 输入文字并进行设置

16 按Ctrl+I组合键，在弹出的对话框中选择“素材\Cha07\影楼素材02.jpg”素材文件，如图7-17所示。

17 单击【导入】按钮，在工作区中单击鼠标，将选中的素材文件导入当前文档中。选中导入的素材文件，在菜单栏中选择【位图】|【轮廓临摹】|【线条图】命令，如图7-18所示。

图 7-17 选择素材文件

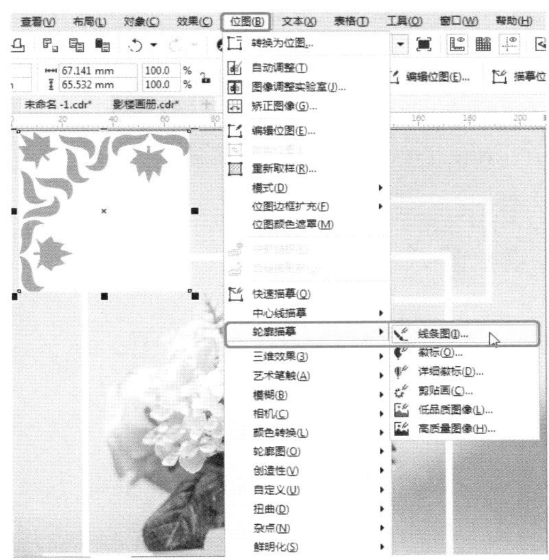

图 7-18 选择【线条图】命令

18 在弹出的对话框中将【平滑】设置为34，勾选【移除背景】复选框，选中【自动选择颜色】单选按钮，如图7-19所示。

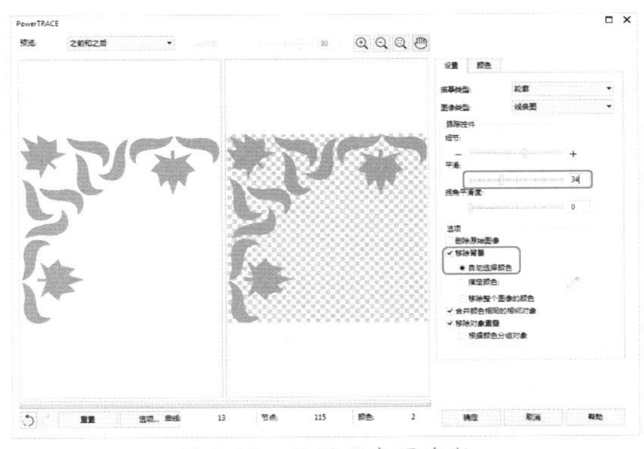
图 7-19 设置线条图参数

## 知识链接：描摹位图

CorelDRAW 除了具备矢量图转位图的功能外，同时还具备位图转矢量图的功能。通过描摹位图功能，可将位图转换为矢量图。用户在转换时，也可以选择线条图、徽标、剪贴画、低品质图像、高品质图像等预设图像类型，不同的图像类型转换时的细节处理也不同，从而可以创建不同的转换效果。

1. 快速描摹

使用【快速描摹】命令，可以一步完成位图转换为矢量图的操作。选择需要转换的位图图像，然后在菜单栏中选择【位图】|【快速描摹】命令，即可将位图转换为矢量图。

2. 线条图

在菜单栏中选择【位图】|【轮廓描摹】|【线条图】命令，弹出 PowerTRACE 对话框，用户可以在该对话框中预览转换前后的图像效果，也可以设置转换时的平滑度、细节、拐角平滑度、颜色模式以及其他参数，如图 7-20 所示。

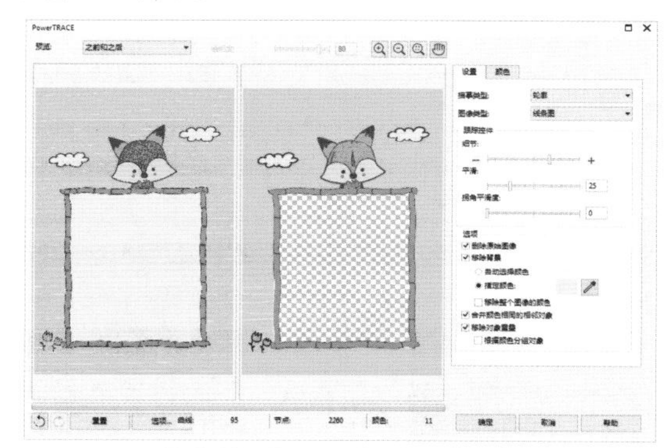

图 7-20　PowerTRACE 对话框

下面简单介绍 PowerTRACE 对话框中各个设置项的功能和用法。

- 【预览】下拉列表框：在该下拉列表框中选择一种预览模式。可以选择【之前和之后】同时预览转换前后的图像，也可以选择【较大预览】只预览转换后的图像，选择【线框叠加】则只预览转换后矢量图的轮廓。
- 【放大】按钮：单击该按钮，在预览窗口中单击即可放大图像。
- 【缩小】按钮：单击该按钮，在预览窗口中单击即可缩小图像。
- 【按窗口大小显示】按钮：单击该按钮，可以缩放图像，使其刚好适合预览窗口的大小。
- 【平移】按钮：单击该按钮，可以使鼠标指针变成手形，从而可在预览窗口中按住左键移动对象。
- 【撤销】按钮：单击该按钮，可以撤销上一步操作。
- 【重做】按钮：单击该按钮，可以重做最后撤销的操作。
- 【重置】按钮：单击该按钮，可以将调整后的图像重置为调整前的原始值。
- 【图像类型】：该下拉列表框用于选择转换的图像类型，其作用与在【描摹位图】子菜单中对应的菜单项相同。
- 【细节】：该滑块用于调节图像的细节处理精度，越向右调节，则图像细节部分刻画越精细。
- 【平滑】：该滑块用于调节图像的平滑程度。通过对图像进行平滑处理，可以使色彩过渡更加自然。
- 【删除原始图像】：选择该选项，在转换后删除原有的位图图像。
- 【移除背景】：选择该选项，可以将转换后矢量图的背景移除。如果同时选择【自动选择颜色】选项，则自动选择要移除的背景；如果选择【指定颜色】选项，则可以单击【指定要移除的背景色】按钮，然后单击图像合适位置，将图像中与单击位置颜色相同的色彩删除。若勾选【移除整个图像的颜色】复选框，则可以移除图像中所有相同的颜色。

如果在该对话框中单击【颜色】标签，即可显示【颜色】选项卡，如图 7-21 所示。该选项卡上部列出了组成矢量图的所有颜色的 RGB 数值。选择某个颜色，然后单击【编辑】按钮，可以在弹出的【选择颜色】对话框中对颜色进行编辑，如图 7-22 所示。如果在按住 Ctrl 键的同时选择多个颜色项，则可以单击【合并】按钮将所选的颜色进行合并。除此之外，用户还可以在【颜色】选项卡中选择矢量图应用的颜色模式和最大颜色数。

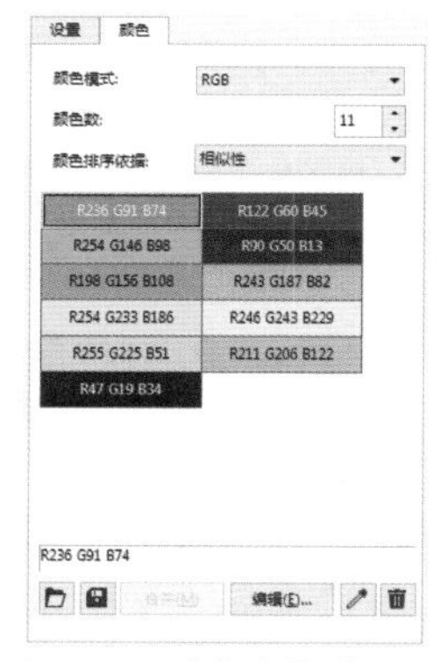


图 7-21　【颜色】选项卡

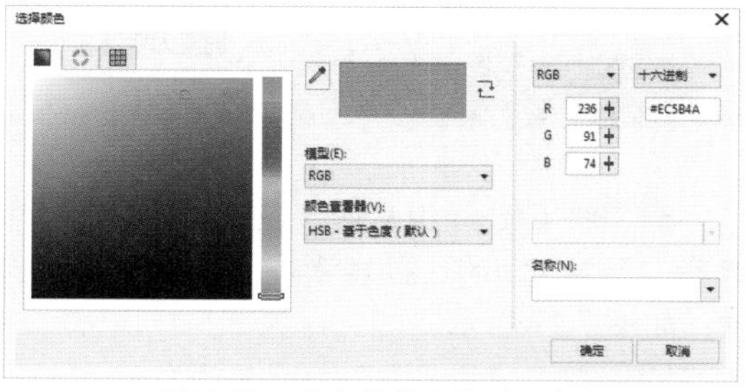


图 7-22　【选择颜色】对话框

【颜色模式】下拉列表框用于选择转换后矢量图使用的颜色模式。选择某种颜色模式后，即可在下方的【颜色数】微调框中选择图像可用的最大颜色数量。

3. 徽标

在菜单栏中选择【位图】|【轮廓描摹】|【徽标】命令，弹出PowerTRACE对话框，如图7-23所示。在其中可以根据需要对各项进行设置，设置完成后单击【确定】按钮，即可将位图转换为徽标类型的矢量图，转换后的效果如图7-24所示。

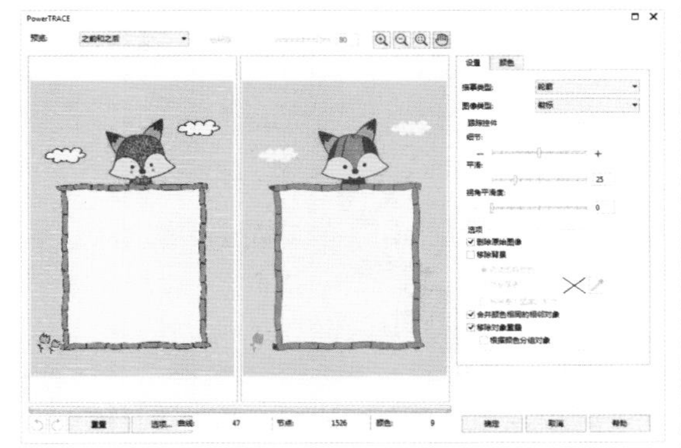

图7-23 PowerTRACE对话框

图7-24 徽标效果

4. 详细徽标

在菜单栏中选择【位图】|【轮廓描摹】|【详细徽标】命令，弹出PowerTRACE对话框，如图7-25所示。在其中可以根据需要对其参数进行设置，设置完成后单击【确定】按钮，即可将位图转换为徽标细节类型的矢量图，转换后的效果如图7-26所示。

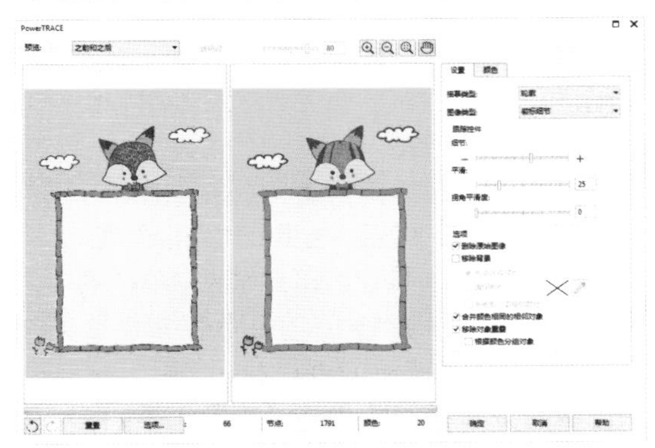

图7-25 PowerTRACE对话框

图7-26 详细徽标效果

5. 剪贴画

在菜单栏中选择【位图】|【轮廓描摹】|【剪贴画】命令，弹出PowerTRACE对话框，如图7-27所示。在其中可以根据需要对其参数进行设置，设置完成后单击【确定】按钮，即可将位图转换为剪贴画类型的矢量图，转换后的效果如图7-28所示。

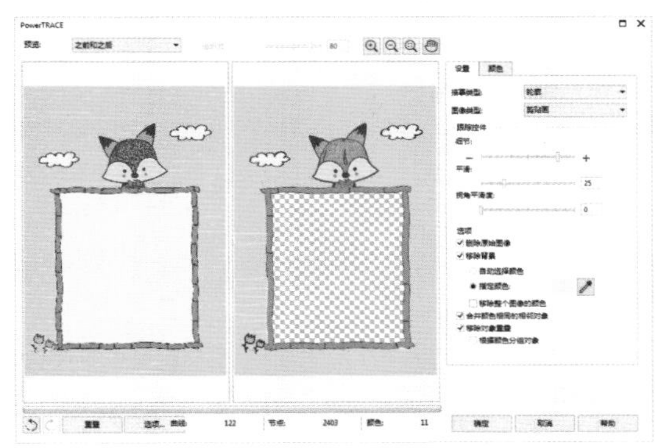

图7-27 PowerTRACE对话框

图7-28 剪贴画效果

6. 低质量图像

【低质量图像】模式适用于将位图转换为图像质量较低的矢量图。

在菜单栏中选择【位图】|【轮廓描摹】|【低质量图像】命令，弹出PowerTRACE对话框，如图7-29所示。在其中可以根据需要设置其参数，设置完成后单击【确定】按钮，即可将位图转换为低质量图像类型的矢量图，转换后的矢量图效果如图7-30所示。

7. 高质量图像

【高质量图像】模式适用于将位图转换为图像质量较高的矢量图。

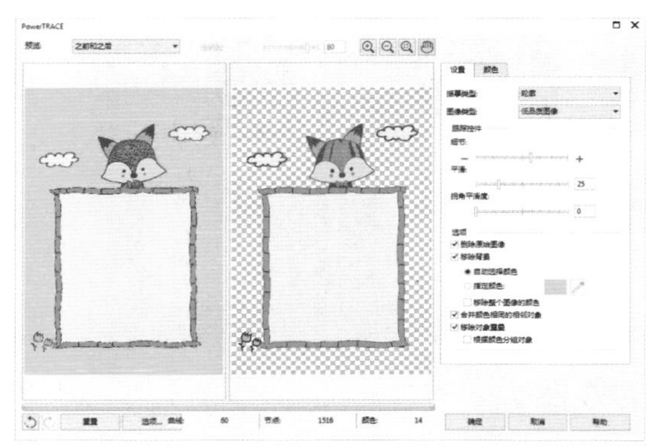

图 7-29　PowerTRACE 对话框

图 7-30　低质量图像效果

在菜单栏中选择【位图】|【轮廓描摹】|【高质量图像】命令，弹出 PowerTRACE 对话框，如图 7-31 所示。在其中可以根据需要设置其参数，设置完成后单击【确定】按钮，即可将位图转换为高质量图像类型的矢量图，转换后的矢量图效果如图 7-32 所示。

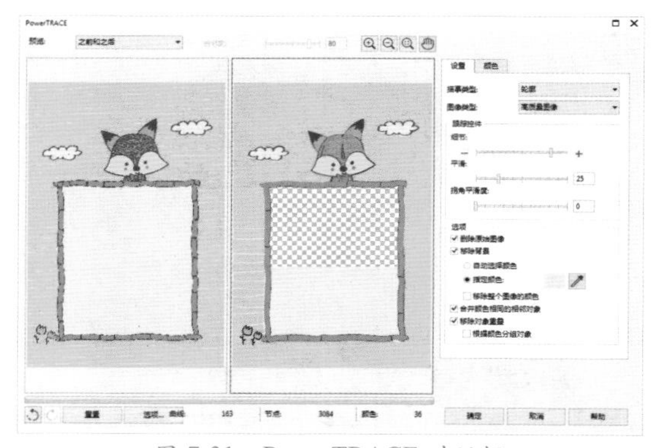

图 7-31　PowerTRACE 对话框

图 7-32　高质量图像效果

19 设置完成后，单击【确定】按钮，在【对象管理器】泊坞窗中选择“影楼素材 02.jpg”对象，右击鼠标，在弹出的快捷菜单中选择【删除】命令，如图 7-33 所示。

图 7-33　选择【删除】命令

20 选中前面临摹的线条图，将其填充色设置为白色，在工作区中调整其位置与大小，对其进行复制然后调整，在工作区中绘制四条直线，将其轮廓颜色设置为白色，如图 7-34 所示。

图 7-34　调整对象并进行设置后的效果

21 在【对象管理器】泊坞窗中单击【新建图层】按钮，新建一个图层，并将其命名为“画册内页 2”，如图 7-35 所示。

22 按 Ctrl+I 组合键，在弹出的对话框中选择“素材\Cha07\影楼素材 03.jpg”素材文件，单击【导入】按钮，在工作区中单击鼠标，导入选中的素材文件，并在工作区中调整其位置与大小，效果如图 7-36 所示。

23 在工具箱中单击【矩形工具】□，在工作区中绘制一个矩形，选中绘制的矩形，在工具属性栏中将【宽度】、【高度】分别设置为 210mm、297mm，并调整其位置，效果如图 7-37 所示。

图 7-35 新建图层并重命名

图 7-36 导入素材文件

图 7-37 绘制矩形

24 在工作区中选择“影楼素材 03.jpg”素材文件，右击鼠标，在弹出的快捷菜单中选择【PowerClip 内部】命令，如图 7-38 所示。

图 7-38 选择【PowerClip 内部】命令

25 执行上述操作后，在绘制的矩形上单击鼠标，完成对选中对象的剪切。在工具箱中单击【文本工具】字，在工作区中单击鼠标，输入文字，选中输入的文字，在【文本属性】泊坞窗中将【字体】设置为 Myriad Pro Light，将【字体样式】设置为【半粗体】，将【字体大小】设置为 142pt，将【文本颜色】设置为 54、60、54、4，然后在工作区中调整其位置，效果如图 7-39 所示。

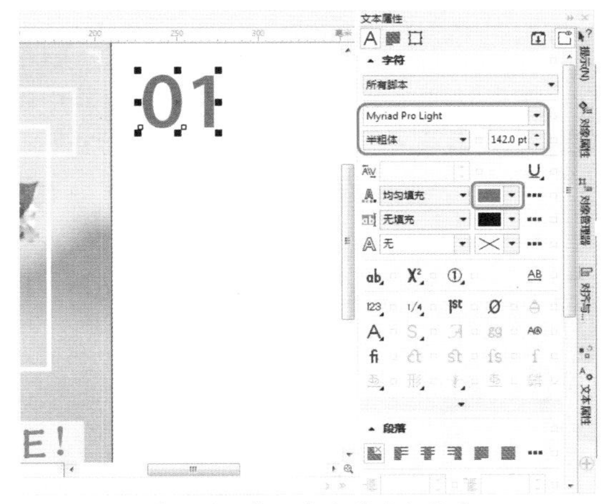

图 7-39 输入文字并进行设置

26 使用同样的方法在工作区中输入其他文字，并对其进行相应的设置，效果如图 7-40 所示。

27 在工具箱中单击【矩形工具】□，在工作区中绘制一个矩形。选中绘制的矩形，在工具属性栏中将【宽度】、【高度】分别设置为

23.6mm、0.17mm，取消其轮廓填充，将填色的CMYK值设置为64、68、60、13，效果如图7-41所示。

图 7-40　输入其他文字后的效果

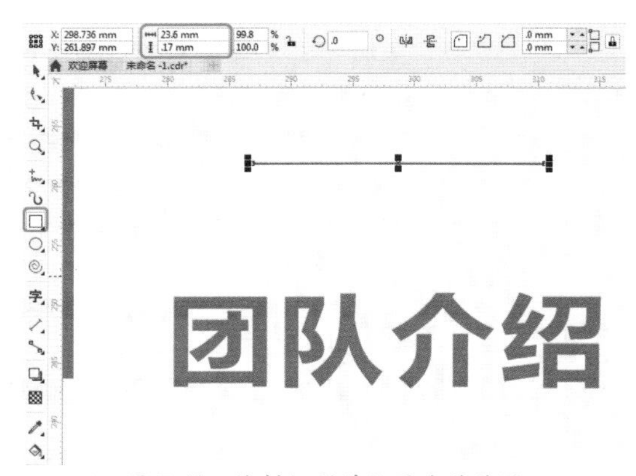

图 7-41　绘制矩形并设置后的效果

28 继续选中该矩形，在工具属性栏中将【旋转角度】设置为41.7°，并对其进行复制，在工作区中调整其大小与位置，效果如图7-42所示。

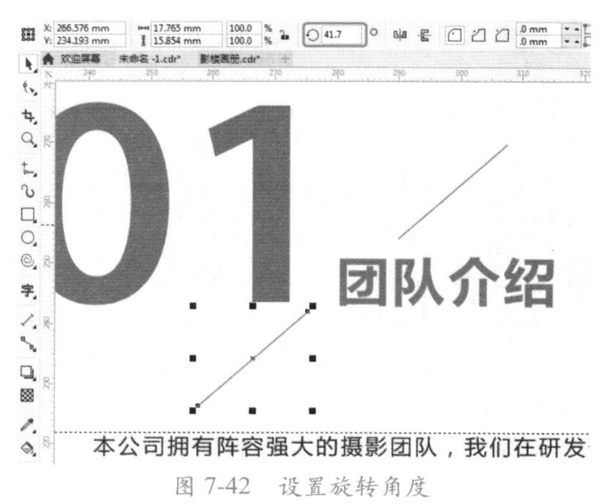

图 7-42　设置旋转角度

29 根据前面介绍的方法将“影楼素材04.jpg”“影楼素材05.jpg”素材文件导入文档中，并为“影楼素材04.jpg”添加PowerClip内部效果，如图7-43所示。

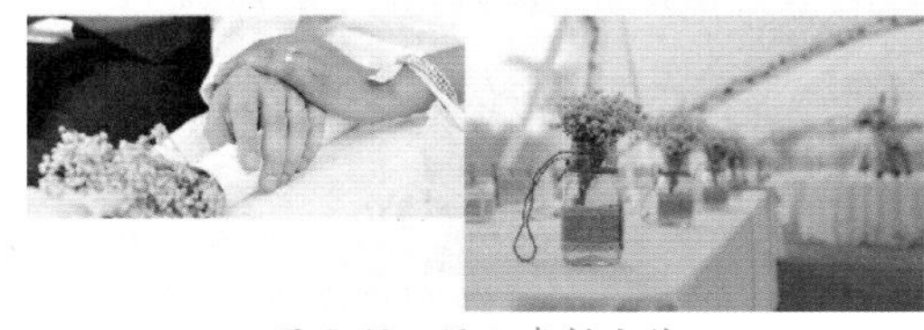

图 7-43　添加素材文件

30 在工作区中选择“影楼素材05.jpg”素材文件，在菜单栏中选择【效果】|【调整】|【调合曲线】命令，如图7-44所示。

图 7-44　选择【调合曲线】命令

**疑难解答　使用【调合曲线】命令时需要注意什么？**

曲线左边为高光区域，中间为灰度区域，右边为暗部区域，在调整时需要注意控制点在3个区域的比例，在调整过程中可以打开预览窗口进行实时预览。

31 在弹出的对话框中添加一个控制点，将X、Y分别设置为195、214，然后再在该对话框中添加一个控制点，将X、Y分别设置为138、151，如图7-45所示。

32 设置完成后，单击【确定】按钮，完成设置。根据前面介绍的方法将“影楼素材

06.jpg”素材文件添加至文档中，并创建其他对象，效果如图 7-46 所示。

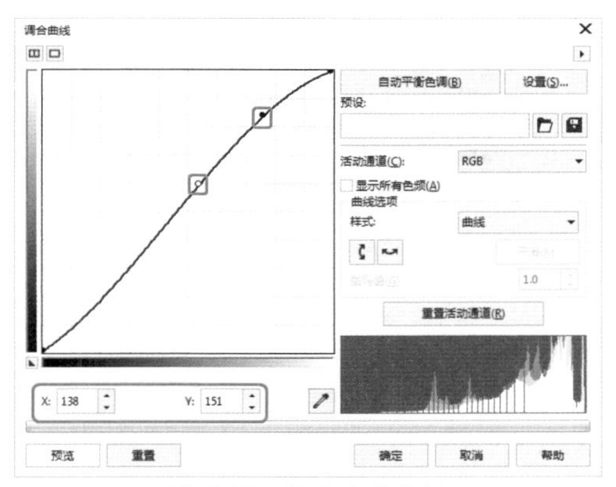

图 7-45　设置曲线参数

图 7-46　添加素材文件并创建其他对象后的效果

## 7.1.1　应用图层

所有在 CorelDRAW 中绘制的图形都是由多个对象堆叠组成的，通过调整这些对象叠放的顺序，可以改变绘图的最终组成效果。在 CorelDRAW 中，可以使用图层来管理对象，用户可以将这些对象组织在不同的图层中，以便更加灵活地编辑这些对象。

### 1. 认识图层

图层为用户组织和编辑复杂绘图中的对象提供了更大的灵活性。用户可以把一个绘图划分成若干个图层，每个图层分别包含一部分绘图内容。

在菜单栏中选择【窗口】|【泊坞窗】|【对象管理器】命令，如图 7-47 所示，开启【对象管理器】泊坞窗。在该窗口中可以看到每个新文件都是使用默认页面（页面 1）和主页面创建的，如图 7-48 所示。

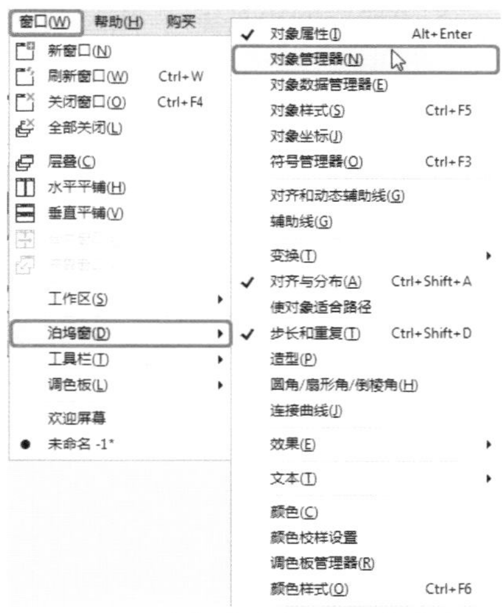

图 7-47　选择【对象管理器】命令

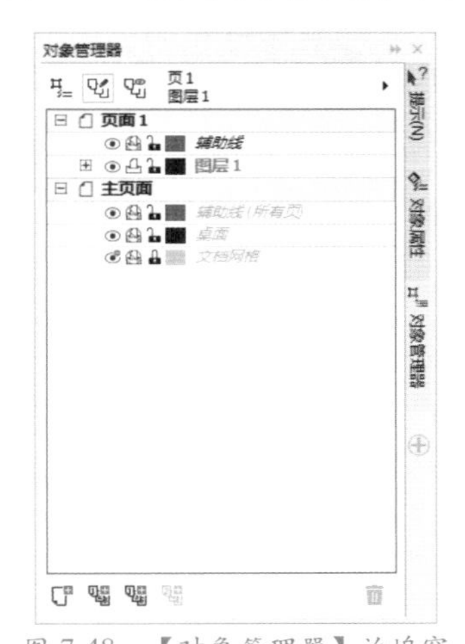

图 7-48　【对象管理器】泊坞窗

默认页面包括以下图层。

- 辅助线：存储特定页面（局部）的辅助线。在【辅助线】图层上放置的所有对象只显示为轮廓，而该轮廓可作为辅助线使用。
- 图层 1：指的是默认的局部图层。在页面上绘制对象时，对象将添加到该图层上，除非用户选择了另一个图层。

默认主页面包含以下图层。

- 辅助线（所有页）：包含用于文档中所有页面的辅助线。在【辅助线】图层上放置的所有对象只显示为轮廓，而该轮廓可作为辅助线使用。

- 桌面：包含工作区外部的对象。该图层可以存储用户稍后可能要包含在工作区中的对象。
- 文档网格：包含用于文档中所有页面的文档网格。文档网格始终为底部图层。

2. 图层的基本操作

在 CorelDRAW 中，图层是一个“载体”，它承载了图形的全部信息，这些图形对象全位于图层上。图层可以是一个也可以是无数个，通过对这些图层进行相关的操作，可以让图形对象的层次关系更加明确。

（1）创建图层

用户可以通过以下任意一种方式创建图层。

- 在【对象管理器】泊坞窗中单击左下角的【新建图层】按钮，如图 7-49 所示。

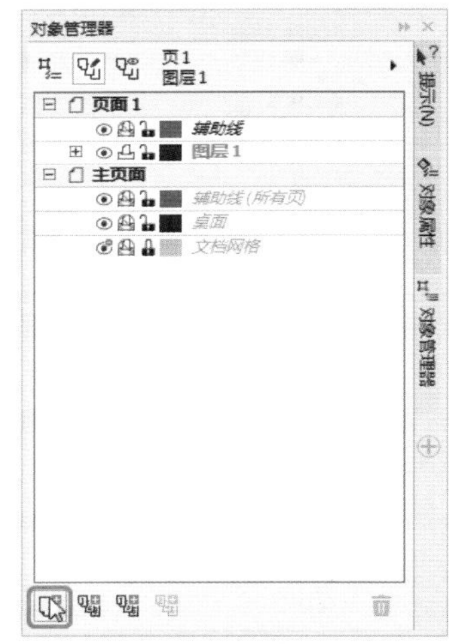

图 7-49　单击【新建图层】按钮

- 在【对象管理器】泊坞窗中单击【对象管理器选项】按钮，在弹出的下拉菜单中选择【新建图层】命令，如图 7-50 所示。

（2）隐藏或显示图层

如果需要隐藏图层，可以单击该图层左侧的【显示或隐藏】图标，当【显示或隐藏】图标呈样式时，表示该图层被隐藏，如图 7-51 所示。

在选择的图层上单击鼠标右键，在弹出的快捷菜单中选择【可见】命令，如图 7-52 所示，图层即可见。

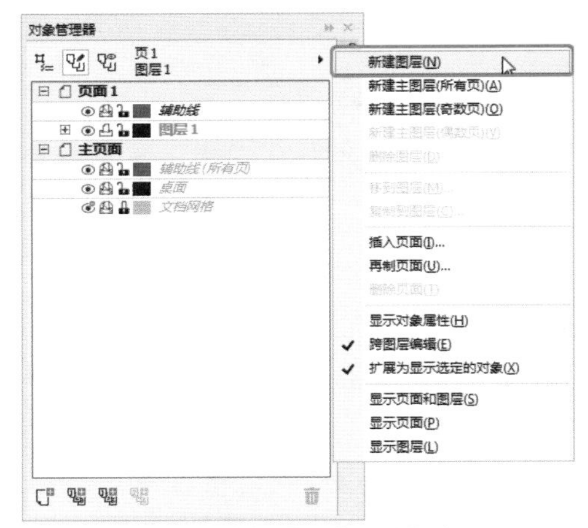

图 7-50　选择【新建图层】命令

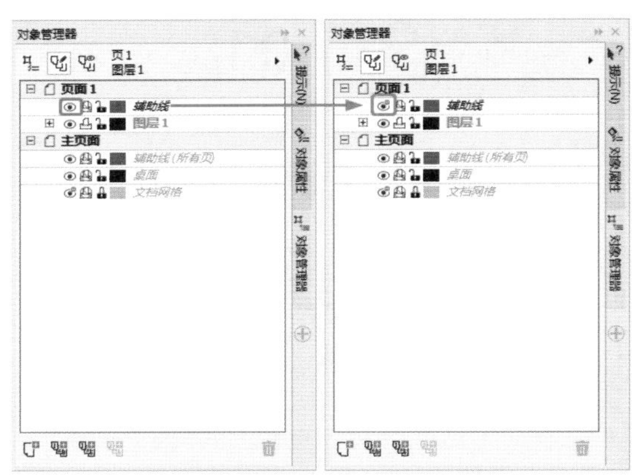

图 7-51　单击【显示或隐藏】图标

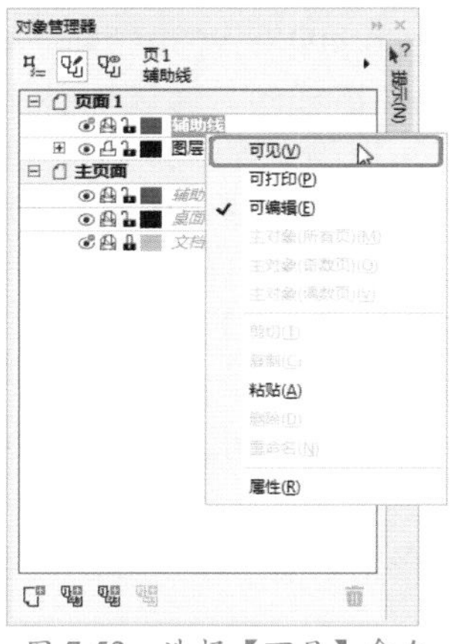

图 7-52　选择【可见】命令

（3）重命名图层

在需要重命名的图层上单击鼠标右键，在弹出的快捷菜单中选择【重命名】命令，此时，图层名处变为可编辑文本框，在该文本框中输入新名并按 Enter 键确认，如图 7-53 所示。也可以通过单击两次图层名，然后输入新的名称来重命名图层。

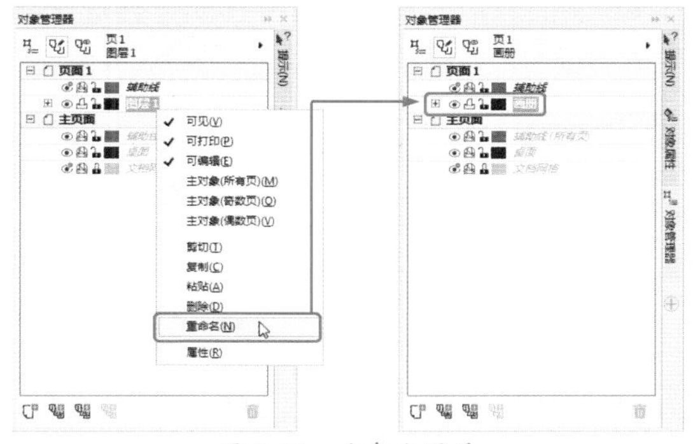

图 7-53 重命名图层

（4）删除图层

在 CorelDRAW 2018 中，可以使用以下 3 种方法删除图层。

- 在需要删除的图层上单击鼠标右键，在弹出的快捷菜单中选择【删除】命令，即可将选择的图层删除，如图 7-54 所示。

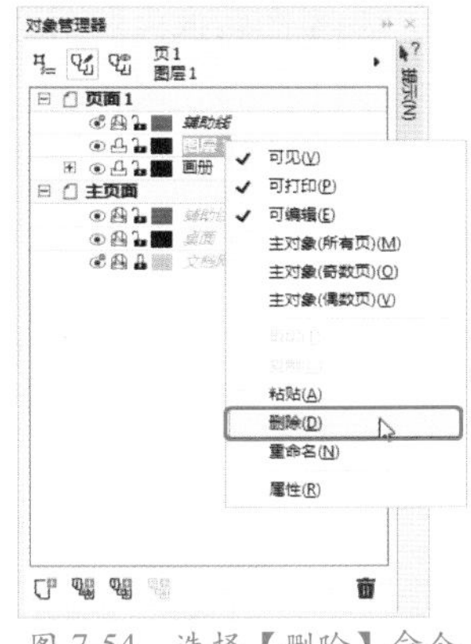

图 7-54 选择【删除】命令

- 选择需要删除的图层，然后单击【对象管理器选项】按钮，在弹出的下拉菜单中选择【删除图层】命令，如图 7-55 所示。
- 选择需要删除的图层，然后单击右下角的【删除】按钮，如图 7-56 所示。

**提 示**

【对象管理器】泊坞窗中的【文档网格】、【桌面】、【辅助线】和【辅助线（所有页面）】图层不能删除。

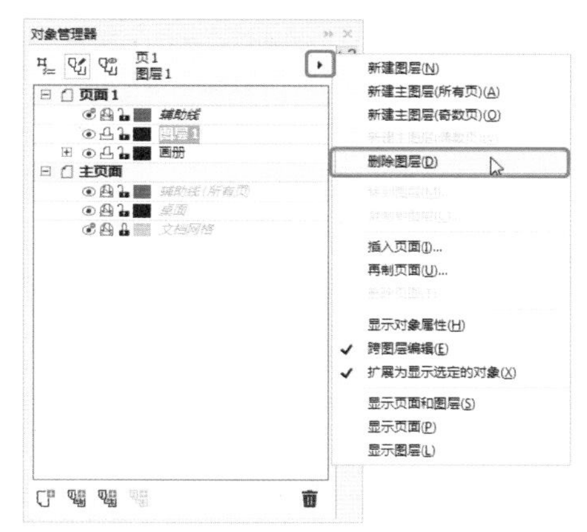

图 7-55 选择【删除图层】命令

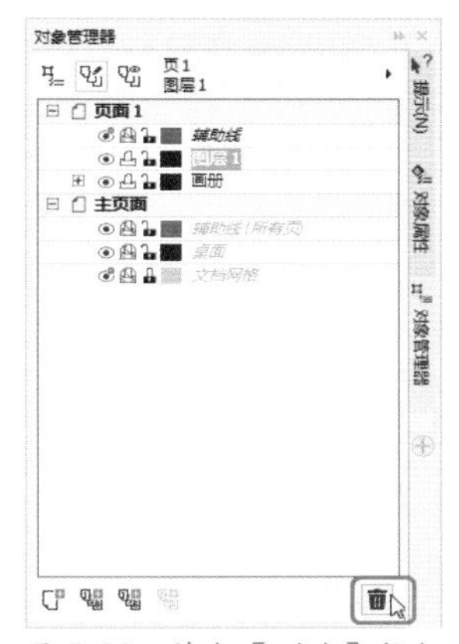

图 7-56 单击【删除】按钮

### 3. 在图层中添加对象

若要在指定的图层中添加对象，首先需要保证该图层处于未锁定状态。如果图层被锁定，可在【对象管理器】泊坞窗中单击图层名称前的按钮，将其解锁，然后在图层名称上单击，使该图层成为选中状态，如图 7-57 所示。例如，选择图层为【画册】，则在工作区中创建的对象就会添加到【画册】图层中，如图 7-58 所示。

### 4. 在图层间复制与移动对象

在【对象管理器】泊坞窗中，可以移动图层的位置或者将对象移动到不同的图层中，也可以将选取的对象复制到新的图层中，下面分别进行介绍。

（1）复制图层

右击需要复制的图层，在弹出的快捷菜单中选择【复制】命令，即可复制图层。然后右击需要放置复制图层位置下方的图层，并在弹出的快捷菜单中选择【粘贴】命令，图层及其包含的对象将粘贴在选定图层的上方，如图 7-59 所示。

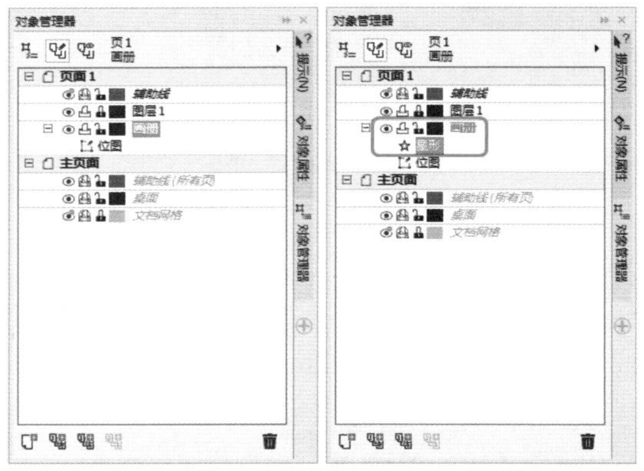

图 7-57　选择图层　　图 7-58　在图层中添加对象

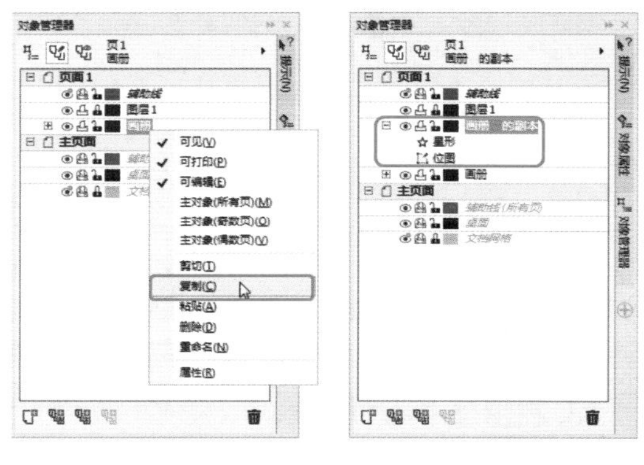

图 7-59　将对象复制到新的图层

（2）移动图层

若要移动图层，可在图层名称上单击，然后将该图层拖动到新的位置，如图 7-60 所示。

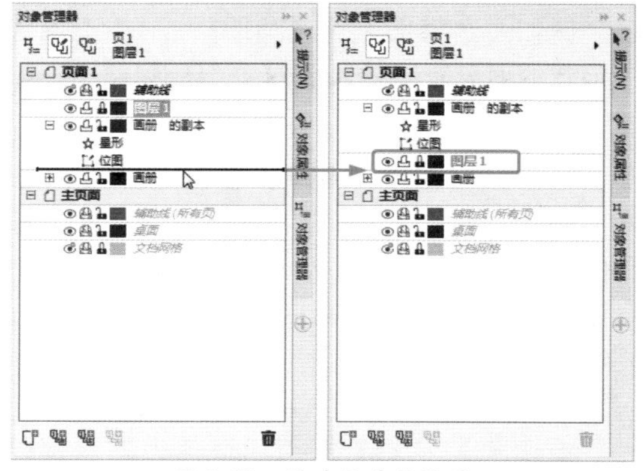

图 7-60　移动图层的位置

如果要移动对象到新的图层，首先单击图层名称左侧的⊞图标，然后选择要移动的对象，将其拖动至新的图层上。当鼠标指针显示为状态时释放鼠标，即可将该对象移动至指定的图层中，如图 7-61 所示。

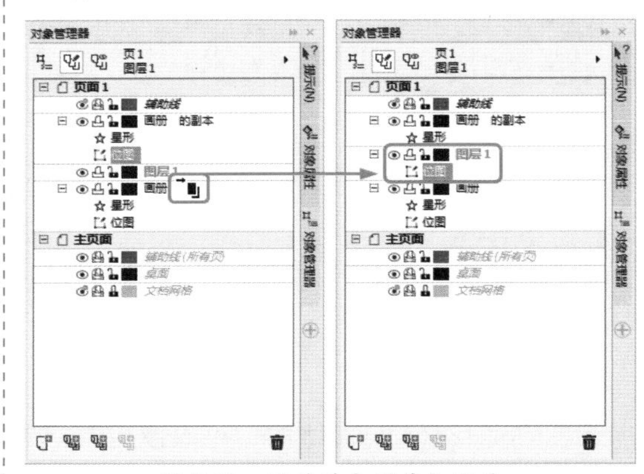

图 7-61　移动对象到其他图层

## 7.1.2　创建与编辑位图

在 CorelDRAW 2018 中，可对指定的位图进行导入、重新取样、裁剪或做一些细节的编辑等，也可以将矢量图转换为位图进行编辑。

### 1. 导入位图

在 CorelDRAW 2018 中导入位图的操作步骤如下。

01 首先启动软件，新建一个文档，按 Ctrl+I 组合键，弹出【导入】对话框，在该对话框中选择“素材 \Cha07\ 素材 02.jpg”素材文件，如图 7-62 所示。

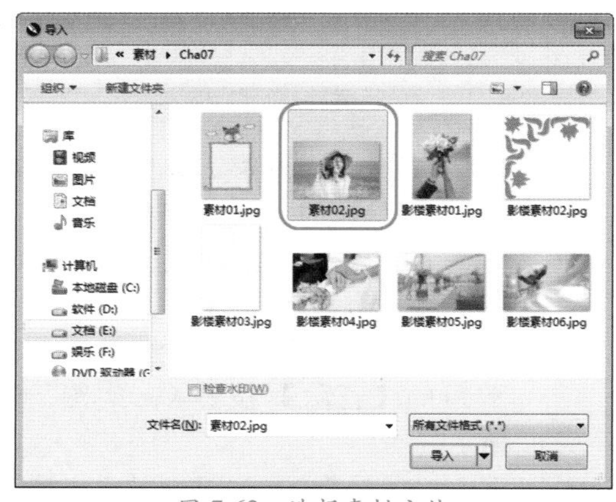

图 7-62　选择素材文件

02 单击【导入】按钮，在工作区中单击

或拖动鼠标，可直接将所选的位图对象导入到工作区中，如图 7-63 所示。

图 7-63　导入素材文件后的效果

**2. 重新取样图像**

通过重新取样，可以保留原始图像的更多细节。为图像执行【重新取样】命令后，调整图像大小时可以使像素的数量无论在较大区域还是较小区域均保持不变。

在菜单栏中选择【位图】|【重新取样】命令，弹出【重新取样】对话框。可以在对话框中重新设置图像的大小和分辨率，从而达到对图像重新取样的目的，如图 7-64 所示。设置完成后单击【确定】按钮，即可重新取样。

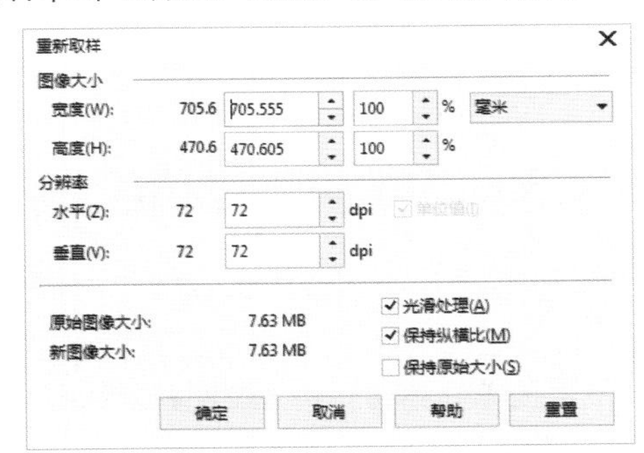


图 7-64　【重新取样】对话框

下面简单介绍【重新取样】对话框中各选项的功能。

- 【图像大小】：用于重新设置位图图像的大小，用户可以重新输入图像的宽度和高度值，也可以调整宽、高的百分比。如果选中【保持纵横比】复选框，则调整图像大小时会按原始比例改变图像的宽、高。
- 【分辨率】：用于调整图像在水平或垂直方向上的分辨率。如果选中【保持纵横比】复选框，则图像的水平和垂直分辨率保持相同。
- 【光滑处理】：选中该复选框，可以对图像进行光滑处理，从而避免图像外观参差不齐。
- 【保持纵横比】：勾选该复选框后，可以将宽度、高度锁定。
- 【保持原始大小】：选中该复选框，可以在调整时保持图像的大小不变。也就是如果调高了图像大小或分辨率两项中的某一项，则另外一项的数值就会下降。原始图像和新图像的大小都可以在对话框的左下方查看。
- 【重置】按钮：单击该按钮，可以将图像的大小和分辨率恢复为原始值。

**3. 裁剪位图**

将位图添加到绘图区后，可以对位图进行裁剪，以移除不需要的位图。要将位图裁剪成矩形，可以使用【裁剪工具】；要将位图裁剪成不规则形状，可以使用【形状工具】。

下面将分别介绍两种裁剪位图的方法。

(1) 使用【裁剪工具】裁剪位图

在工具箱中单击【裁剪工具】，在位图上按住鼠标左键并拖动，创建一个裁剪控制框。拖动控制框上的控制点，调整裁剪控制框的大小和位置，如图 7-65 所示，使其框选需要保留的图像区域。然后按 Enter 键进行确认，即可将位于裁剪控制框外的图像裁剪掉，如图 7-66 所示。

(2) 使用【形状工具】裁剪位图

在工具箱中单击【形状工具】，单击位图图像，此时在图像边角将出现控制节点，接下来用户按照自己的需求对位图进行调整即可。

图 7-65　调整裁剪控制框

图 7-66　裁剪后的效果

使用【形状工具】裁剪位图的具体操作步骤如下。

01 新建一个文档，按 Ctrl+I 组合键，弹出【导入】对话框，在该对话框中选择“素材\Cha07\素材 02.jpg”素材文件，单击【导入】按钮，在工作区中单击鼠标，将选中的素材文件导入文档中，如图 7-67 所示。

图 7-67　素材文件

02 在工具箱中单击【形状工具】，然后拖动位图的节点来调整位图的形状，效果如图 7-68 所示。

图 7-68　调整位图形状

**提　示**

使用【形状工具】裁剪位图图像时，按住 Ctrl 键可使鼠标在水平或垂直方向移动。使用【形状工具】裁剪位图与控制曲线的方法相同，可将位图边缘调整成直线或曲线。用户可以根据需要，将位图调整为各种形状，但是使用【形状工具】不能裁剪群组后的位图图像。

### 4. 转换为位图

【转换为位图】命令可以将矢量图转换为位图，从而可以在位图中应用不能用于矢量图的特殊效果。

在页面中选择要转换的矢量对象，然后在菜单栏中选择【位图】|【转换为位图】命令，如图 7-69 所示，弹出【转换为位图】对话框，用户可以在对话框的【分辨率】列表框中设置位图的分辨率，在【颜色模式】下拉列表框中选择合适的颜色模式，如图 7-70 所示。

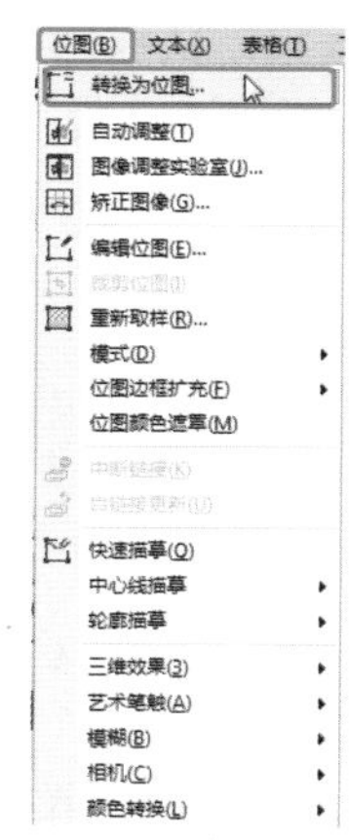


图 7-69　选择【转换为位图】命令

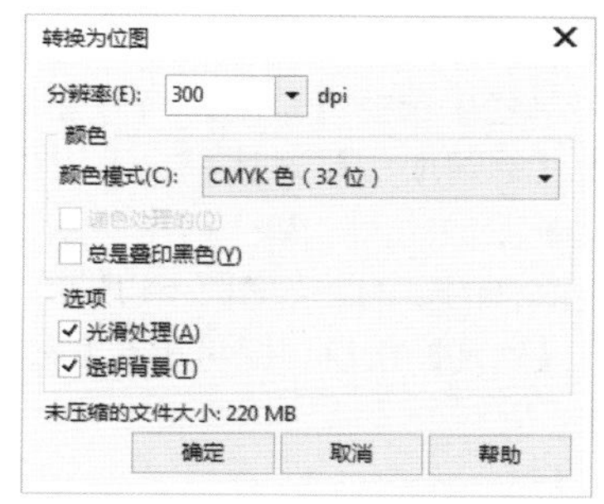


图 7-70　【转换为位图】对话框

**提　示**

颜色模式决定构成位图的颜色数量和种类，因此选择不同的颜色模式时，位图文件的大小也会受到影响。

下面简单介绍【转换为位图】对话框中各选项的功能。

- 【分辨率】：可以选择或输入矢量图转换为位图后的分辨率。转换为位图时分辨率越高，所包含的像素越多，位图对象的信息量就越大，文件也就越大。
- 【颜色模式】：可选择矢量图转换成位图后的颜色类型。
- 【光滑处理】：选中该复选框，可以对位图进行光滑处理，使位图边缘平滑。
- 【透明背景】：选中该复选框，可以创建透明背景的位图。

下面介绍将矢量图转换为位图的方法，具

体的操作步骤如下。

01 按 Ctrl+O 组合键，在弹出的对话框中选择“素材 \Cha07\ 素材 03.cdr”素材文件，如图 7-71 所示。

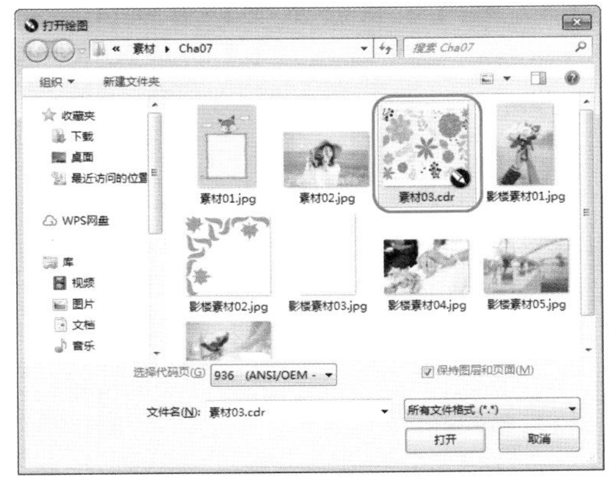


图 7-71 选择素材文件

02 单击【打开】按钮，将选中的素材文件打开，效果如图 7-72 所示。

图 7-72 素材文件

03 在工具箱中单击【选择工具】，在工作区中选择矢量对象，在菜单栏中选择【位图】|【转换为位图】命令，弹出【转换为位图】对话框，用户可以在【分辨率】下拉列表框中设置位图的分辨率，以及在【颜色模式】下拉列表框中选择合适的颜色模式，在这里使用默认设置即可，如图 7-73 所示。

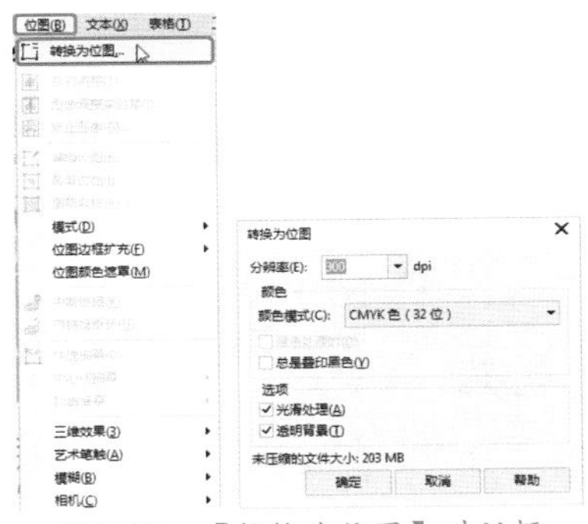


图 7-73 【转换为位图】对话框

04 单击【确定】按钮，即可将素材文件转换为位图，效果如图 7-74 所示。

图 7-74 转换为位图

## 7.1.3 调整位图颜色

为了使图像能够更加逼真地反映事物的原貌，常常需要对图像进行调整和处理。在 CorelDRAW 2018 中，可以对位图的色彩亮度、光度和暗度等进行调整。通过应用颜色和色调的效果，可以恢复阴影或高光中丢失的细节，清除色块，校正曝光不足或曝光过度，全面提高图像的质量。

### 1. 高反差

高反差效果用于调整位图输出颜色的浓度，可以通过从最暗区域到最亮区域重新分布颜色深浅来调整阴影区域、中间区域和高光区域。通过调整图像的亮度、对比度和强度，使高光区域和阴影区域的细节不丢失；也可通过定义色调范围的起始点和结束点，在整个色调范围内重新分布像素值。

导入一张位图，在菜单栏中选择【效果】|【调整】|【高反差】命令，弹出【高反差】对话框，如图 7-75 所示。

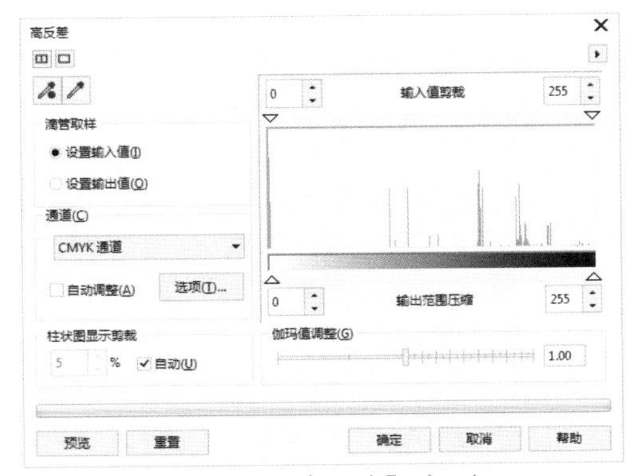


图 7-75 【高反差】对话框

【高反差】对话框中各个选项的功能如下。

- 【显示对比预览窗口】按钮：可直观地观察图像调整前后的效果变化，如图 7-76 所示。

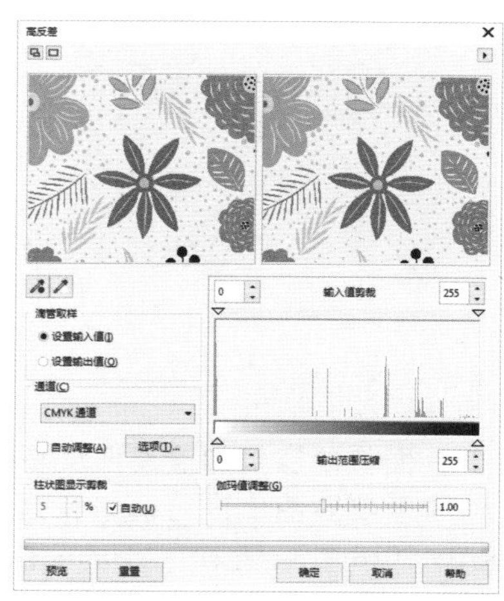

图 7-76　显示对比预览窗口效果

- 【显示单预览窗口】按钮：单击该按钮，可以观察原图像效果，如图 7-77 所示。

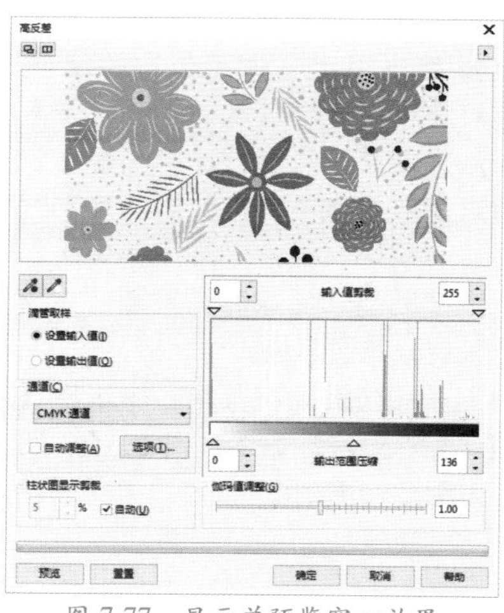

图 7-77　显示单预览窗口效果

- 【隐藏预览窗口】按钮：单击该按钮，将隐藏预览窗口。
- 【黑色吸管工具】按钮：单击此按钮，移动鼠标指针到图像上单击，可设置图像的暗调。
- 【白色吸管工具】按钮：单击此按钮，移动鼠标指针到图像上单击，可设置图像的亮调。
- 【滴管取样】选项组：可设置滴管工具的取样类别。
    - ◆ 【设置输入值】单选按钮：设置最小值和最大值，颜色将在这个范围内重新分布。
    - ◆ 【设置输出值】单选按钮：为【输出范围压缩】设置最小值和最大值。
- 【自动调整】复选框：在色阶范围自动分布像素值。
- 【选项】按钮：单击该按钮，弹出【自动调整范围】对话框，如图 7-78 所示，在该对话框中可以设置自动调整的色阶范围。

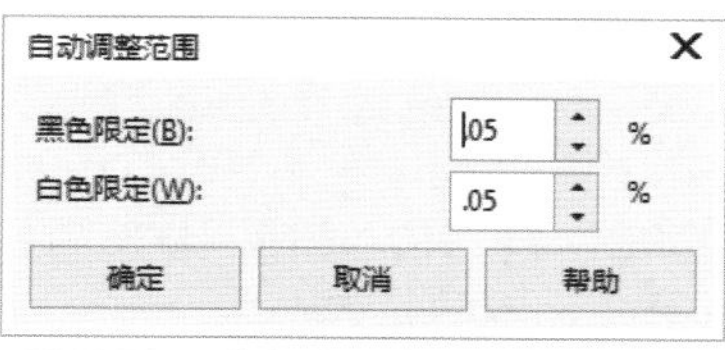


图 7-78　【自动调整范围】对话框

- 【柱状图显示剪裁】选项组：用于设置色调柱形图的显示。
- 【输入值剪裁】微调框：左侧的微调框用于设置图像的最暗处，右侧的微调框用于设置图像的最亮处。
- 【伽玛值调整】滑标：拖动滑块或者在文本框中输入数值，可以调整视图中的图像细节。

下面将简单讲解如何调整图像明暗度，具体操作步骤如下。

01 新建一个文档，按 Ctrl+I 组合键，弹出【导入】对话框，在该对话框中选择“素材\Cha07\素材 04.jpg”素材文件，单击【导入】按钮，在工作区中单击鼠标，将选中的素材文件导入文档中，如图 7-79 所示。

图 7-79　素材文件

02 选择素材文件，在菜单栏中选择【效果】|【调整】|【高反差】命令，如图 7-80 所示。

图 7-80 选择【高反差】命令

03 弹出【高反差】对话框，勾选【自动调整】复选框，在【输入值剪裁】右侧的文本框中输入参数 248，将【输出范围压缩】分别设置为 14、244，将【伽玛值调整】设置为 1，如图 7-81 所示。

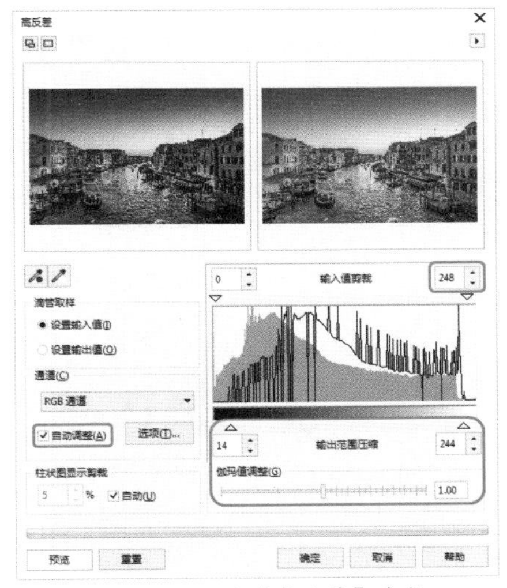

图 7-81 设置【高反差】参数

04 设置完成后，单击【确定】按钮，即可查看效果，如图 7-82 所示。

图 7-82 查看效果

2. 局部平衡

【局部平衡】命令用于对图像的各个局部区域的色阶进行平衡处理。选择【局部平衡】命令后，系统会自动对所设置区域的色阶统一进行处理。

选择要设置的图片对象，在菜单栏中选择【效果】|【调整】|【局部平衡】命令，如图 7-83 所示，弹出【局部平衡】对话框，如图 7-84 所示。

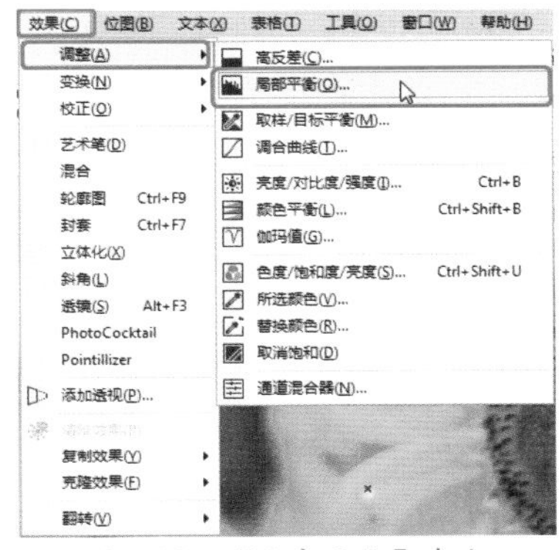

图 7-83 【局部平衡】命令

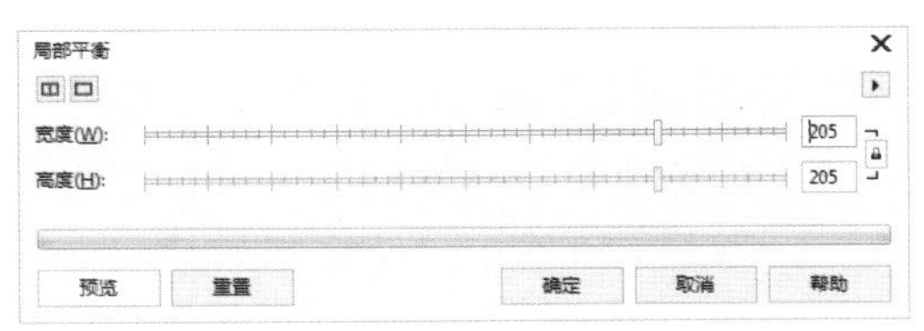

图 7-84 【局部平衡】对话框

【局部平衡】对话框中各个选项的功能如下。

- 【宽度】滑块：设置像素局部区域的宽度值。
- 【高度】滑块：设置像素局部区域的高度值。
- 【宽度】和【高度】右侧的【锁定】按钮：可以将【宽度】和【高度】值锁定，以便同时调整两个选项的数值。

3. 取样 / 目标平衡

【取样 / 目标平衡】命令用于从图像中选取色样来调整位图中的颜色值，可以从图像的暗色调、中间色调以及浅色部分选取色样，并将目标颜色应用于每个色样中。

选择要设置的图片对象，在菜单栏中选择

【效果】|【调整】|【取样 / 目标平衡】命令，弹出【样本 / 目标平衡】对话框，如图 7-85 所示。

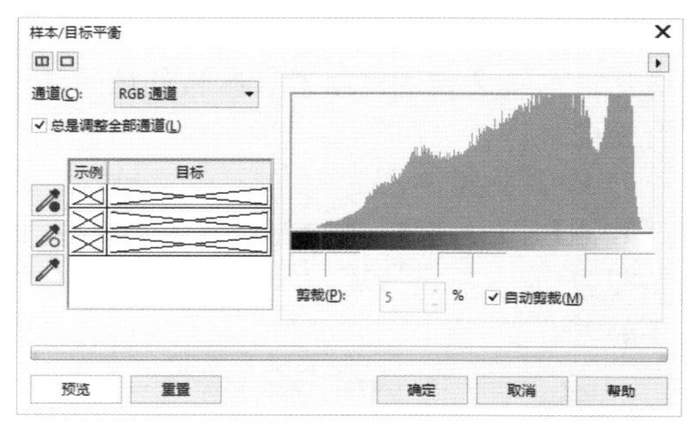


图 7-85 【样本 / 目标平衡】对话框

【样本 / 目标平衡】对话框中各个选项的功能如下。

- 【通道】下拉列表框：用于显示当前图像文件的色彩模式，并可从中选取单色通道，对单一的色彩进行调整。
- 【暗色调吸管工具】按钮：可吸取位图的暗部颜色。
- 【中间调吸管工具】按钮：可吸取位图的中间色。
- 【浅色调吸管工具】按钮：可吸取位图的亮部颜色。
- 【示例】和【目标】栏：显示吸取的颜色，如图 7-86 所示。双击【目标】下的颜色，在【选择颜色】对话框中更改颜色，然后单击【预览】按钮进行查看，在【通道】下拉列表框中选取相应的通道进行设置。

图 7-86 吸取颜色后的效果

4. 调合曲线

【调合曲线】命令通过改变图像中的单个像素值来精确校正位图颜色，通过【活动通道】下拉列表框中的【红】、【绿】、【兰】通道，精确修改图像局部的颜色。

下面将讲解用【调合曲线】命令改变图片颜色的方法。

01 新建一个文档，按 Ctrl+I 组合键，弹出【导入】对话框，在该对话框中选择“素材\Cha07\素材 05.jpg”素材文件，如图 7-87 所示。

图 7-87 选择素材文件

02 单击【导入】按钮，在工作区中单击鼠标，将选中的素材文件导入文档中，如图 7-88 所示。

图 7-88 素材文件

03 选择素材图片，在菜单栏中选择【效果】|【调整】|【调合曲线】命令，如图 7-89 所示。

04 弹出【调合曲线】对话框，将【活动通道】设置为 RGB，在调整窗口中添加一个控制点，将 X、Y 分别设置为 152、184，如图 7-90 所示。

05 将【活动通道】设置为【红】，在调整窗口中添加一个控制点，将 X、Y 分别设置为 209、193，如图 7-91 所示。

图 7-89 选择【调合曲线】命令

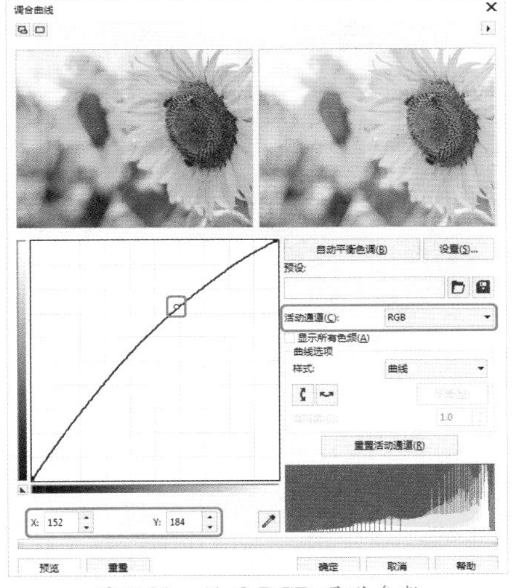

图 7-90 设置 RGB 通道参数

图 7-91 设置红通道参数

06 将【活动通道】设置为【绿】，在调整窗口中添加一个控制点，将 X、Y 分别设置为 194、187，如图 7-92 所示。

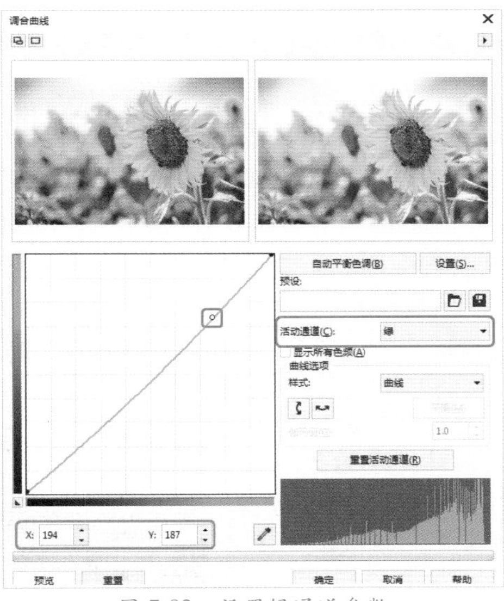

图 7-92 设置绿通道参数

07 将【活动通道】设置为【兰】，在调整窗口中添加一个控制点，将 X、Y 分别设置为 209、182，然后再在调整窗口中添加一个控制点，将 X、Y 分别设置为 165、137，如图 7-93 所示。

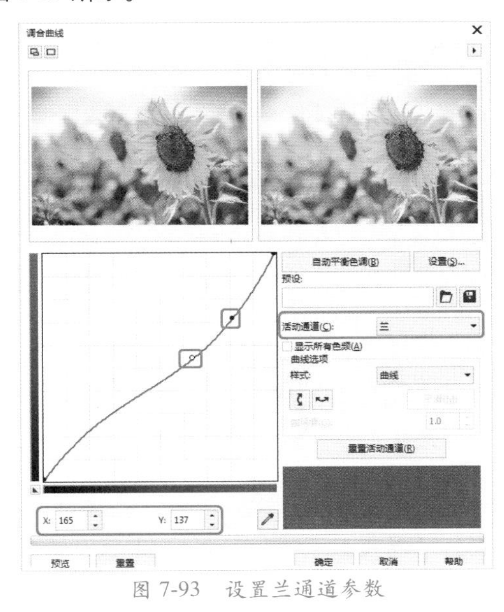

图 7-93 设置兰通道参数

08 设置完成后，单击【确定】按钮，效果如图 7-94 所示。

图 7-94　设置后的效果

### 5. 亮度 / 对比度 / 强度

选中对象后，选择【亮度 / 对比度 / 强度】命令，可以调整所有颜色的亮度以及明亮区域与暗色区域之间的差异。调整对象的亮度 / 对比度 / 强度的操作方法如下。

01 新建一个文档，按 Ctrl+I 组合键，弹出【导入】对话框，在该对话框中选择“素材 \Cha07\ 素材 06.jpg”素材文件，单击【导入】按钮，在工作区中单击鼠标，将选中的素材文件导入文档中，如图 7-95 所示。

图 7-95　素材文件

02 选择素材图片，在菜单栏中选择【效果】|【调整】|【亮度 / 对比度 / 强度】命令，如图 7-96 所示。

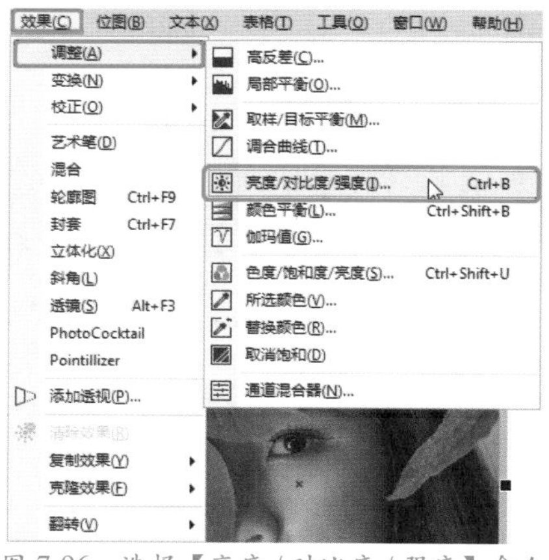


图 7-96　选择【亮度 / 对比度 / 强度】命令

03 在弹出的对话框中将【亮度】、【对比度】、【强度】分别设置为 12、18、5，如图 7-97 所示。

04 设置完成后，单击【确定】按钮，调整前后的效果对比如图 7-98 所示。

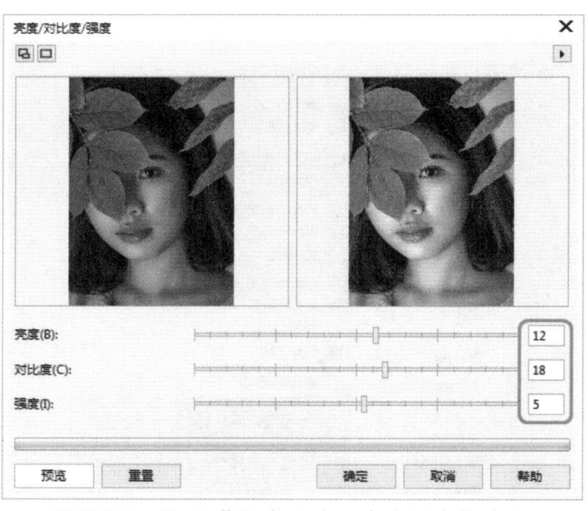


图 7-97　设置【亮度 / 对比度 / 强度】参数

图 7-98　调整前后的效果

### 6. 颜色平衡

选择【颜色平衡】命令，可以对图像中的阴影、中间色调和高光等部分进行调整，以使图像的颜色达到平衡。

01 新建一个文档，按 Ctrl+I 组合键，弹出【导入】对话框，在该对话框中选择“素材 \Cha07\ 素材 07.jpg”素材文件，单击【导入】按钮，在工作区中单击鼠标，将选中的素材文件导入文档中，如图 7-99 所示。

图 7-99　素材图片

02 选择素材图片，在菜单栏中选择【效果】|【调整】|【颜色平衡】命令，如图 7-100 所示。

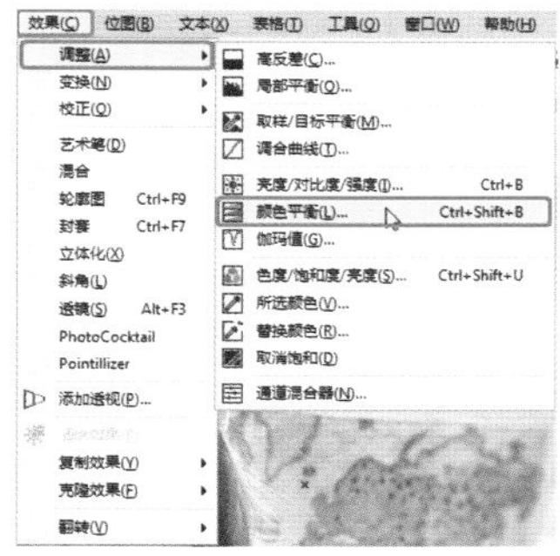

图 7-100 选择【颜色平衡】命令

03 在弹出的对话框中将【颜色通道】中的【青 - 红】、【品红 - 绿】、【黄 - 蓝】分别设置为 47、16、–24，如图 7-101 所示。

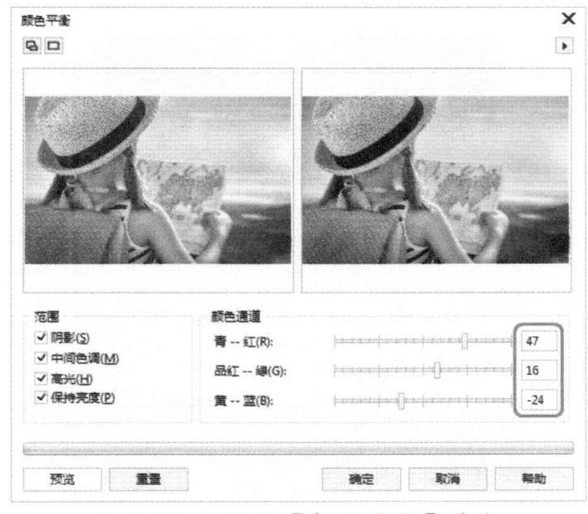


图 7-101 设置【颜色平衡】参数

04 单击【确定】按钮，即可查看效果，如图 7-102 所示。

图 7-102 调整后的效果

【颜色平衡】对话框中各个选项的功能如下。

- 【范围】选项组：其中包括【阴影】、【中间色调】、【高光】、【保持亮度】4 个复选框。这些复选框用于控制【颜色通道】选项组中设置的参数适用的范围。
- 【青 - 红】：拖动滑块或者在文本框中输入数值，可以调整图像中青色和红色的平衡。
- 【品红 - 绿】：拖动滑块或者在文本框中输入数值，可以调整图像中品红色和绿色的平衡。
- 【黄 - 蓝】：拖动滑块或者在文本框中输入数值，可以调整图像中黄色和蓝色的平衡。

### 7. 伽玛值

执行【伽玛值】命令，可在较低对比度区域中强化细节而不会影响阴影或高光。

01 新建一个文档，按 Ctrl+I 组合键，弹出【导入】对话框，在该对话框中选择“素材\Cha07\素材 08.jpg”素材文件，单击【导入】按钮，在工作区中单击鼠标，将选中的素材文件导入文档中，如图 7-103 所示。

图 7-103 添加素材文件

02 选择素材图片，在菜单栏中选择【效果】|【调整】|【伽玛值】命令，如图 7-104 所示。

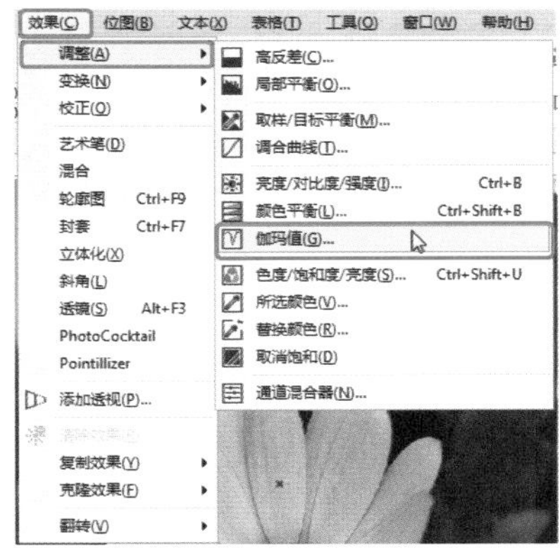


图 7-104 选择【伽玛值】命令

03 执行该操作后，将弹出【伽玛值】对话框，在该对话框中将【伽玛值】的参数设置为 1.6，如图 7-105 所示。

04 设置完成后，单击【确定】按钮，效果如图 7-106 所示。

图 7-105 设置【伽玛值】参数

图 7-106 设置伽玛值后的效果

### 8. 色度 / 饱和度 / 亮度

选择【色度 / 饱和度 / 亮度】命令，可以对图像中的色度、饱和度和明亮程度进行调整。在菜单栏中选择【效果】|【调整】|【色度 / 饱和度 / 亮度】命令，弹出【色度 / 饱和度 / 亮度】对话框，如图 7-107 所示。

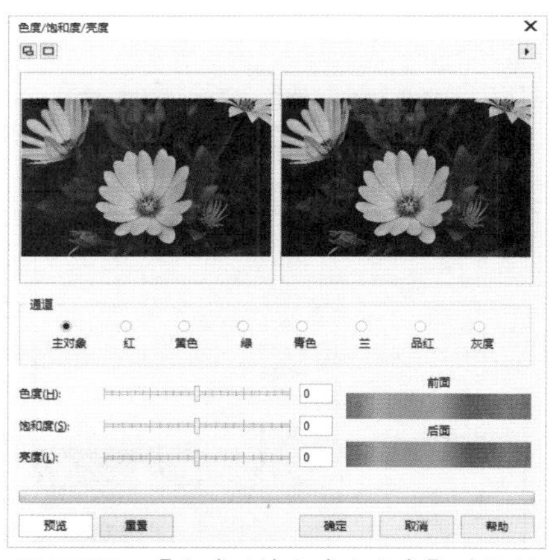


图 7-107 【色度 / 饱和度 / 亮度】对话框

【色度 / 饱和度 / 亮度】对话框中各个选项的功能如下。

- 【通道】选项组：用于选择图像中要调整的颜色范围。
- 【色度】：拖动滑块或输入数值，可以调整红、黄、绿、蓝和品红等颜色。
- 【饱和度】：拖动滑块或输入数值，可以增强或减弱颜色的饱和度。
- 【亮度】：拖动滑块或输入数值，可以调整图像颜色的明亮程度。

下面简单讲解如何调整图像的色度 / 饱和度 / 亮度，具体操作步骤如下。

01 新建一个文档，按 Ctrl+I 组合键，弹出【导入】对话框，在该对话框中选择“素材 \Cha07\ 素材 08.jpg”素材文件，单击【导入】按钮，在工作区中单击鼠标，将选中的素材文件导入文档中，如图 7-108 所示。

图 7-108 素材文件

02 选择素材图片，在菜单栏中选择【效果】|【调整】|【色度 / 饱和度 / 亮度】命令，如图 7-109 所示。

图 7-109 选择【色度 / 饱和度 / 亮度】命令

03 执行该操作后，即可弹出【色度 / 饱和度 / 亮度】对话框，选中【主对象】单选按钮，将【色度】、【饱和度】、【亮度】分别设置为 3、34、8，如图 7-110 所示。

04 再在该对话框中选中【红】单选按钮，将【色度】、【饱和度】、【亮度】分别设置为 30、38、2，如图 7-111 所示。

05 设置完成后，单击【确定】按钮，即可完成色度 / 饱和度 / 亮度的调整，效果如图 7-112 所示。

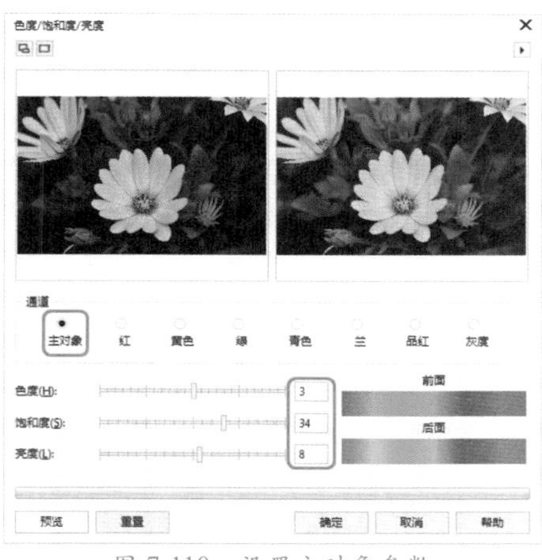


图 7-110 设置主对象参数

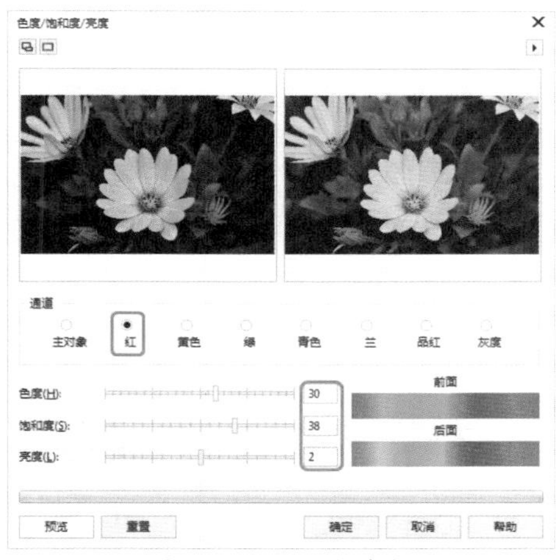


图 7-111 设置红参数

图 7-112 调整色度 / 饱和度 / 亮度后的效果

### 9. 所选颜色

选择【所选颜色】命令，允许用户通过改变图像中红、黄、绿、蓝和品红颜色的色谱及 CMYK 印刷色百分比来更改颜色。

01 新建一个文档，按 Ctrl+I 组合键，弹出【导入】对话框，在该对话框中选择“素材\Cha07\素材 09.jpg”素材文件，单击【导入】按钮，在工作区中单击鼠标，将选中的素材文件导入文档中，如图 7-113 所示。

图 7-113 素材文件

02 选择素材图片，在菜单栏中选择【效果】|【调整】|【所选颜色】命令，弹出【所选颜色】对话框，选中【红】单选按钮，将【品红】、【黄】、【黑】分别设置为 28、73、0，如图 7-114 所示。

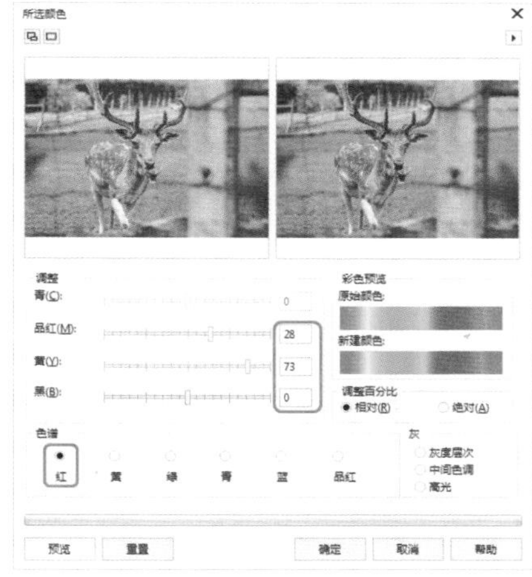


图 7-114 设置红参数

03 再在该对话框中选中【黄】单选按钮，将【青】、【品红】、【黄】、【黑】分别设置为 0、21、13、-20，如图 7-115 所示。

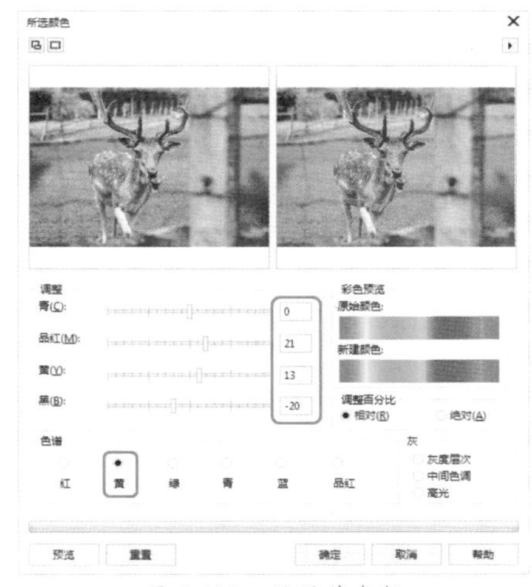


图 7-115 设置黄参数

04 设置完成后，单击【确定】按钮，完成后的效果如图 7-116 所示。

图 7-116　设置所选颜色后的效果

10. 替换颜色

选择【替换颜色】命令，可以对图像中的颜色进行替换。在替换的过程中，不仅可以对颜色的色度、饱和度和亮度等进行控制，而且可以对替换的范围进行灵活控制。

在菜单栏中选择【效果】|【调整】|【替换颜色】命令，弹出【替换颜色】对话框，如图 7-117 所示。

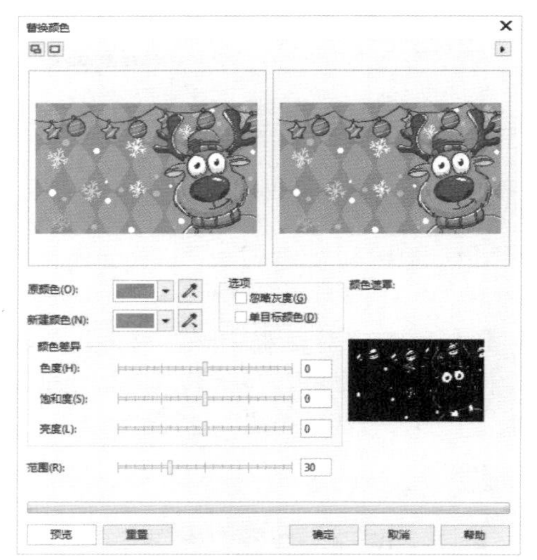

图 7-117　【替换颜色】对话框

【替换颜色】对话框中各选项的功能如下。

- 【原颜色】下拉列表框：可以选择原图像中的颜色。
- 【新建颜色】下拉列表框：可以选择用来替换的颜色。
- 【忽略灰度】复选框：选中此复选框，将忽略图像中的灰度色阶。
- 【单目标颜色】复选框：选中此复选框，将只显示替换的颜色。

下面通过实例来讲解如何替换玫瑰颜色，其具体操作方法如下。

01 新建一个文档，按 Ctrl+I 组合键，弹出【导入】对话框，在该对话框中选择“素材\Cha07\素材 10.jpg”素材文件，单击【导入】按钮，在工作区中单击鼠标，将选中的素材文件导入文档中，如图 7-118 所示。

图 7-118　素材文件

02 选择素材文件，在菜单栏中选择【效果】|【调整】|【替换颜色】命令，弹出【替换颜色】对话框，单击【原颜色】右侧的下三角按钮，在弹出的下拉列表中将 RGB 值设置为 0、167、157，如图 7-119 所示。

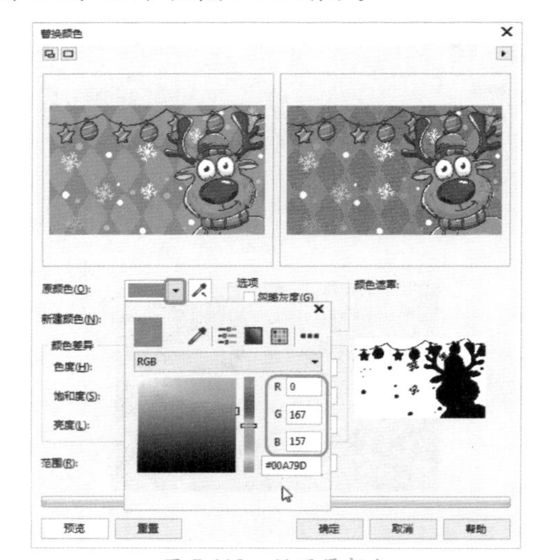

图 7-119　设置原颜色

03 单击【新建颜色】右侧的下三角按钮，在弹出的下拉列表中将颜色模式设置为 HLS，将 HLS 分别设置为 0、37、100，如图 7-120 所示。

04 在该对话框中将【色度】、【饱和度】、【亮度】、【范围】分别设置为 -176、0、6、34，如图 7-121 所示。

05 设置完成后，单击【确定】按钮，即可完成对选中对象的调整，效果如图 7-122 所示。

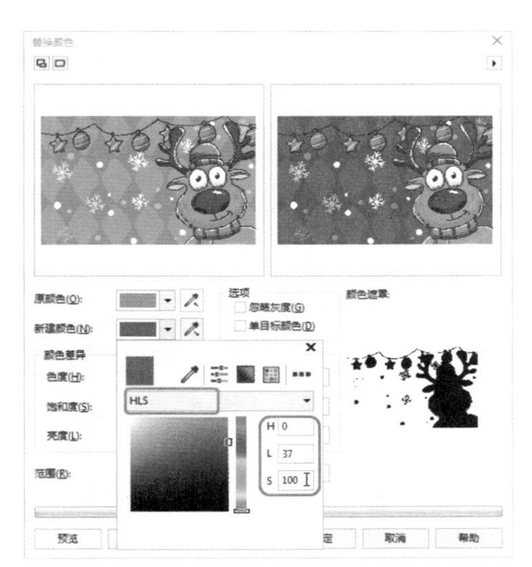


图 7-120 设置新建颜色参数

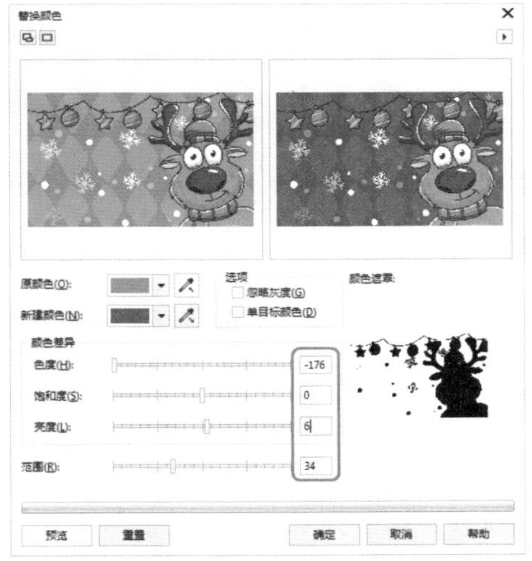


图 7-121 设置颜色差异与范围

图 7-122 调整后的效果

### 11. 取消饱和

选择【取消饱和】命令，可以将位图中每种颜色的饱和度降到零。

选择要进行操作的素材图片，在菜单栏中选择【效果】|【调整】|【取消饱和】命令，图像前后的效果对比如图 7-123 所示。

图 7-123 图像效果对比

### 12. 通道混合器

【通道混合器】命令用于混合色频通道，以平衡位图的颜色。这是一种更为高级的调整色彩平衡工具。

01 新建一个文档，按 Ctrl+I 组合键，弹出【导入】对话框，在该对话框中选择“素材\Cha07\素材 10.jpg”素材文件，单击【导入】按钮，在工作区中单击鼠标，将选中的素材文件导入文档中，如图 7-124 所示。

图 7-124 导入素材文件

02 在菜单栏中选择【效果】|【调整】|【通道混合器】命令，如图 7-125 所示。

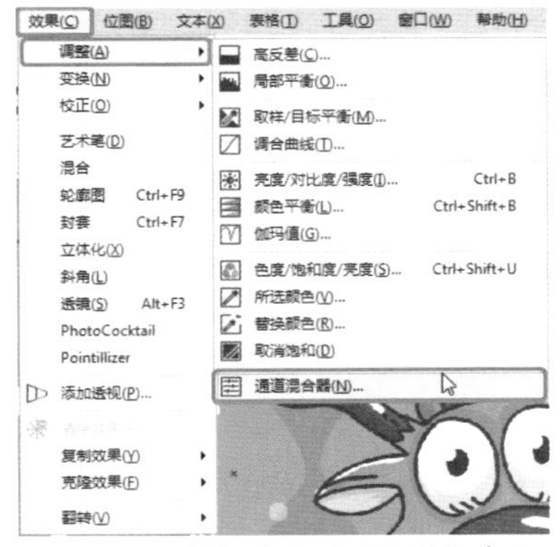


图 7-125 选择【通道混合器】命令

03 弹出【通道混合器】对话框，将【输出通道】设置为【红】，将【输入通道】选项组中的【红】、【绿】、【兰】分别设置为 120、10、-20，如图 7-126 所示。

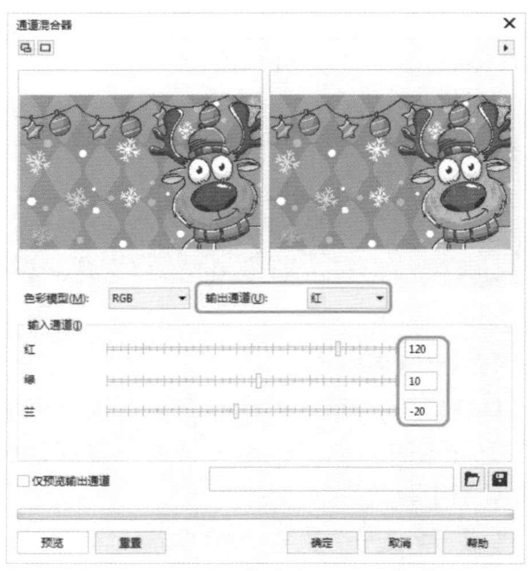


图 7-126　设置【通道混合器】参数

04 设置完成后，单击【确定】按钮，即可完成调整，效果如图 7-127 所示。

图 7-127　设置后的效果

## 7.1.4 位图颜色变换与校正

CorelDRAW 2018 允许将颜色和色调变换同时应用于位图图像，用户可以变换对象的颜色和色调以产生各种特殊的效果，如可以创建类似于摄影负片效果的图像或合并图像外观。

### 1. 去交错

【去交错】命令用于从扫描或隔行显示的图像中删除线条。

选中位图，在菜单栏中选择【效果】|【变换】|【去交错】命令，弹出【去交错】对话框，在【扫描线】选项组中选择样式【偶数行】或【奇数行】，然后选择相应的【替换方法】，在预览图中查看效果，如图 7-128 所示，单击【确定】按钮，完成调整。

### 2. 反显

【反显】命令可以反显图像的颜色。反显图像会形成摄影负片的外观。选中位图，然后在菜单栏中选择【效果】|【变换】|【反显】命令，即可变换图像的颜色和色调，如图 7-129 所示。

图 7-128　调整后的效果

图 7-129　反显后的效果

### 3. 极色化

【极色化】命令用于减少位图中色调值的数量，减少颜色层次，产生大面积缺乏层次感的颜色。

选中位图，在菜单栏中选择【效果】|【变换】|【极色化】命令，弹出【极色化】对话框，在【层次】栏拖动滑块或在文本框中输入数值，可调整颜色的层次，在预览效果图中查看效果。最后单击【确定】按钮，完成调整，如图 7-130 所示。

图 7-130　极色化效果

### 4. 尘埃与刮痕

执行【尘埃与刮痕】命令，可以通过更改图像中相异像素的差异来减少杂色。

选中位图，在菜单栏中选择【效果】|【校正】|【尘埃与刮痕】命令，弹出【尘埃与刮痕】对话框，对其进行设置，然后在预览效果图中查看效果，如图 7-131 所示。单击【确定】按钮，即可完成调整。

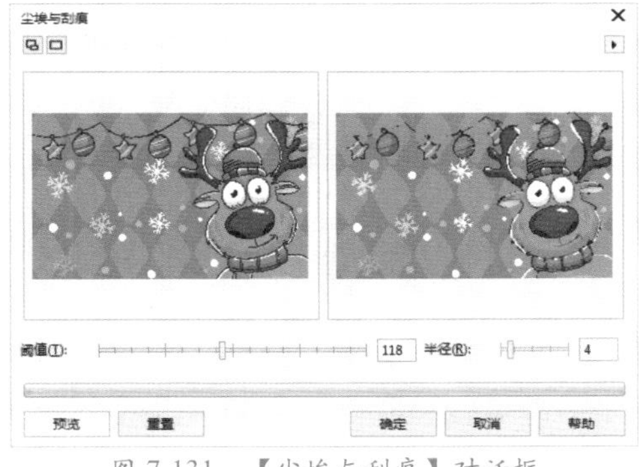


图 7-131 【尘埃与刮痕】对话框

## 7.2 制作蛋糕店画册目录——特殊效果

画册可以全方位立体展示企业或个人的风貌、理念，宣传产品、品牌形象。本节将介绍如何制作蛋糕店画册目录，效果如图 7-132 所示。

图 7-132 蛋糕店画册目录

| 素材 | 素材 \Cha07\ 蛋糕素材 01.jpg~ 蛋糕素材 05.jpg、蛋糕素材 06.cdr |
|---|---|
| 场景 | 场景 \Cha07\ 制作蛋糕店画册目录——特殊效果 .cdr |
| 视频 | 视频教学 \Cha07\7.2 制作蛋糕店画册目录——特殊效果 .mp4 |

01 启动软件，按 Ctrl+N 组合键，在弹出的对话框中将【宽度】、【高度】分别设置为 416mm、297mm，将【渲染分辨率】设置为 300dpi，如图 7-133 所示。

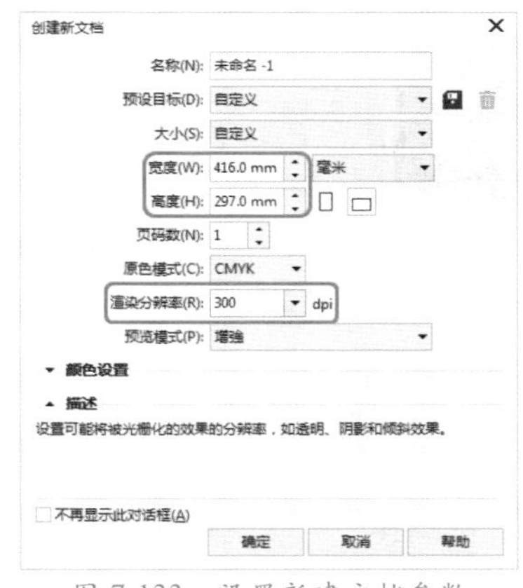


图 7-133 设置新建文档参数

02 设置完成后，单击【确定】按钮。在工具箱中单击【矩形工具】□，在工作区绘制一个矩形，选中绘制的矩形，在工具属性栏中将【宽度】、【高度】分别设置为 208mm、297mm，如图 7-134 所示。

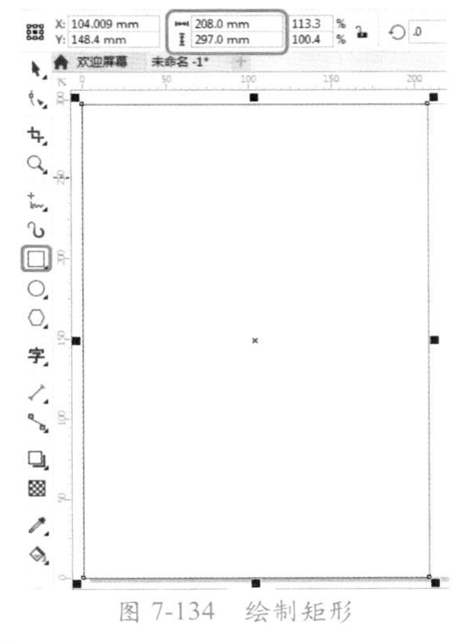


图 7-134 绘制矩形

03 选中绘制的矩形，按 Shift+F11 组合键，在弹出的对话框中将颜色【模型】设置为 CMYK，将 CMYK 值设置为 0、71、54、0，如图 7-135 所示。

04 设置完成后，单击【确定】按钮，并在默认调色板上右键单击☒色块，取消轮廓线的填充。在工具箱中单击【钢笔工具】🖋，在工作区绘制一个如图 7-136 所示的图形。

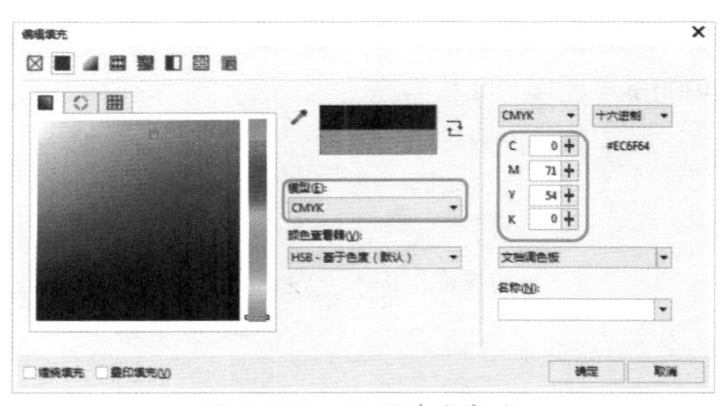
图 7-135　设置填充颜色

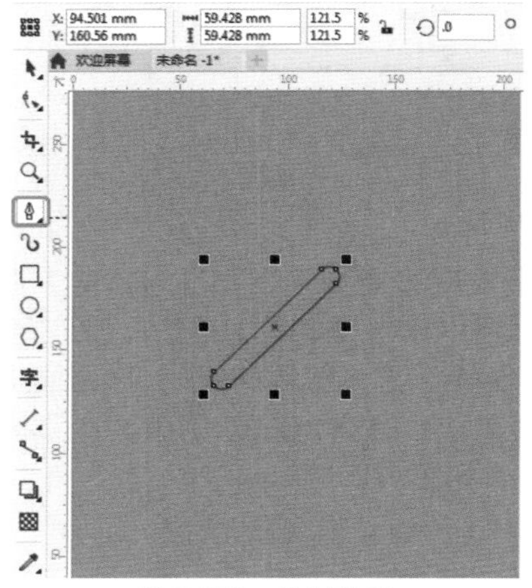
图 7-136　绘制图形

05 选中绘制的图形，按 Shift+F11 组合键，在弹出的对话框中将 CMYK 值设置为 0、0、0、0，如图 7-137 所示。

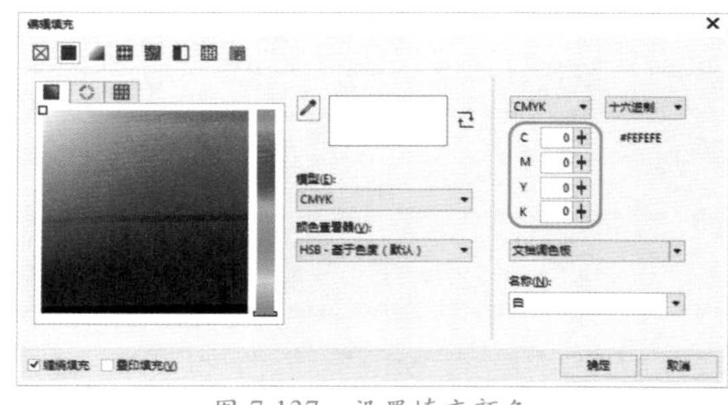
图 7-137　设置填充颜色

06 设置完成后，单击【确定】按钮，并在默认调色板上右键单击⊠色块，取消轮廓线的填充。使用同样的方法再在工作区绘制其他图形，并设置其填充颜色与位置，效果如图 7-138 所示。

07 在工具箱中单击【选择工具】，在工作区中选择所有的白色图形，右击鼠标，在弹出的快捷菜单中选择【组合对象】命令，如图 7-139 所示。

图 7-138　绘制其他图形的效果

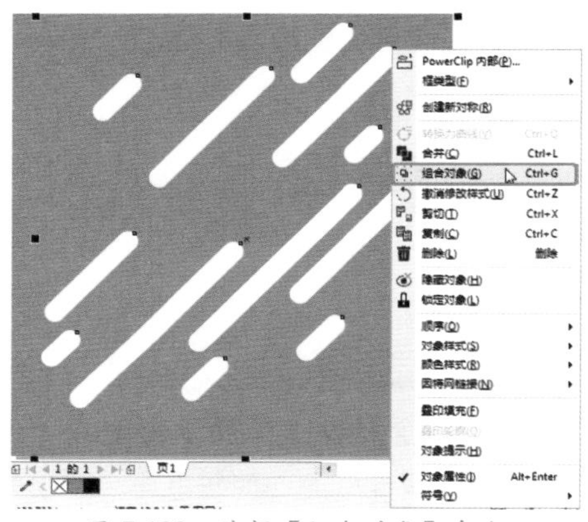
图 7-139　选择【组合对象】命令

08 执行该操作后，即可将选中的对象进行编组。选中编组对象，在工作区中单击【透明度工具】，在工具属性栏中单击【均匀透明度】按钮，将【透明度】设置为 50，如图 7-140 所示。

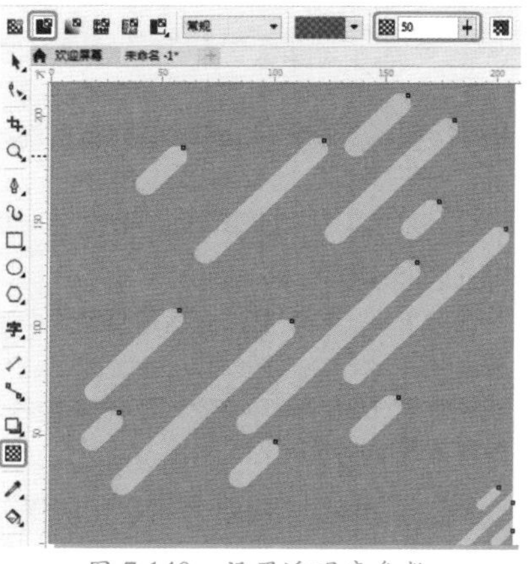
图 7-140　设置透明度参数

09 在工具箱中单击【钢笔工具】，在工作区中绘制一个如图 7-141 所示的图形。

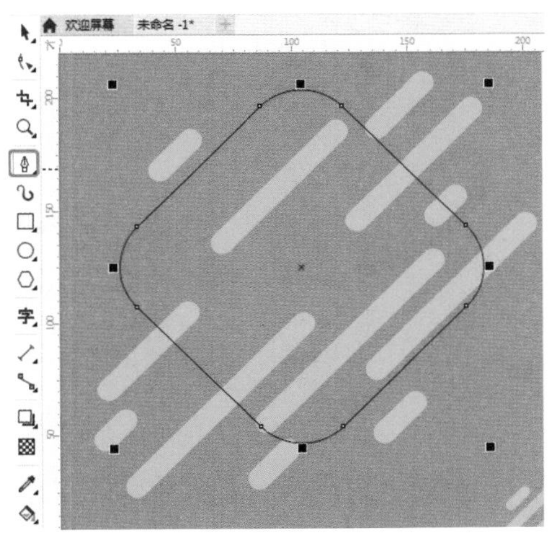

图 7-141 绘制图形

10 选中绘制的图形，按 Shift+F11 组合键，在弹出的对话框中将 CMYK 值设置为 0、0、0、0，如图 7-142 所示。

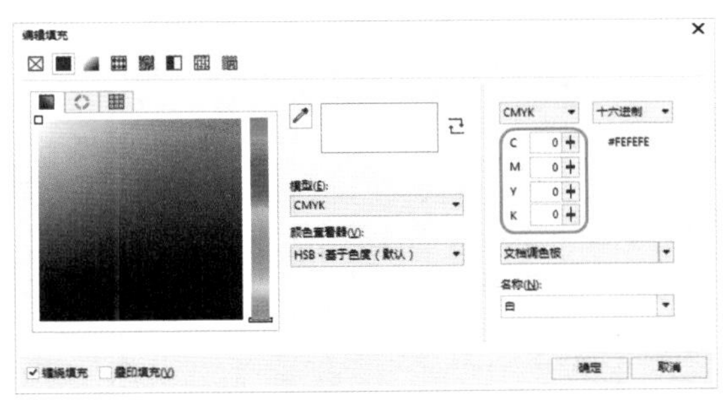

图 7-142 设置填充颜色

11 设置完成后，单击【确定】按钮，并在默认调色板上右键单击☒色块，取消轮廓线的填充。继续选中该对象，按小键盘上的+键，对其进行复制，为了更好地观察效果，为复制的对象填充任意一种颜色，并调整其大小，效果如图 7-143 所示。

12 按 Ctrl+I 组合键，在弹出的对话框中选择“素材\Cha07\蛋糕素材 01.jpg”素材文件，如图 7-144 所示。

13 单击【导入】按钮，在工作区中单击鼠标，将选中的素材文件导入文档中，在工作区中调整其大小与位置，如图 7-145 所示。

14 继续选中该素材文件，右击鼠标，在弹出的快捷菜单中选择【顺序】|【向后一层】命令，如图 7-146 所示。

15 继续选中该素材文件，右击鼠标，在弹出的快捷菜单中选择【PowerClip 内部】命令，如图 7-147 所示。

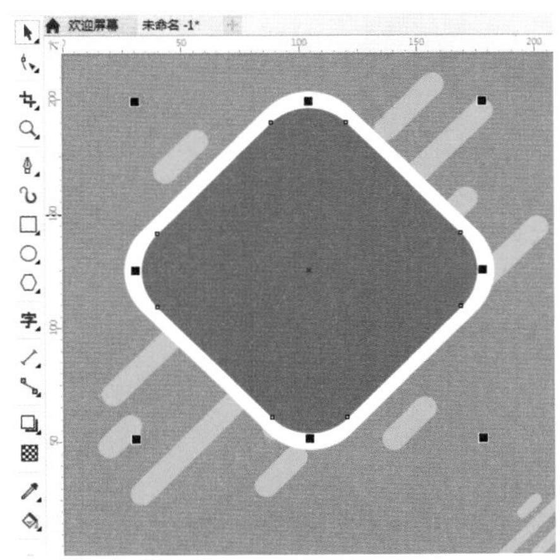

图 7-143 复制对象并填充颜色

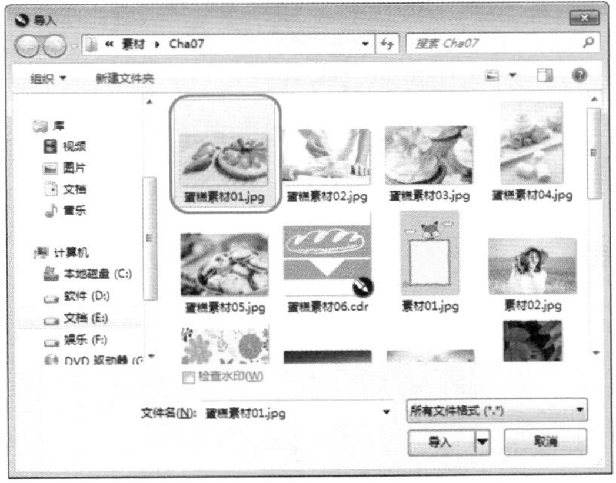

图 7-144 选择素材文件

图 7-145 调整素材的大小与位置

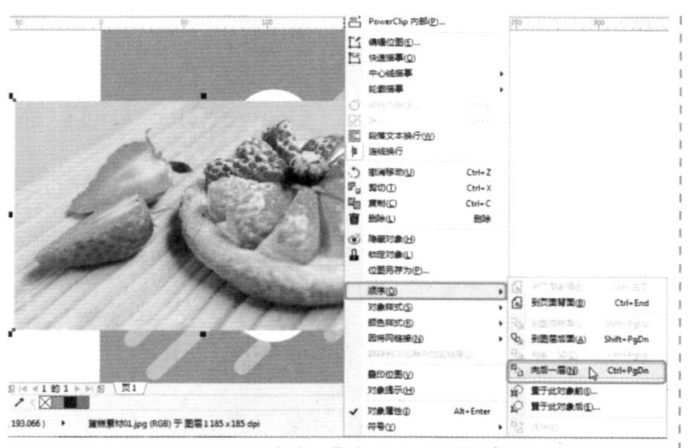
图 7-146　选择【向后一层】命令

图 7-147　选择【PowerClip 内部】命令

16 在复制的菱形对象上单击鼠标，将其置入菱形对象中，如图 7-148 所示。

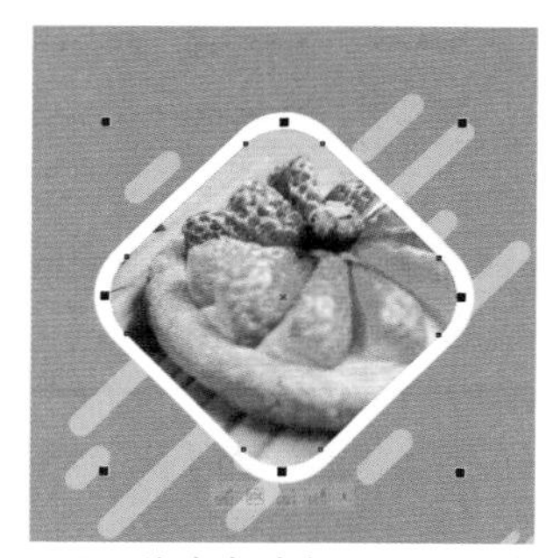
图 7-148　将选中对象置入菱形对象中

17 在工作区中选择白色菱形对象，按小键盘上的 + 键对其进行复制，在复制的对象上右击鼠标，在弹出的快捷菜单中选择【顺序】|【置于此对象前】命令，如图 7-149 所示。

18 当鼠标指针变为➧形状时，在素材图片上单击，将选中的对象调整至该对象的前方，在工作区中调整复制的菱形的大小，如图 7-150 所示。

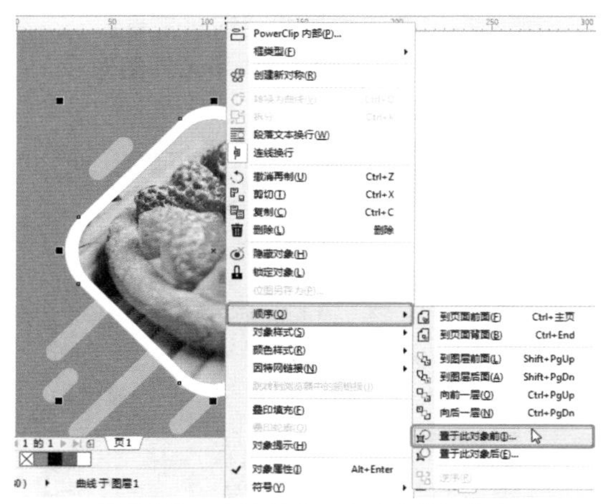

图 7-149　选择【置于此对象前】命令

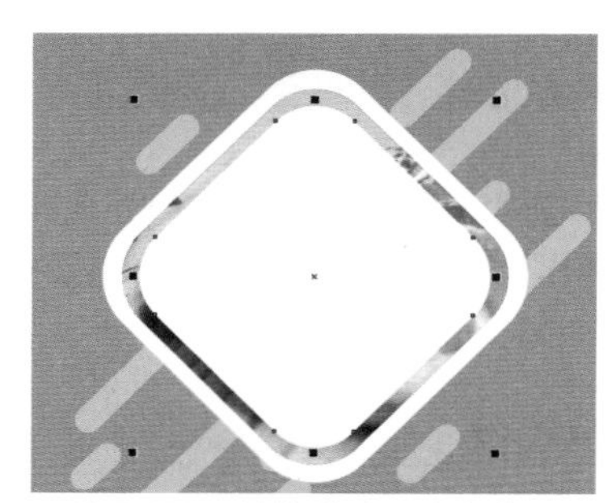
图 7-150　调整排放顺序与大小

19 按 F12 键，在弹出的对话框中将【宽度】设置为 2mm，将【颜色】设置为 0、0、0、0，如图 7-151 所示。

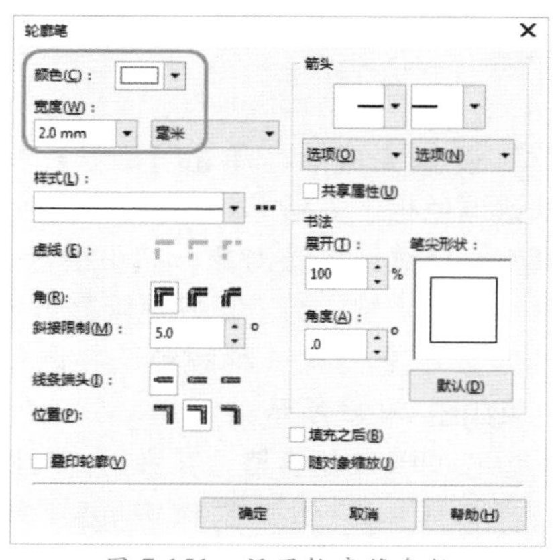

图 7-151　设置轮廓笔参数

20 设置完成后，单击【确定】按钮，在默认调色板上单击☒色块，取消填充。在工具箱中单击【文本工具】字，在工作区中单击鼠标，输入文字。选中输入的文字，在【文本属性】泊坞窗中将【字体】设置为【方正粗活意简体】，将【字体大小】设置为53pt，将【文本颜色】设置为0、0、0、0，如图7-152所示。

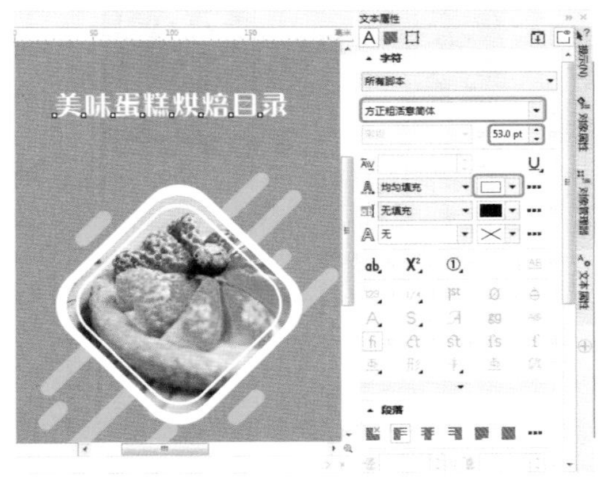

图7-152 输入文字并进行设置

21 选中输入的文字，在工具箱中单击【阴影工具】，在工具属性栏中的【预设列表】中选择【平面右下】，将【阴影偏移】分别设置为1.5mm、-0.6mm，将阴影的【透明度】设置为11，将【阴影羽化】设置为2，效果如图7-153所示。

图7-153 添加阴影效果

**疑难解答 如何快速应用相同的阴影效果?**

如果要应用与某个对象相同的阴影效果，可以首先选择未添加阴影的对象，在工具属性栏中单击【复制阴影效果属性】按钮，当鼠标指针变为◆形状时，在添加阴影的对象的阴影上单击鼠标，即可应用相同的阴影效果。

22 根据前面介绍的方法在工作区中创建其他文字与图形，效果如图7-154所示。

23 在工具箱中单击【矩形工具】，在工作区绘制一个矩形。选中绘制的矩形，在工具属性栏中将【宽度】、【高度】分别设置为208mm、287.4mm，并在工作区中调整其位置，将其填充色的CMYK值设置为0、71、54、0，取消轮廓填充，效果如图7-155所示。

图7-154 创建其他文字与图形后的效果

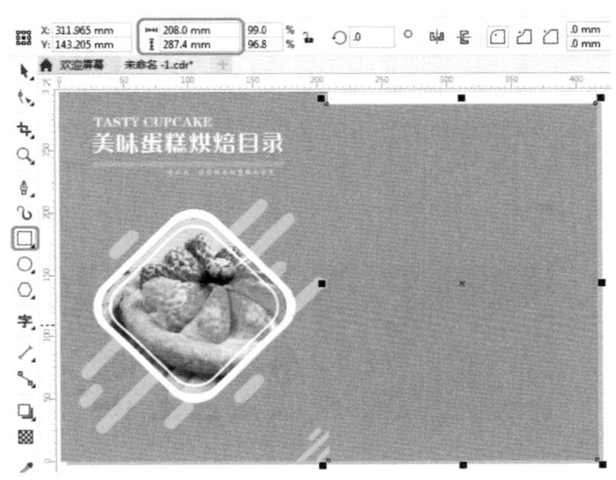


图7-155 绘制矩形并进行调整

24 根据前面介绍的方法将“蛋糕素材02.jpg”素材文件导入文档中，并在工作区调整其位置与大小。选中该素材，在菜单栏中选择【位图】|【模式】|【CMYK色（32位）】命令，如图7-156所示。

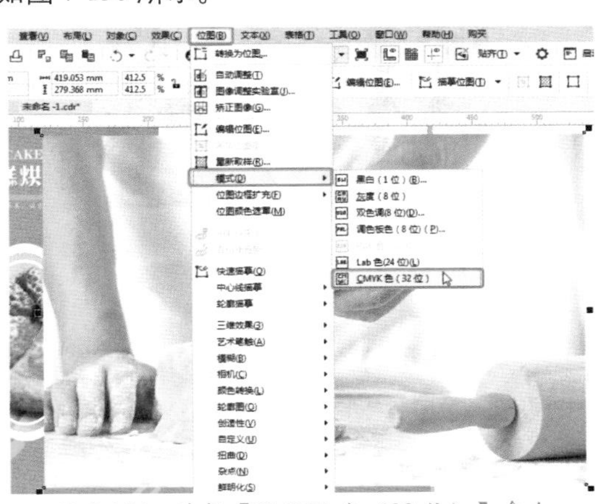

图7-156 选择【CMYK色（32位）】命令

## 知识链接：转换位图颜色模式

【模式】菜单用于更改位图的色彩模式，不同的颜色模式下，色彩的表现方式能够表现的丰富程度都有所不同，从而可以满足不同应用的需要。

【模式】菜单中包含【黑白】、【灰度】、【双色】、【调色板色】、【RGB 色】、【Lab 色】、【CMYK 色】多个菜单项，下面分别对其进行介绍。

1. 黑白（1 位）

位图的黑白模式与灰度模式不同，应用黑白模式后，图像只显示为黑白色。这种模式可以清楚地显示位图的线条和轮廓图，适用于艺术线条和一些简单的图形。

选择要转换的图像，然后在菜单栏中选择【位图】|【模式】|【黑白（1 位）】命令，即可弹出【转换为 1 位】对话框，如图 7-157 所示。用户可以在【转换方法】下拉列表框中选择所需的色彩转换方法，然后在【选项】栏中设置转换时的强度等选项。单击对话框左下角的【预览】按钮，即可在预览窗口中对转换前后的效果进行对比，设置完成后单击【确定】按钮，即可将位图转换为黑白色彩，效果如图 7-158 所示。

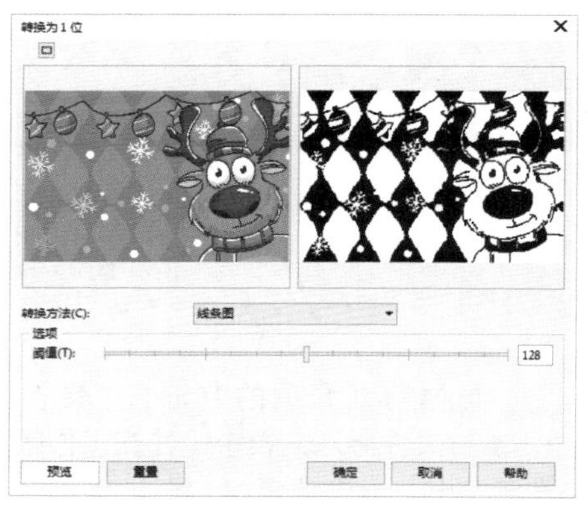


图 7-157　【转换为 1 位】对话框

图 7-158　转换后的效果

2. 灰度（8 位）

灰度色彩模式使用亮度（L）来定义颜色，颜色值的定义范围为 0～255。灰度模式是没有彩色信息的。

选择要转换的图像，然后在菜单栏中选择【位图】|【模式】|【灰度（8 位）】命令，即可将图像转换为【灰度】色彩模式，如图 7-159 所示。

3. 双色（8 位）

双色模式包括单色调、双色调、三色调和四色调 4 种类型，可以使用 1～4 种色调构建图像色彩。使用双色模式可以为图像构建统一的色调效果。

【类型】下拉列表框中 4 个可选项的意义如下。

- 单色调：用单一色调上色的灰度图像。

图 7-159　转换为【灰度（8 位）】模式后的效果

- 双色调：用两种色调上色的灰度图像。一种是黑色，另一种是彩色。
- 三色调：用 3 种色调上色的灰度图像。一种是黑色，另两种是彩色。
- 四色调：用 4 种色调上色的灰度图像。一种是黑色，另三种是彩色。

选择要转换的图像，在菜单栏中选择【位图】|【模式】|【双色（8 位）】命令，弹出【双色调】对话框，如图 7-160 所示。用户可以在【类型】下拉列表框中选择一种色调类型，在色彩列表中选择某一色调，再在右侧的网格中按住左键拖曳调整色调曲线，从而控制添加到图像中的色调的强度。

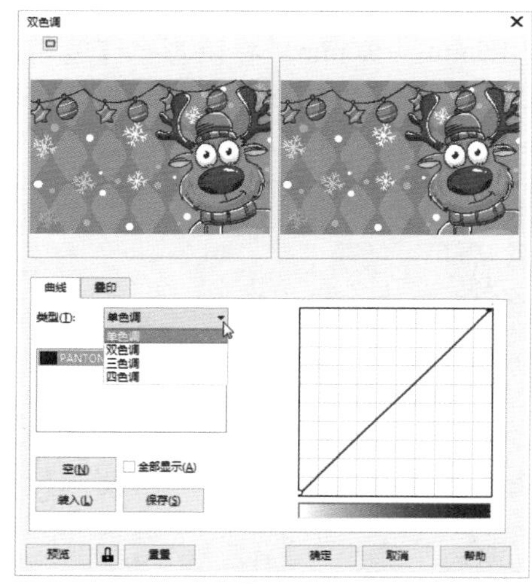


图 7-160　【双色调】对话框

单击对话框中的【空】按钮，可以将曲线恢复到默认值；单击【保存】按钮，可保存已调整的曲线；单击【装入】按钮，可导入保存的曲线。用户也可以单击【叠印】标签，然后在【叠印】选项卡中指定打印图像时要叠印的颜色，如图 7-161 所示。应用【双色调】后的图像效果如图 7-162 所示。

4. 调色板色（8 位）

【调色板色】模式用于将图像转换为调色板类型的色彩模式。【调色板色】色彩模式也称为【索引】色彩模式，其将色彩分为 256 种不同的颜色值，并将这些颜色值存储在调色板中。将图像转换为【调色板色】色彩模式时，会给每个像素分配一个固定的颜色值，因此，该颜色模式的图像在色彩逼真度较高的情况下保持了较小的文件体积，比较适合在屏幕上使用。

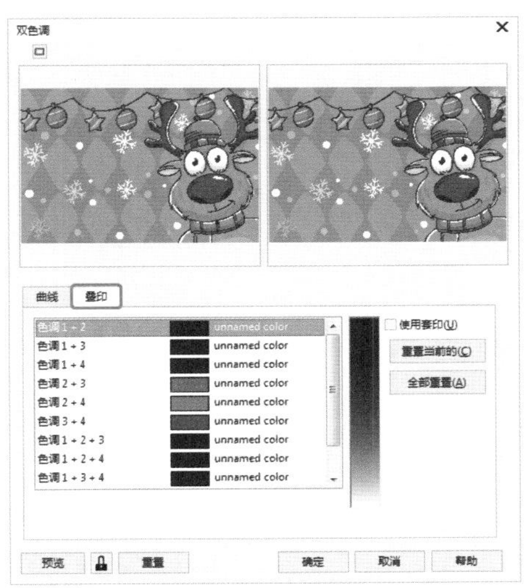


图 7-161 【叠印】选项卡

图 7-162 转换为双色调后的效果

选择要转换的图像，在菜单栏中选择【位图】|【模式】|【调色板色（8 位）】命令，弹出【转换至调色板色】对话框。可以在对话框中设置图像的平滑度，选择要使用的调色板，以及选择递色处理的方式和抵色强度，如图 7-163 所示，调整完成后的效果如图 7-164 所示。

使用递色处理，可以增加图像中的颜色信息。其通过将一种彩色像素与另一种彩色像素关联，从而创建出调色板上不存在的附加颜色。

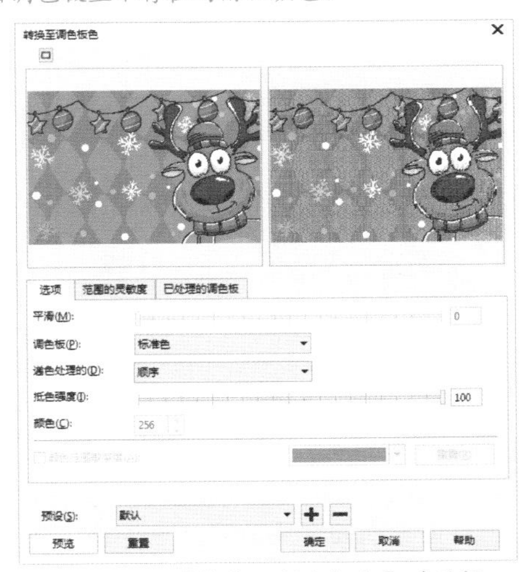


图 7-163 【转换至调色板色】对话框

图 7-164 转换为调色板色的效果

除此之外，也可以切换到【范围的灵敏度】选项卡，在该选项卡中可以指定范围灵敏度颜色，如图 7-165 所示。切换到【已处理的调色板】选项卡，在该选项卡中可以查看和编辑调色板，如图 7-166 所示。

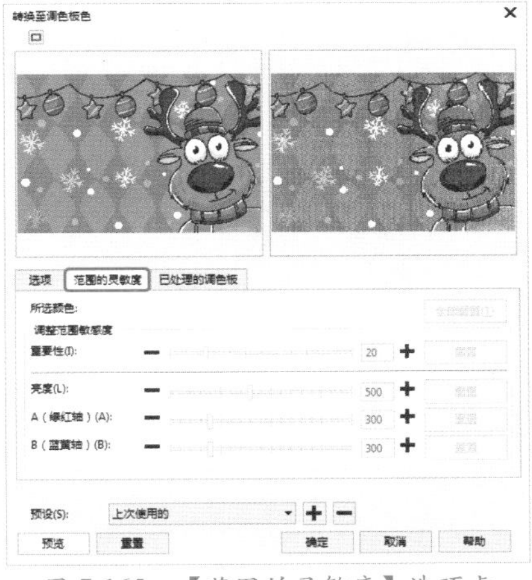


图 7-165 【范围的灵敏度】选项卡

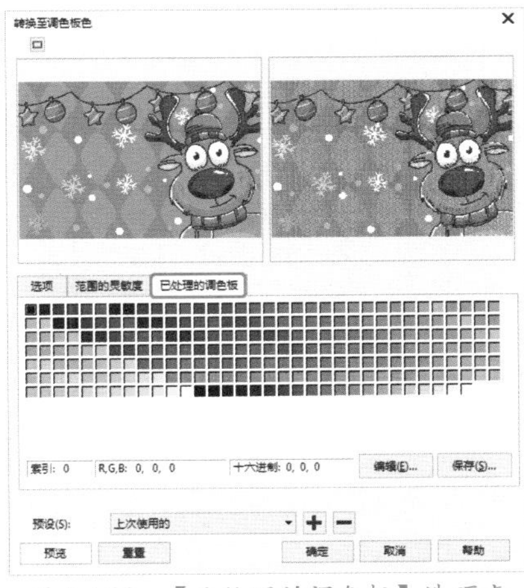


图 7-166 【已处理的调色板】选项卡

5. RGB 色（24 位）

RGB 色彩模式中的 R、G、B 分别代表红色、绿色和蓝色的相应值，3 种色彩叠加形成了其他的色彩，也就是真彩色。RGB 颜色模式的数值设置范围为 0～255。在 RGB 颜色模式中，当 R、G、B 值均为 255 时，显示为白色；当 R、G、B 值均为 0 时，显示为纯黑色，因此也称之为加色模式。RGB 颜色模式的图像常应用于电视、网络、幻灯和多媒体领域。

选择要转换的图像，在菜单栏中选择【位图】|【模式】|【RGB 色（24 位）】命令，即可将图像转换为 RGB 色彩模式。

6. Lab 色（24 位）

【Lab 色】模式可以将图像转换为 Lab 类型的色彩模式。Lab 颜色模式使用 L（亮度）、a（绿色到红色）、b（蓝色到黄色）来描述图像，是一种与设备无关的色彩模式。无论使用何种设备创建或输出图像，这种模式都能生成一致的颜色。

选择要转换的图像，在菜单栏中选择【位图】|【模式】|【Lab 色（24 位）】命令，即可将图像转换为 Lab 色彩模式，如图 7-167 所示。

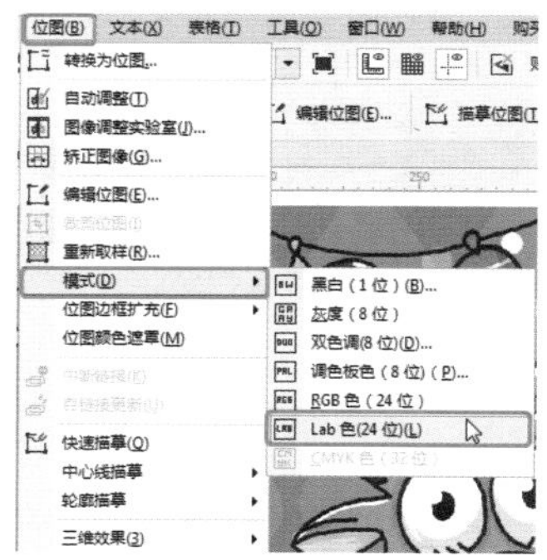

图 7-167　选择【Lab 色（24 位）】命令

7. CMYK 色（32 位）

【CMYK 色】模式可将图像转换为 CMYK 类型的色彩模式。CMYK 色彩模式使用青色(C)、品红色(M)、黄色（Y）和黑色（K）来描述色彩，可以产生真实的黑色和范围很广的色调。因此，在商业印刷等需要精确打印的场合，图像一般采用 CMYK 模式。

选择要转换的图像，然后在菜单栏中选择【位图】|【模式】|【CMYK 色（32 位）】命令，即可将图像转换为 CMYK 颜色模式，如图 7-168 所示。

图 7-168　CMYK 色模式效果

25 在工具箱中单击【矩形工具】□，在工作区绘制一个矩形。选中绘制的矩形，在工具属性栏中将【宽度】、【高度】分别设置为 208mm、236mm，并在工作区中调整其位置，效果如图 7-169 所示。

26 在工具箱中单击【选择工具】，选择前面所添加的“蛋糕素材 02.jpg”素材文件，右击鼠标，在弹出的快捷菜单中选择【PowerClip 内部】命令，如图 7-170 所示。

图 7-169　绘制矩形并进行调整

图 7-170　选择【PowerClip 内部】命令

27 在矩形上单击鼠标，将选中的素材置入该对象中，继续选中该对象，并在默认调色板上右键单击☒色块，取消轮廓线的填充，如图 7-171 所示。

图 7-171　取消轮廓填充

28 根据前面介绍的方法在工作区创建其他图形与文字，效果如图 7-172 所示。

图 7-172 创建其他图形与文字

29 在工具箱中单击【椭圆形工具】，在工作区绘制一个椭圆形，选中绘制的椭圆形，在工具属性栏中将【宽度】、【高度】分别设置为 19mm、18.5mm，并在工作区中调整其位置，效果如图 7-173 所示。

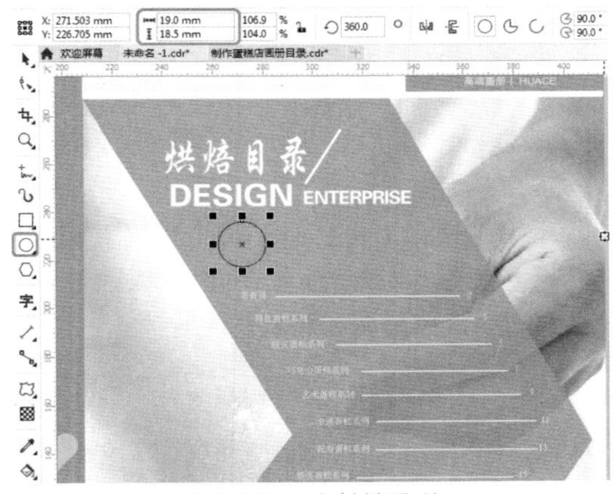

图 7-173 绘制椭圆形

30 选中该椭圆形，将其填充色设置为白色，取消轮廓的填充。在工具箱中单击【变形工具】，在工具属性栏中单击【拉链变形】按钮，将【拉链振幅】、【拉链频率】分别设置为 14、8，单击【平滑变形】按钮，如图 7-174 所示。

31 选中变形后的对象，按小键盘上的 + 键，对其进行复制，并调整其大小与填充颜色，如图 7-175 所示。

32 根据前面介绍的方法将素材文件添加至文档中，并创建 PowerClip 内部效果。使用同样的方法创建其他效果并添加素材文件，效果如图 7-176 所示。

图 7-174 设置变形参数

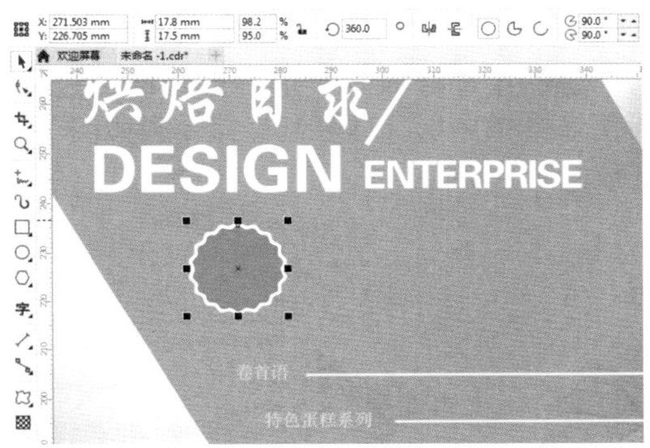

图 7-175 复制对象并进行调整

图 7-176 创建其他效果

## 7.2.1 调和效果

在 CorelDRAW 2018 中，应用最为广泛的就是【调和工具】，使用该工具可以创建任意两个或多个对象之间的颜色和形状的过渡。

### 1. 添加调和效果

在 CorelDRAW 中，使用【调和工具】可以在对象上产生形状和颜色调和。下面将介绍如何添加调和效果。

01 按 Ctrl+O 组合键，在弹出的对话框中选择“素材\Cha07\素材11.cdr”素材文件，单击【打开】按钮，将其打开，如图7-177所示。

02 在工具箱中单击【选择工具】，在工作区选择如图7-178所示的花朵对象。

图7-177 素材文件　　图7-178 选择花朵对象

03 在选择的对象上右击鼠标，在弹出的快捷菜单中选择【复制】命令，如图7-179所示。

图7-179 选择【复制】命令

04 按Ctrl+V组合键进行粘贴，调整粘贴后对象的位置。在工作区中选择两个花朵对象，在工具箱中单击【调和工具】，在属性栏中将【预设列表】设置为【环绕调和】，如图7-180所示。

图7-180 选择【环绕调和】选项

05 调和完成后，在工具箱中单击【选择工具】，选择调和的对象，在工具属性栏中将【调和对象】设置为2，将【调和方向】设置为90，并在工作区中调整其位置，效果如图7-181所示。

图7-181 设置调和参数

## 2. 属性栏

单击【调和工具】时，将会弹出其相应的属性栏，如图7-182所示，用户可以通过该属性栏中的参数控制调和对象。

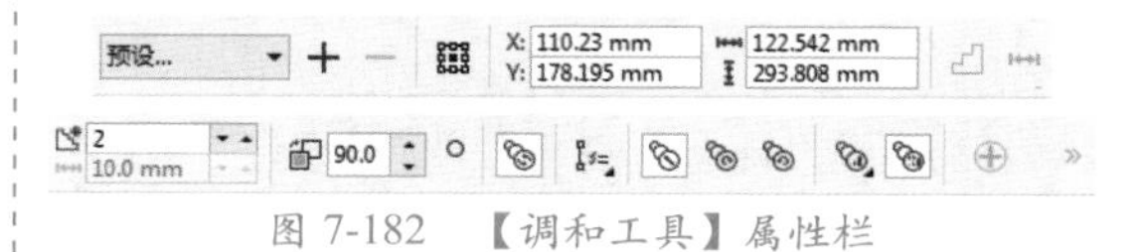

图7-182 【调和工具】属性栏

- 【预设列表】下拉列表框：在该下拉列表框中提供了5种预设调和样式，用户可以通过在该下拉列表框中选择预设样式，应用该预设效果。
- 【添加预设】按钮：单击该按钮，可以将当前对对象的设置另存为预设。
- 【调和步长】按钮：该按钮用于调整调和中的步长数。
- 【调和间距】按钮：该按钮用于调整调和步长数与形状之间的距离。
- 【调和方向】：用户可以通过在该文本框中输入参数来调整调和的角度。
- 【环绕调和】按钮：单击该按钮后，调和效果将以环绕的效果呈现。

- 【路径属性】按钮：单击该按钮，可以在弹出的下拉列表中选择【新建路径】、【显示路径】和【从路径分离】等选项，如图 7-183 所示。

图 7-183 【路径属性】下拉列表

- 【直接调和】按钮：单击该按钮，将设置颜色调和序列为直接颜色渐变。
- 【顺时针调和】按钮：单击该按钮，将按色谱顺时针方向逐渐调和，如图 7-184 所示。

图 7-184 顺时针调和

- 【逆时针调和】按钮：单击该按钮，将按色谱逆时针方向逐渐调和，如图 7-185 所示。

图 7-185 逆时针调和

- 【对象和颜色加速】按钮：该按钮用于调整调和中对象显示和颜色更改的速率，如图 7-186 所示。

图 7-186 设置对象和颜色加速

- 【调整加速大小】按钮：该按钮用于调整调和中对象大小更改的速率。
- 【更多调和选项】按钮：在该下拉列表中提供了拆分、熔合、旋转等多个命令，如图 7-187 所示。
- 【起始和结束属性】按钮：用于重置调和效果的起始点和终止点，单击该按钮，可以在弹出的下拉列表中执行相应的命令进行操作，如图 7-188 所示。

图 7-187 【更多调和选项】下拉列表

图 7-188 【起始和结束属性】下拉列表

- 【复制调和属性】：单击该按钮，可以对调和的属性进行复制，并将复制的属性应用到其他调和中。
- 【清除调和】按钮：单击该按钮，即可删除选中对象中的调和效果。

### 3. 沿路径调和对象

在 CorelDRAW 中提供了【路径属性】按钮，单击该按钮，可以将调和效果移动到新的路径上，使调和效果沿路径进行显示。

首先选中两个要进行调和的对象，使用【调和工具】对选中对象进行调和，如图 7-189 所示。确认调和的对象处于选中状态，在属性栏中单击【路径属性】按钮，在弹出的下拉列表中选择【新路径】命令，当鼠标指针变为弯曲的形状时，在路径上单击鼠标，即可将选中的对象跟随路径进行显示，如图 7-190 所示。

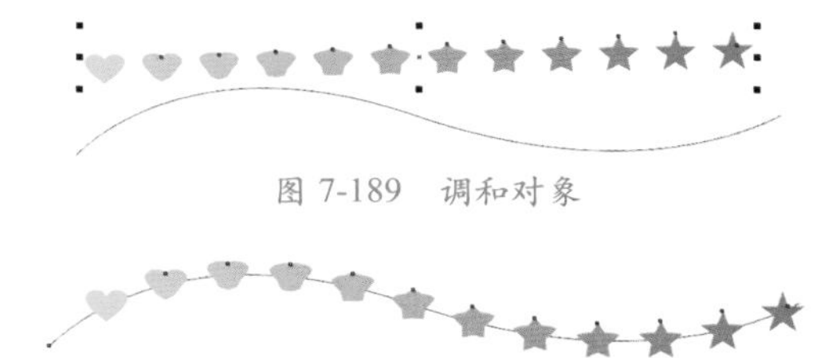

图 7-189 调和对象

图 7-190 沿路径调和对象后的效果

下面将介绍如何制作环形装饰，具体操作步骤如下。

01 按 Ctrl+O 组合键，在弹出的对话框中选择“素材 \Cha07\ 素材 11.cdr”素材文件，单击【打开】按钮，将其打开，如图 7-191 所示。

02 在工具箱中单击【选择工具】，在工作区中选择花朵对象，按小键盘上的 + 键，对其进行复制，并调整其位置，效果如图 7-192 所示。

图 7-191 素材文件

图 7-192 复制对象并调整其位置

03 在工具箱中单击【椭圆形工具】，在工作区按住 Ctrl 键绘制一个正圆形，选中绘制的圆形，在工具属性栏中将【宽度】、【高度】都设置为 264mm，并在工作区中调整其位置，效果如图 7-193 所示。

04 在工具箱中单击【选择工具】，在工作区选择两个花朵对象，在工具箱中单击【调和工具】，在工具属性栏中单击【预设列表】下拉按钮，在弹出的下拉列表中选择【环绕调和】命令，如图 7-194 所示。

05 在工具属性栏中单击【路径属性】按钮，在弹出的下拉列表中选择【新建路径】命令，如图 7-195 所示。

图 7-193 绘制正圆形并调整其位置

图 7-194 选择【环绕调和】命令

图 7-195 选择【新建路径】命令

06 当鼠标指针变为⤶形状时，在正圆形上单击鼠标，在工具属性栏中将【调和对象】设置为 4，单击【更多调和选项】按钮，在弹出的下拉列表中选择【沿全路径调和】命令，如图 7-196 所示。

图 7-196 选择【沿全路径调和】命令

07 执行该操作后，即可将调和的对象沿全路径进行调和，效果如图 7-197 所示。

08 在工具箱中单击【选择工具】，在工作区选择正圆形，并在默认调色板上右键单击☒色块，取消轮廓线的填充，效果如图 7-198 所示。

图 7-197 沿路径调和后的效果　图 7-198 取消轮廓线填充后的效果

> **提 示**
>
> 当沿路径调和对象时，如果不希望路径显示颜色，则可以取消其描边，但是不可以将路径删除。如果将路径删除，则调和效果也会一起删除。

### 4. 拆分调和对象

在 CorelDRAW 2018 中，用户可以根据需要将调和的对象进行拆分，拆分后的对象可以随意进行编辑。下面将介绍如何拆分调和对象。

01 继续上面的操作，在工具箱中单击【选择工具】，在工作区选择调和的对象，如图 7-199 所示。

图 7-199 选择调和对象

02 在选中的对象上右击鼠标，在弹出的快捷菜单中选择【拆分路径群组上的混合】命令，如图 7-200 所示。

图 7-200 选择【拆分路径群组上的混合】命令

03 执行上述操作后，即可将路径调和对象进行拆分，如图 7-201 所示。

图 7-201 拆分路径调和对象后的效果

除了沿路径调和对象外，还有一种直接调和并不带路径，用户可以在工作区选择直接调和的对象，单击鼠标右键，在弹出的快捷菜单中选择【拆分调和群组】命令，如图 7-202 所示，执行该操作后，即可将调和对象进行拆分。

图 7-202 选择【拆分调和群组】命令

**提 示**

除了上述方法外，还可以通过按 Ctrl+K 组合键选择【拆分调和群组】命令。

### 5. 清除调和效果

当用户不需要调和效果时，可以根据需要将调和效果进行清除。选择调和的对象，在属性栏中单击【清除调和】按钮，如图 7-203 所示。执行该操作后，即可清除选中对象的调和效果，如图 7-204 所示。

图 7-203 单击【清除调和】按钮

图 7-204 清除调和后的效果

### 7.2.2 轮廓图

使用【轮廓图工具】可使轮廓线向内或向外复制并填充所需的颜色，形成渐变状态扩展。

#### 1. 添加轮廓图效果

在 CorelDRAW 中，如果要为图形添加轮廓图效果，首先选中该对象，然后在工具箱中单击【轮廓图工具】，在属性栏的【预设列表】下拉列表中选择【内向流动】或【外向流动】命令，即可为选中的对象添加轮廓图效果。如图 7-205 所示为选择【外向流动】命令后的效果。

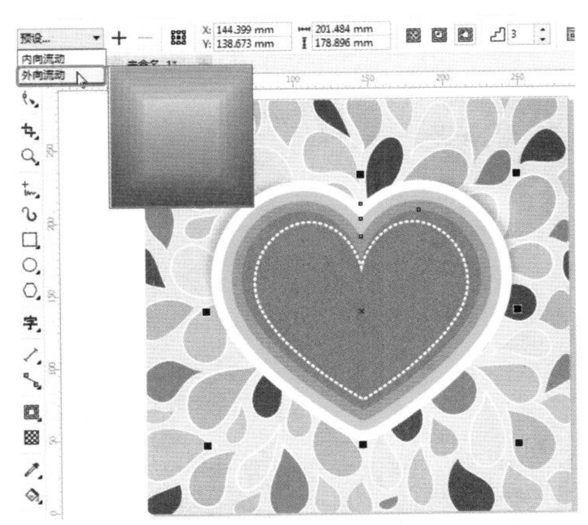

图 7-205 选择【外向流动】命令后的效果

单击【轮廓图工具】后，CorelDRAW 会显示其相应的属性栏，如图 7-206 所示，用户可以在其中设置参数，来创建所需的轮廓图效果。

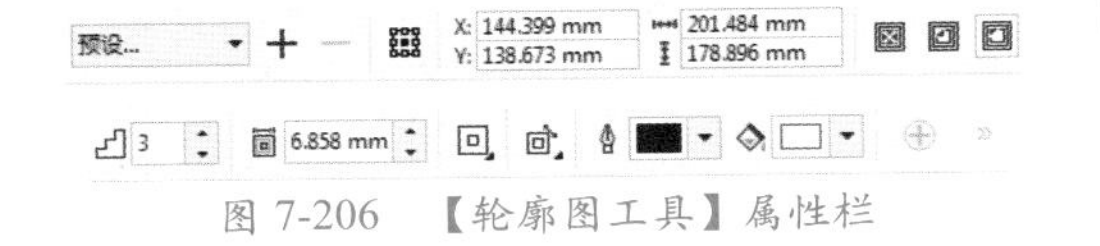


图 7-206 【轮廓图工具】属性栏

其中各选项说明如下。

- 【到中心】按钮：单击该按钮，可以向中心添加轮廓线。
- 【内部轮廓】按钮：单击该按钮，可以向内部添加轮廓线。
- 【外部轮廓】按钮：单击该按钮，可以向外部添加轮廓。
- 【轮廓图步长】：在文本框中输入参数，可以调整轮廓图步长的数量。如图 7-207 所示为将步长设置为 4 时的效果。

图 7-207 轮廓图步长为 4 时的效果

- 【轮廓图偏移】：该文本框可用于调整对象中轮廓的间距。如图 7-208 所示为轮廓图偏移 8mm 时的效果。

图 7-208 轮廓图偏移 8mm 时的效果

- 【轮廓图角】按钮：该按钮可用于设置轮廓图的角类型。如图 7-209 所示为不同角类型的效果。

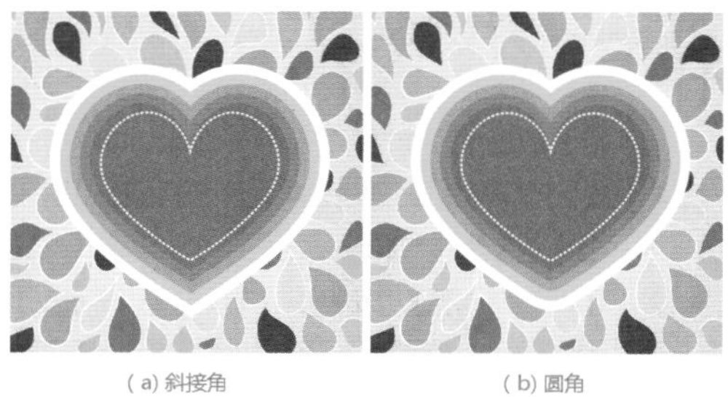

(a) 斜接角　　(b) 圆角

(c) 斜切角

图 7-209　不同的角类型

- 【轮廓色】按钮：该按钮可用于设置轮廓的颜色，其中包括【线性轮廓色】、【顺时针轮廓色】、【逆时针轮廓色】3 个选项。
- 【对象和颜色加速】按钮：该按钮用于调整轮廓中对象大小和颜色变化的速率。
- 【复制轮廓图属性】按钮：该按钮可以将文档中另一个对象的轮廓图属性应用到所选的对象上。
- 【清除轮廓】按钮：该按钮可以将选中对象中的轮廓图效果清除。

下面将通过【轮廓图工具】来为文字添加轮廓效果，具体操作步骤如下。

01 按 Ctrl+O 组合键，在弹出的对话框中选择“素材 \Cha07\ 素材 12.cdr”素材文件，单击【打开】按钮，将其打开，如图 7-210 所示。

图 7-210　素材文件

02 在工具箱中单击【选择工具】，在工作区选择红色心形对象，在工具箱中单击【轮廓图工具】，在工具属性栏中单击【预设列表】下拉按钮，在弹出的下拉列表中选择【外向流动】命令，如图 7-211 所示。

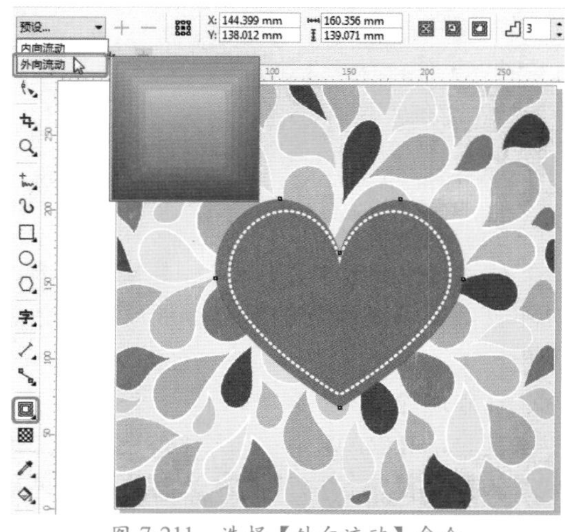


图 7-211　选择【外向流动】命令

03 在工具属性栏中将【轮廓图步长】设置为 3，将【轮廓图偏移】设置为 7mm，将【填充色】的 CMYK 值设置为 0、0、0、0，如图 7-212 所示。

图 7-212　设置轮廓图参数

04 在【对象管理器】泊坞窗中选择如图 7-213 所示的位图对象，右击鼠标，在弹出的快捷菜单中选择【显示对象】命令。

05 执行上述操作后，即可将隐藏的对象显示，效果如图 7-214 所示。

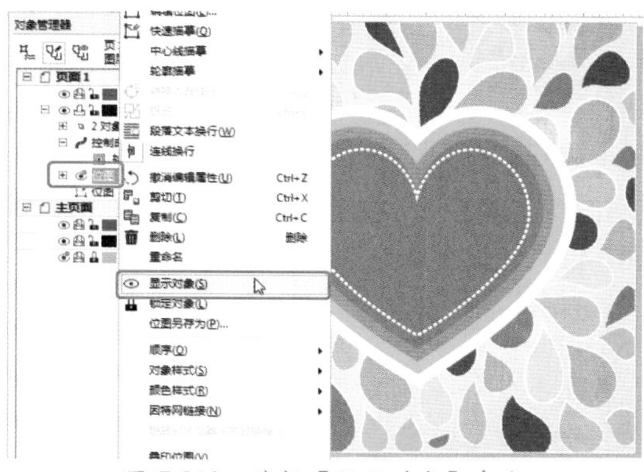

图 7-213 选择【显示对象】命令

图 7-214 显示对象后的效果

### 2. 拆分轮廓图

要编辑用【轮廓图工具】创建的轮廓图，需要将其进行拆分，然后再一一对创建的轮廓图进行编辑。拆分轮廓图的步骤非常简单，首先在工作区选择要进行拆分的轮廓图，右击鼠标，在弹出的快捷菜单中选择【拆分轮廓图群组】命令，如图 7-215 所示。执行该操作后，即可拆分轮廓图，对拆分的对象进行调整，效果如图 7-216 所示。

图 7-215 选择【拆分轮廓图群组】命令

图 7-216 拆分轮廓图后的效果

## 7.2.3 变形对象

在 CorelDRAW 中的【变形工具】中提供了 3 种变形类型，包括【推拉变形】、【拉链变形】、【扭曲变形】。

对象变形后，可通过改变变形中心点来改变效果。此点由菱形控制柄确定，变形在控制柄周围产生。可以将变形中心点放在绘图窗口中的任意位置，或者将其定位在对象的中心位置，这样变形就会均匀分布，而且对象的形状也会随其中心的改变而改变。

在工具箱中单击【变形工具】，其属性栏会显示相应的选项，如图 7-217 所示。

图 7-217 【变形工具】属性栏

### 1. 推拉变形

下面将介绍如何利用【变形工具】中的推拉变形对图形进行变形，具体操作步骤如下。

01 按 Ctrl+O 组合键，在弹出的对话框中选择“素材\Cha07\素材 13.cdr”素材文件，单击【打开】按钮，将其打开，如图 7-218 所示。

图 7-218 素材文件

02 在工具箱中单击【复杂星形工具】，在工作区中按住 Ctrl 键绘制一个复杂星形，将【点数或边数】设置为 9，将【锐度】设置为 2，如图 7-219 所示。

03 按 Shift+F11 组合键，在弹出的对话框中将颜色【模型】设置为 RGB，将 RGB 设置为 228、242、226，如图 7-220 所示。

图 7-219　绘制复杂星形

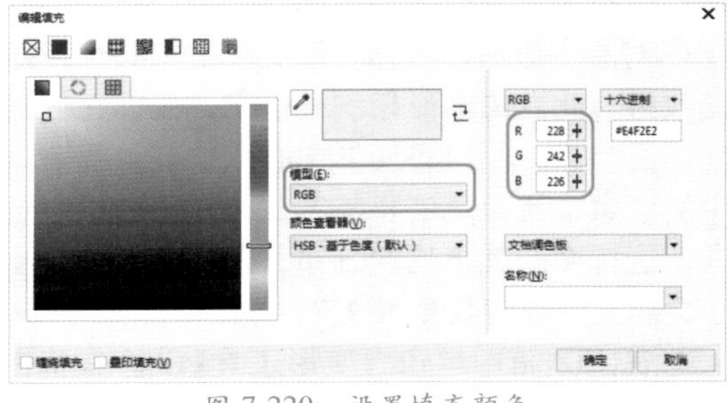

图 7-220　设置填充颜色

04 设置完成后，单击【确定】按钮，在默认调色板上右键单击☒色块，取消轮廓线的填充。在工具箱中单击【变形工具】，在工具属性栏中单击【推拉变形】按钮，将【推拉振幅】设置为 -57，并调整变形的中心点，效果如图 7-221 所示。

图 7-221　设置变形参数

### 2. 拉链变形和扭曲变形

下面将介绍如何利用拉链变形和扭曲变形对图形进行变形，具体操作步骤如下。

01 按 Ctrl+O 组合键，在弹出的对话框中选择“素材\Cha07\素材 13.cdr”素材文件，单击【打开】按钮，将其打开。在工具箱中单击【椭圆形工具】，在工作区绘制一个圆形并调整其位置，设置填充颜色，如图 7-222 所示。

图 7-222　绘制圆形

02 在工具箱中单击【变形工具】，在工具属性栏中单击【拉链变形】按钮，将【拉链振幅】设置为 100，将【拉链频率】设置为 2，如图 7-223 所示。

图 7-223　设置变形参数

03 继续选中该对象，在工具属性栏中单击【推拉变形】按钮，将【推拉振幅】设置为 -120，如图 7-224 所示。

04 在工具箱中单击【选择工具】，在工作区选择变形后的对象，按小键盘上的 + 键对其进行复制，并对复制的对象进行调整，效果如图 7-225 所示。

图 7-224 设置推拉变形参数

图 7-225 复制对象并进行调整

05 在工具箱中单击【椭圆形工具】，在工作区中绘制一个圆形，并设置其填充与轮廓颜色，效果如图 7-226 所示。

图 7-226 绘制圆形并进行设置

06 在工具箱中单击【变形工具】，在工具属性栏中单击【扭曲变形】按钮，在工作区对绘制的圆形进行拖动，变形后的效果如图 7-227 所示。

图 7-227 扭曲变形后的效果

## 7.2.4 阴影工具

使用【阴影工具】可以为对象添加阴影效果，并可以模拟光源照射对象时产生的阴影效果。在添加阴影时，可以调整阴影的透明度、颜色、位置及羽化程度，当对象外观改变时，阴影的形状也随之变化。

下面对【阴影工具】的属性栏进行简单的介绍，如图 7-228 所示。

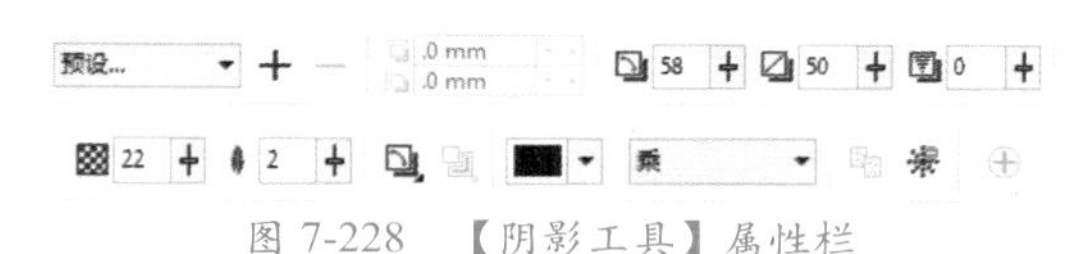
图 7-228 【阴影工具】属性栏

- 【阴影偏移】：当在【预设列表】中选择【平面右上】、【平面右下】、【平面左上】、【平面左下】、【小型辉光】、【中等辉光】或【大型辉光】时，该选项呈可用状态，可以在其中输入所需的偏移值。
- 【阴影角度】：可以在其中输入所需的阴影角度值。
- 【阴影的不透明】：可以在其文本框中输入所需的阴影不透明度值。
- 【阴影羽化】：在其文本框中可以输入所需的阴影羽化值。
- 【羽化方向】：在其下拉列表中可以选择所需的阴影羽化的方向。
- 【羽化边缘】：在其下拉列表中可以选择羽化类型。

- 【阴影延展】：该选项用于调整阴影的长度。
- 【阴影淡出】：该选项用于调整阴影边缘的淡出程度。
- 【合并模式】：在其下拉列表中可以为阴影设置各种所需的合并模式。
- 【阴影颜色】选项：在其下拉调色板中可以设置所需的阴影颜色。

下面将介绍如何为对象添加阴影，具体操作步骤如下。

01 按 Ctrl+O 组合键，在弹出的对话框中选择“素材 \Cha07\ 素材 14.cdr”素材文件，单击【打开】按钮，将其打开，如图 7-229 所示。

图 7-229　素材文件

02 在工具箱中单击【选择工具】，在工作区中选择如图 7-230 所示的对象。

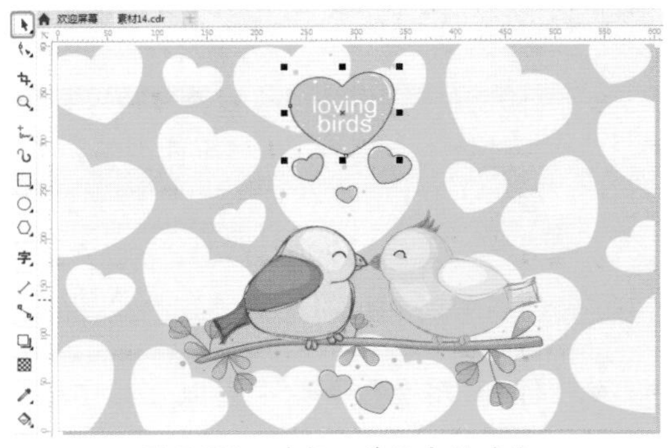

图 7-230　选择工作区中的对象

03 在工具箱中单击【阴影工具】按钮，在【预设列表】下拉列表中选择【平面右下】选项，如图 7-231 所示。

04 继续选中该对象，在属性栏中将【阴影偏移】分别设置为 5mm、-3mm，将【阴影的不透明度】设置为 22，将【阴影羽化】设置为 2，效果如图 7-232 所示。

图 7-231　选择【平面右下】选项

图 7-232　设置阴影参数

### 7.2.5 封套工具

在 CorelDRAW 2018 中，可以将封套应用于对象（包括线条、美术字和段落文本框）。封套由多个节点组成，可以移动这些节点来为封套造型，从而改变对象形状。可以应用符合对象形状的基本封套，也可以应用预设的封套。应用封套后，可以对它进行编辑，或添加新的封套来继续改变对象的形状。CorelDRAW 还允许复制和移除封套。

下面将介绍如何利用【封套工具】调整图形，具体操作步骤如下。

01 选择要进行封套的对象，在此选择一个矩形作为封套对象，单击工具箱中的【封套工具】，此时矩形周围显示一个矩形封套，如图 7-233 所示。

02 选择节点，按住鼠标左键向右拖曳，如图 7-234 所示。

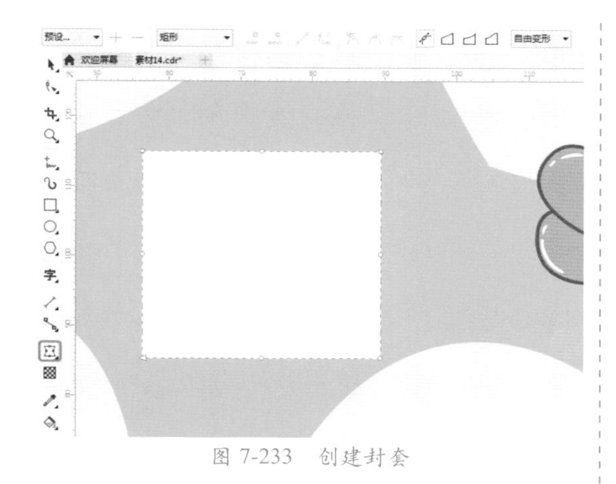
图 7-233 创建封套

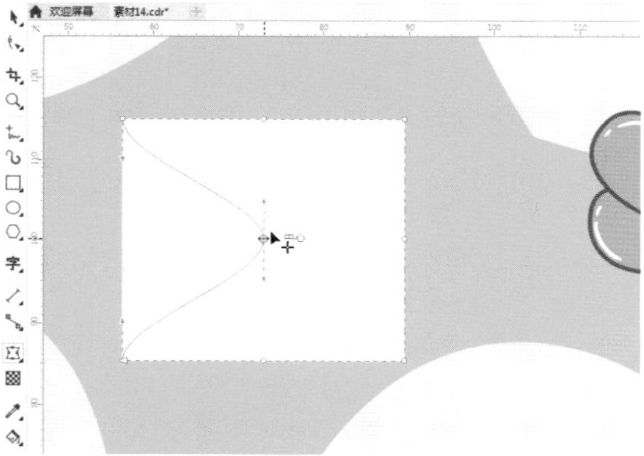

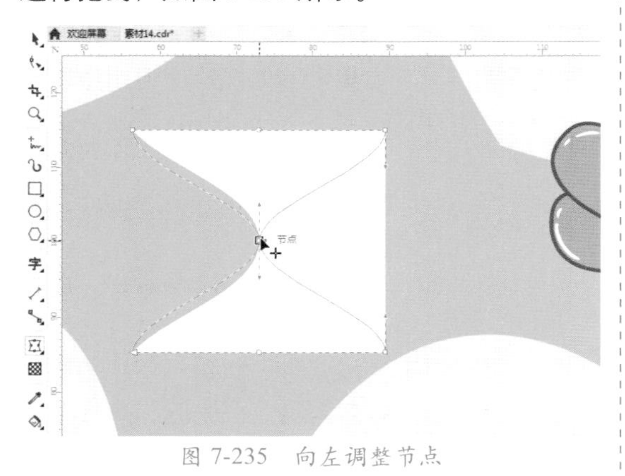
图 7-234 调整节点

03 选择右侧的节点，按住鼠标左键向左进行拖曳，如图 7-235 所示。

图 7-235 向左调整节点

04 使用同样的方法调整上方及下方的节点，调整后的效果如图 7-236 所示。

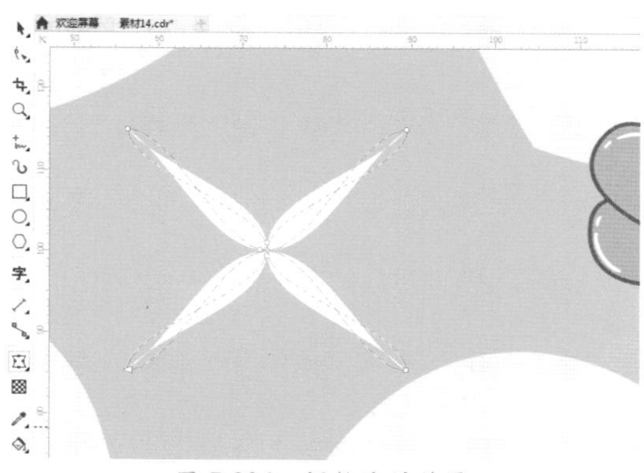
图 7-236 调整后的效果

## 7.2.6 立体化工具

使用【立体化工具】可以将简单的二维平面图形转换为三维立体化图形，如将正方形变为立方体。

下面介绍【立体化工具】属性栏，如图 7-237 所示。

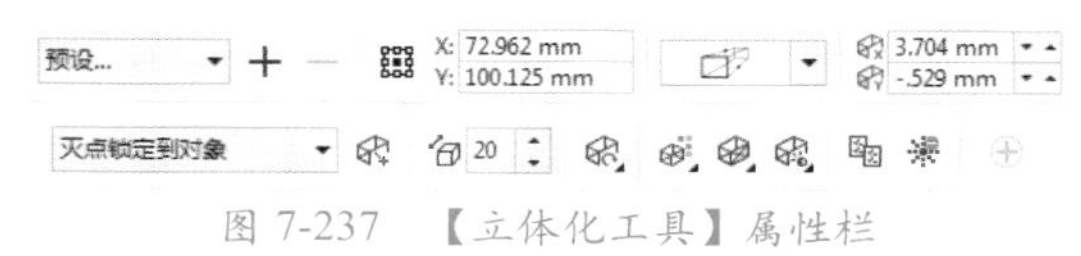
图 7-237 【立体化工具】属性栏

- 【立体化类型】下拉列表框：可以选择多个立体化类型，如图 7-238 所示。

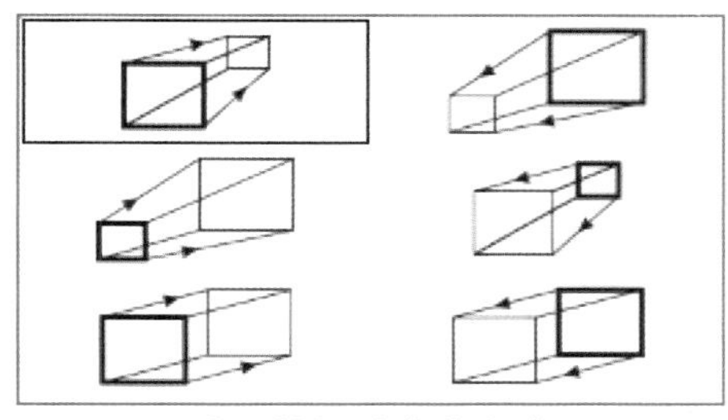
图 7-238 立体化类型

- 【深度】：可以输入立体化延伸的长度。
- 【灭点坐标】：可以输入所需的灭点坐标，从而达到更改立体化效果的目的。
- 【灭点属性】下拉列表框：可以选择所需的选项来确定灭点位置与是否与其他立体化对象共享灭点等。
- 【页面或对象灭点】按钮：当【页面或

对象灭点】按钮图标为时移动灭点，坐标值是相对于对象的。当【页面或对象灭点】按钮图标为时移动灭点，坐标值是相对于页面的。

- 【立体化旋转】按钮：单击该按钮，将弹出如图7-239所示的面板，可以直接拖动3字圆形按钮，来调整立体对象的方向；若单击按钮，面板将自动变成【旋转值】面板，如图7-240所示，在其中输入所需的旋转值，可以调整立体对象的方向。如果要返回到3字按钮面板，只需再次单击右下角的按钮即可。

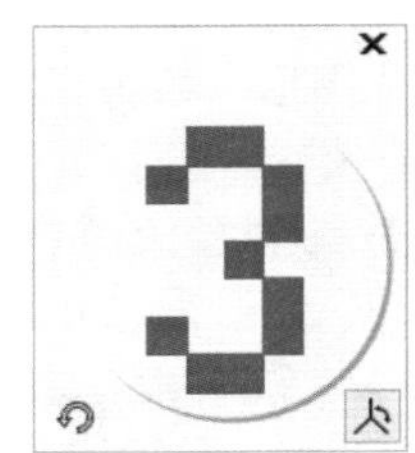

图 7-239 旋转面板

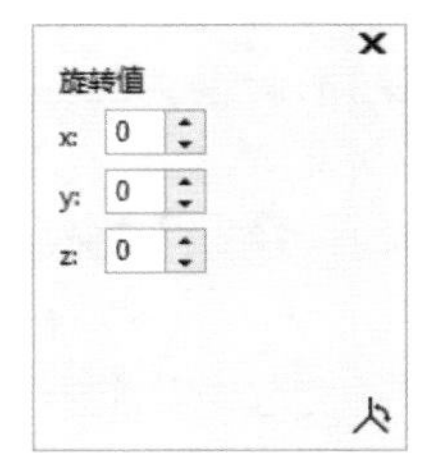


图 7-240 【旋转值】面板

- 【立体化颜色】按钮：单击该按钮，将弹出【颜色】面板，如图7-241所示，可以在其中编辑与选择所需的颜色。如果选择的立体化效果设置了斜角，则可以在其中设置所需的斜角边颜色。

图 7-241 【颜色】面板

- 【立体化倾斜】按钮：单击该按钮，将弹出如图7-242所示的面板，用户可以在其中选中【使用斜角修饰边】复选框，然后在文本框中输入所需的斜角深度与角度来设定斜角修饰边；也可以选中【只显示斜角修饰边】复选框，只显示斜角修饰边。
- 【立体化照明】按钮：单击该按钮，将弹出如图7-243所示的面板，可以在左边单击相应的光源为立体化对象添加光源，还可以设定光源的强度，以及是否使用全色范围。

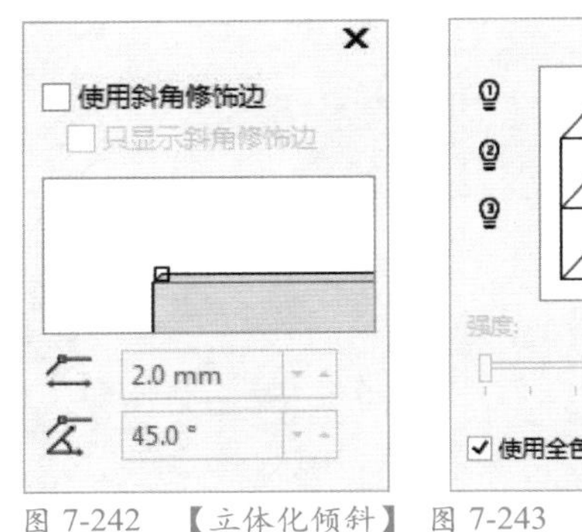


图 7-242 【立体化倾斜】面板

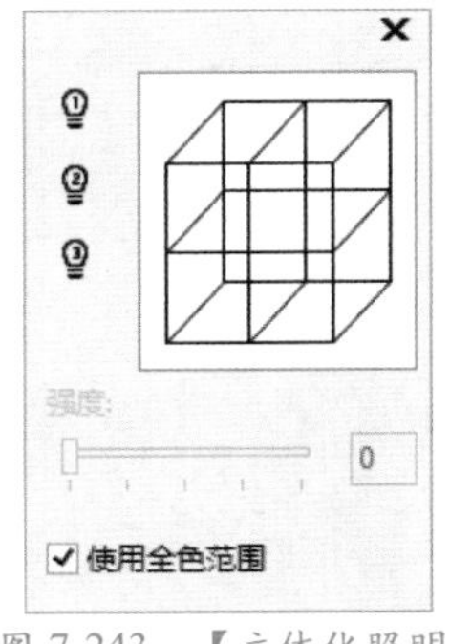


图 7-243 【立体化照明】面板

### 7.2.7 透明度工具

使用【透明度工具】可以为对象添加透明效果，即通过改变图像的透明度，使其成为透明或半透明图像。用户还可以通过属性栏选择色彩混合模式，调整渐变透明角度和边缘大小，以及控制透明效果的扩展距离。

在工具箱中单击【透明度工具】，如果工作区中没有选择任何对象，则其属性栏中没有一项可用；如果在工作区中选择了对象，则其属性栏中的【透明度类型】选项可用，用户可以在其列表中选择所需的透明度类型。为对象添加透明效果后，其属性栏中一些原本不可用的选项将变为可用状态，如图7-244所示。

图 7-244 【透明度工具】属性栏

【透明度工具】属性栏中各选项说明如下。

- 【编辑透明度】按钮：单击该按钮，弹出【渐变透明度】对话框，用户可以根据需要在其中编辑所需的渐变，来改变透明度。
- 【透明度类型】选项：其中包括【标准】、【线性】、【射线】、【圆锥】、【正方形】、【双色图样】、【全色图样】、【位图图样】与【底纹】等。选择不同的透明度类型，其属性栏也相应改变。
- 【透明度操作】选项：展开下拉列表，可以选择透明对象的重叠效果，包括【常规】、add、【减少】、【差异】、【乘】、【除】、【如果更亮】、【如果更暗】、【底纹化】、【颜色】、【色度】、【饱和度】等。

- 【节点透明度】选项：指定节点的透明程度，取值范围是0～100，数值越大，透明效果越明显。当值为0时，对象无任何变化；当值为100时，对象完全透明消失。默认值为50。
- 【复制透明度】选项：可以将文档中其他对象的透明度应用到选定对象上。
- 【透明度目标】选项：拥有指定透明的目标对象，分别为【填充】、【轮廓】、【全部】3个选项。默认状态下为【全部】，即对选择对象的全部内容添加透明效果。
- 【冻结透明度】按钮：单击该按钮，启用【冻结】特性，可以固定透明对象的内部，可以将透明度移动至其他位置。

下面将介绍如何应用【透明度工具】，操作步骤如下。

01 按Ctrl+O组合键，在弹出的对话框中选择“素材\Cha07\素材14.cdr”素材文件，单击【打开】按钮，将其打开，如图7-245所示。

图7-245 素材文件

02 在工具箱中单击【选择工具】，在工作区中选择如图7-246所示的对象。

图7-246 选择工作区中的对象

03 在工具箱中单击【透明度工具】，在工具属性栏中单击【均匀透明度】按钮，将【透明度】设置为68，如图7-247所示。

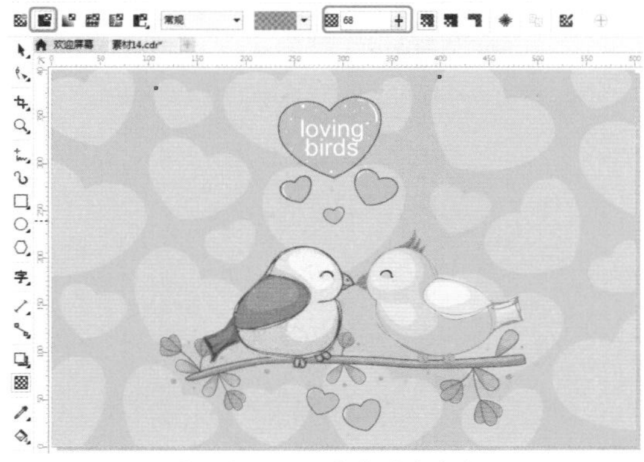


图7-247 设置透明度参数

## 7.3 上机练习——制作酒店画册封面

酒店画册的策划制作过程，实质上是一个企业理念的提炼和展现的过程，而非简单的图片文字的叠加。本案例将介绍如何制作酒店画册封面，效果如图7-248所示。

图7-248 酒店画册封面

| | |
|---|---|
| 素材 | 素材\Cha07\酒店素材01.jpg、酒店素材02.png、酒店素材03.jpg、酒店素材04.jpg、酒店logo.cdr |
| 场景 | 场景\Cha07\上机练习——制作酒店画册封面.cdr |
| 视频 | 视频教学\Cha07\7.3 上机练习——制作酒店画册封面.mp4 |

01 启动软件，按Ctrl+N组合键，在弹出的对话框中将【宽度】、【高度】分别设置为420mm、297mm，将【渲染分辨率】设置为300dpi，如图7-249所示。

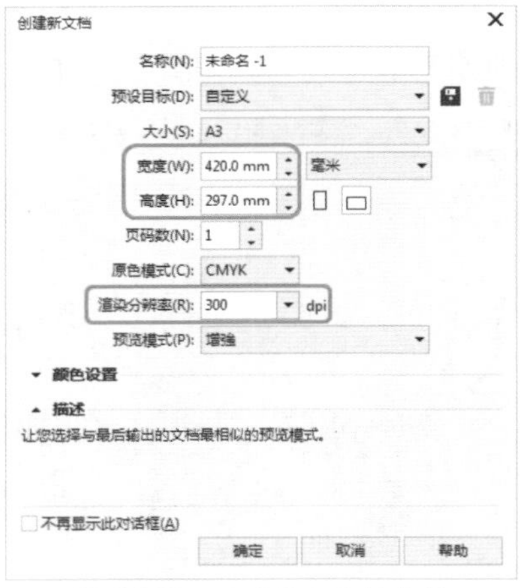
图 7-249　设置新建文档参数

02 单击【确定】按钮，在工具箱中单击【矩形工具】□，在工作区中绘制一个矩形，在工具属性栏中将【宽度】、【高度】分别设置为210mm、297mm，并在工作区中调整其位置，如图 7-250 所示。

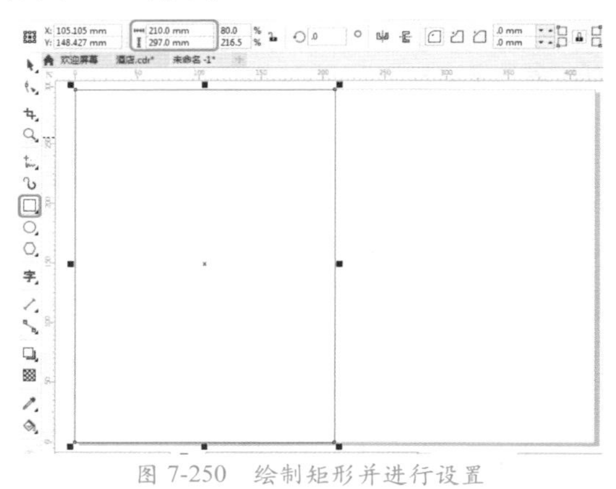
图 7-250　绘制矩形并进行设置

03 选中绘制的矩形，按 Shift+F11 组合键，在弹出的对话框中将 CMYK 值设置为23、100、100、0，如图 7-251 所示。

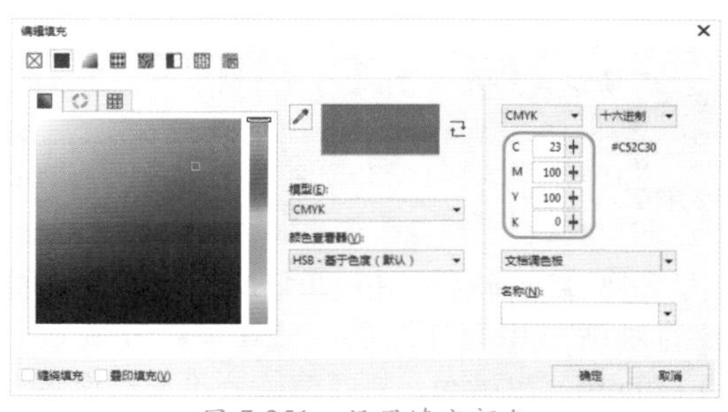
图 7-251　设置填充颜色

04 设置完成后，单击【确定】按钮，并在默认调色板上右键单击☒色块，取消轮廓线的填充。按 Ctrl+I 组合键，在弹出的对话框中选择“素材\Cha07\酒店素材01.jpg”素材文件，如图 7-252 所示。

图 7-252　选择素材文件

05 单击【导入】按钮，在工作区中单击鼠标，将选中的素材文件导入文档中，并在工作区中调整其位置与大小，效果如图 7-253 所示。

图 7-253　导入素材文件

06 在工作区中选中该素材，在工具箱中单击【透明度工具】按钮▩，在工具属性栏中单击【均匀透明度】按钮▣，将【透明度】设置为 70，如图 7-254 所示。

07 在工具箱中单击【矩形工具】□，在工作区中绘制一个矩形，在工具属性栏中将【宽度】、【高度】分别设置为 420mm、297mm，并在工作区中调整其位置，效果如图 7-255 所示。

08 在工作区中选择前面添加的位图

图像，右击鼠标，在弹出的快捷菜单中选择【PowerClip 内部】命令，如图 7-256 所示。

图 7-254 设置透明度参数

图 7-255 绘制矩形并进行调整

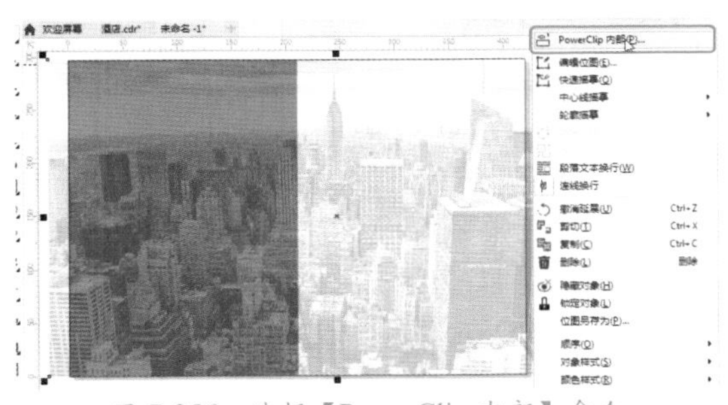

图 7-256 选择【PowerClip 内部】命令

09 选择矩形 PowerClip 框，在默认调色板上右键单击☒色块，取消轮廓线的填充。在工具箱中单击【矩形工具】□，在工作区中绘制一个矩形，将其填充色设置为白色，取消轮廓色，在工具属性栏中将【宽度】、【高度】都设置为 63mm，并在工作区中调整其位置，效果如图 7-257 所示。

10 根据前面介绍的方法将“酒店素材02.png”素材文件导入文档中，并调整其位置与大小，如图 7-258 所示。

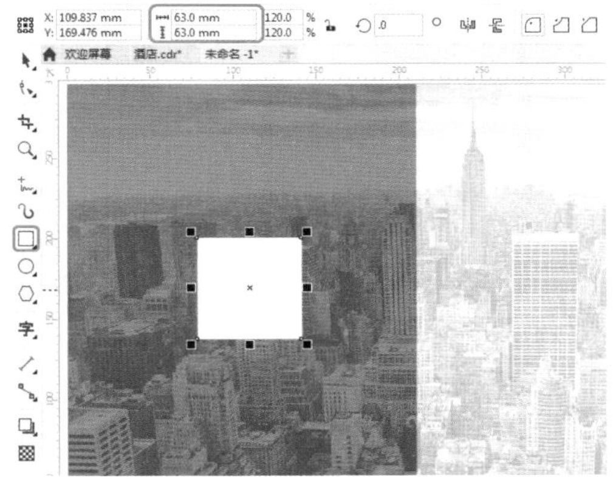

图 7-257 绘制矩形并进行调整

图 7-258 导入素材文件

11 在工具箱中单击【文本工具】字，在工作区中单击鼠标，输入文字，选中输入的文字，在【文本属性】泊坞窗中将【字体】设置为【创艺简老宋】，将【字体大小】设置为 21pt，将【文本颜色】设置为 0、0、0、0，如图 7-259 所示。

图 7-259 输入文字并进行设置

12 选择【文本工具】字，在工作区中单击鼠标，输入文字。选中输入的文字，在【文本属性】泊坞窗中将【字体】设置为Myriad Pro，将【字体样式】设置为【粗体】，将【字体大小】设置为13.6pt，将【文本颜色】设置为0、0、0、0，如图7-260所示。

图7-260 输入文字并进行设置

13 在工具箱中单击【钢笔工具】，在工作区中绘制一个如图7-261所示的图形。

图7-261 绘制图形

14 选中绘制的图形，按Shift+F11组合键，在弹出的对话框中将CMYK值设置为79、73、71、45，如图7-262所示。

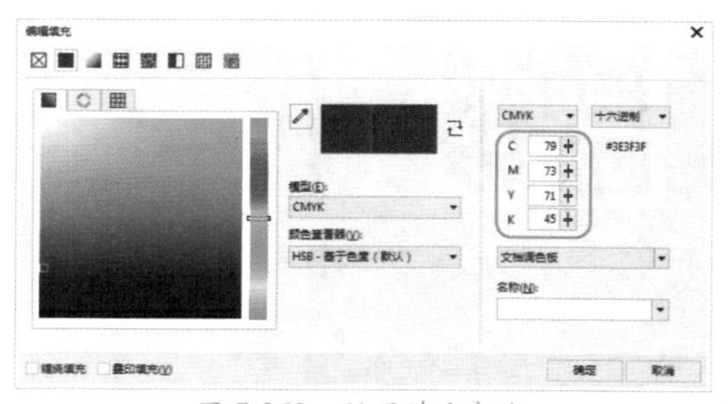

图7-262 设置填充颜色

15 设置完成后，单击【确定】按钮，在默认调色板上右键单击☒色块，取消轮廓线的填充，使用【钢笔工具】在工作区中绘制一个如图7-263所示的图形。

图7-263 绘制图形

16 选中绘制的图形，按Shift+F11组合键，在弹出的对话框中将CMYK值设置为37、100、100、3，如图7-264所示。

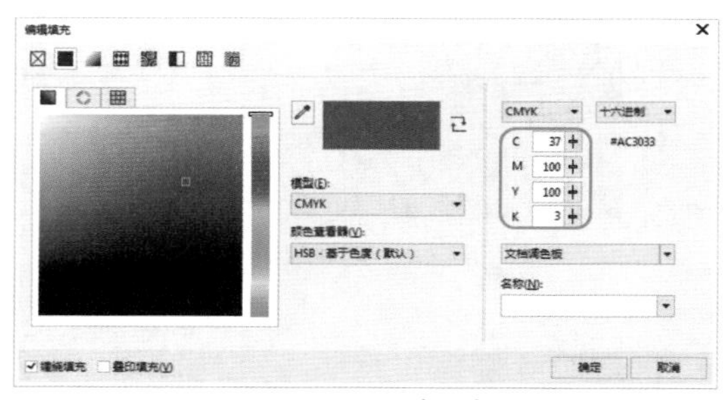

图7-264 设置填充颜色

17 设置完成后，单击【确定】按钮，在默认调色板上右键单击☒色块，取消轮廓线的填充。使用同样的方法在工作区中绘制其他图形，并进行相应的设置，效果如图7-265所示。

图7-265 绘制其他图形后的效果

18 在工具箱中单击【文本工具】字，在工作区中单击鼠标，输入文字。选中输入的文字，在【文本属性】泊坞窗中将【字体】设置为【华文隶书】，将【字体大小】设置为44pt，将【文本颜色】设置为0、0、0、0，如图7-266所示。

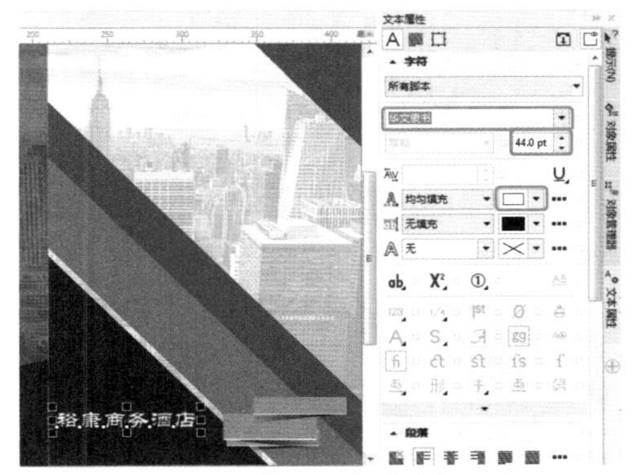

图7-266 输入文字并进行设置

19 使用【文本工具】字在工作区中输入其他文字，并对其进行相应的设置，效果如图7-267所示。

图7-267 输入其他文字并设置后的效果

20 在工具箱中单击【椭圆形工具】○，在工作区中绘制一个正圆形，在工具属性栏中将【宽度】、【高度】都设置为146mm，并在工作区中调整其位置，效果如图7-268所示。

21 按Shift+F11组合键，在弹出的对话框中将CMYK值设置为0、0、0、0，如图7-269所示。

22 设置完成后，单击【确定】按钮，并在默认调色板上右键单击☒色块，取消轮廓线的填充。继续选中该正圆形，按小键盘上的+键对其进行复制，在工具属性栏中将【宽度】、【高度】都设置为135mm，为其随意改变一个填充颜色，如图7-270所示。

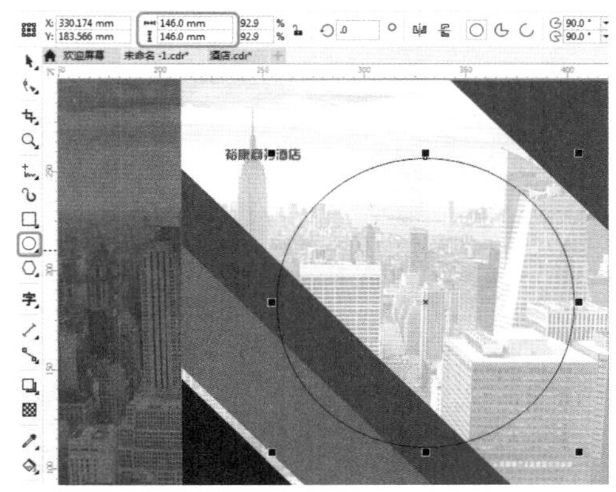

图7-268 绘制正圆形

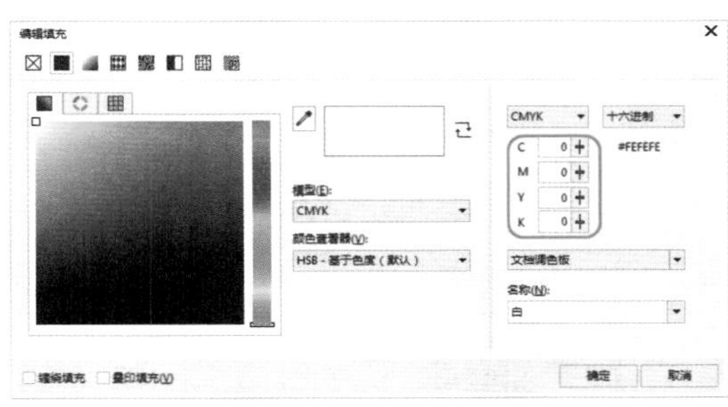

图7-269 设置填充颜色

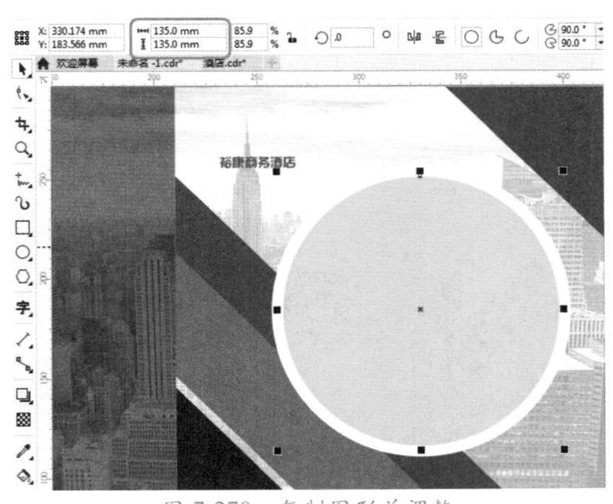

图7-270 复制图形并调整

23 根据前面介绍的方法将"酒店素材03.jpg"素材文件导入文档中，并在工作区中调整其位置与大小，效果如图7-271所示。

24 在工作区中选择素材文件，右击鼠标，在弹出的快捷菜单中选择【顺序】|【向后一层】命令，如图7-272所示。

25 继续选中该素材图片，右击鼠标，在弹出的快捷菜单中选择【PowerClip内部】命令，如图 7-273 所示。

图 7-271　导入素材文件

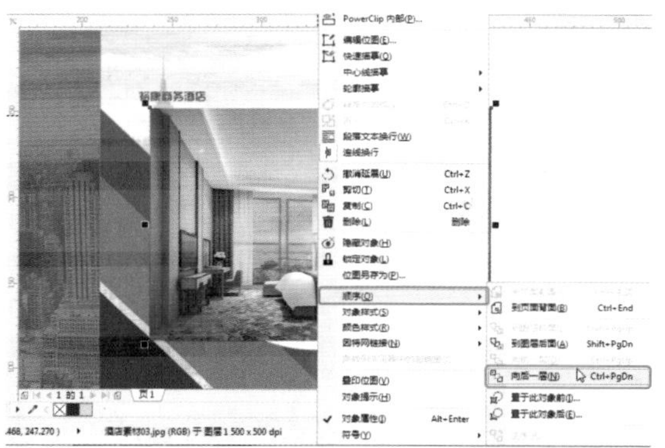


图 7-272　选择【向后一层】命令

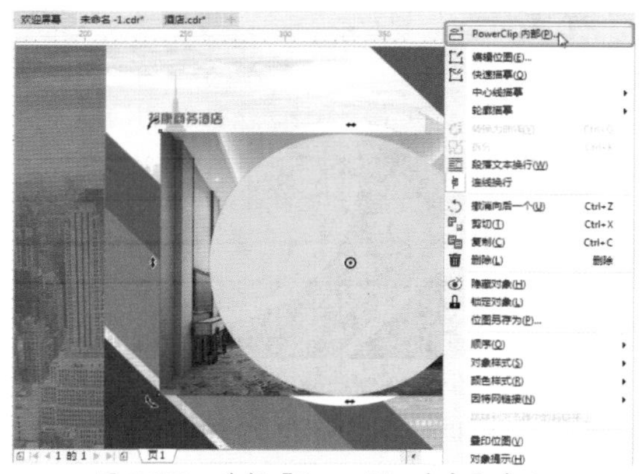


图 7-273　选择【PowerClip 内部】命令

26 在正圆形对象上单击鼠标，将素材图片置入正圆形对象中，如图 7-274 所示。

图 7-274　将选中对象置入图形中

27 使用同样的方法制作其他效果，如图 7-275 所示。

图 7-275　制作的其他效果

28 根据前面介绍的方法将“酒店 logo.cdr”素材文件导入文档中，并调整其位置与大小，最终效果如图 7-276 所示。

图 7-276　最终效果

## 7.4 习题与训练

1. 如何移动图层?

2. 【轮廓图】工具有什么作用?

# 附录 I　CorelDRAW 2018 常用快捷键

| 建新文件 Ctrl+N | 打开文件 Ctrl+O |
| --- | --- |
| 保存文件 Ctrl+S | 另存为文件 Ctrl+Shift+S |
| 导入 Ctrl+I | 导出 Ctrl+E |
| 打印文件 Ctrl+P | 退出 Alt+F4 |
| 撤销上一次的操作（Ctrl+Z/Alt+Backspase | 重做操作 Ctrl+Shift+Z |
| 重复操作 Ctrl+R | 剪切文件 Ctrl+X/Shift+Del |
| 复制文件 Ctrl+C/Ctrl+Ins | 粘贴文件 Ctrl+V/Shift+Ins |
| 再制文件 Ctrl+D | 复制属性自 Ctrl+Shift+A |
| 查找对象 Ctrl+F | 形状工具 F10 |
| 橡皮擦工具 X | 缩放工具 Z |
| 平移工具 H | 手绘工具 F5 |
| 智能绘图工具 Shift+S | 艺术笔工具 I |
| 矩形工具 F6 | 椭圆形工具 F7 |
| 多边形工具 Y | 图纸工具 D |
| 螺纹工具 A | 文本工具 F8 |
| 交互式填充工具 G | 网状填充工具 M |
| 显示导航窗口 N | 全屏预览 F9 |
| 视图管理器 Ctrl+F2 | 对齐辅助线 Alt+Shift+A |
| 动态辅助线 Alt+Shift+D | 贴齐文档网格 Ctrl+Y |
| 贴齐对象 Alt+Z | 贴齐关闭 Alt+Q |
| 符号管理器泊坞窗 Ctrl+F3 | 变换 \| 位置 Alt+F7 |
| 变换 \| 旋转 Alt+F8 | 变换 \| 缩放和镜像 Alt+F9 |
| 变换 \| 大小 Alt+F10 | 左对齐 L |
| 右对齐 R | 顶部对齐 T |
| 底部对齐 B | 水平居中对齐 C |
| 垂直居中对齐 E | 对页面居中 P |
| 对齐与分布泊坞窗 Ctrl+Shift+Alt+R | 到页面前面 Ctrl+Home |
| 到页面背面 Ctrl+End | 到图层前面 Shift+PgUp |
| 到图层后面 Shift+PgDn | 向前一层 Ctrl+PgUp |
| 向后一层 Ctrl+PgDn | 合并 Ctrl+L |
| 拆分 Ctrl+K | 组合对象 Ctrl+G |
| 取消组合对象 Ctrl+U | 转换为曲线 Ctrl+Q |

续表

| | |
|---|---|
| 将轮廓转换为对象 Ctrl+Shift+Q | 对象属性泊坞窗 Alt+Enter |
| 亮度 / 对比度 / 强度 Ctrl+B | 色彩平衡 Ctrl+Shift+B |
| 色度 / 饱和度 / 亮度 Ctrl+Shift+U | 轮廓图效果 Ctrl+F9 |
| 封套效果 Ctrl+F7 | 透镜效果 Alt+F3 |
| 文本属性泊坞窗 Ctrl+T | 编辑文本 Ctrl+Shift+T |
| 插入字符 Ctrl+F11 | 转换文本 Ctrl+F8 |
| 对齐基线 Alt+F12 | 拼写检查 Ctrl+F12 |
| 选项设置 Ctrl+J | 宏管理器 Alt+Shift+F11 |
| 宏编辑器 Alt+F11 | VSTA 编辑器 Alt+Shift+F12 |
| 停止记录 Ctrl+Shift+O | 记录临时宏 Ctrl+Shift+R |
| 运行临时宏 Ctrl+Shift+P | 刷新窗口 Ctrl+W |
| 关闭窗口 Ctrl+F4 | 对象样式泊坞窗 Ctrl+F5 |
| 颜色样式 Ctrl+F6 | 渐变填充 F11 |
| 均匀填充 Shift+F11 | 轮廓笔 F12 |
| 放大 Ctrl++ | 缩小 F3/Ctrl+– |
| 缩放选定对象 Shift+F2 | 缩放全部对象 F4 |
| 调整缩放适合整个页面 Shift+F4 | 选中文本将文本加粗 Ctrl+B |
| 选中文本并将文本设置为斜体 Ctrl+I | 选中文本并为文字添加下划线 Ctrl+U |
| 为文本添加 / 移除项目符号 Ctrl+M | 将文本更改为水平方向 Ctrl+, |
| 将文本更改为垂直方向 Ctrl+. | |

# 附录Ⅱ 参考答案

## 第 1 章

1. 在工具箱中单击【选择工具】，然后选中最上面的对象，再按键盘上面的 Tab 键，将自动按照从前到后的顺序依次选择将要编辑的对象。

2. 在 CorelDRAW 2018 中提供了 3 种方法对对象进行镜像处理。

选择将要镜像处理的对象，按住 Ctrl 键在锚点上单击鼠标左键并进行拖曳，然后松开鼠标即可完成镜像操作。当用户向上或向下拖拽时为垂直镜像，当用户向左或向右拖曳时为水平镜像。

选择对象，在菜单栏中选择【对象】|【变换】|【缩放和镜像】命令，开启【变换】泊坞窗，在该泊坞窗中设置 X 轴和 Y 轴的参数，选择缩放中心，单击【水平镜像】按钮或【垂直镜像】按钮，然后单击【应用】按钮即可。

选择对象，在工具属性栏中单击【水平镜像】或【垂直镜像】按钮即可。

## 第 2 章

1. 按住 Ctrl 键可以绘制圆形。

2. 略。

3. 首先在多边形工具组中选择【星形工具】☆，在工具属性栏中设置【点数或边数】值，然后在工作区中拖动，即可绘制多角星形。

## 第 3 章

1. 方法共 4 种。方法一：在工具箱中单击【形状工具】按钮，单击或框选将要删除的节点，然后在属性栏中单击【删除节点】按钮。

方法二：在工具箱中单击【形状工具】按钮，然后双击需要删除的节点。

方法三：在工具箱中单击【形状工具】按钮，选择需要删除的节点，然后单击鼠标右键，在弹出的快捷菜单中选择【删除节点】命令。

方法四：在工具箱中单击【形状工具】按钮，选择将要删除的节点，然后按 Delete 键。

2. CorelDRAW 2018 提供了【3 点曲线工具】、【B 样条工具】、【折线工具】和【智能绘图工具】等绘制特殊线型的工具。

## 第 4 章

1. 渐变填充有 4 种类型：线性渐变填充、椭圆形渐变填充、圆锥形渐变填充和矩形渐变填充。

2. 使用【网状填充工具】可以生成一种比较细腻的渐变效果，通过设置网状节点颜色，实现不同颜色之间的自然融合，更好地对图形进行变形和多样填色处理，从而可增强软件在色彩渲染上的能力。

3. 略。

## 第 5 章

1. 在工具箱中单击【文本工具】，在文档的空白位置处，单击鼠标左键并拖曳，松开鼠标后即生成文本框，此时的文本即为段落文本。在文本框输入文本，当第一行排满后将自动换行输入。

2. 要想精确地确定文本间距，可通过【文本属性】泊坞窗中的【字符间距】参数来完成。

3. 首先选择文本对象，然后单击鼠标右键，在弹出的快捷菜单中的选择【转换为曲线】命令，即可将选中的文本对象转换为曲线，或者在菜单栏中选择【排列】|【转换为曲线】命令，或者按 Ctrl+Q 组合键。

## 第 6 章

1. 共 4 种，即裁剪工具、刻刀工具、橡皮擦工具、虚拟段删除工具。

2.【简化】和【修剪】命令相似，可以将相交区域的重合部分剪掉，不同的是【简化】命令不分原对象和新对象。

## 第 7 章

1. 若要移动图层，可在图层名称上单击，将需要移动的图层选中，然后将该图层拖动到新的位置即可。

2. 使用【轮廓图工具】可使轮廓线向内或向外复制并填充所需的颜色，形成渐变状态扩展。